여성의 진화

여성의 진화

Ancient Bodies, Modern Lives

몸, 생애사 그리고 건강

웬다 트레바탄 지음
박한선 옮김

에이도스

이 책에서 웬다 트레바탄은 지난 수백만 년의 진화적 과정을 통해서 여성의 몸이 어떻게 빚어졌는지, 그리고 그러한 몸을 지닌 여성이 현대의 삶에서 어떤 건강 문제를 겪게 되는지 잘 다루고 있다. 특히 여성이 경험하는 사춘기와 초경, 생리 및 생리 전 증후군, 성 호르몬의 변화, 성적 행동, 임신, 출산, 산욕기, 수유, 산후 우울증, 양육 관행 등에 대해 폭넓게 다루고 있을 뿐만 아니라, 폐경 및 그 이후의 삶에 대해서도 흥미로운 진화적 견해를 제시하고 있다.

이 책의 핵심 주장은 현대인이 겪고 있는 여러 가지 건강 문제, 특히 여성이 경험하는 다양한 건강 문제들이 실은 우리가 지금 살고 있는 현대 사회가 인류의 몸이 진화해온 수백만 년 동안의 과거 환경과 많이 다른 데서 비롯되었다는 것이다. 물론 우리는 옛날로 되돌아가 살 수도 없을 뿐 아니라, 과거 선조들이 살던 환경을 무턱대고 이상화할 이유도 없다. 하지만 홍적세의 환경 특성에 적응한 우리 선조 여성의 생식 생리가 현대의 삶과는 잘 맞지 않는다는 것은 누구라도 쉽게 공감할 수 있는 주장이다. 특히 과거 조상들과 달리, 일생 동안 수백 번에 달하는 생리를 겪어야만 하는 현대 여성이라면 이러한 주장에 분명 고개를 끄덕일 것이다.

그동안 인류는 질병에 대해서 오랫동안 연구해왔지만, 기존의 의학적 연구 방법만으로는 인간의 몸과 마음이 가진 복잡성을 설명하는 데 한계가 있음이 점점 드러나고 있다. 인간의 건강, 그리고 질병을 제대로 이해하기 위해서는 인간을 진화의 유산으로 보는 인류학적 시각이 필요하다는 인식이 이 책을 통해서 널리 확산되기를 바란다.

서울대학교 인류학과 교수 박순영

이 책은 제가 2016년 여름부터 호주 국립대(ANU)에서 1년간 공부를 하면서, 읽어보기를 추천받은 여러 권의 책 중 하나입니다. 당시 저는 일하던 성 안드레아 병원에서 특별한 기회를 얻어 호주에서 연구년을 보내고 있었습니다. "문화와 건강, 의학"(Culture, Health and Medicine)이라는 긴 이름의 대학원 과정을 밟고 있었는데, 수업을 따라가려면 어쩔 수 없이 수많은 책과 논문을 읽어야만 했습니다. 이 책도 그중 하나였습니다.

의무감에 읽기 시작했지만 막상 읽다 보니 너무 재미있어서, 금세 마지막 장을 덮을 수 있었습니다. 박사 논문을 위한 공부를 하기에도 (그리고 놀기에도) 시간이 부족했지만, 이 책은 꼭 한국에 소개하고 싶다는 생각이 들었습니다. 무작정 에이도스 출판사의 박래선 대표에게 번역 및 출간을 제안했습니다. 다시 한 번 감사드립니다.

이 책은 여성만이 가지고 있는 여러 생물학적 특징, 특히 생리와 임신·출산·폐경 등에 대해서 진화 의학적 시각으로 알기 쉽게 쓴 책입니다. 2016년 한국은 여성혐오, 남성혐오 논란으로 뜨거웠습니다. 사실 상당수의 논란은 여성의 본질에 대한 얕은 이해에서 비롯됩니다. 비록 이 책에는 페미니즘이란 말이 거의 나오지 않지만(들어가는 글에 딱 한 번 나옵니다), 여성의 몸이 어떻게 진화해왔는지 알게 되면 여성들은 자신의 몸과 마음에 대해, 그리고 남성들도 여성에 대해 더 잘 이해할 수 있으리라 생각합니다.

책을 옮기면서 가능한 한 쉬운 말을 쓰려고 했습니다. 너무 어려운 개념이나 표현은 과감하게 쉬운 말로 바꾸었습니다. 일부러 딱딱한 평서형 대신 높임말을 사용해서 번역을 하느라 시간도 더 많이 걸렸습니다. 영문 표기는 외래어 표기법을 따랐고, 부득이한 경우에는 가장 흔하게 사용하는 말을 썼습니다. 의학 용어나 인류학 용어 또한 가능한 한 쉬운 말로 바꾸었고, 그마저도 어려운 경우에는 각주를 달거나 풀어서 옮겼습니다. 예를 들어 신생아 · 영아 · 유아 · 소아는 모두 의학적으로 다른 말이지만, 시기 구분이 필요한 경우가 아니라면 '아기'와 같이 쉬운 말로 옮겼습니다. 필요한 옮긴이 주는 각주로 달았고, 원주는 미주로 달았습니다.

먼저 처음으로 초역본을 기꺼이 읽어주시고 따뜻한 격려와 지혜로운 의견을 주신 서울대학교 인류학과 박순영 교수님께 특별히 감사드립니다. 책에 등장하는 여러 가설이나 주장은 대부분 학계에서 인정받는 내용이지만, 이견이 전혀 없는 것은 아닙니다. 특히 할머니의 육아 행위로 인해 인류의 독특한 생애사적 진화가 가능해졌다는 이른바 할머니 가설은 논란이 적지 않습니다. 물론 이 책은 여성에 대한 책이므로 남성에 대해 자세히 다루기 어려웠겠지만, 부성 양육 투자의 중요성을 다룬 연구들도 적지 않습니다. 이에 대한 보다 자세한 이야기는 주석에서 다루었습니다. 균형 잡힌 시각에서 책을 이해하고 옮길 수 있도록 해주신 교수님께 깊은 고마움을 표하고 싶습니다.

연구년이 아니었다면, 이 책을 접할 일도 없었고 번역할 생각은 꿈에도 하지 못했을 것입니다. 귀중한 1년간의 연구년을 허락해준 성 안드레아 병원의 여러 수사님, 제 빈자리로 인해 고생하는 의국 식구, 그리고 그 외 모든 직원께 깊은 감사의 말씀을 드립니다. 그리고 글을 전부 검토해준 아내에게도 진심으로 고맙다는 말을 전합니다. 노트북 앞에 앉을 때마다 시끄럽게 떠들며 자신에게 주어진 발달적 과제를 충실히 수행한 사언이, 수언이에게도 사랑을 전합니다.

CONTENTS

추천의 글   005
옮긴이의 말   007

들어가는 글_여성의 몸, 진화 그리고 건강   012
• 진화 의학 • 인간의 진화와 생애사 • 호르몬 • 진화 의학의 인류학적 견해 • 용어에 대한 설명 • 이 책의 구성

1장_아직도 자라고 있는가?   047
• 무럭무럭 자라는 소녀 • 도대체 지방은 왜 필요한가? • 초경 시점에 영향을 주는 심리적 요인 • 사춘기는 언제 일어나는 것이 적당할까? • 성장이냐? 출산이냐?

2장_28일의 악순환   079
• 생리 주기 및 임신 중의 호르몬 수준 • 포유류에게서는 흔하지 않은 생리 • 난자 이야기, 제1편 • '정상' 생리 주기 • 생리 주기와 관련된 문제들 • 생리 동기화 • 여성의 성적 행동은 호르몬의 영향으로 일어나는가?

3장_끝맺지 못한 사랑   117
• 불임을 유발하는 요인, 다낭성 난소 • 임신 중 일어나는 생리적 변화 • 임신 첫 3개월, 난자 이야기 제2편 • 태반 • 초기 유산과 모체-태아 갈등

4장_열 달을 버틴다는 것   141
• 첫 3개월 동안에 벌어지는 일들 • 두 번째 그리고 세 번째 3개월 • 두 발로 걷는 임산부 • 임신 중에 경험하는 정신사회적 스트레스

5장_바깥 세상에 나오신 것을 환영합니다   168
• 두 발 걷기와 출생 • 출생 시 뇌의 크기 • 두 발 걷기의 의학적 결과 • 태반을 분만한 이후

6장_너무나도 연약한   201

• 너무나도 연약한 아기 • 어머니와 아기는 첫 1시간 동안 과연 무엇을 하는가? • 베이비 블루스와 산후 우울증

7장_유방은 여성의 상징인가?   225

• 수유의 생물학 • 정상 신생아의 기준은 무엇일까? • 왜 모유 수유가 어머니와 아기의 건강에 좋을까?

8장_어머니, 그 이상의 가치   263

• 아기를 운반하는 비용 • 적과의 동침? • 이유, 그리고 그 이후 • 장래의 어머니 역할과 유방

9장_폐경은 왜 일어나는가?   283

• 폐경은 인간에게만 일어나는가? • 폐경은 의학적 질병인가? • 왜 폐경은 힘겨울까?

10장_늙은 여자가 무슨 소용이냐고?   309

• 할머니와 번식 성공률 • 장수 • 할머니가 더 건강할까? • 왜 나이가 들면 건강이 나빠지는가?

11장_이행 혹은 충돌   335

• 좋은 것이 너무 많으면? • 행동을 변화시켜서 건강을 증진시킬 수 있을까? • 여성은 아기 만드는 기계? • 역학적 충돌

감사의 말   355

표 및 그림의 출처   358

미주   360

참고문헌   391

찾아보기   439

여성의 몸, 진화 그리고 건강

"우리는 최고의 순간이자, 최악의 순간에 살고 있다."* 물론 찰스 디킨스는 조금 다른 의미로 한 말이겠습니다만, 현시대의 미국, 캐나다, 일본 그리고 서구 유럽 대부분의 국가와 같이 건강 부국(health-rich nations)† 에 사는 사람들의 건강 수준은 디킨스가 글을 쓰던 시절에는 도저히 상상조차 할 수 없었던 수준에 도달해 있습니다. 요즘 유행하는 "지금 일흔 살은 과거 쉰 살"(seventy is the new fifty)이라는 말은 단지 늘어난 수명뿐 아니라, 높아진 건강 수준에 대해 이야기하는 것입니다. 그러나 건강 빈국(貧國)의 사정은 아주 다릅니다. 오히려 디킨스가 묘사한 19세기 런던과 파리의 상황과 더 비슷합니다. 세계화는 일부 지역 사람들의 생활수준을 크게 향상시켰지만, 다른 지역 사람들의 생활수준은 크게 떨어뜨렸습니다. 정치

---

* 찰스 디킨스의 『두 도시 이야기』 서두에 나오는 말이다. "최고의 시절이자 최악의 시절, 지혜의 시대이자 어리석음의 시대였다. 믿음의 세기이자 의심의 세기였으며, 빛의 계절이자 어둠의 계절이었다. 희망의 봄이면서 곧 절망의 겨울이었다. 우리 앞에는 모든 것이 있었지만 한편으로 아무것도 없었다. 우리는 모두 천국을 향해 가고자 했지만 우리는 엉뚱한 방향으로 걸었다."

† 저자는 일반적으로 부유한 생활수준을 보이는 미국, 주요 유럽국가, 혹은 동아시아의 선진국 등을 '건강 부국'이라고 표현하고 있다. 책에서는 주로 건강 부국으로 옮겼지만, 문맥에 따라서 선진국, 서구 사회, 고도 산업국가 등으로 다양하게 옮겼다.

학자나 사회과학자들은 보건 및 경제적 불평등이 큰 문제를 일으키고 있다고 주장합니다. 심지어 선진국에서도 전반적인 보건, 그리고 삶의 질을 향상하기 위해서 아직 해야 할 일이 많습니다.

'진화 의학'(evolutionary medicine)을 연구하는 학자들은 진화적 지식을 통해서 오늘날 우리가 겪는 건강 문제가 왜 일어나는지 밝히려고 노력합니다. 물론 진화 의학이 심각한 건강상의 문제를 전부 해결하지는 못할 것입니다. 그러나 연구와 임상 양쪽 측면에서, 개인 및 집단의 보건에 대한 보다 새롭고, 통합적인 접근방법을 제시할 수는 있을 것입니다. 그리고 저는 이 책에서 여성의 건강문제에 초점을 맞추어, 진화 의학 이야기를 해보려고 합니다.

진화 의학에서 빠지지 않고 나오는, 조금은 식상한 이론이 있습니다. 우리의 몸은 현대 사회에 잘 맞지 않으며, 따라서 이러한 '부조화'로 인해 병이 생긴다는 것입니다. 제2형 당뇨병이나 심혈관계 질환, 암, 고혈압과 같은 만성 퇴행성 질환들이 바로 이러한 예라는 것이죠.[1] 그러므로 우리가 석기시대의 삶으로 돌아가면, 곧 건강해질 것이라고 주장합니다. 물론 과거 선조들의 삶의 방식 중에는, 특히 식이나 운동처럼 본받을 만한 것들이 있습니다. 하지만 지구상에 사는 60억 명의 인류에게 선사시대로 돌아가라고 하는 것은 현실적으로 불가능한 이야기입니다. 게다가 우리의 신체와 현재의 환경 사이의 명백한 불균형 중 하나는 바로 음식이나 물·옷·가구·공기에 들어 있는 새로운 형태의 생화학물질입니다. 우리의 몸은 이러한 물질에 적응할 시간이 없었습니다.[2] 사실 이러한 점에 대해서는 진화 의학이 별 도움을 줄 수 없습니다. 게다가 "화학을 통한 보다 나은 삶"

(better life through chemistry)*의 시대에 수십 년 이상 적응해온 인류가 이제 와서 다시 석기시대의 삶으로 돌아갈 리도 만무합니다.

아마 진화 의학은 오래된 질병과 장애에 대한 새로운 접근방법을 알려줄 것입니다. 특히 현 시점의 의학 연구 방법이 그다지 성과를 거두지 못한 문제들에 대해 말입니다. 진화 의학은 보건과 의학에 대한 보다 폭넓고 포괄적인 접근방법을 제공해줍니다. 또한 불량한 건강 상태에 대한 일차적, 발달적 원인에서 더 나아가 건강과 질병에 대한 새로운 의문을 제시해줍니다. 대부분의 의학 분과는 아주 전문화되어 있어서, 아주 좁은 시야로 질병과 장애를 바라보곤 합니다. 어쩔 수 없는 일입니다. 분자 수준이나 세포 수준, 그리고 기관 수준에서 인간의 몸과 질병에 대한 지식이 끊임없이 증가하기 때문에 이러한 전문화는 불가피한 현상입니다. 사회학이나 행동학에서는 이보다 넓은 견지에서 질병의 원인과 치료에 관련된 인간의 행동이나 심리, 사회정치적 환경 등에 큰 관심을 가집니다. 진화 의학은 여기서 한 걸음 더 뒤로 빠집니다. 인간이라고 하는 종, 그리고 그 인류의 진화적 과정 전체에 주목합니다.

도대체 진화와 여성의 건강이 무슨 관련이 있을까요?

아주 간단합니다. 진화는 바로 번식입니다.† 여성의 생물학적 특징의 상당 부분은 번식과 관련되어 있습니다. 모든 생물학 교과서에서 여성은 번식, 즉 생식, 임신, 출산, 양육과 관련해서 다루어집니다. 예외는 없습니다. 여성이 아기를 낳든 혹은 낳지 않든 상관없습니다. 여성의 신체는 바로 번

---

* 다국적 화학회사 듀퐁 사의 유명한 광고문구. 1935년부터 1982년까지 사용되었다.

† 여기서 번식으로 번역한 reproduction은 생물학에는 주로 번식으로, 그리고 의학에서는 생식으로 번역한다. 번식은 인간에게는 잘 사용하지 않는 용어이지만, 이 책에서는 문맥에 따라서 번식, 생식, 임신과 출산 등으로 다양하게 옮겼다.

식 성공률을 증가시키기 위한 자연 선택의 과정을 통해서 다듬어져 왔습니다. 즉 여성의 몸에 대한 진화적 설명을 하려면, 대부분은 번식에 관련된 이야기를 할 수밖에 없다는 애기입니다. 물론 인간의 삶의 다양한 측면은 사회문화적 맥락에 의해서 빚어지고 규정됩니다. 예를 들어 초경(初經)을 그저 생리*의 시작이라고만 할 수는 없습니다. 많은 문화권에서 초경은 소녀에게 새로운 사회적 역할과 지위를 부여합니다. 초경 이후에는 결혼이 허락되고, 새로운 옷차림과 머리 모양을 할 수 있습니다. 소녀(girl)에서 여성(woman)이 되는 것입니다. 초경의 생물학적인 면만 이야기한다면, 인간성의 많은 부분을 놓치는 것이죠. 임신과 출산, 그리고 그 외 여성의 생물학적 특성과 관련된 많은 부분도 마찬가지입니다.

　앞서 말한 것처럼 진화 의학의 주요 접근 방법 중 하나는 현대인의 건강 문제가 바로 우리의 "진화한 신체"(evolved body)와 현재의 생활방식, 즉 문화가 잘 맞지 않기 때문에 일어난다는 것입니다.[3] 여기서 '진화한 신체'라는 것은 약 600만 년 전부터 1만 년 전, 즉 영장목(目)에서 인간의 조상이 분리된 이후 농경을 시작하기까지의 기간 동안 진화해온 물리적 신체를 말합니다. 물론 1만 년 전에 진화가 중단되었다는 것은 아닙니다. 하지만 문화적 진화의 기간은 생물학적 진화의 기간에 비해서 아주 짧습니다. 정말 눈 깜짝할 사이, 즉 고작 1만 년 만에 진정한 의미의 문화와 기술의 폭발이 일어났습니다.

　인류가 지구상에 나타난 이후, 우리의 삶은 거의 비슷했습니다. 동일한

---

* 생리는 월경을 완곡하게 일컫는 말이다. 일본과 한국에서만 사용하는 용어인데, 통상적으로 월경보다는 생리라는 말이 더 많이 통용되므로, 전부 생리로 옮겼다. 다만 무월경에 대해서는 무생리라는 말이 쓰이지 않으므로, 그대로 월경이라는 말을 사용했다. 생리적 작용같이 뜻이 혼동될 경우, 그때그때 적절히 옮겼다.

환경에서 태어나고, 살고, 죽었습니다. 아버지 혹은 할아버지의 삶과 거의 다르지 않았죠. 몇 세대 안에 일어난 환경의 변화에 적응할 필요는 없었습니다. 그런데 오늘날의 상황은 이와 많이 다릅니다. 대량 이주, 급격한 환경 변화, 피할 수 없는 사회정치적 변화가 불과 한 세대 만에 일어납니다. 사람들은 자신의 신체적, 정서적, 물질적 한계를 뛰어넘는 적응을 강요당하고, 이러한 스트레스는 건강에 큰 해가 됩니다. 특히 임신과 출산, 육아에 있어서 더욱 그렇습니다. 인류는 전염병의 재창궐과 같은 "세 번째 역학적 이행기"(third epidemiologic transition)*를 경험하고 있습니다.[4] 즉 과거에 흔하던 보건 문제(높은 영아 사망, 영양실조, 감염성 질환)가 다시 나타나면서, 현재의 보건 문제(비만, 심혈관계 질환, 암)를 해결하기도 벅찬 현대인에게 큰 부담을 주고 있습니다. 역학적 이행이 아니라, '역학적 충돌'(epidemiologic collision)이라고 하는 것이 더 정확할지도 모르겠습니다.

인간의 조상은 한 세대 내에 큰 환경적 변화를 겪은 일이 아주 드물었지만, 그럼에도 불구하고 인간은 어느 정도 수준의 적응성, 즉 '가소성'(plasticity)을 가지고 있습니다. 인류는 긴 자연 선택의 과정을 통해서 이러한 가소성을 가지게 되었지만, 사실 포유류의 세계에서는 아주 예외적인 형질입니다. 예를 들면 인간은 '잡식성 동물'입니다. 뭐든지 다 먹을 수 있습니다. 북극에 사는 이누이트(Inuit) 족은 거의 동물성 음식만 먹습니다. 그에 반해 식물성 음식만 먹고 사는 채식주의자들도 있습니다. 물론 이러한 적응성은 한계가 있습니다. 너무 편중된 식사를 하면 비타민 C나 비

---

* 인간과 질병의 관계를 설명하는 역학적 이행 이론. 약 1만 년 전 인류가 농경을 시작하면서 감염성 질환과 영양 질환이 급격히 늘어났다(1차 이행). 그리고 200년 전부터 의학과 위생 수준의 발전을 통해 감염성 질환이 감소하고 퇴행성 질환이 늘어났다(2차 이행). 20세기 이후 새로운 내성균이 등장하고, 박멸된 것으로 간주되었던 과거의 전염병이 다시 나타나며, 이러한 병원균이 세계화된 환경 속에서 급격히 전파되는 현상이 일어나고 있다(3차 이행).

타민 B12 결핍 등 건강상의 문제가 발생할 수 있죠. 아마 인간의 삶의 여러 측면 중에서, 식이만큼 큰 차이를 보이는 것도 없을 것입니다. 다른 지역에 사는 사람들은 서로 다른 음식을 먹습니다. 그런데 음식만큼 우리 건강에 큰 영향을 주는 것도 없습니다. 앞으로 살펴보겠지만, 임신과 출산은 음식과 아주 깊은 관련이 있습니다.

이 책에서 '우리의 조상' 혹은 '인류의 선조'라는 말을 많이 쓰게 될 겁니다. 앞서 말한 대로 인간의 삶은 약 1만 년 전 농경과 목축이 시작되면서, 즉 식량을 구하는 방법이 바뀌면서 큰 변화를 겪었습니다. 생식과 관련한 인간의 몸은 무려 5~7백만 년 전부터 진화해왔습니다. 농경이 시작되기 전, 인류의 조상이 살았던 환경을 이른바 진화적 적응 환경(environment of evolutionary adaptation, EEA)이라고 합니다. 신체와 환경의 불일치를 언급할 때는 일반적으로 이 EEA를 염두에 둡니다.* 이 책에서 이야기하는 '우리의 조상'은 이 시기에 살았던 사람들을 이야기하는 것입니다. 안타깝게도 인간의 임신과 출산, 육아에 대한 정보는 화석으로 남아 있지 않습니다. 그래서 진화 의학의 여러 지식들은 영장류에 대한 연구, 혹은 지금도 수렵 채집 사회를 유지하는 사람들에 대한 연구에 의존하고 있습니다.

예를 들어 우리의 가장 가까운 이웃—침팬지, 고릴라, 오랑우탄—에 대한 연구를 통해 동물원에서 사육되는 암컷이 야생의 암컷에 비해서 더 빠른 초경과 첫 출산, 더 빈번한 출산을 한다는 사실을 알게 되었습니다.[5] 동

---

* EEA는 인간이 침팬지의 조상과 갈라진 약 600만 년 전부터, 호모 사피엔스가 등장한 200,000~70,000년 전까지의 생태 환경을 일컫는다. 좁게는 약 200만 년 전 오스트랄로피테신이 호모 속으로 진화하던 때, 동아프리카 사바나 환경을 말하는 경우도 있다. 대개는 구석기시대와 비슷한 때로 간주한다.

물원에 사는 대형 영장류는 굶을 걱정이 없습니다. 운동량도 적습니다. 직접 식량을 생산하고, 한 곳에 정주하는 사회에 살고 있는, 즉 우리 인간의 삶과 비슷하죠. (그래서 인류는 자기 스스로를 '가축화'(domestication)했다고 말하기도 합니다. 인간이 겪은 출산과 관련한 적응은 가축화된 동물들이 경험하는 번식 패턴의 변화와 상당히 유사합니다.) 따라서 야생 영장류와 사육 영장류에 대한 비교를 통해서, 과거 우리 조상에 비해서 현재의 우리가 어떤 생물학적, 혹은 행동학적 변화를 경험하고 있는지 추정할 수 있습니다.

물론 침팬지와 고릴라는 우리의 조상이 아닙니다. 또한 아프리카와 남미의 원주민도 인간의 조상을 연구하기 위한 대용물이 될 수 없습니다. 산업화된 국가에 사는 현대인의 삶과 비교해서 이들이 보다 '원시'적인 삶을 사는 것은 맞습니다. 하지만 원주민의 삶을 통해서 과거 선조들의 삶을 재구성하는 것은 아무리 훌륭한 추측일지라도 결국 짐작에 불과한 재구성일 뿐입니다.

종종 '추측'(conjecture)이라고 하면, 대충 두드려 맞춘 근거 없는 생각에 다름없다고 깎아내리기도 합니다. 진화를 공부하는 학자들은 결코 과거 선조의 사고와 행동을 명백하게 밝힐 수 없고, 그것을 절대로 '증명'할 수 없다는 점을 인정해야만 합니다. (사실 '증거'는 절대 과학의 목적이 될 수 없습니다. 가설의 지지나 반증은 언제나 가능합니다. 새로운 데이터 혹은 과거 데이터의 새로운 해석을 통해서 모든 과학적 설명은 기각될 가능성이 있습니다.) 그렇다고 진화를 연구하는 학자들이 '훌륭한' 과학자가 아니라는 뜻은 아닙니다. 과학적 설명을 가지고, 시나리오를 만들고 그것이 얼마나 잘 설명되는지 계속 적용해봅니다. 새로운 화석의 발견, 영장류에 대한 새로운 관찰 결과, DNA 비교 분석을 통한 새로운 데이터, 심지어는 새로운 '엉뚱한 생각'이 시나리오를 수정하거나 기각할 수 있습니다. 이는 과학이 작동하는 방식이며, 지식이 진보하는 방법입니다.

이 책에서는 가장 '설명력'이 높은 가설, 즉 가장 그럴 듯한 주장을 주로 언급하려고 하였습니다. 일부 대안적 가설을 같이 제시한 경우도 있습니다. 하지만 가능한 한 가장 강력한 가설을 주로 이야기하고 있습니다. 독자들은 이런 점을 감안해서 책을 읽어주었으면 합니다. 아마 몇 년 후에 2판이 나온다면, 일부 가설은 그동안의 새로운 연구결과에 따라서 바뀔지도 모르겠습니다.

진화 의학

간단히 말해서 진화 의학 혹은 다윈 의학은 인간의 건강과 질병을 설명하기 위해서 진화론의 여러 원칙을 적용하는 것을 말합니다(가능하다면 임상 연구와 진료에도 응용하려고 합니다). 진화생물학자 랜디 네스(Randy Nesse)와 조지 윌리엄스(George Williams)가 1990년대에 진행한 연구가 그 시작입니다.[6] 하지만 인간의 건강을 설명하기 위해 진화론의 틀을 사용한 역사는 이미 100년이 넘습니다.[7] 안타깝게도 진화적 견해는 현재 임상 의학에서 그리 환영받는 편은 아닙니다. 유용성이 별로 없다고 생각되기 때문입니다.[8]

네스와 스티븐 스턴스(Stephen Stearns)는 진화 의학이 임상 연구와 진료에 적용되지 못하는 이유를 다음과 같이 설명합니다.[9] 의과대학에 진화생물학자가 거의 없다, 의대생은 수업 시간에 진화적 접근법에 대해 거의 배우지 못한다, 많은 (특히 미국의) 의대생은 진화론을 생물학의 기초로 받아들이지 않는다 등입니다. 현대 의학 커리큘럼의 복잡성 그리고 과중한 수업 분량을 감안하면, 가까운 시일 내에 진화 의학 강좌가 의대 내에 개설될 가능성은 높지 않습니다. 안타까운 일입니다. 많은 의대생들이 단지 의사 면허를 취득하는 데 필요한 잡다한 지식을 머릿속에 집어넣느라고, 정작 중요한 이론에 대한 이해를 등한시하고 있습니다. 네스와 스턴스는 진화생물학이 "1만 개의 지식을 정리하는 1개의 틀을 제공하여, 의대 교육을 보다 일관성 있게 만들어줄 수 있을 것이다"라고 언급한 바 있습니다.[10]

의학과 진화생물학이 충돌하는 또 다른 지점은 바로 인간의 몸에 대한 서로의 시각입니다. 의학에서는 종종 신체를 특정한 기능을 위해 설계된 기계로 간주합니다. 그래서 뭔가 잘못되면, 마치 고장난 차를 고치는 수리공과 비슷한 방식으로 몸을 고치면 된다고 봅니다. 기름을 치고, 벨트를 조이고, 기화기를 청소하고, 점화플러그를 새로 갈고, 타이어 압력을 조절하고, 엔진 룸에 들어간 주머니쥐*를 꺼내면 된다는 거죠. 엔지니어는 청사진을 사용해서 기계를 설계합니다. 설계도를 보면 수리 방법도 알 수 있습니다.

하지만 인간의 몸은 그렇지 않습니다. 인간의 몸은 "건강이 목적이 아니라 번식의 최대화가 목적인, 자연 선택을 통한 수많은 개선이 쌓여 만들어진 타협물"일 뿐입니다.[11] 그래서 인간의 몸은 질병과 장애에 취약합니다. 하지만 또한 아주 유연하기도 합니다. 네스와 스턴스는 현대 의학이 인간의 몸을 기계처럼 다루려는 경향을 심화시켰지만, 아마 인간의 몸을 보다 생물학적 기초에 근거해서 다루는 것이 더 쉽다는 것을 의사들이 곧 알게 될 것이라고 하였습니다. 진화 의학은 의학 연구와 진료를 이러한 방향으

---

* 한국에서는 드물지만, 서양에서는 종종 주머니쥐가 엔진 룸에 둥지를 트는 일이 있다.

로 다시 조정하려는 시도입니다.[12]

예를 들어 전염병에 대한 진화적 시각은 신종 전염병이 나타나는 이유를 잘 설명해줍니다. 그리고 새로운 전염병의 확산이 어디에서 어떻게 일어날지 예측하는 데 큰 도움을 줍니다.[13] 진화 의학적 시각을 통해서, 의사들은 보다 강력한 항생제가 내성을 키워서 궁극적으로 상황을 더 어렵게 할 수 있다는 것을 짐작할 수 있습니다. 보다 강력한 항생제, 그리고 보다 내성이 강한 병원균이라는 끝없는 군비경쟁에서 벗어나, 전보다 낮은 전염력을 가지도록 병원균의 진화를 유도하는 방식으로 인간면역결핍바이러스(HIV)와 같은 엄청난 공중보건적 도전에 대응할 수 있습니다.[14]

병원균이 진화해온 방식을 연구하면, 보다 효과적인 백신을 개발할 수도 있습니다. 진화 의학과 임상 의학은 모두 질병을 통제하여, 이로 인한 고통을 줄이려는 공통의 목적을 가지고 있습니다. 질병을 박멸하려면 엄청난 돈과 시간을 들여야 하고, 아주 많은 시행착오도 감수해야 합니다. 그래도 실패할 가능성이 높습니다. 따라서 병원균을 박멸하기보다는 안전한 수준에서 진화적 기전을 통한 공생을 추구하는 것이 보다 현명한 방법이며 성공가능성도 더 높습니다. 우리는 위험한 야생동물을 길들여서, 농장에서 유익한 가축으로 키우고 있습니다. 병원균도 마찬가지로 길들일 수 있을지 모릅니다.

현대 사회의 다양한 보건 문제에서 소비자의 권한이 점점 커지고 있습니다. 이제 의료 소비자는 의사의 치료와 처방에 대해 상당한 영향력을 행사합니다. 예를 들면 젠더 관련 문제나 불평등 혹은 삶의 방식에 대한 것들이죠. 의학의 영역에 페미니즘이 개입하게 되면서, 출산이나 산과적 시술, 의학 연구에 인체를 사용하는 것, 그리고 부인과적 종양에 대해 과거와 다른 시각으로 바라보게 되었습니다.[15] 페미니스트의 비판에 힘입어, 지난 수십 년 동안 다양한 의학 용어들이 수정되어 왔습니다.[16] 인류학자들은 의사들이 인간이라는 종(種) 안에 존재하는 엄청난 수준의 다양성을 인정하고, 그러한 다양성을 "정상 건강"의 범주에 포함시킬 것을 주문하고 있습니다.[17] 이 책을 읽은 독자들이 앞으로 의학적 치료와 처방에 사회 문화적 요인과 진화적 시각을 포괄하도록 압력을 가하는 의료 소비자가 되면 좋겠습니다. 앞서 말한 대로, 지금까지 의학 연구에 진화적 시각을 더하려는 진화학자들의 시도는 그리 성공적이지 못했기 때문입니다.

진화 이론

진화 이론의 기본적인 개념 상당수가 진화 의학에도 적용됩니다. 이 책에서 전반적으로 다루게 될 내용이죠. 대부분의 독자들이 가장 기본적인 진화적 과정—자연 선택이 형질과 행동, 그리고 건강, 생존, 번식과 같은 특징에 작용하는 방법—에 대해서 대략 알고 있으리라는 전제 하에 이 책을 썼습니다. 어떤 형질을 진화적으로 설명하려면 반드시 그 형질은 유전적 기반을 가져야 합니다. 즉 변이가 있을 수 있고 유전이 가능해야 합니다. 바로 번식 그 자체입니다. 형질이 진화하려면, 그 형질이 반드시 대를 이어 내려가야만 합니다. 다시 말해서 진화적 성공은 번식적 성공(reproductive success)과 다르지 않습니다. 이를 '적합도'(fitness)라고 합니다. 예를 들어 불임을 유발하는 유전자를 가진 여성이 있다고 생각해봅시다. 그런 형질은 아무런 자손을 남기지 못하기 때문에 절대 진화할 수 없습니다. 진화적 차원에서 적합도를 떨어뜨리는 형질은 유지될 수 없습니다. 다시 말해서 번식 성공률을 증가시키는 형질만이 적합도를 높여서 다음 세대로 이어 내려갈 수 있습니다. 하지만 어떤 형질이 번식적 성공에 긍정적인지 혹은 부정적인지는 전적으로 주어진 맥락에 의해서 결정됩니다.

진화는 종종 '이기적' 과정으로 묘사됩니다. 각 개체는 다음 세대로 자신의 유전자를 전달하기 위해서 무슨 짓이든 가리지 않습니다. 따라서 각 개체는 서로서로 치열하게 경쟁합니다. 한 개체의 유전자가 여러 세대 동안 크게 불어난다면, '승자'입니다. 유전자를 계속 남기기 위해서, 우리는 '번식 전략'을 짜야 합니다. 이성을 유혹하고('짝짓기 투자'), 자식을 키우고('양육 투자'), 같은 유전자를 가진 친척을 돕는 것('친족 선택' 혹은 '포괄 적합도') 등입니다. 전략적으로 자신의 시간과 에너지, 그리고 자원을 할당하여, 번식 성공률을 높이려고 합니다. 사실 번식과 관련한 용어의 대부분은 그리 정확하지는 않습니다. 이기적, 경쟁, 전략, 목적, 할당과 같은 단어들은 의도성을 암시하고 있습니다만, 행동과 형질은 의도된 것이 아니라 단지 세대를 반복하며 선택된 결과일 뿐입니다.

진화에 관한 또 다른 흔한 오해가 있습니다. 뒤에서 다루겠지만 바로 '부모-자식 갈등'(parental-infant conflict)입니다. 보통 부모-자식 갈등은 십대 청소년과 부모의 갈등을 말하지만, 진화적 견지에서는 다른 의미를 가지고 있습니다. 한쪽의 번식적 이득이 다른 쪽의 이득과 충돌하는 경우를 말합니다. 예를 들어 어머니는 (이론적으로) 자식을 위해 모든 것을 내놓을 수 있습니다. 자식은 어머니의 유전자를 50%나 가지고 있기 때문입니다. 단, 조건이 있습니다. 그러한 투자가 다른 자식의 생존 혹은 앞으로 낳을 자식의 생존을 방해하지 않는다는 조건입니다. 그런데 당연한 말이지만, 자식은 자신의 유전자를 100% 전부 가지고 있습니다. 따라서 어머니의 건강 혹은 다른 형제자매의 건강보다 자신의 건강이 더 우선입니다. 뒤에서 다시 자세하게 다루겠지만 이러한 이유로 임신과 수유 시 어머니의 이득과 태아 혹은 신생아의 이득이 충돌하게 됩니다. 아기는 가능한 한 오랫동안 수유를 받고 싶어 합니다. 그러나 어머니는 수유를 중단하고 그

에너지를 다음 임신을 위해서 비축하고 싶어 하기 때문에 어머니와 자식 사이에 첨예한 갈등이 발생하게 됩니다.

근연 원인과 궁극 원인

건강, 생존 혹은 번식에 관한 형질을 연구할 때는 '근연 원인'(proximate causes)과 '궁극 원인'(ultimate causes)을 구분하는 것이 중요합니다. 근연 원인이란 의사들이 차트에 쓰는 직접적인 원인을 말합니다. 이는 약물 투여나 수술 등의 방법으로 다스릴 수 있습니다. 가장 흔한 예가 바로 감염에 의한 고열입니다. 고열의 원인은 바이러스 혹은 박테리아죠. 그리고 그 원인, 즉 박테리아를 제거하면 고열은 잡힙니다. 그러나 고열의 진화적 원인, 즉 궁극 원인은 바로 감염과 싸우는 인체의 방어 전략입니다. 수많은 세대를 거쳐서 생존과 번식을 도운, 복잡한 면역체계의 일부로 고열반응이 일어나는 것입니다.[18] 사실 항생제에 반응이 없는 바이러스나 박테리아에 감염되면, 의사들은 별로 해줄 수 있는 것이 없습니다. 진화적 의미에서 고열은 결함(defect)이 아니라 방어(defense)입니다.[19] 물론 다른 방어기전과 마찬가지로, 통제를 벗어난 고열은 의학적인 조치가 필요합니다. 40도가 넘는 고열을 보이는 아기를 두고 감염과 잘 싸우는 중이라고 안심하면 안 됩니다. 즉시 열을 내려주어야 합니다.

또 다른 예는 바로 겸상 적혈구 빈혈증(sickle cell anemia)입니다. 이 질병에 대한 근연 원인은 바로 유전입니다. 정상적인 헤모글로빈 A가 아니라, 헤모글로빈 S를 만드는 두 개의 대립유전자를 가지면 심각한 빈혈증이 생깁니다. 치료를 받지 않으면 20세 이전에 대부분 사망합니다.[20] 따라서 빈혈을 치료하는 의사들은 그 근연 원인 혹은 특정 기전을 찾아서 치료하려고 노력합니다.

반면에 진화적으로 겸상 적혈구 빈혈증에 대한 궁극 원인을 고민해볼 수도 있습니다. 진화 의학자들은 겸상 적혈구 빈혈증이 왜 아프리카와 지중해에서 살던 사람들의 후손들에게 많이 발병하는지 궁금했습니다. 이 지역에서 적혈구를 찌그러뜨리는 대립유전자가 가지는 선택적 이득이 과연 무엇일까요? 인류학자 프랭크 리빙스톤(Frank Livingstone)은 최초의 진화 의학자로 불리곤 하는데(물론 그때는 진화 의학이라는 말도 없었습니다만), 겸상 적혈구 대립유전자의 지리적 분포가 말라리아의 지리적 분포와 일치한다는 사실을 밝혔습니다. "겸상 적혈구 유전자 한 개를 가진 사람"(sickle cell trait)은 정상 적혈구 유전자를 가진 사람들보다 말라리아에 걸릴 가능성이 낮고, 말라리아로 사망할 확률도 낮았습니다. 따라서 헤모글로빈 S의 이형 접합체를 가진 사람은 말라리아가 창궐하는 지역에서 더 높은 번식 성공률을 보이게 됩니다. 이 때문에 이러한 대립유전자가 지금껏 유지된 것입니다. 이러한 가설은 겸상 적혈구가 말라리아 감염에 더 저항력이 강하다는 실험을 통해서 실제로 입증되었습니다. 이 연구 결과는 특정 대립유전자의 '적응적 중요성' 및 분포 패턴에 대해 잘 이해할 수 있도록 해주었지만, 사실 겸상 적혈구증 치료에는 별로 도움이 되지 않았죠.

근연 원인과 궁극 원인을 구분하는 또 다른 방법은 일생 동안 한 개체의 몸에서 일어나는 일이 근연 원인이며 인구 집단이나 혹은 종 전체 수준에서 긴 기간 동안 일어나는 일이 궁극 원인이라는 것입니다. 그렇기 때문에 임상 의사들은 진화 의학에 큰 관심이 없습니다. 궁극 원인을 알아봐야 당장 진료실에서 보는 환자의 치료에 별로 도움이 되지 않기 때문입니다.

진화생물학자 폴 이발드(Paul Ewald)는 진화 의학이 잘 알려진 근연 원인에 대한 의학적 설명에 의존해서 질병과 장애에 대한 궁극적 혹은 진화적 설명을 시도하고 있다고 우려했습니다.[22] 근연 원인에 대한 가정이 잘

못되었다면, 궁극 원인에 대한 설명도 잘못될 수밖에 없다는 것입니다. 특히 감염이 원인일 가능성을 고려하지 않으면, 진화적 설명의 오류 가능성이 높아집니다. 그런데 진화 의학의 가설 중 상당수가 이러한 위험성을 가지고 있습니다. 예를 들어 특정한 유전형은 스트레스와 관련이 높고, 스트레스는 위궤양과 관련됩니다. 그러나 이러한 가설에 근거한 진화적 설명은 나중에 틀린 것으로 판명되었습니다. 위궤양을 유발하는 박테리아가 발견되었기 때문이죠.

암의 '원인'을 단지 우리 몸이 현대 사회에 적응하지 못했기 때문으로 간주한다면, 암을 유발하는 수많은 병균을 무시하는 결과를 낳게 됩니다. 이발드는 질병과 장애에 대한 진화 의학적 접근이 다음의 세 가지 범주를 고려해서 이루어져야 한다고 주장했습니다. 유전적 원인, 감염성 원인, 환경적(생활습관) 원인[23]입니다.

치료 방법 혹은 예방법을 찾고 있다면, 질병의 원인을 잘 밝히는 것이 아주 중요합니다. 감염에 의해 일어나는 질병인데, 유전에 의한 것으로 잘못 알고 있다면 치료가 제대로 될 리 없습니다. 박테리아에 의해 일어난 위궤양인데, 사람들에게 스트레스를 줄이고 편안한 마음을 가지라고 조언해 봐야 궤양이 나을 리 없습니다(약간 도움은 되겠습니다만). 반대로 결핵은 박테리아에 의해서 일어난다는 사실을 알고 있습니다. 그러나 결핵의 발병과 치료는 유전자와 환경(특히 식이나 위생)이 상당한 영향을 미칩니다. 입덧은 배아(수정 후 8주 이전의 태아)를 보호하기 위한 적응적 현상이지만, 심각한 수준의 입덧은 감염과 관련되어 있는지도 모릅니다. 심한 입덧을 겪으면서도 자연스러운 진화의 결과라고 안심하고 있으면 산모와 태아는 탈수에 빠져서 죽을 수도 있습니다. 진화 의학적 설명을 적용하기 위해서는 반드시 인간의 몸과 마음에 대한 총체적이고 깊이 있는 이해가 전제되어야 합니다.

'정상'의 개념

진화 의학자들은 인간의 신체가 주어진 조건에 따라서 생물학적으로 아주 다양하게 적용할 수 있다는 가정 하에 인간의 건강 그리고 발달에 대해 다루려고 합니다. 그러나 현대 의학은 선진국의 영양 상태가 좋은 사람을 모델로 삼아 평균과 '정상'의 기준을 정하려는 경향이 있습니다. 그리고 의사들은 정상에서 벗어났다면 치료를 받아야 한다고 생각합니다. 하지만 부유한 곳에서 성장한 여성을 모델로 정상의 기준을 삼는 것은 현재 빈곤한 지역에 사는 사람들, 혹은 과거 선조들이 살았던 척박한 환경을 반영하지 못합니다. 소위 정상에서 벗어난 상태가 어떤 특정한 환경에서는 오히려 건강한 반응일 수 있습니다. 진화 의학은 거의 모든 인간의 형질이 아주 넓은 범위 안에서 모두 적용적일 수 있다고 간주합니다. 어떤 환경에서 어떤 형질의 변이가 생존과 번식을 위한 '충분히 좋은' 방법일 수 있는지에 대해서, 이 책 전반에 걸쳐서 다룰 것입니다.

인간의 진화와
생애사

삶은 에너지를 필요로 합니다. 성장을 위해서도 에너지가 필요합니다. 번식도 역시 에너지를 요구합니다. 치유에도 에너지가 필요합니다. 우리가 먹는 음식을 칼로리로 변환한 '에너지' 말입니다. 아마 이 책을 읽는 독자들은 이 에너지가 부족한 경험을 거의 해보지 못했을 겁니다. 그러나 우리 조상들은 늘 먹을 것이 부족했습니다. 그리고 오늘날에도 세계 일부 지역 사람들은 기아에 시달립니다. 또한 일생을 살아가면서도 먹을 것이 넘칠 때가 있고 부족할 때가 있습니다. 따라서 자연 선택의 과정은 이러한 에너지를 최대한 효율적으로 할당하여 번식 성공률을 극대화하도록 우리의 몸, 그리고 삶의 과정을 진화시켰습니다.

에너지가 제한되어 있다면, 에너지 할당은 트레이드오프(trade-off)를 유발합니다. 이 트레이드오프가 생애사 이론의 가장 중요한 개념입니다.[24] 간단히 말해서 주변에 자원이 풍부하고 구하는 데 큰 노력이 들지 않는 상황이라면, 아마 여성은 양호한 면역 기능을 유지하면서 동시에 여럿의 아기를 건강하게 키우고 심지어는 통통하게 살이 오른 아기를 계속 낳을 수 있을 것입니다. 그러나 에너지가 제한되어 있다면 하나를 위해서 다른 하나를 거래, 즉 트레이드해야만 합니다. 생애사 이론을 통해서 특정한 환경 조건, 특히 특정한 사회 문화적 조건 하에서 어떤 트레이드가 일어나는지 예측할 수 있습니다.[25]

트레이드오프 개념은 번식적 성공이 단지 양적 측면이 아니라, 질적 측면에서도 다뤄져야 한다는 것을 알려줍니다. 특히 인간에게는 질적 성공이 아주 중요합니다. 자식을 무조건 많이 낳는다고 다 좋은 것이 아닙니다. 그 자식이 생존하고, 또 다시 손주를 낳을 수 있어야 합니다. 조류학자들은 이미 이런 사실을 알고 있습니다. 알을 적게 낳는 것이 오히려 더 유리하고, 최대치로 알을 낳으면 되레 불리하다는 것이죠.[26] 열 명이나 되는 자식을 낳았지만, 결국 모두 죽어버렸다면 아무 의미가 없습니다. 자식을 하나만 낳아도, 그 자식이 많은 손주를 낳는다면 오히려 더 이득입니다. 인간에게 양-질(quantity-quality) 트레이드오프는 자식의 숫자, 성장 지연, 자원과 육아를 위한 사회적 자원의 공유와 깊은 관련이 있습니다. 사실 자원의 공유는 인간의 생애사적 전략에 아주 중요한 요소입니다. 공유를 통해서 인간은 다른 영장류보다 더 높은 트레이드오프 포인트를 얻을 수 있습니다. 더 많은 자식을 키울 수 있는 것입니다.[27] 물론 문화와 자원 공유의 행위들은 인간의 생애사 전략의 예측을 아주 복잡하게 만듭니다. 다른 종에 적용하는 간단한 이론으로는 인간의 복잡한 생애사를 설명하기 어렵습니다. 인류학자 로버트 워커(Robert Walker) 등은 "빠른 속도로 번식하며, 장수하는 협력적 대형 포유류인 인간은 가공할 만한 숫자의 생애사 조합을 형성하는데, 이는 지구 전역에 수렵 채집 사회가 성공적으로 퍼져나갈 수 있는 원동력이 되었다"라고 하였습니다.[28]

삶을 유지하기에 충분한 식량을 얻을 수 있다면 에너지 균형이 이루어집니다. 다시 말해 나가는 에너지와 들어오는 에너지가 같아집니다. 만약 에너지가 넘치면 여분의 에너지는 다른 곳(성장, 번식, 치유)을 위해 사용됩니다. '양(陽)의 에너지 균형', 즉 들어오는 에너지가 나가는 에너지보다 많은 것입니다. 에너지가 모자라면 '음(陰)의 에너지 균형', 즉 들어오는 에너지가 나가는 에너지보다 적어지게 됩니다. 음의 에너지 균형 상태에서는 근육이나 지방 혹은 내장기관에 저장된 에너지를 꺼내 써야 합니다. 음의 균형이 지속되면 장기적으로는 결국 죽고 맙니다. 단기적으로는 다른 기능을 억제하죠. 어린 아이는 성장을 포기하고, 성인은 번식을 포기합니다. 뒤에서 다시 다루겠습니다만, 여성의 번식 기능은 남성보다 에너지 균형에 훨씬 민감합니다. 물론 오랫동안 음의 균형이 지속되면, 즉 음식을 제대로 먹지 못하면 남성의 정자 생산도 줄어들기는 합니다. 따라서 어떤 의미로 보면 여성의 임신과 출산에 대한 연구는 음식에 대한 연구와 별로 다르지 않습니다.

음의 에너지 균형은 다양한 방법으로 번식을 억제합니다. 생애 초기에는 사춘기를 지연시키며 사춘기 이후에 일어나는 배란도 지연시킵니다. 수유로 인한 무배란은 음의 에너지 균형 상태에서 더 길어지고, 양의 에너지 균형 상태에서는 보다 짧아집니다. 따라서 영양 공급이 좋은 여성은 절대 수유를 이용한 피임을 해서는 안 됩니다. 예를 들어 인류학자 클라우디아 발레지아(Claudia Valeggia)와 피터 엘리슨(Peter Ellison)은 아르헨티나의 토바(Toba) 부족에 대한 연구를 통해서, 영양 공급이 좋은 여성은 출산 후 1년 이내에 배란이 재개된다는 것을 밝힌 바 있습니다. 에너지 균형이 수유 간격보다 더 중요한 요인이었죠.[29] 에너지 균형은 생리 주기와 임신 중의 호르몬 수치에 영향을 미칠 뿐만 아니라, 출산 간격과 신생아의 체중에도 영향을 미칩니다.[30] 마지막으로 약간의 논란은 있습니다만, 음의 균형이 장기간 지속되면 보다 일찍 폐경이 일어나는 것으로 보입니다.[31] 당연한 말이지만 굶고 있는 사람은 성욕도 줄고 구애 활동에도 관심이 적어지고 성행위도 잘 하지 않습니다. 번식 성공률이 떨어질 수밖에 없습니다.

생애사 이론의 여러 부분이 유성생식을 하는 다양한 동물에 비슷하게 적용될 수 있습니다. 그러나 인간의 생애사 이론은 여러 가지 면에서 상당히 독특합니다. 이를 진화적으로는 '파생 형질'(derived traits)이라고 하는데, 다른 대형 영장류와 인간이 가지는 중요한 차이입니다. 예를 들면 긴 수명, 늦은 나이의 첫 출산, 긴 성장 기간, 보다 큰 여성의 체구, 보다 크고 의존적인 신생아, 보다 이른 이유(離乳), 더 짧은 출생 간격, 보다 연장된 번식 후 기간 등입니다.[32] 게다가 인류학자 길리언 벤틀리(Gillian Bentley)는 인간이 "문화적 개입을 통한 번식 최대화"를 이루었다고 주장합니다.[33] 이는 다른 동물에게서는 도저히 찾아볼 수 없는 현상입니다. 아래에서는 생애사 이론과 관련해 인간을 정의하는 몇몇 특징을 살펴보겠습니다. 책 전반에서 등장하는 이론을 이해하는 데 큰 도움이 될 것입니다.

두 발 걷기

호미니내하과(Homininae)* 화석 기록에 의하면, 오스트랄로피테신† 이후의 인류는 모두 두 발 걷기‡를 하였습니다. 이러한 독특한 특징은 약 700만 년에서 500만 년 사이에 진화한 것으로 추정됩니다. 최초로 두 발 걷기를 한 '이유'가 무엇인지 밝히는 것은 대단히 어려운 일이지만, 여러 연구에 의하면 두 발 걷기는 이동 시 에너지를 절약해주는 효과가 있었던 것으로 보입니다.[34] 물론 두 발 걷기 능력을 얻기 위해서 치러야 하는 비용도 있었지만, 최소한 지난 수백만 년간 두 발 걷기는 에너지 효율성 측면에서 확실히 유리했던 것으로 보입니다.

진화 의학은 두 발 걷기의 의학적 결과에 대해서 많이 다루고 있습니다. 몸 전체가 두 발 걷기를 효과적으로 지원하기 위해서 적응했고, 이는 오늘날 인간의 건강에 상당한 영향을 미쳤습니다. 두 발 걷기의 진화에 대한 이야기가 나오면, 늘 따라 나오는 이야기가 바로 "루브 골드버그"(Rube Goldberg)§ 설계입니다.[35] "두 발 걷기는 아주 괴상한 형태의 이동법"이라는 것입니다.[36] "만약 신이 자신의 형상대로 인간을 창조했다면, 신도 요통을 앓고 있을까?"라는 식이죠.[37] 1951년 윌튼 크로그먼(Wilton Krogman)

---

* 사람하과라고도 한다. 계통학적으로는 고릴라속(*Gorilla*), 판속(*Pan*), 그리고 사람이 속한 호모속(*Homo*)을 말한다. 진화적으로는 멸종한 파란트로푸스속(*Paranthropus*), 오스트랄로피티쿠스속(*Australopithecus*), 사헬란트로푸스속(*Sahelanthropus*), 오로린속(*Orrorin*), 아르디피테쿠스속(*Ardipithecus*), 케냔트로푸스속(*Kenyanthropus*)을 모두 일컫는다.

† 오스트랄로피테신(Australopithecines)은 오스트랄로피테쿠스속에 속하는 모든 종을 통칭하는 말이다.

‡ 두 발 걷기는 bipedalism을 옮긴 말이다. 걷는 것 외에도 단지 서 있거나 혹은 달리는 것도 포함하는 개념이지만, 적절한 용어가 없어 보통 양각 보행, 이각 보행, 양발 보행, 이족 보행, 직립 보행, 두 발 보행, 두 발 걷기 등 다양하게 번역된다. 여기서는 주로 두 발 걷기로 옮겼다.

§ 간단한 작업을 아주 복잡한 방법으로 수행하는 것 혹은 그러한 작동을 하는 기계를 말한다.

은 "인간 진화의 흉터"(The Scars of Human Evolution)라는 제목의 글을 《사이언티픽 아메리칸》에 기고한 바 있습니다. 거기서 두 발 걷기에 의한 '흉터'에 대해 주로 이야기하였죠.[38] 사실 이 논문은 인간 진화가 건강에 미치는 결과를 명시적으로 논한 최초의 글이었습니다.

일부 부정적인 평가에도 불구하고 두 발 걷기는 인간에게 많은 '좋은 것'을 가져다주었습니다. 뇌도 커지고, 우수한 지능도 얻게 되었죠. 도구의 제작과 사용 능력, 원거리 사냥 능력, 도구 혹은 아기의 운반 능력, 선 채로 나무나 수풀의 식량을 채집할 수 있는 능력, 육식 위주의 식생활로의 변화, 체모의 소실과 체온조절을 위한 땀샘의 발달, 그리고 가장 중요한 에너지 효율성의 증가 등 다양한 파급 효과를 낳았습니다. 그러나 '나쁜 것'도 함께 가져다주었습니다. 골반기관의 탈출이나 혈전 · 정맥류 · 요실금과 변실금 · 중이염 · 추간판탈출증 · 척추분리증 · 척추측만증 · 치핵과 탈장 · 골다공증과 골감소증 · 기도 폐색 가능성의 증가 · 족저근막염 · 만성 요통 · 무릎 통증 · 건막류 등입니다. 사실 인류가 두 발 걷기를 했기 때문에 상당수의 의료인들이 밥을 먹고삽니다. 정형외과 전문의, 도수 치료사(chiropractic), 정골의사(osteopathy specialist), 족부의학 전문가(podiatrist), 물리치료사, 스포츠 의학전문가, 그리고 산부인과 의사들 말입니다.* 4장과 5장에서 두 발 걷기가 임신과 출산에 어떤 영향을 끼쳤는지 자세히 살펴보도록 하겠습니다.

---

* 서양에는 발질환만 다루는 족부의학(podiatric), 뼈를 맞추는 것을 전문으로 하는 정골의학(osteopathy)과 같은 대체의학이 있다. 의사는 아니지만 해당 자격증을 취득하면, 제한적인 의료행위를 할 수 있다.

거대한 뇌

모든 동물은 생존, 성장, 건강 유지, 번식 등 다양한 요구에 적절하게 에너지를 할당하려고 합니다. 각 기관의 크기도 대사적 요구량을 결정하는 데 중요한 요인이지만, 전적으로 크기에 좌우되는 것은 아닙니다. 인간은 대사적인 의미에서 아주 값비싼 뇌를 가지고 있기 때문이죠. 대부분의 동물에게도 뇌는 값비싼 장기이지만, 인간에게는 특히 그렇습니다. 크기도 크고, 에너지 요구량은 더욱 엄청납니다. 거대한 뇌는 인간의 특징이지만 사실 250~200만 년 전까지는 뇌의 크기 증가가 그다지 두드러지지 않았습니다. 오스트랄로피테신에서 호모속으로 진화하면서 뇌가 급격히 커졌습니다. 그리고 이는 인간의 생애사에 큰 영향을 미쳤습니다. 아기는 아주 무력한 상태로 일찍 태어나기 때문에 어머니에게 전적으로 몇 년 이상 의존해야만 합니다. 출생 시 미성숙한 뇌, 그리고 느리게 성장하는 뇌로 인해서 인간은 보다 늦게 성숙하게 되고, 이는 결과적으로 인간의 수명이 길어지도록 만들었습니다.[39] 큰 뇌로 인해 일어난 의학적 결과는 몇 장에 걸쳐서 자세히 다루도록 하겠습니다.

길어진 유아기와 소아기의 발달

인간과 다른 영장류의 생애사는 큰 차이가 있습니다. 인간은 생애사의 모든 기간이 연장되어 있고, 수명 자체도 길어졌습니다. 사실 대부분의 영장류는 생애사의 기간이 서로 엇비슷합니다. 생애 후반기는 약간 차이가 나지만, 재태 기간이나 유아기는 거의 비슷하죠(〈그림 1〉). 생애 초반의 기간이 늘어난다는 것은 성장과 학습을 위한 기간이 더 필요하다는 뜻입니다. 즉 에너지 요구량이 늘어나고 번식이 미뤄진다는 것이죠. 따라서 생애 단계가 연장된다면 그에 상응하는 선택적 이득이 반드시 있어야 합니다.

성장에 더 많은 시간이 걸린다면, 체구도 더 커지게 되고 체구를 유지하기 위한 자원도 더 많이 필요하게 됩니다. 현생 인류뿐 아니라, 과거의 인류 조상도 침팬지(야생이든 사육이든)보다 오래 살았으며, 더 느리게 늙어갔던 것으로 보입니다.[40]

앞서 언급한 것처럼, 인간의 생애 주기가 길어진 것은 의존적이고 느리게 성숙하는 자식 때문입니다.[41] 아기는 너무 작고 무력하기 때문에, 어머니와 아버지가 같이 짝을 이루어 생활해야 합니다. 종종 아버지도 자식을 돌보아야 합니다. 게다가 나이가 한참 들어서야 겨우 번식을 시작하고, 아기는 적게 낳으며, 이내 폐경이 오는 이유도 바로 작고 무력한 아기 때문

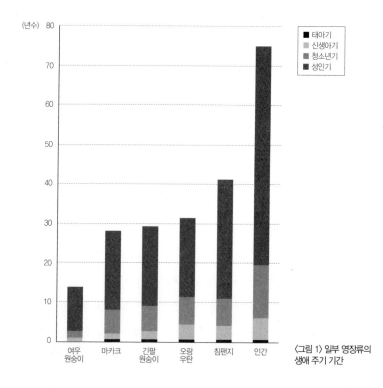

〈그림 1〉일부 영장류의 생애 주기 기간

입니다. 이러한 모든 이상한 현상은 아이를 키우는 것이 너무 값비싸고 어려운 일이기 때문에 일어나는 일입니다. 손쉬운 일이었다면 굳이 부모가 같이 아기를 키울 필요가 없습니다. 어머니가 다른 누군가에게 도움을 받을 수 있을 때 비로소 성공적인 양육이 가능해집니다. 인류학자 세라 허디(Sarah Hrdy)*는 길어진 수명, 느린 성장, 매우 의존적인 자식 등으로 인해서 부부가 서로 협력하게 되었다고 말합니다. 사실 이런 현상은 일부 조류나 영장류에서도 관찰됩니다.[42] 가장 성공적인 어머니는 바로 알로마더(allomother, 어머니처럼 양육을 돕는 사람으로 성별은 상관없습니다)에게 의지할 수 있는 어머니입니다. 자원의 획득과 육아를 돕는 사람이 곁에 있으면 아주 유리해집니다. 다른 대부분의 영장류처럼 인간은 사회적 존재입니다. 대부분의 인생을 확장된 친족 네트워크 안에서 살아갑니다. 따라서 양육을 도와줄 다른 사람이 늘 주변에 있었습니다.

이러한 도움을 제공할 가장 좋은 후보는 누구일까요? 이모 혹은 다른 가임기 여성의 도움을 받는다면, 그들의 번식 가능성을 침해하게 됩니다. 아이의 손위 형제자매가 베이비시터 역할 혹은 다른 도움을 줄 수 있습니다. 특히 나이 많은 누나나 언니는 이러한 경험을 통해서 양육에 대한 귀중한 훈련 기회도 얻을 수 있습니다. 남편이나 아버지는 귀중한 조력자이며, 많은 경우 삶과 죽음 여부를 결정할 정도로 엄청나게 중요한 보호를 제공

---

* 세라 허디의 성은 하디, 허디, 흘디, 흐르디 등 다양하게 옮겨져 있는데, 국내 연구자들은 허디의 정확한 한국어 표기 및 발음을 놓고 가볍고 재미있는 논쟁을 하곤 한다. 세라의 성은 하버드대의 내과의사였던 체코계 남편 대니얼 하디(Daniel Hrdy)의 성을 따른 것이다. 체코어 외래어 표기법에 의하면, '흐르디'로 표기하는 것이 정확하다. 실제 체코 발음은 '하디'와 '흐르디'의 중간 정도에 가깝지만, 미국 발음을 보면(hur-dee) '허디'와 '헐디'의 중간에 가깝다. 또한 하디는 토마스 하디(Thomas Hardy)의 성처럼 보다 흔한 프랑스 유래의 성과 혼동되기 쉽다(하지만 프랑스에서 'Hardy'는 '아르디'에 가깝게 발음된다). 아무튼 이 책에서는 이러한 다양한 점을 고려하여, '허디'로 통일했다.

해줄 수 있습니다.

그러나 빅토리아 시대의 정서나 기독교적인 "가족의 가치"만큼이나, 남편과 아버지의 보호는 신뢰하기 어려울 수도 있습니다.[43] 수많은 인류학적 연구에 의하면, 종종 남성에게 아이는 최우선적 관심사가 아닙니다. 예를 들어 다른 여성을 유혹하거나 지위를 향상시키기 위해서, 남성은 다른 자원을 획득하는 데 더 큰 신경을 쓰곤 합니다.[44] 미국의 아버지상은 빅토리아 시대의 남성상과 비슷한데, 무려 40%의 아이들이 자신의 생물학적 아버지와 같이 살지 않습니다.[45] 허디가 지적한 대로 우리의 조상은 일찍 죽을 위험이 높았던 아버지로부터 안정적인 도움을 기대하기는 어려웠는지도 모르겠습니다.

하지만 다행스럽게도 인간의 수명이 길어진 덕분에, 어린 아이를 돌보면서 스스로 이득을 얻을 뿐만 아니라 별로 잃을 것은 없는 조력자가 생겼습니다. 바로 할머니입니다. 어떤 학자들은 인간이라는 종이 성공한 이유가 바로 할머니 덕분이라고 주장합니다. 예를 들어 허디는 할머니의 도움을 통한 협력적 양육 덕분으로 아이들의 느린 성장과 발달이 가능했고, 성공적인 부모가 되기 위한 시간을 충분히 벌 수 있었다고 주장했습니다.[46] 할머니가 제공하는 양질의 음식은 아주 크고 에너지가 많이 드는 뇌가 진화할 수 있도록 해준 바탕이 되었습니다. 더 이상 자신의 아기를 낳을 수는 없지만, 손주를 돌보기에는 충분히 건강한 할머니의 존재가 얼마나 중요한지에 대해서는 9장과 10장에서 자세히 다루겠습니다.

문화

인간은 문화적 동물입니다. 우리는 문화의 한가운데에서 살아갑니다. 문화를 빼고 인간을 이야기하는 것은 마치 물을 빼고 물고기에 대해서 이야기하는 것과 같습니다. 우리의 삶은 그저 생물학만으로는 설명할 수 없습니다. 물론 인간의 생물학적 측면이 문화에 영향을 주고, 그 반대 방향으로도 영향이 일어납니다. 보통 행동과 문화는 서로 밀접하게 엉켜 있기 때문에, 종종 동의어로 쓰입니다.[47] 진화나 생애사의 맥락에서 번식 전략을 이야기할 때면, 마치 인간을 기계처럼 다루고 있는 듯한 느낌을 받습니다. 하지만 우리가 배우자를 만나 아기를 낳아 키우는 것은 의식의 통제를 받아 이루어지는 과정이며, 인간의 의식은 자신이 속한 문화에 의해서 다듬어집니다. 심지어 인간이 먹는 음식조차도 문화의 소산입니다(어떤 문화권에서 개는 음식이지만, 다른 문화권에서는 그렇지 않죠). 따라서 배우자를 만나고, 출산을 하고, 수유를 하며, 아이를 키우는 모든 행동은 문화의 영향을 받는다고 할 수 있습니다.

우리의 몸은 진화적 과정을 통해 만들어졌습니다. 그러나 우리가 건강하게 사는지, 어떤 질병이나 장애를 맞닥뜨리는지는 우리가 태어나고 살아가는 문화적 환경에 의해서 크게 좌우됩니다. 물론 여성의 신체는 자연선택의 과정에 의해서 결정됩니다. 하지만 결혼을 할지 말지, 누구와 결혼할지, 몇 명의 성적 파트너를 만나서 관계할지, 아기를 낳을지 말지, 몇 명이나 낳을지, 모유 수유를 할지 말지, 그리고 한다면 얼마나 오래 수유할지, 폐경을 어떻게 받아들이고 경험하는지 등은 모두 문화에 의해서 결정됩니다. 번식과 관련된 모든 과정은 생물학적으로 기술될 수 있지만, 거기에서 그친다면 인간성의 많은 부분을 놓치는 우를 범하는 것입니다. 이 책은 주로 여성이 어떻게 진화했는지를 이야기하겠지만, 문화적 영향에 대해서도 소홀하게 다루지 않을 것입니다. 따로 언급하지 않더라도 인간의 행동이나 특질에 문화가 아주 중요한 역할을 한다는 사실을 잊어서는 안 됩니다.

호르몬

호르몬에 대해 언급하지 않고 포유류, 특히 인간의 생식과정을 이야기하는 것은 불가능합니다.[48] 전통적인 정의에 따르면 호르몬은 어떤 세포에서 분비되어 다른 세포에 영향을 미치는 물질을 말합니다. 호르몬은 많은 세포에 작용하여 복잡한 효과를 발휘합니다. 게다가 생애의 다른 시기에, 다른 효과를 낳기도 합니다. 이를 '다면발현'(pleiotropy)이라고 합니다. 어떤 때는 긍정적 역할을 하지만, 다른 때는 부정적 결과를 유발하는데, 이런 현상을 특히 '길항적 다면발현'이라고 합니다. 예를 들어 에스트로겐(estrogen)은 임신과 출산을 돕는 호르몬이지만, 또한 여성암*도 유발합니다.[49] 물론 너무 단순화한 설명이기는 합니다. 사실 호르몬은 아주 다양한 효과를 발현하기 때문에, 특정한 호르몬이 어떤 특정한 결과를 낳는다고 일차원적으로 생각해서는 안 됩니다.

입천장 바로 윗부분에는 임신과 출산에 아주 중요한 역할을 하는 두 개의 기관이 있습니다. '시상하부'(hypothalamus)와 '뇌하수체'(pituitary gland)입니다. 이 두 기관은 서로 연결되어 있으며, 지속적으로 영향을 주고받습니다. 시상하부는 신체에서 일어나는 모든 종류의 활동을 조절하는 중앙통제센터입니다. 반면 뇌하수체는 임신 및 출산과 관련한 호르몬을 일차적으로 조절하는 기관입니다. 즉 신체나 뇌에서 오는 신호를 종합

---

* 본문에는 생식성 암(reproductive cancer)이라는 말을 사용하고 있다. 보통 생식성 암은 대부분의 부인과적 암(gynecological cancer)과 남성의 전립선암을 포함한다. 부인과적 암은 일반적으로 자궁암, 자궁내막암, 자궁경부암, 난소암, 질암 등을 포함한다. 한국에서 흔히 사용하는 여성암은 부인과적 암과 유방암, 그리고 여성에게 많이 발생하는 갑상선암 등을 포함한다. 원문에서 언급하는 생식성 암은 부인과적 암과 유방암을 합친 개념인데, 편의상 여성암으로 옮겼다.

해서, 시상하부가 뇌하수체에 무슨 일을 할지 '지령'을 보냅니다. 뇌하수체는 전엽과 후엽, 이렇게 두 부분으로 나뉘는데, 전엽은 옥시토신(oxytocin)과 바소프레신(vasopressin)을 분비하고 후엽은 성선(난소와 정소), 갑상선, 부신, 유선에 폭넓게 작용하는 다양한 호르몬을 분비합니다.

호르몬은 크게 두 종류가 있습니다. 펩타이드(peptide)와 스테로이드(steroid)입니다. 펩타이드 호르몬—유즙호르몬(prolactin), 성장호르몬, 옥시토신—은 단백질이며, 세포의 표면에 결합, 세포에 존재하는 기존 효소에 바로 신속하게 작용하는 특징이 있습니다. 반면 스테로이드 호르몬—에스트로겐, 테스토스테론(testosterone), 코티솔(cortisol)—은 지질(脂質)이며, 세포 내부의 수용체에 작용합니다. 새로운 효소의 합성을 지시하기 때문에 느리게 작용합니다.

그 밖에 다른 차이점도 있습니다. 펩타이드 호르몬은 혈액에서만 검출되지만, 스테로이드 호르몬은 혈액 외에도 침이나 소변에서 검출됩니다. 즉 병원이나 실험실이 주변에 없고 냉장고도 구비하기 어려운 인류학 현지 조사 중에도, 단지 침만 잘 모아두면 호르몬에 대한 연구가 가능하다는 뜻입니다. 인류학자들은 임신과 출산에 대한 연구를 하면서, 부족민의 타액을 수집하는 방법으로 큰 성과를 거두었습니다.[50] 펩타이드 호르몬도 중요한데, 어떻게 연구할 수 있을까요? 다행히 건조된 혈액 샘플을 이용하여 호르몬을 검출하는 방법이 개발되었습니다. 한 방울만 종이에 떨어뜨려 잘 말리면 되죠.[51]

성선(性腺) 호르몬은 종종 남성 혹은 여성호르몬으로 불립니다. 예를 들어 난소에서 분비되는 에스트로겐은 여성호르몬으로 알려져 있고, 정소(혹은 고환)에서 분비되는 테스토스테론은 남성호르몬으로 알려져 있습니다. 그러나 사실 난소도 약간의 테스토스테론을 분비하고, 정소도 약간의 에스트로겐을 분비합니다. 게다가 테스토스테론은 에스트로겐으로 변환될 수도 있습니다. 이 두 호르몬은 남성과 여성 모두의 성장, 발달, 그리고 번식에 중요한 역할을 합니다.

성선, 즉 난소와 정소는 뇌하수체로부터 신호를 받아 분비 호르몬의 양을 늘리거나 줄입니다. 심지어 아예 중단하기도 합니다. 성선에 작용하는 뇌하수체 호르몬을 '성선자극호르몬'(gonadotrophins)이라고 하는데, 난포자극호르몬(FSH, follicle stimulating hormone)과 황체형성호르몬(LH, luteinizing hormone) 등이 이에 속합니다. 모두 시상하부에서 분비되는 성선자극호르몬 방출호르몬(GnRH, gonadotrophin-releasing hormone)에 의해 조절됩니다. 난포자극호르몬와 황체형성호르몬은 배란 및 정자 생산에 작용합니다. 자세한 것은 뒤에서 다시 다루겠습니다.

**인류학에서 말하는
진화 의학**

진화 의학은 집단생물학, 분자생물학, 인류학, 심리학, 유전학, 역학 및 임상 의학 등 아주 다양한 학문 분야의 지식을 절충하고 통합한 학문입니다. 따라서 각각의 접근방법도 학문적 배경이나 이론적 경향에 따라서 아주 상이합니다. 어떤 학자는 임상적 적용을 강조하고, 다른 학자는 연구에 보다 초점을 맞춥니다. 어떤 학자는 선조의 삶과 현재 우리의 삶이 어떻게 다른지 살펴보고, 이를 통해서 동시대의 건강 문제를 이해하려고 노력합니다.

인류학은 주로 종간 혹은 집단 간 비교연구를 통해서 결론을 도출하는데, 주로 수개월에서 수년간의 관찰 데이터에 아주 많이 의존합니다. 의학 연구의 가장 기본이라고 할 수 있는 대조군 실험은 거의 하지 않습니다. 이런 이유 때문에 인류학자의 연구는 일반적인 기초 의학 연구보다 더 재미있습니다. 대중들, 그리고 임상 의사들은 인류학적 연구에 아주 큰 관심을 보이곤 하죠. 앞서 말한 것처럼, 인류학이 의학, 특히 진화 의학에 준 가장 큰 선물은 이른바 '정상'의 범위를 보다 확장시킨 것입니다. 의학에서 사용하는 협소한 '정상' 개념은 인간의 엄청난 변이도에 대한 인류학적 관찰을 통해서 훨씬 더 넓어졌습니다.

저는 인류학자이며, 이 책에 언급된 연구의 대부분은 의료 인류학과 인체 생물학 분야에서 비롯한 것들입니다. 상당수의 주장은 아직 탐색 단계에 있는 가설 수준의 지식이라는 점을 인정합니다. 여성의 임신과 출산에 미치는 요인은 기존의 몇몇 논의에서 다루어진 것보다 훨씬 다양하고 복잡합니다. 그러나 경쟁 가설을 전부 훑는 것은 이 책의 범위를 넘어서는 일입니다. 앞서 말한 대로 가장 유력한 가설에 초점을 두어 이야기를 풀어내려 했습니다. 딱딱한 학문적 접근은 과감히 제외했습니다.

일부 독자는 출산 후 첫 1시간 동안 어머니와 아기가 같이 지내야 하며, 적어도 1년간은 수유를 하는 것이 바람직하다는 주장에 조금 실망감을 느낄지도 모르겠습니다. 제가 그동안 연구해온 인류학, 인간생물학, 인류 진화에 대한 지식과 연구 결과는 현대 여성의 임신과 출산 관행에 대한 저의 입장과 생각에 영향을 줄 수밖에 없었습니다. 그래서 일부 이슈에 대해서는 도저히 기계적인 중립성을 지킬 수 없었습니다. 또한 책의 일부에서 의료의 세계화 및 빈곤, 사회적 정의와 관련한 이야기를 다루었습니다. 이는 진화 의학에 대한 "그래서 어쩌라고?" 식의 접근입니다(물론 제가 만든 말입니다). 책의 마지막 장에서는 지금까지 다룬 전반적인 이야기들을 앞으로 세계의 모든 곳에서 우리가 겪게 될 미래의 건강 문제와 연결시키려고 하였습니다.

용어에 대한
설명

우리의 조상 그리고 동시대 집단의 건강을 논의하고자 할 때 부딪히는 어려움이 하나 있습니다. 바로 낮은 영아 사망률, 높은 의료혜택, 쾌적한 라이프스타일, 풍족한 음식, 낮은 신체적 노동, 낮은 출생률, 높은 기대여명을 보이는 국가 혹은 그 국가의 시민을 어떤 용어로 포괄할 것인가에 대한 것입니다. 제1세계(제3세계의 반대 개념), 산업화(비산업화 혹은 전통의 반대 개념), 선진(개발 도상이나 후진의 반대 개념), 부유(빈곤의 반대 개념), 서구(비서구의 반대 개념, 가장 부정확한 표현이지만) 등의 표현이 주로 사용됩니다. 더 이상 미개(primitive) 혹은 진보(advanced)와 같은 용어는 다행스럽게도 거의 쓰지 않습니다. 이 책은 건강에 대해 다루고 있기 때문에, 건강 부국 혹은 건강 빈국이라는 용어를 사용했습니다.[52] 이 용어는 한 국가 안에서 건강 수준의 차이가 심할 때도 아주 유용합니다. 따라서 서구 국가, 선진국, 산업국가 등이라고 언급할 때, 미국처럼 한 국가 내 일부 인구 집단의 건강 수준이 실제로는 비서구 국가나 후진국, 비산업국가의 건강 수준에 더 가까운 현실이 슬쩍 묻히는 것을 피할 수 있습니다.

이 책 전반에서 인간의 특징에 대해서 말할 때는 종 전체를 포괄하고 있습니다. 그러나 인간은 아주 다양하고, 아주 적응적이며, 아주 유연한 종이라는 점을 명심해야 합니다. 모든 인간 중에 공통적으로 관찰되는 행동적 혹은 생리학적 특징은 고작 몇 개에 지나지 않습니다. 예를 들면 두 발 걸기나 큰 뇌, 잡식성 식이에 적응한 소화기계 등이죠.

또한 영아나 소아를 칭할 때, 여성인 어머니(she)에 대비되는 개념으로 'he'라고 종종 언급하였습니다. 여아가 있다는 것을 몰라서 그런 것이 아닙니다. 다만 계속 'he or she'라고 쓰는 것이 좀 귀찮았습니다.

일상적인 대화에서 수태능력(fertility)이라고 하면, 이는 아기를 낳을 수 있는 능력을 말합니다. 그러나 정확히 말하면 번식력 혹은 생식력(fertility)은 실제 낳은 아기의 숫자를 말하고, 아기를 낳을 수 있는 잠재적인 능력은 가임력(fecundity)이라고 해야 합니다. 예를 들어 건강한 난소 기능을 가졌지만, 아기가 없는 22세 여성은 가임력이 있지만, 생식은 하지 않았습니다. 아기를 낳은 후에는 가임력도 있고 생식력도 있는 상태가 됩니다. 생리 주기가 너무 짧거나 길면 혹은 배란이 불확실하면, 준가임력이 있다고 합니다. 일반적으로는 불임(infertility)이라고 하면, 임신을 여러 번 시도했지만 실패한 경우를 말합니다. 그러나 정확히 말하면 아기를 낳지 않은 모든 여성은 다 생식력이 없는 상태입니다.*

이 책의
구성

이 책은 여성의 생식 사이클에 따라 구성되었습니다. 초경에서 시작하여 폐경으로 끝이 납니다. 마지막에서 두 번째 장은 인간의 독특한 형질인 장수 경향에 대해서 다루었고, 마지막 장에서는 전체 책의 내용을 다시 정리하면서 이를 미래의 건강 문제와 관련지어 이야기해보았습니다. 특히

---

* 이 책에서는 특별히 구분할 필요가 없는 경우에는 가임력, 가임기 등으로 옮겼다.

역학적 충돌이라고 부른 현상에 대해 마지막 장을 할애하였습니다.

첫째 장에서는 소녀의 생식 기관이 발달하는 데 미치는 다양한 요인을 설명했습니다. 특히 지난 100년간 전반적인 건강 수준이 향상되면서 난소 기능이 점점 조기에 활성화되는 현상을 주목했습니다. 이른 초경은 긍정적인 건강 지표로 간주되고는 합니다. 그러나 나중에 치러야 할 건강상의 비용이 만만치 않습니다. 이른 초경은 이른 임신으로 이어지는데, 이 '문제'가 의학적인 것인지 혹은 사회적인 것인지 살펴보았습니다. 특별히 초경에 체지방이 미치는 영향(즉 양의 에너지 균형)에 대해서 다루었습니다.

둘째 장에서는 아주 빈번한 생리 주기가 어떻게 진화했는지 살펴보았습니다. 인간의 선조가 평생 경험했던 생리 횟수는 약 100번인데, 이는 현재 건강 부국의 여성이 경험하는 생리 주기의 4분의 1에 불과합니다. 현대 여성은 30년 이상, 1년에 12~13회에 걸쳐 호르몬의 상승과 하강이 반복되는 일을 경험합니다. 이러한 잦은 생리는 건강에 어떤 영향을 미칠까요?

셋째 장에서는 수정과 임신 초기에 대해서 이야기하였습니다. 배아가 임신 및 소아기를 견디기 어려운 조건이거나, 산모가 성공적인 양육을 할 수 없는 조건일 때, 초기 유산이 일어나는 현상과 그 선택적 이득에 대해서 알아보았습니다. 물론 초기 유산은 슬픈 일입니다만, '바람직한 일'인 경우도 적지 않습니다. 임신성 당뇨와 전자간증과 같은 임신 합병증에 대해서도 진화 의학적 시각으로 다루어보았습니다.

임신 자체는 물론 단일한 사건이지만, 임신을 하는 것과 유지하는 것은 서로 다른 이야기입니다. 임신 후반에 일어나는 일에 대해 진화 의학의 견지에서 적었습니다. 넷째 장에서는 입덧, 그리고 임신 후반 두 발 걷기에 의한 스트레스, 태아 성장에 방해가 되는 요인 및 이러한 요인의 장기적 결과를 설명했습니다. 다섯째 장에서는 큰 머리를 가진 신생아가 작은 골반

을 통해 밖으로 나와야 하는 어려움을 다루었습니다. 두 발 걷기의 다른 의
학적 결과, 특히 여성에게 중요한 문제를 다루었습니다. 제왕절개를 통해
수백만 명의 산모와 아기가 목숨을 구했지만, 꼭 필요하지 않은 제왕절개
가 산모와 아기에 어떤 부정적 영향을 주는지에 대해서도 관심을 가져야
합니다.

여섯째 장에서는 신생아가 보이는 극도의 의존성, 그리고 생애 첫 1시
간에 일어나는 일이 영아의 발달, 산모의 건강, 모자 애착에 어떤 영향을
미치는지를 다루었습니다. 베이비 블루스, 혹은 좀 더 심각한 형태의 산
후 우울증에 대해서도 다루었습니다. 일곱째 장은 "유방은 여성의 상징인
가?"라는 도발적인 제목을 달았습니다. 모유 수유가 아기와 산모의 건강에
미치는 영향을 정리하였습니다. 여덟째 장에서는 이전의 논의를 이어가면
서, 정상적인 영아 성장이라는 개념에 대해 비판하였습니다. 그리고 아기
와 한 침대에서 자는 이점에 대해서 밝혔습니다.

이 책의 주요 테마는 여성의 몸이 번식 성공률을 높이기 위해서 진화했
다는 것입니다. 따라서 너무 일찍 일어나는 폐경은 참 설명하기 어려운 현
상입니다. 아홉째 장에서는 폐경의 원인에 대한 몇 가지 이론을 소개합니
다. 아울러 폐경이 인간만의 독특한 현상이라는 것, 그리고 왜 더 이상 자
식을 낳지 못하는 여성이 오래도록 건강하게 살도록 진화했는지 설명합니
다. 폐경은 여성의 생물학적 삶의 중요한 측면이자, 문화적 가치와 기대에
크게 영향을 받는 현상입니다. 더 이상 아기를 낳을 수 없다면, 진화적인
의미에서 더 이상 가치가 없는 것일까요? 대답은 물론 "아니요"입니다. 열
째 장에서는 이를 지지하는 연구들을 소개합니다. 할머니가 자신의 유전
자를 공유하는 개체의 번식 적합도를 증진시키는 데 얼마나 중요한 역할
을 하는지 다루었습니다. 또한 인간의 수명에 영향을 미치는 요인도 같이

논의하였습니다.

　마지막으로 열한째 장에서는 여성의 몸에 대한 진화적 사실을 다시 정리하였고, 이러한 진화 의학적 지식이 21세기 여성의 건강 증진에 어떤 기여를 할 수 있는지 이야기하였습니다. 건강 부국의 여성들이 보이는 호르몬 수준은 사실 생식 기능 변이 수준의 극단에 와 있다는 것을 지적합니다. 의사들이나 연구자들은 이 수치를 '정상'이라고 간주하지만, 사실 진화적 맥락에서 보면 비정상적으로 높은 수치라는 점을 설명합니다. 높은 호르몬 수치는 생리 전 증후군(PMS, premenstrual syndrome)을 유발하고, 출산 후 우울증이나 폐경 '증상', 골다공증, 여성암(유방암, 난소암, 자궁내막암)과 깊은 관련이 있습니다. 본인뿐만 아니라, 딸에게도 이어집니다. 심지어 아들의 전립선암 발병률도 높입니다. 이러한 다양한 건강상의 문제는 생식 호르몬 수치가 높은 지역에서 더 많이 발생하는데, 이를 단지 우연의 일치로 보기는 어렵습니다. 진화 의학의 주 목적은 임상적 조언을 제공하는 것이 아닙니다만, 책의 마지막 장에서 여성의 진화적 역사에 대한 이해를 통해 얻게 된 여성의 건강 증진을 위한 몇 가지 방법을 제안하였습니다.

1장

아직도 자라고
있는가?

Ancient Bodies
Modern Lives

아마 1970~80년대를 경험한 세대들은 잘 알고 있을 것입니다. 그 시대를 상징했던 부와 기술의 눈부신 성장, 자동차와 비행기, 그리고 의료 수준의 발전을 말이죠. 예를 들어 1940년대에 비행기를 타본다는 것은 아주 예외적인 일이었습니다. 그런데 지금은 너도나도 비행기를 타고 다닙니다. 1940년에는, 자기 집을 소유한 미국인이 44%에 불과했습니다. 그러던 것이 2006년에는 (미국 통계국 기준으로) 거의 70%의 미국인이 자기 집을 가지고 있습니다. 그리고 평균 수명도 40년대, 63세였던 것이 2004년에는 거의 78세로 늘어났습니다.

또 다른 변화도 일어났습니다. 인구학자, 소아과의사, 그리고 부모님들이 관심을 가지는 변화는 바로 소녀의 성적 성숙 연령의 변화입니다. 100세 할머니에게 언제 초경을 하셨는지 여쭙는다면 지금의 소녀들보다는 아마 몇 달에서 몇 살은 더 나중에 시작했다고 말씀하실 것입니다. 1940년대 미국 소녀들은 대략 13세경에 초경을 하였습니다. 그러나 오늘날에는 이보다 6개월 정도 더 앞당겨졌습니다. 비슷한 기간 동안 또 다른 변화도 일어났습니다. 전보다 키가 더 커진 것입니다. 더 이른 초경과 더 큰 신장은 대부분의 건강 부국에서 관찰되는 현상이며 식생활과 보건 수준의 개선에 힘입은 것으로 간주되고는 합니다. 다시 말해서 전보다 더 살기 좋아졌다는 것이죠(〈그림 1-1〉).

하지만 더 이른 초경이 과연 좋기만 한 것일까요? (물론 '좋은 것'의 기준을 어떻게 잡는지에 따라 달라지겠습니다.) 횡문화적 조사에 의하면, 높은 사회 경제적 계층에 속한 소녀는 낮은 계층의 소녀보다 더 이른 초경을 합니다. 같은 나라에 살고 있어도 말입니다. 높은 사회 경제적 계층의 소녀는 잘 먹고, 건강관리도 잘 받기 때문에, 이른 초경이 더 바람직하다는 식의 결론이 나올 수밖에 없습니다. 게다가 이른 초경은 장수와 관련되어 있습니다. 보통 더 오래 살면, 더 건강한 것으로 간주되죠.[1] 하지만 문제가 그렇게 간단한 것은 아닙니다. 일단 초경을 촉진하는 요인이 무엇인지, 즉 난소 기능을 개시하는 요인이 무엇인지 알아보겠습니다.

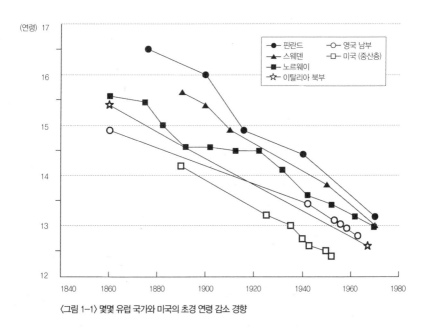

〈그림 1-1〉 몇몇 유럽 국가와 미국의 초경 연령 감소 경향

무럭무럭 자라는
소녀

소아기와 성인기의 중간은 다양한 용어로 불립니다. 청소년기, 사춘기, 십대, 청춘 등의 용어는 거의 비슷한 의미로 사용됩니다. 특히 '사춘기' (puberty)는 이 시기에 일어나는 신체적 변화에 초점을 둔 용어입니다. 정의는 아주 간단합니다. 번식 기능이 개시되는 순간부터 사춘기입니다. 다른 포유류도 마찬가지입니다. 인간의 경우 사춘기가 되면 골격 성장이 가속됩니다. 이를 '청소년 급성장기'라고 부릅니다. 이러한 성장 가속화는 원숭이나 영장류에서는 잘 관찰되지 않습니다. 인류학자 배리 보긴(Barry Bogin)과 홀리 스미스(Holly Smith)는 인간만이 이러한 급성장기를 보인다고 하였습니다.[2]

청소년 급성장기에는 주로 골격의 성장, 특히 팔다리의 성장이 두드러지게 일어납니다. 골반의 모양도 최종적으로 변하여 남녀의 차이가 두드러지게 됩니다. 사실 사춘기 이전에는 남녀의 골격 차이가 거의 없습니다. 그러나 급성장기가 마무리될 무렵이면 골반의 모양은 남녀의 서로 다른 '과업'에 적합하도록 크게 변해 있습니다. 특히 여성에게는 분만을 위한 구조적 변화가 일어납니다. 이는 5장에서 다시 다루겠습니다.

인간, 특히 여성은 이른바 '청소년 불임기'(adolescent sterility)라는 꽤 긴 과정을 겪게 됩니다. 물론 의학적으로는 잘못된 용어입니다. 정확히 말하면 '청소년 준가임성'(adolescent subfecundity)이라고 하는 것이 더 적절합니다. 불임이 아니라, 임신 잠재력이 있지만 아직 완전하지 못한 상태라는 의미죠. 생리는 시작되었지만 아직 배란은 제대로 일어나고 있지 않습니다. 소녀의 가슴이 부풀고, 소년과 소녀 모두에서 음부와 겨드랑이에

털이 나기 시작하는 이 애매한 시기를 보통 청소년기라고 통칭합니다.[3]

많은 문화권에서 청소년기는 어린 아이가 문화적 이상형에 맞추어가는 시기이기도 합니다.[4] 문화권에 따라서 청소년기의 기간은 아주 짧거나 심지어 없기도 합니다. 혹은 아주 길기도 하죠. 문화화에 걸리는 기간이 서로 다르기 때문입니다. 건강 부국에서 청소년기의 기간은 약 10년입니다. 초경이 일어나기 시작하는 11세부터 합법적으로 음주를 할 수 있고 정규 교육이 종결되는 시기까지입니다. 그러나 성인 역할에 필요한 사회적, 지적, 기술적 기술을 연마하기 위해서는 더 긴 기간이 필요합니다. 어떤 문화권에서는 성인의 지위가 생물학적으로 결정됩니다. 아기를 낳으면 어른이 됩니다. 다른 문화권에서는 보다 문화적인 맥락을 통해 어른의 지위를 얻게 됩니다. 포경수술이나 결혼 같은 것입니다.

보다 이른 초경은 소녀에게 어떤 의미가 있을까요? 소아기는 이유기부터 사춘기 사이의 기간입니다. 그러나 소아기는 단지 이 중요한 두 시기 사이에 끼어 있는 기간일 뿐일까요? 만약 11세 소녀가 초경을 했다면 더 이상 소아라고 할 수 없을까요? 초경을 하지 않은 15세 여성은 아직도 소아기에 머물러 있다고 해야 할까요? 사춘기와 청소년기를 분리해서 보다 생문화적(biocultural) 모델에 적합한 정의를 내리는 것이 필요합니다. 물론 쉽지는 않겠습니다. 소아기와 성인기 사이의 기간은 생물학적 단계인 동시에 문화적 단계입니다. 두 측면을 모두 고려해야만 합니다.

성장의 트레이드오프

들어가는 글에서 생애사 이론에 대해 간단히 언급한 바 있습니다. 모든 동물은 성장, 생존 그리고 번식을 위해 에너지를 적절하게 할당해야만 합니다. 궁극적으로는 번식 성공률을 높이는 최적의 배분 전략이 진화합니다. 출생 후에는 에너지 대부분을 성장과 생존을 위해서 할당하게 됩니다. 성공적으로 성인이 되는 것이 당면 과제입니다. 그러나 어느 시점에 이르면 성장은 부차적인 문제가 됩니다. 사춘기가 되면 번식을 위한 에너지 할당이 시작됩니다. 인간은 단지 성장 외에도 사회의 구성원으로 편입되고, 생계를 영위하고, 자손을 돌보는 등 어른이 되기 위한 훈련을 하기 위해 많은 시간이 필요합니다. 젖을 떼기 시작한 이후 적어도 10~12년이 지나야 성장이 종결되는 이유입니다.

소아 성장기의 가용한 에너지 대부분은 골격 성장을 위해 할당됩니다. 질병을 앓거나 영양 공급이 부족한 경우가 아니라면 '정상' 성장이 가능합니다. 키 성장에 충분한 에너지를 할당하고도 여분이 있으면 체중이 증가합니다. 과거의 조상들은 체중 증가에 여유 있게 전용할 만큼 에너지가 넉넉지 않았습니다. 그러나 지금은 사정이 다릅니다. 종종 과다한 열량 공급으로 인해 신장과 체중이 동시에 증가합니다. 소아 비만이 유행하는 이유입니다. 미국 건강영양조사국(NHANES)에 의하면, 2004년 미국 내 소아청소년의 20%가 과체중 상태인 것으로 조사되었습니다. 이러한 소아 과체중과 비만은 점점 심해지고 있습니다.

유전도 성장을 좌우하는 하나의 요인이기는 하지만, 식이 습관이나 환경이 더 중요합니다. 물론 키가 작은 사람이 낳은 자식의 최종 신장은 부모처럼 작은 경향이 있습니다. 유전자는 도달할 수 있는 최대 신장을 결정합니다. 그러나 소위 '큰 키 유전자'를 가지고 있다고 해도 영양 공급이 부족하거나 질병을 앓으면 결국 유전자의 잠재력에 비해 훨씬 작은 키에 머물게 됩니다. 어려운 시기를 겪었던 우리 부모 세대의 키가 작은 이유입니다.

하지만 예전에 비해 식이 환경이 좋아진 오늘날 자식 세대가 '기대 이상으로' 키가 훌쩍 커버린 것을 종종 목격합니다. 아주 전형적인 예가 바로

20세기 초반, 미국으로 이민 온 과테말라 마야족의 사례입니다. 인류학자 배리 보긴과 동료 연구자들은 과테말라 이민자들의 아이들이 고국에 머물러 있는 같은 인구 집단에 비해서 키가 더 크고, 몸무게도 많이 나가며, 체지방과 근육의 양도 더 많다는 것을 확인하였습니다.[5] 마야족의 과거는 화려했지만, 라티노 문화(the Latino culture)의 압제를 받으면서 수 세대 동안 빈곤에 시달렸습니다(정확히 말하면 라티노(Latino)가 아니라, 라디노(Ladino), 즉 중앙아메리카와 과테말라 지역에 한정된 히스패닉계 민족을 말합니다). 정치적 불안정을 견디다 못한 일부 마야족은 미국으로 이민을 왔습니다만, 전통 문화와 언어는 그대로 간직했습니다. 이민 2세들은 미국의 학교에 다니면서 상대적으로 풍요로운 환경에서 성장하였죠.[6] 물론 미국 평균 기준으로는 여전히 빈곤한 편이었습니다.

고향에 살던 마야족은 아주 작았기 때문에, 심지어 아메리카 "피그미"라고 불리기도 했습니다.[7] '피그미'(pigmy)라는 용어는 유전적으로 작은 신장을 뜻합니다만, 보긴의 연구에 의하면 마야족의 작은 체구는 유전에 의한 것이 아니었습니다. 경제적 혹은 정치적 요인이 더 결정적인 이유였습니다. 너무 자주 써서 식상한 말이지만, 바로 인간의 '가소성'으로 인해 일어난 일이었죠. 아파르트헤이트*로 억압받다가 미국과 캐나다로 이민 간 남아프리카공화국의 흑인들, 혹은 영국으로 이민 간 남유럽, 멕시코 혹은 아시아 사람들에게도 비슷한 현상이 관찰되었습니다. 생활수준이 향상되자 한두 세대 만에 신장이 크게 증가하였던 것입니다. 그러나 고향에 머무른 사람들의 키는 별반 큰 변화가 없었습니다. 제2차 세계대전 이후 급격

---

* 남아프리카 공화국 백인 정권에 의하여 1948년에 법률로 공식화된 인종분리 정책. 즉 남아프리카 공화국 백인 정권의 유색 인종에 대한 차별 정책을 말한다.

한 산업화를 달성한 국가에서 젊은이들의 키는 그들의 할아버지 세대에 비해 몇 인치나 크기도 합니다.[8]

생태학자들은 성장과 발달이 지연되는 주된 원인으로, 자원이 부족한 경우, 혹은 질병 및 포식자 회피 등에 많은 자원을 할당하는 경우를 들고 있습니다. 그런데 인류에게는 이 밖에 또 다른 중요한 요인이 있습니다. 바로 문화적 영향입니다. 전쟁, 인종 차별, 압제 혹은 고지대와 같은 환경에서 자라는 아이들의 성장은 보다 지연되고, 결국 최종 신장이 줄어들곤 합니다.[9]

고되고 힘든 일도 성장을 지연시킵니다. 일반적으로 여아는 남아보다 더 가혹하게 다뤄지는 경향이 있습니다. 따라서 남녀 간의 신장 차이가 더 두드러지게 나타납니다. 이민은 자신의 아이에게 더 좋은 환경을 제공하려는 의식적인 결정입니다. 진화적인 용어로 말하면 번식 성공률을 증가시키려는 시도입니다.[10] 인간을 제외한 다른 동물들은 이민과 같은 형태의 의도적 양육 투자를 하지 못합니다.

사춘기에 일어나는 다른 변화들

지금까지는 골격의 성장에 대해서 주로 이야기했습니다만, 사춘기에는 다른 변화들도 일어납니다. 남녀 모두 음부와 겨드랑이에 털이 나기 시작합니다. 소녀들의 가슴은 부풀어 오르고, 소년의 얼굴에는 수염이 납니다. 소년은 운동을 조금만 해도 자기 몸에 근육이 붙는 것을 알아차리게 됩니다. 반대로 소녀는 자기 몸에 지방이 쉽게 (종종 너무 쉽게) 붙어버린다는 것을 눈치 채죠. 소년의 목소리는 보다 남성스럽게 변합니다. 이 모든 변화는 난소와 정소의 성숙에 의해, 즉 호르몬의 조절을 받아 일어납니다.

성적 성숙은 소년과 소녀에게 모두 일어나지만, 소녀에게 1~2년 먼저 일어납니다. 아마 중학교 시절에 받았던 우스꽝스러운 사교댄스 수업 시간을 기억할 것입니다. 늦게 성숙하는 학생, 특히 남학생에게는 상당히 스트레스를 주는 수업입니다. 남녀에게서 성적 성숙이 다른 시기에 일어나는 현상을 '성적 이형성'(sexual bimorphism)이라고 합니다. 다른 영장류에게서도 관찰되는 현상입니다. 그러나 인류학자 캐럴 워스먼(Carol Worthman)은 신체적, 생리적 성숙의 모든 측면을 고려할 때, 소년의 성적 성숙은 소녀보다 겨우 몇 개월 늦을 뿐이라고 주장했습니다. 단지 소녀에게서 일어나는 변화가 눈으로 볼 때 더 확실하기 때문에, 착시 효과가 일어난다는 것입니다.[11]

인간 생물학에 대한 지식은 기하급수적으로 늘어나고 있지만, 아직 어떤 기전으로 생식 기관이 성숙하고 출산이 일어나는지는 잘 모릅니다. 다시 말해서 인간의 호르몬 세계는 미지의 영역입니다. 명확한 과학적 결론을 내리려면 인간의 신체에 직접 실험을 하여 대립 가설을 검증해야 합니다. 물론 윤리적으로 있을 수 없는 일입니다. 그런데 인간의 몸은 실험용 쥐나 원숭이 심지어 침팬지와도 상당히 다릅니다. 다소 이견이 있을 수 있지만 동물 실험을 통해서는 우리가 원하는 정확한 정보를 얻을 수 없습니다.

성적 성숙은 두 단계로 일어납니다. '부신기능개시'(adrenarche)와 '성선기능개시'(gonadarche)입니다. 부신기능개시는 6~8세경에 일어나고, 소녀에게서 좀 더 일찍 일어납니다. 성선기능개시는 그 이후에 일어나는데, 소녀에게는 초경의 형태로 나타납니다. 예전에는 부신기능개시와 성선기능개시가 서로 밀접한 관련을 가지고 있으며, 부신기능개시의 시점을 통해서 사춘기를 예측할 수 있을 것이라고 생각했습니다. 그러나 지금은 이 두 가지 종류의 기능개시가 서로 무관한 것으로 밝혀졌습니다. 성선기능개시는 태아기 때 급격히 발달한 후 십여 년간 잠복기에 빠져 있던 생식 기관을 다시 일깨우는 역할을 합니다. 사춘기가 되면 성선자극호르몬 방출호르몬(GnRH)이 분비되고 이는 황체형성호르몬(LH)과 난포자극호르몬(FSH)을 자극하고, 분비된 황체형성호르몬과 난포자극호르몬은 임신과 출산에 관련된 여러 기관을 성숙시킵니다(유방의 발달, 겨드랑이 털의 발달, 골반의 모양 변화 및 크기 증가 등). 이러한 변화가 시작되고 약간 지난 어느 시점에 비로소 초경이 일어납니다.

도대체 지방은 왜 필요한가?

아마 여성들은 중학교 혹은 고등학교 시절, 좀 통통하고 덜 활동적인 여학생들이 날씬하고 활동적인 여학생보다 몇 년 이상 더 일찍 초경을 겪었다는 것을 기억할 것입니다. 사실 1970년대 집단생물학자 로즈 프리쉬 (Rose Frisch)와 로저 르벨(Roger Revelle)은 체지방량이 초경 시기에 모종의 영향을 미친다는 가설을 발표했습니다.[12] 소녀들의 성장에 대한 데이터를 분석한 결과, 체중이 사춘기와 생리로 이어지는 생리학적 현상의 연쇄 반응을 유발한다는 것을 밝혔습니다. 잘 알려진 것처럼 살이 갑자기 빠지거나 과도한 운동을 하면 종종 생리 주기를 건너뛰는 현상, 즉 무월경 (amenorrhea)이 일어납니다. 무월경은 또한 거식증과도 깊은 관련이 있습니다. 체중이 다시 늘어나거나 과도한 운동을 중단하면, 생리는 다시 돌아옵니다. 이후에 프리쉬와 내분비학자 재닛 맥아더(Janet McArthur)는 중단된 생리가 재개되는 최소 체중에 대한 가설을 세웠습니다.[13]

이른바 '프리쉬 가설'에 대해 상당한 비판이 있습니다만, 진화적 의미에서 체지방이 임신과 출산에 중요한 역할을 한다는 것은 분명합니다. 체지방이 증가한다는 것은 양의 에너지 균형이 이루어지고 있다는 뜻입니다. 생애사 이론을 다시 생각해봅시다. 과거에는 가용 에너지가 늘 빠듯했습니다. 20년간의 성장을 위해서 에너지를 모조리 할당해야만 했습니다. 그리고 성장이 마무리된 이후에야, 남는 에너지를 임신과 출산을 위해 사용할 수 있었습니다. 다시 말해서 소녀의 몸은 성장을 하면서, 동시에 아기를 가질 만큼의 충분한 여력이 없습니다. 자칫하면 두 마리 토끼를 모두 놓칠 수도 있습니다. 따라서 섭취한 칼로리가 체지방으로 쌓이기 시작할 때, 여성의 몸은 이제 임신과 출산을 위한 여건이 되었다고 판단하는 것입니다. 성적인 성숙이 충분히 일어난 뒤에도 질병이나 기아가 발생하면 일단 여성의 몸은 번식 기능부터 차단시킵니다. 당장 살아남는 것이 우선이기 때문이죠. 위기를 넘기고 나서 여분의 에너지가 다시 체지방으로 쌓이기 시작하면 배란이 돌아옵니다. 배란을 유발하는 특정 체지방 수치가 있는 것 같지는 않습니다. 그러나 충분한 체지방량이 에너지 공급이 원활하다는 신호가 되는 것은 확실합니다.

지방과 가임 능력 간의 관계는 오늘날 '상식'이 되었습니다만, 사실 우리의 조상들은 이미 이런 사실을 잘 알고 있었습니다. 고고학적 연구에 의하면 후기 구석기시대부터 이른바 '생식의 인형'(fertility figurines)들이 심심치 않게 출토되곤 합니다. 빌렌도르프(Willendorf) 혹은 라우셀(Lausel), 돌니 베스토니체(Dolni Vestonice)의 비너스라는 것인데, 진흙 혹은 돌로 만든 작은 인형입니다. 여성의 생식력을 상징하는 인형으로, 아마 부적이었을 것으로 추정됩니다. 유방과 엉덩이, 허벅지가 아주 과장된 모양의 인형, 즉 과다한 지방이 쌓인 여성의 모습을 하고 있습니다.

잉여 에너지, 즉 충분한 식량이 임신과 출산에 대단히 중요하다는 것은 아주 중요한 사실입니다. 그러나 너무 지나친 잉여 에너지는 오히려 문제가 될 수 있습니다. 요즘의 6세 혹은 7세 소녀들은 마치 십대 후반의 언니들과 비슷한 수준의 지방 축적을 보이곤 합니다. 그러나 임신은 고사하고 생리도 시작되지 않습니다. 너무 일찍 비만해지면 임신의 준비가 되었다는 신호를 보내지 않습니다. 일단 어린 소녀들의 골반은 아직 충분히 성숙하지 않았기 때문에 출산을 할 수 없습니다(물론 10세 전후의 임신 자체가 이상한 일이긴 합니다).

임신과 출산의 가능 여부는 축적된 지방 외에도 골격 성장이라는 다른 요인에 의해 결정됩니다. 피터 엘리슨은 이른바 "골반 크기 가설"(pelvic size hypothesis)이라는 것을 제안한 바 있습니다.[14] 골반이 어느 정도 자라기 전에는 성적 성숙의 신호가 개시되지 않는다는 것이죠. 이는 진화적인 의미에서 체지방의 수준보다 오히려 더 중요합니다. 성숙한 골반을 가지지 못한 소녀가 임신을 하면 출산이 불가능합니다. 자연 선택에 의해서 산모와 아기가 모두 죽습니다(제왕절개를 할 수 없던 시절에는 말이죠). 따라서 진화적 견지에 따라 다음과 같은 시나리오를 생각해 볼 수 있습니다. 일단 모든 에너지를 골격 성장, 특히 골반 성장을 위해서 할당합니다. 출산이 가능한 신체적 조건을 만드는 것이 우선입니다. 골격 성장이 일단락되면, 임신을 유지할 수 있도록 남은 에너지를 몸, 즉 지방에 비축합니다. 그 다음에 비로소 배란을 시작하고 성관계를 개시하는 것입니다. 자! 이제 되었습니다. 번식 성공의 가능성이 아주 높아졌네요!

그러나 잉여 에너지 비축량(혹은 양의 에너지 균형)이 임신과 출산에 필수적이라는 생각은 다른 여러 종에서 관찰되는 수많은 반대 증거에 직면해 있습니다. 아마 여러분은 아프리카의 다르푸르나 짐바브웨 등에서 기아에 허덕이는 어머니가 아이에게 수유하고 있는 사진을 본 일이 있을 것입니다. 분명 그 여성은 지난 몇 년 동안 제대로 먹지 못한 것이 분명합니다. 그런데도 배란과 임신, 출산을 하고, 심지어 모유 수유마저 하고 있습니다. 사실 동물의 세계에서 관찰되는 수많은 포유류들은 상당한 에너지 스트레스 하에서도 성공적으로 번식합니다.[15] 서구 사회에서는 심각한 거식증에 걸린 환자가 아니라면, 굶주림을 겪는 사람이 거의 없습니다. 우리 주변에는 굶주린 소녀보다는 살찐 소녀가 훨씬 많습니다. 우리는 한쪽 증거만 보고 있는지도 모릅니다.

아마 실제로는 체지방이 아니라, 먹는 음식 자체가 성선자극호르몬을 직접 활성화하는지도 모릅니다.[16] 생존에 필요한 것 이상의 (약간의) 잉여에너지만 있어도 배란이 시작된다는 것입니다. 겉으로는 전혀 여분의 에너지가 없을 것 같아 보이는, 삐쩍 마른 소녀도 마찬가지입니다. 즉 생존을 위해 필요한 이상의 잉여 칼로리 섭취가 가장 중요한 요인이며, 체지방 축적 자체는 그리 중요하지 않다고 결론내리는 것이 합당합니다. 사실 과거의 진화사를 통틀어서, 소녀들이 충분히 살찔 수 있을 정도로 먹을 것이 남아돌았던 적은 거의 없었습니다. 하지만 그럼에도 불구하고 우리의 조상은 성공적으로 아기를 낳고 키웠습니다.[17]

빌렌도르프의 여신과 같은 예외가 있지만, 사실 식량이 남아도는 '사치스러운' 상황, 즉 뚱뚱한 십대 소녀가 등장한 것은 아주 최근의 일입니다. 여분의 지방 축적이 있어야만 배란이 가능했다면, 인류는 멸종했을 것입니다. 물론 여분의 식량이 있을 때, 칼로리를 모두 소진하지 않고 신속하게 지방으로 바꿔 저장할 수 있는 능력은 아주 유리한 형질입니다. 이후에 식량이 부족한 상황이 닥쳐도 오래 버틸 수 있기 때문입니다. 그리고 그러한 안전장치는 이제 식량이 부족할 일이 없는 현대인에게도 (아무리 사양해도) 고스란히 전해졌습니다. 안타깝게도 그 안전장치가 큰 문제를 일으키고 있습니다.

앞서 말한 대로 많은 동물들은 식량 자원의 계절적 변화에 민감한 번식 시스템을 가지고 있습니다. 그런데 많은 사람들은 이러한 패턴의 예외가 바로 인간이라고 생각합니다. 계절이 바뀌어도 먹을 것은 늘 풍부하거든요. 인간은 계절에 따라 출산율이 바뀌는, 즉 특별한 짝짓기 철이 있는 동물과는 다르다는 것입니다. 물론 크리스마스이브 혹은 대규모 정전이 일어나면 임신율이 높아진다는 말이 있기는 합니다만, 원인이 다르죠. 하지만 실제로는 계절에 따른 임신율의 변화가 있습니다. 북반구에서는 봄철에 임신하는 경우가 가장 많습니다. 뭐, 아무래도 '가슴이 두근대는 봄'이니까요.

과거의 선조들은 어땠을까요? 가용한 자원의 양에 따라서 우리 선조의 생리적 반응도 변했을까요? 지금까지의 화석 증거로는 이러한 사실을 알아낼 방법이 없습니다. 다만 아프리카 잠비아에서 농사를 짓고 사는 부족에 대한 연구에서, 저장된 식량이 떨어지고 다음 해의 농사를 위해서 노동량이 증가하는 계절(보릿고개)에는 임신율이 뚝 떨어진다는 보고가 있습니다. 어려운 이 시기 동안, 잠비아인의 평균 에너지 섭취량은 고작 1,500칼로리에 불과합니다. 이들의 임신율은 임신과 수유를 위해 필요한 지방이 몸에 쌓이는 정도와 관련이 있습니다. 정확하게 말하면 양의 에너지 균형으로 막 넘어가는 시기부터 임신율이 다시 증가합니다.

골반과 엉덩이

아직 논란이 있는 가설이지만 인류학자 윌리엄 라섹(William Lassek)과 스티브 가울린(Steve Gaulin)은 몸 전체의 지방보다는 지방의 분포가 더 중요하다는 흥미로운 주장을 하였습니다. 초경을 시작하면 힙과 엉덩이* 부분

---

* 보통 골반(hip)은 허리에서 양쪽 엉덩이로 이어지는 부분을 말하고, 엉덩이 혹은 궁둥이(buttock)는 뒷부분에서 아랫부분까지를 의미한다.

에 지방이 쌓이는데, 골격 성장이나 전체적인 지방의 양보다 부분적인 지방 분포가 임신 가능성에 대한 더 좋은 예측인자라는 것입니다.[19] 엉덩이 지방은 골격의 성장 및 난소 기능에 영향을 미치는 호르몬, 즉 렙틴(leptin)을 많이 분비하는 것으로 알려져 있습니다. 렙틴 수치가 높을수록 초경이 일찍 일어나는 것으로 보이는데, 이는 둔부의 지방 축적이 일어나면 초경이 유발될 가능성을 시사합니다.

또한 라섹과 가울린은 둔부 지방이 지방산의 주된 원천이며, 이는 임신과 수유 중에 어머니로부터 태아에게 전달되는 영양소라고 주장했습니다. 긴사슬다가불포화지방산(long-chain polyunsaturated fatty acids, LCPUFA)은 뇌 발달에 아주 필수적인 영양소입니다. 따라서 엉덩이 부분에 쌓인 충분한 지방은 임신이 가능하다는 신호일 뿐 아니라, 아기의 두뇌 발달에 필요한 필수 지방산이 준비되었다는 신호라는 것입니다. 정말 엉덩이 살이 아이의 인지 기능과 관련될까요? 미국에서 시행한 제3차 국가 보건 및 영양 조사에 따르면, 둔부 지방이 많을수록(즉 낮은 허리-골반 비율을 보일수록), 어머니와 아이의 인지 기능이 우수한 것으로 확인되었습니다.[20] 엉덩이 지방은 "자녀의 인지 기능 발달을 위한 특별 저장소"라는 것이죠.[21] 물론 엉덩이보다 인지 기능에 영향을 미치는 더 중요한 요인이 많습니다. 하지만 여성적인 체형의 특징인, 둔부 지방도 분명 이러한 요인 중 하나인 것으로 보입니다.

십대 임신이 일으키는 문제 중 하나는 아직 성장이 끝나지 않은 십대 임산부*가 태아와 같은 자원을 두고 경쟁하게 된다는 것입니다. 따라서 십대

---

* 임산부는 사실 임부(姙婦)·임신부(姙娠婦)와 산부(産婦)를 합쳐 부르는 말이다. 글에서는 거의 임부에 대해서 다루고 있으나, 통칭하여 임산부 혹은 어머니, 여성 등으로 문맥에 맞게 고쳤다.

임신을 통해 낳은 아기의 인지 기능은 성숙한 여성의 아기보다 더 낮습니다. 그런데 충분히 큰 엉덩이와 가는 허리를 가진 십대 임산부가 낳는 경우라면, 성숙한 여성이 출산한 아기와 인지 기능의 차이가 없었습니다.

그래서 라섹과 가울린은 남성들이 낮은 허리-골반 비율을 보이는, 즉 허리가 날씬하고 엉덩이가 큰 여성에게 매력을 느끼는 이유가 바로 이 때문이라고 추정했습니다. 실제로 인류학자 피터 브라운(Peter Brown)과 멜 코너(Mel Konner)에 의하면, 전 세계 58개 문화권에서 거의 90%의 남성들이 풍만한 엉덩이와 허벅지를 가진 여성을 선호했습니다.[22] 즉 남성들이 항아리 형의 몸매를 가진 여성을 좋아하기 때문에, 남성의 관심을 끌려고 여성의 체형이 항아리 모양으로 진화한 것이 아닙니다. 반대로 둔부 지방이 분비하는 긴사슬다가불포화지방산이 태아의 두뇌발달에 유리하기 때문에, 남성들이 그러한 체형의 여성을 더 매력적으로 여기게 된 것입니다. 물론 그런 체형의 여성과 결혼한 남성은 두 가지 이득을 얻습니다. 일단 똑똑한 자식을 얻을 수 있습니다. 그리고 딸의 체형이 아마도 어머니를 닮을 테니, 더 똑똑한 사윗감을 얻을 수 있겠죠. 더 똑똑한 사위랑 결혼한 딸은 더더욱 똑똑한 손주를 얻을 수 있겠죠. 너무 뚱뚱한 엉덩이를 물려준 조상을 원망한 적이 있나요? 이제는 감사하는 마음을 가져도 좋겠습니다.

초경 시점에 영향을 주는
심리적 요인

전반적인 건강이나 영양 수준 외에도, 지리적, 사회적, 정서적 요인이 초경의 시점에 상당한 영향을 미칩니다.[23] 예를 들어 농촌 지역에 사는 소녀는 도시 지역의 소녀보다 초경이 더 늦는 편입니다. 가족의 크기도 중요합니다. 대가족을 이루고 사는 소녀는 보다 늦은 초경을 하죠. 이외에도 식이, 활동량, 건강 수준과 같은 사회 경제적 요인도 영향을 미칩니다. 사회 경제적 어려움이나 가정 내 갈등으로 인한 정신사회적(psychosocial) 스트레스도 생식 기능에 영향을 미치는데, 대개 초경을 뒤로 늦추고 첫 임신도 더 늦게 하게 됩니다.[24]

최근 초경 시점에 대한 사회적, 심리적 영향 및 가족 상황에 대한 관심이 많아지고 있습니다. 포유류 연구에 따르면, 성인 여성과 같이 지낼 경우 초경이 늦어지고 성인 남성과 같이 지낼 경우 초경이 당겨진다고 합니다. 아마도 페로몬에 의한 것으로 추정됩니다.[25] 지난 수십 년간 가정을 벗어나 외부 활동을 많이 하는 여성이 많아지면서, 전보다 초경이 더 앞당겨졌다는 주장이 있습니다. 임신 가능 연령의 성인 여성(주로 어머니)과 매일 자주 접촉하는 사춘기 이전의 소녀는 성인 여성의 페로몬에 의해서 초경이 늦어집니다. 그러나 현대 사회에서 어머니는 주로 밖에 있기 때문에, 딸에게 그런 영향을 주지 못한다는 것입니다.[26]

인류학자 패트 드래퍼(Pat Draper)와 헨리 하펜딩(Henry Harpending)의 횡문화적 연구에 따르면 가족 구조, 특히 아버지의 존재가 딸의 성적 발달에 다양한 영향을 미치는 것으로 보입니다.[27] 불성실한 아버지를 둔 딸은 남성을 양육에 도움이 되지 않는 것으로 인식하게 됩니다. 이런 경우 보다 일찍 성관계를 가지고 임신도 일찍 한다는 것입니다. 그러나 든든한 아버지와 같이 성장한 딸은 믿음직하고 괜찮은 배우자를 만날 때까지 임신을 미루는 경향이 있었습니다. 이른 성관계는 이른 초경과 관련이 있는데, 이는 아버지의 부재에 대한 생리적 반응으로 추정됩니다.[28]

심리학자 미셸 서베이(Michele Surbey)는 1,200명의 소녀를 대상으로 이러한 가설이 맞는지 검증을 해보았습니다. 그 결과, 아버지가 없이 자란 소녀는 양쪽 부모가 모두 있는 소녀에 비해서 더 이른 초경을 했습니다. 게다가 어린 시절에 아버지를 잃은 소녀는 일찍 초경이 일어났습니다. 심지어 양아버지와 같이 사는 경우에도 초경이 앞당겨지는 경향을 보였습니다. 다시 말해서 친아버지와 오래 같이 살수록 초경이 지연되고, 유전적으로 관련이 없는 남성과 같이 살면 초경이 촉진되는 것입니다. 그런데 초경이 앞당겨지면 유방암의 위험성이 높아집니다. 따라서 부모님 밑에서 자라는 것이 건강에 도움이 된다는 식으로 해석할 수 있습니다. 좀 지나친 확대 해석일 수도 있습니다. 하지만 다른 문화권과 달리, 양친 부모와 같이 사는 집안이 줄어드는 미국의 상황은 큰 문제입니다.

심리학자 제이 벨스키(Jay Belsky) 등은 이른바 아버지 부재 가설에 대한 진화적 설명을 제시했습니다. 아버지가 없으면 질보다 양을 우선하는 번식 전략을 취하게 된다는 것입니다. 안정적인 환경에서는 높은 생존율(우수한 질)을 가진 소수의 자식을 낳는 것이 유리합니다. 그러나 불안정한 환경에서는 일단 많이 낳고 그중 일부라도 살아남기를 기대하는 것이 유리합니다. 보통 아버지가 없는 집안은 아버지가 있는 집안보다 더 불안정하다는 것이죠.[29]

스트레스가 이러한 상황을 중개하는 것이 확실합니다. 하지만 이런 가설을 이야기하려면, 지난 수십 년간 치솟은 이혼율, 그리고 늘어나는 싱글 맘에 대한 상황을 고려해야 합니다. 절반 이상의 어린이들이 한부모 가정, 혹은 의붓 부모 밑에서 크고 있는 오늘의 현실에서, 이러한 가설은 이야기 해봐야 별로 인기를 얻기 어렵습니다. 물론 한부모 가정뿐 아니라 거의 모든 가정에서 초경이 점점 앞당겨지고 있는 것도 사실입니다. 사실 소녀의 생식 연령과 가족 구성과의 관련성에 대한 주장은 아직 논란이 있으며, 아직 가설 검증 수준에 머물러 있습니다. 그러나 현대 사회에서는 다양한 가족의 형태가 나타나고 있기 때문에, 조만간 이 가설을 증명하는 것이 가능할 것입니다.

이른 초경의 장점은 무엇일까?

상식적으로 보면 더 긴 생식 기간을 가지는 것이 보다 유리할 것입니다. 더 큰 번식 성공률을 보일 테니까요. 보다 이른 초경을 한 여성은 더 많은 아이를 낳을 것입니다. 인류학자 모니크 보거호프 물더(Monique Borgerhoff Mulder)의 케냐 킵시기스(Kipsigis) 족에 대한 연구에 의하면, 12~14세경에 초경을 한 여성은 16세 이후에 초경을 한 여성에 비해서 거의 세 명의 아이를 더 가지는 것으로 조사되었습니다.[30] 물론 이러한 효과는 부분적으로, 일찍 성숙한 어머니의 아이가 더 높은 생존율을 보였기 때문입니다. 또한 보다 부유한 집안일수록 영양 상태가 우수하고, 따라서 초경도 빨라지는 효과가 있습니다. 아무래도 부유하면 아이들을 많이 낳고 잘 키울 수 있겠죠. 게다가 이른 초경은 청소년 준가임성 기간도 줄여주는 것으로 보입니다. 이래저래 임신율이 높아집니다.[31]

가용한 자원의 여부도 성적 성숙에 영향을 줍니다. 예를 들어 빈곤한 환경에서 자란 소녀가 갑자기 좋은 환경으로 옮겨져서(입양 등을 통해) 양호한 건강관리와 개선된 영양 공급의 혜택을 받게 되면, 곧바로 초경을 하곤 합니다. 원래의 빈곤한 환경에서 사는 친구들보다 더 빨리 생리를 시작하는 것이죠. 인류학자 캐럴 워스먼은 이 현상이 단지 충분한 영양 공급에 대한 생식 기관의 유연한 반응 때문은 아니라고 지적합니다. 그보다는 자식을 낳을 만한 환경이 되었을 때, 신속하게 반응하는 능력이라는 것이죠.[32] 이에 관해서는 다음 장에서 이민과 관련하여 더 이야기하도록 하겠습니다.

이른 초경의 단점은 무엇일까?

이른 초경이 긍정적인 건강 요인과 관련되는 것도 사실이지만, 부정적인 측면도 상당히 많습니다. 예를 들어 노르웨이의 한 연구에 의하면 12세 이전에 초경을 한 여성은 14세 이후에 생리를 시작한 여성에 비해서 자연 유산의 가능성이 1.5~2배나 증가합니다.[33] 다른 연구에 의하면 12세 이전 혹은 13세 이후에 초경을 한 여성은 12~13세경에 생리를 시작한 여성에 비해서 임신 실패율이 더 높은 것으로 나타났습니다.[34] 또 다른 연구에서는 일찍 성숙한 여성이 더 심한 생리통과 생리 불순을 앓는 것으로 조사되었습니다.[35] 조기 출산도 더 흔했습니다.[36]

이뿐만이 아닙니다. 이른 초경은 생애 후반의 비만이나 여성암, 우울장애, 불안장애, 약물 남용과 관련이 깊습니다.[37] 앞서 언급한 것처럼 이른 초경은 종종 불규칙적인 생리 주기와 관련됩니다. 따라서 난포자극호르몬이나 에스트라디올(Estradiol)*이 높은 수준을 보이게 됩니다.[38] 이른 초경을 보인 여성이 유방암에 더 잘 걸리는 이유입니다. 여러 해 동안 에스트라디올에 더 노출될 뿐 아니라, 호르몬 수준 자체도 더 높습니다.

이미 말한 것처럼 사춘기의 시작과 식이 습관은 깊은 관련이 있습니다. 육류 위주의 식사, 특히 지방이 많이 들어간 음식을 자주 먹으면 이른 초경이 일어납니다.[39] 우유를 많이 마시는 것도 초경 및 생애 후반의 건강에 영향을 미칩니다. 특히 전통적으로 우유를 많이 마시지 않던 지역에서 이런 현상이 더 두드러집니다.[40] 초경이 빨라지면서 중년 이후 비만이나 제2형 당뇨 등 만성 질환의 발생률도 높아집니다. 부족한 섬유질 섭취와 과다한 동물성 단백질과 지방의 섭취, 이른 초경, 높은 유방암 발병률 등은 서로

---

* 여성호르몬의 종류. 흔히 E2라고 한다. 간이나 태반에서 에스트리올(Estriol, E3)로 변환된다.

관련되어 있습니다.

이것이 끝이 아닙니다. 이른 사춘기를 겪고, 이후 성숙 과정 및 임신 기간 내내 높은 수준의 난소 호르몬에 노출된 여성은 나중에 유방암에 잘 걸리는 딸을 낳게 됩니다.[42] 태아는 자궁 속에서 어머니의 호르몬에 지속적으로 노출됩니다. 그리고 이는 재태 초기, 나중에 유방이 될 태아의 세포에 안 좋은 영향을 미칩니다. 비슷한 이유로, 딸은 난소암에도 잘 걸리게 됩니다.[43] 아직 키가 작은데도 골반이 벌어지고 초경이 시작된다면, 이는 좋지 않은 징조입니다. 작은 키의 소녀가 이른 초경을 보이는 경우는 또 있습니다. 생애 첫 몇 년간 제대로 먹지 못한 소녀가 사춘기에 접어들면서 점점 잘 먹게 된 경우입니다. 보통 이민자들이나 입양된 아이들에게서 많이 관찰되는 현상이죠. 다시 말해서 어머니의 성적인 조숙뿐 아니라, 성적 조숙에 영향을 주는 사회 문화적 요인도 딸을 통해 대를 이어 내려가게 됩니다.[44]

이른 초경은 일부 청소년에게 정신적 악영향을 미칠 수 있습니다. 청소년기에 발생하는 다양한 정신 건강상의 문제가 상당 부분 초경과 관련된다는 연구들이 있습니다. 모든 연구자들이 동의하는 것은 아니지만 이른 나이에 성적인 성숙에 도달했던 젊은 여성들이 다양한 정신적 문제에 시달린다는 분명한 임상적 증거가 있습니다. 예를 들어 약 1,700명의 미국 고등학생을 대상으로 한 자가보고 연구에 의하면, 이른 초경을 보인 소녀들이 우울감과 불안감이 더 심했고 행동 장애 및 약물 남용도 더 흔했습니다.[45] 특히 주의해서 볼 것은 미국과 핀란드, 노르웨이의 연구에서 관찰된 이른 성숙과 자살 시도와의 관련성입니다.[46] 그러나 자가 보고보다 더 객관적인 평가도구를 사용하여 수행된, 미국 노스캐롤라이나 주에서의 한 대조군 연구에 의하면 이른 초경과 우울증은 별로 관련이 없었습니다. 하

지만 사춘기 자체는 우울증과 관련이 있었죠.[47]

이른 사춘기가 일으키는 또 다른 문제가 있습니다. 성적으로 성숙한 15세 소녀를, 부모나 의사 혹은 주변 사람들은 어떻게 대해야 하는 것일까요? 소녀의 마음은 아직 어린 아이에 불과하지만, 행동은 이미 성인에 가까워졌고 임신도 가능합니다. 기성세대가 가지고 있는 "소아기의 스케줄"은 현대의 젊은 청소년들과는 잘 맞지 않습니다.[48] 따라서 어떤 행동거지가 올바른지에 대해 세대 갈등이 일어나게 되고, 이는 개인 및 가족의 정신 건강에 부정적 영향을 유발합니다.

사춘기는 언제 일어나는 것이 적당할까?

정리하면 초경에 관여하는 몇 가지 리스트를 만들 수 있습니다. 어머니의 초경 연령, 체지방 수준, 허리-골반 비율, 섭취하는 지방의 양, 형제자매의 숫자, 아버지 혹은 다른 성인 남성과 같이 사는지 여부, 출생 시 체중, 신체적 활동 수준, 최근의 체중 증가, 도시 혹은 농촌에 사는지 여부, 정신사회적 스트레스 수준, 사회 경제적 계층, 장기간 앓고 있는 질병의 유무 등입니다. 하지만 이외에도 수십 개나 더 있습니다. 다시 말해서 어떤 여성이 살아가는 특정한 환경에서 발현되는 특정 유전형과 표현형이 모두 관여한다는 것입니다. 신체와 환경 조건의 조합은 무수히 많기 때문에 최적의 초경 연령을 꼭 집는 것은 불가능합니다. 초경 시점에 따라서 다양한 이득과 손해가 복잡하게 관련되기 때문입니다.

물론 소위 '정상'적인 기간에 대해서는 이야기할 수 있습니다(예를 들어

8세나 9세, 혹은 18세 이후의 초경은 분명 '정상'적이지 않습니다). 그러나 이런 '비정상'적인 초경 연령도 특정한 상황, 예를 들면 기아나 과다한 영양 섭취 상황에서는 '정상' 반응일 수 있습니다. 진화생물학자 스티븐 제이 굴드(Stephen Jay Gould)는 종종 진화가 "불확정적인 임시 과정"(contingent process)이라고 하였습니다. 발달에 대한 정답은 없습니다. 그래서 가장 바람직한 초경 연령이 언제냐고요? 대답은 "그때그때 다르다"는 것입니다.[49]

이른 초경이 주는 다양한 문제, 즉 여성암, 정신사회적 장애, 이른 임신 등에 대한 우려로 인해서 인공적으로 사춘기를 지연시키려는 논의가 있습니다.[50] 사실 과거에 의사들은 폐경기 여성에게 호르몬 대체 요법(Hormone Replacement Therapy, HRT)을 하곤 했습니다. 소위 '자연'적인 호르몬을 투여한 것이었지만, 그 결과는 심대했습니다. 꽤 안 좋은 결과도 있었습니다. 물론 소아기 비만은 셀 수 없이 많은 건강상의 악영향을 주기 때문에 소녀의 몸에서 지방을 조금 덜어낼 수 있다면 초경도 뒤로 미뤄지고 생애 후반에도 상당한 건강상의 이득을 얻을 것입니다. 하지만 그렇다고 소아 비만에 대한 의학적인 개입(약물 치료 등)을 해야 한다고 말하기는 쉽지 않습니다.

사실 비만은 전 세계적인 추세이기 때문에 앞으로 점점 초경이 빨라지고 생애 후반 여성암의 발병률이 높아질 것으로 쉽게 예상할 수 있습니다. 물론 소아청소년기에 정신사회적 스트레스를 줄여주는 노력이 가져올 예상치 못한 부작용은 없을 것입니다. 그리고 오늘날 우리가 당면한 모든 사회적 혹은 보건적 문제와 마찬가지로, 빈곤한 가정의 숫자를 줄이려는 노력은 소녀들의 성적 성숙을 보다 건강하게 이끄는 궁극적인 방법이 될 것입니다.

성장이냐?
출산이냐?

생애사 이론의 관점에서 볼 때, 여성의 성숙에 대한 중요한 문제 중의 하나는 바로 성장이냐? 혹은 번식이냐?입니다. 다시 말해서 제한된 에너지 상황에서 모든 에너지를 여성의 성장과 성숙을 위해 투입할 것인지 혹은 일부 에너지를 번식을 위해 할당할 것인지에 대한 결정을 해야 한다는 것입니다. 충분히 클 때까지 번식을 미룰 것인가? 혹은 아직 어리더라도 임신과 출산을 시도할 것인가? 이에 대한 대답 역시 그때그때 상황에 따라 다르다는 것입니다. 대개는 충분히 성숙한 어머니가 더 건강한 아기를 낳습니다. 따라서 환경이 양호하고 미래가 예측 가능하다면 성장이 끝날 때까지 임신과 출산을 미루는 것이 현명합니다. 게다가 성숙한 어머니 밑에서 자랄 때 유아 사망률도 더 낮습니다. 가능하면 성적 성숙과 임신, 출산을 최대한 미루고 일단 여성 자신의 성장과 발달에 주력하는 것이 최선의 전략입니다.[51] 그러나 잘 알다시피 환경이 우리에게 늘 호의적인 것만은 아닙니다. 따라서 자연 선택을 통해 다양한 '옵션'이 진화했습니다.

뒤에서 일반적인 임신에 대해 자세히 다루겠습니다만, 여기서는 일단 십대 임신에 대해서 이야기해보겠습니다. 십대 임신은 이른 초경 및 이른 성적 활동과 깊은 관련이 있기 때문입니다. 미국의 십대 임신은 심각한 사회적 문제로 언급되고는 합니다. 너무 이른 임신은 다양한 건강상의 문제를 야기한다는 점이 특히 부각됩니다. 세계 어디서나 십대 후반 혹은 20대 초반까지 임신을 미루면서 충분한 교육을 받고 안정적인 생계 수단을 확보하고 적합한 배우자를 찾도록 노력하는 것이 아기의 건강과 발달 그리고 문화적 성취를 위해 바람직한 방향으로 간주됩니다. 당연한 일이지만 사회의 중상위 계층, 즉 충분한 정치적 혹은 경제적 힘을 가진 사람들은 십 대 임신이 옳지 못하다는 입장을 가지고 있습니다. 그래서 중상위 계층에 속한 사람들은 좋은 뜻에서 십대 임신이라는 '문제'를 해결하기 위해 여러 가지 노력을 기울입니다.

앞서 말한 것처럼, 성장이 끝나기 전에 임신과 출산을 하는 것은 다양한 문제를 유발합니다. 예를 들어 10~15세경의 십대 초반 임신인 경우, 충분 히 발달하지 못한 골반으로 인한 산과적 합병증의 발병률이 높아집니다. 키가 다 자랐다고 해서 골반도 다 자란 것은 아니죠. 골격의 각 부위는 다른 발달 단계를 거칩니다. 최종 신장에 도달한 소녀라도, 골반의 성장 을 위해서는 몇 개월이 더 필요합니다. 성인 골반에 합당한 크기와 모양 에 도달하려면 몇 년 이상 더 걸릴 수도 있습니다.[52] 골반이 충분히 자라 기 전에 임신을 하면 더 작은 아기를 낳게 됩니다. 하지만 골반이 충분히 자란다 해도 태아의 머리가 골반보다 크다면, 아기는 산도(産道)를 빠져 나올 수 없습니다. 이를 아두 골반 불균형(cephalopelvic disproportion, CPD)이라고 하는데, 대개 제왕절개를 해야만 합니다. 일찍 초경을 한 여 성보다는 늦게 성숙한 여성이 보다 큰 키와 넓은 산도를 가진다고 합 니다.

진화적인 의미에서 제한된 자원은 반드시 성장과 번식에 나누어 할당해 야만 합니다. 이상적인 세상이라면 성장이 종결된 후 번식을 하는 것이 바 람직합니다. 그렇지 않으면 임산부와 태아가 자원을 두고 경쟁하게 되기 때문입니다. 결국 아직 충분히 자라지 못한 임산부 그리고 태아에게 자원 이 충분히 할당되지 못하게 됩니다. 엄마도 작고 아기도 작은 거죠. 실제로 십대 엄마로부터 태어난 아기는 출생체중이 보다 적게 나가고, 저체중 출생아(low birth weight infant, LBWI)*의 비율도 더 높은 것으로 알려져 있습니다.[53]

물론 어머니 연령 외에도 십대 임산부의 낮은 사회 경제적 수준과 불충분한 산전 관리도 중요한 이유일 수 있습니다. 하지만 미국의 십대 임산부의 영양 상태는 아주 양호합니다. 잘 먹습니다. 그럼에도 불구하고 신생아의 체중은 보다 낮은 경향을 보입니다. 섭취한 영양을 두고 어머니와 태아가 경쟁하기 때문입니다. 아직 어린 어미 양이 임신하는 경우가 있습니다. 아무리 먹이를 많이 주어도 어린 어미 양의 태반 그리고 새끼 양의 크기는 보통보다 작습니다. 식량 걱정이 없는 국가에서도 십대 임신이 종종 태아 성장 지연을 유발하는 이유입니다.[54] 인류학자 카렌 크래머(Karen Kramer)는 "에너지 제한이 없는 상황에서도 인간의 대사 시스템은 태아를 희생하여 성장을 추구하도록 설계되어 있다"라고 하였습니다.[55]

십대 임신의 위험성은 아주 뜨거운 주제입니다. 왜냐면 일부 위험은 낮은 사회 경제적 계층과 관련되고, 일부는 불충분한 어머니의 성장 수준과 관련되기 때문입니다.[56] 흔히 13~19세의 십대 임신을 하나로 뭉뚱그려서 다루고는 합니다. 하지만 13~14세 소녀와 18~19세 청소년은 완전히 다른 몸을 가지고 있습니다. 사실 18~19세 여성의 산과적 합병증 발병률은 20대 여성과 별반 다르지 않습니다. 한 연구자는 이른 십대 임신을 정의하기 위해서, 신생아 사망률과 1.5킬로그램 미만의 극소 저체중 출생아(very low birth weight infant, VLBWI), 32주 이전의 심각한 조산율을 이용하여 분석한 바 있습니다. 미국 기준으로 16세가 지나면, 성인 여성과 별로 차

---

* 직역하면 저출생체중아이지만, 어색하다. 국내 문헌에서는 저출생 체중아 혹은 저체중 출생아가 혼용되는데, 여기서는 저체중 출생아로 옮겼다.

이가 없었습니다. 즉 이른 임신의 (산과적) 문제는 일반적으로 15세 이하의 임산부에게만 해당된다는 것입니다.[57]

남미에서 수렵 채집 생활을 하는 푸미(Pumé) 족의 경우 14세 이전에 첫 임신을 하는 경우가 17세 이후에 첫 임신을 하는 경우에 비해 네 배나 됩니다.[58] 이 부족은 피임을 하지 않기 때문에, 초경 이후에 성적 활동이 개시되면 이내 임신이 됩니다. 모든 부족민의 사회 경제적 수준은 비슷하고, 산전 관리 같은 것은 아예 없습니다. 이른 임신이 장려되는 문화입니다. 따라서 선진국의 십대 임신을 연구할 때, 신경 쓰이는 다양한 혼란 변수가 없습니다. 그럼에도 불구하고 푸미 족의 이른 십대 임신은 이후의 임신에 비해 보다 안 좋은 결과를 보입니다. 이른 나이(양호한 건강 및 영양 모델을 통해서 예측되는 것보다)에 사춘기에 도달하는 이유는 주로 다양한 종류의 스트레스라는 점을 주목해야 합니다.[59] 앞서 크래머가 언급한 것처럼 푸미 족에서 가장 높은 번식 성공률, 즉 가장 많은 아기를 낳는 경우는 14~16세경(이른 임신이 아니라)에 첫 임신을 시작하는 경우였습니다.

진화적인 관점에서 자원이 풍부하고 환경이 안정적이라면 '최적'의 시점까지 임신을 미루는 것이 현명합니다. 그러나 빈곤, 불량한 건강 상태, 압제에 시달리는 하층민이라면 일찍 아기를 낳는 것이 더 합리적인 선택일 수 있습니다. 초경을 시작하고 '어느 정도 건강한' 아이를 낳을 수만 있다면 말이죠. 아프리카계 미국인, 즉 흑인 빈곤층 여성의 저체중 출생아 비율 및 신생아 사망률은 십대 중반에서 후반의 임산부에서 가장 낮았습니다. 20~30대를 지나면서 오히려 올라갔죠.[60] 왜냐하면 지속되는 빈곤과 지역사회의 폭력이 여성의 건강에 부정적인 효과를 누적시켰기 때문입니다. 아기가 다 클 때까지 과연 자신이 살아남을 수 있을지 걱정되는 어머니라면, 가능한 한 일찍 아기를 낳고 운에 맡기는 것이 더 합리적인 선택입니다.

특히 미국 흑인 십대 여성의 건강 수준은 이십대 이후에 비해서 보다 양호하기도 합니다. 역설적으로 십대 어머니가 아기를 잘 돌볼 수 있을 수도 있죠. 미국 흑인 여성의 교육 혹은 고용 기회는 아주 낮고, 안정적인 배우자를 얻기도 어렵습니다. 이런 경우에 출산을 미루는 것은 현명한 일이 아닙니다.[61] 한 연구에 의하면 (아프리카계 미국인이나 유럽계 미국인 모두에서) 괜찮은 배우자가 주변에 충분히 있는지 여부가 이른 임신을 예측할 수 있는 인자였습니다.[62] 이런 면에서 보면 사회·경제적 배경보다는 환경적인 안정성이 더 중요한지도 모릅니다.

행동 과학자 알린 제로니무스(Arline Geronimus)는 십대 임신 자체가 저체중 출생아를 낳거나 높은 신생아 사망률을 유발하는 '원인'이 아니라는 선구자적 주장을 한 바 있습니다. 일반적인 상식과 달리 열악한 사회·경제적 상황이 십대 임신 및 불량한 산과적 합병증을 유발하는 진짜 '원인'이라는 것입니다. 다시 말해서 사회·경제적 수준이 낮으면 연령과 상관없이 신생아 사망률이 높아지고, 십대 임신이냐 아니냐 그 자체는 그리 중요하지 않다는 것이죠.[63] 따라서 개인 차원에서 열심히 십대 임신을 피하려고 노력해도, 신생아 보건 문제는 그다지 크게 개선되기 어렵습니다. 차라리 그런 노력을 산전 관리의 개선이나 혹은 모든 계층에 충분한 사회·경제적 자원을 배분하는 데 들이는 것이 더 바람직합니다. 불행하게도 대중의 관심은 십대 임신 자체에 맞춰져 있습니다. 언뜻 보면 십대 임신을 줄이는 것이 가장 "그럴 듯한" 해결책으로 보이기 때문입니다.[64] 인류학자 브리짓 조던(Brigitte Jordan)은 "권위적인 지식의 힘은 그 지식이 옳기 때문이 아니라 널리 인정받기 때문에 나온다"라고 한 적이 있죠.[65]

아직 어리고, 미숙하고, 재정적으로 부모에게 의지하여야 하는 시기에 출산을 하는 것 자체가 문제가 되는 것은 아닙니다. 강한 사회적 네트워크와 복수의 공동 양육자가 도움을 줄 수 있습니다.[66] 두 명의 성인이 결혼하고 부모라는 한 팀으로 아이를 키워야 한다는 문화적 이상(cultural ideal)의 관점에서, 싱글 맘은 분명 문제가 많아 보입니다. 그러나 여러 세대의 다양한 사람이 같이 육아를 하는 문화라면 어머니의 나이 혹은 결혼 여부 자체는 별로 중요하지 않습니다.

생식 기능이 시작된 이후 첫 임신이 이루어질 때까지의 기간은 유방암에 대한 아주 중요한 위험인자입니다.[67] 건강 부국에서는 피임이 보편적이기 때문에 이 기간이 종종 10~15년까지 길어집니다. 선진국에서 유방암 발병률이 점점 높아지는 이유 중 하나입니다. 단지 유방암을 막기 위한 목적이라면 십대 임신을 하는 편이 오히려 유리합니다. 우리의 선조들은 사춘기가 지나면 바로 첫 임신을 하곤 했습니다. 하지만 그래도 빨라야 십대 후반이었습니다. 비슷한 '구석기 처방' 기준을 현대에 적용하면, 현재의 소녀들은 14~15세에 바로 어머니가 되어야만 합니다. 물론 그렇게 하면 유방암 위험은 줄어들겠습니다만.

흔히 알려진 것처럼 일찍 아기를 낳는 경향은 어느 정도 집안 내력입니다. 그래서 다른 친구들은 아직 첫 아기를 낳기도 전인 30대 초반에 할머니가 되는 경우도 있습니다. 앞서 언급한 것처럼 이른 임신은 예측하기 어려운 삶의 상황, 즉 경제적 자원이나 의료적 자원에 대한 불균등한 접근성과 깊은 관련이 있습니다. 이는 삶의 과정을 불안정하게 만드는 주요한 정신사회적 스트레스입니다. 이것은 저체중 출생아로 이어지고, 다시 불량한 소아기 및 성인기 건강 상태로 이어집니다.[68]

저체중 출생아나 청소년 임신, 당뇨, 심혈관계 질환, 고혈압 등과 같은 심각한 건강상의 차별, 그리고 구체적인 질병에 대해서는 다양한 의학적 개입전략이 집중되고 있습니다. 그러나 이러한 건강상의 차별을 유발하는 기저 원인, 즉 사회 경제적 불평등에 대한 접근은 충분하지 않습니다. 행동과학자 데이비드 코알(David Coall)이나 짐 치스홀름(Jim Chisholm)이 "진화적 공공보건"(evolutionary public health)이라는 개념을 제기한 바 있습니다. 말하자면 사회적 불평등을 줄이는 데 초점을 둔 공공보건 패러다임이 어른과 아이, 그리고 이후 세대에도 보다 영속적이고 오래 지속되는 건강상의 이득을 가져온다는 이야깁니다.[69] 코알과 치스홀름은 공공보건적인 투자를 삶의 질 개선이 아니라 단지 사람들이 겨우 살아남도록 하는 데만 집중한다면 결국 절망한 젊은이들은 최대한 얼른 아기를 낳고 그중 하나라도 운 좋게 건지려는 차선책을 택할 것이라고 지적했습니다.[70]

소녀의 성적인 성숙과 첫 임신에 미치는 수많은 요인들은 아주 복잡하게 얽혀 있기 때문에 서로 분리하는 것이 어렵습니다. 우리는 생문화적 동물(biocultural animal)이기 때문이죠. 물론 어떤 요인(유전자, 식이, 스트레스) 하나가 전체 생애에 영향을 미친다고 볼 필요는 없습니다. 하지만 너무 이른 초경이 낳는 부정적인 결과는 분명합니다. 어떻게 이를 바로잡을지 계속 연구하여야 합니다.

이번 장의 핵심적인 내용은 지난 100년간 성적 성숙 연령이 점점 내려가고 있다는 것입니다. 이는 건강 수준과 삶의 질이 점점 나아졌기 때문이지만, 이러한 현상이 모든 인구 집단에서 동일하게 일어나고 있는 것은 아닙니다. 집단에 따라서 상당한 차이가 있습니다. 진화 의학이나 생애사 이론에 의하면, 성숙은 국소적인 환경 상황에 따라서 아주 민감합니다. 예를 들면 식이, 보건 수준, 양육의 경험 등이죠. 따라서 의학 교과서에서 이야기하는 '정상'적인 사춘기라는 개념은 아주 제한된 인구 집단, 특히 건강부국에 대해서만 제한적으로 적용될 수 있습니다.[71]

진화적으로 보자면 '정상' 성숙이나 '정상' 사춘기라는 서구의 개념을 뛰어넘는 공공보건적 지표가 수립되어야 합니다. 광범위한 영역에서 보건학적 개선을 촉진하려면 정상 발달의 개념에 사회 정치적 혹은 사회 경제적 맥락을 집어넣어야 합니다.[72] 워스먼은 "자원 할당, 사춘기 연령, 성인으로의 기능, 인간의 건강 간의 밀접한 관련성을 고려해볼 때, 예방의학적 관점에서 소아의 건강과 발달을 위한 균등한 자원 제공을 가장 우선순위에 두어야 한다"라고 말한 바 있습니다.[73] 사실 전반적인 건강 수준의 향상을 위해서는 의학 연구보다는 사회적 맥락에 대한 더 많은 관심이 필요합니다.

다음 장에서는 초경 이후 수년 동안 지속되는 생리 주기에 대해서 이야기하도록 하겠습니다. 이 책은 진화론적 관점에서 씌어졌지만 사실 생리에 대해서는 우리 선조들이 할 이야기가 별로 없습니다. 왜냐하면 조상들은 생리를 그리 많이 하지 않았기 때문이죠. 우리의 선조들은 초경부터 폐경까지, 대부분의 기간 동안 임신 혹은 수유 상태였기 때문에 생리를 자주 하지 않았습니다. 이러한 변화가 21세기 여성에게 어떤 건강상의 위험성을 가져오고 있는지 살펴보도록 하겠습니다.

2장

28일의 악순환

❀

Ancient Bodies
Modern Lives

들어가는 글에서 언급한 것처럼 진화 의학에서는 종종 오랜 진화적 세월 동안 만들어져온 우리의 몸이 동시대의 삶의 방식과 잘 맞지 않기 때문에 질병이 생긴다고 이야기합니다. 대표적인 예가 바로 음식입니다. 현대인의 식생활은 그동안 진화해온 영양상의 필요와 잘 맞지 않습니다. 이 책에서는 현대인의 생식과 관련한 행동 및 생리적 경향이 우리 조상의 생식 패턴과는 잘 맞지 않는다는 이야기를 하고 있습니다. 그리고 이러한 불일치는 여성의 건강에 부정적인 영향을 미칩니다. 선진국의 여성들은 1년에 약 12회의 생리를 합니다. 하지만 가족계획을 하지 않았던 과거에는 이보다 훨씬 적은 생리를 했습니다. 우리의 선조들은 대부분의 가임기간 동안, 사실상 임신 혹은 수유 상태였습니다. 평생 약 100~150번의 생리를 한 것으로 추정됩니다.[1] 오늘날의 여성은 한두 번의 임신, 그리고 각 임신마다 몇 개월에 불과한 수유 기간 동안만 생리를 쉽니다. 평생토록 약 350~400번 정도 생리를 하고 있습니다. 여성의 몸은 이렇게 엄청난 횟수의 주기적인 호르몬 변화에 적응하도록 진화하지 못했습니다. 번식 생물학자 로저 쇼트(Roger Short)는 "자연 선택은 번식 성공률을 최대화하도록 진화했기 때문에 임신하지 않은 상태에서 오랜 시간 동안 살아가도록 설계되어 있지 않다"라고 하였습니다.[2]

농경 사회 이전의 여성의 삶을 생각해봅시다. 수렵 채집 사회에 대한 관찰 결과에 의하면, 대략 16세경에 초경을 합니다. 그리고 약 3년 동안은 준가임기를 보냅니다(초경 이후 처음 몇 년 동안의 생리는 대개 배란이 일어나지 않기 때문입니다). 그러니 대략 19세경에 첫 임신을 하겠네요. 그리고 2~3년 정도 모유 수유를 합니다. 보통 4년 터울로 다음 자식을 낳습니다. 여건이 양호하다면 대략 6명의 자식을 낳고 이 중 4명이 번식 연령까지 살아남습니다. 보통 막내에게는 4년 이상 수유를 하게 됩니다. 그러면서 폐경이 일어납니다. 대개는 폐경이 일어난 것도 모르고 지나갑니다. 막내를 임신한 이후 그저 생리가 다시 돌아오지 않은 것뿐입니다. 세계 일부 지역 여성의 삶은 오늘날에도 이러한 시나리오와 대략 비슷합니다. 다만 신생아 사망률은 조상들보다 높아서, 6~7명의 자식 중 오직 2명 정도만이 생식 연령까지 살아남죠.* 현대 사회에 남아 있는 수렵 채집 사회에 대한 연구에 의하면 이들의 신생아 사망률은 선진국보다 훨씬 높을 뿐 아니라 과거 수렵 채집을 하던 우리 선조들보다도 높은 것으로 추정됩니다.[3]

건강 부국, 즉 일반적인 선진국의 여성은 어떨까요? 일단 위의 시나리오는 전혀 맞지 않습니다. 지난 장에서 이야기한 것처럼 1800년대 초반 이후 초경 연령은 점점 당겨지는 추세입니다. 심지어 오늘날에는 10세 이전에도 초경을 하는 소녀들이 있습니다. 첫 성관계 연령도 점점 내려갑니다. 일부 소녀들은 신체 성장이 끝나기도 전에 임신을 하고, 반대로 일부 여성은 피임을 통해서 20대 후반, 혹은 30대 후반까지 임신을 미루기도 합니

---

* 과거의 수렵 채집 사회는 환경이 양호한 온대 혹은 해안 지방에 주로 군락이 형성되어 있었지만, 농업혁명 이후 대부분의 '살 만한' 지역은 농경사회로 변화하였다. 현재 남아 있는 수렵 채집사회는 사막, 사바나, 열대 밀림, 극지방 등 주변부에 집중되어 있기 때문에, 과거 수렵 채집사회보다 일반적으로 더 열악한 환경이라고 할 수 있다.

다. 모유 수유는 잘 하지 않을뿐더러, 하더라도 대개 1년 미만입니다. 게다가 모유 수유는 믿을 만한 피임방법이 아니기 때문에, 상당수의 여성은 출산을 하자마자 (모유 수유가 아닌) 다른 피임방법을 시작합니다. 출산 간격은 여성 혹은 부부의 선택에 따라서 2년 미만으로 짧기도 하지만, 반대로 6~8년까지 길어지기도 합니다. 일부 여성은 어렵지 않게 임신에 성공하지만, 상당수의 여성은 난임 혹은 불임에 시달립니다. 불임치료를 받기 위해 수천 달러는 쉽게 씁니다. 부유한 국가의 여성들은 2명 혹은 3명 이상의 아기는 잘 낳지 않는데, 따라서 약 50세 무렵 폐경에 이르기 전까지 여러 가지 방법으로 임신을 막아야만 합니다(보통 폐경은 마지막 생리가 있은 후, 1년이 지난 시점으로 정의합니다).

〈표 2-1〉에서 이러한 두 가지 시나리오를 비교하였습니다. 맨 아랫줄의 숫자(수렵 채집 사회의 160회, 그리고 피임을 하는 현대 여성의 450회)를 보면,

〈표 2-1〉 수렵 채집 사회와 미국인의 생식 관련 변수 비교

	수렵 채집 사회	미국인
초경 연령	16.1	12.5
첫 출산 연령	19.5	24.0
초경과 첫 출산 간의 간격	3.4	11.5
수유 기간 (출산당)	2.9	0.25
가족의 최종 크기	5.9	1.8
전체 수유 기간 (추정)	17	0.5
폐경 연령	47	50.5
전체 배란 횟수	160	450

과연 이렇게 잦은 생리 주기가 여성에게 어떤 영향을 주지나 않을지 우려하지 않을 수 없습니다. 로저 쇼트에 의하면 여성의 몸은 400번 이상의 생리를 견디도록 '설계'되지 않았습니다. 400번 이상의 호르몬 등락 및 유방과 자궁의 세포 교체율의 변화를 견디는 것 말입니다. 세포가 분열할 때마다 발암성 세포 변이의 가능성이 있습니다. 세포가 자주 교체되면 변이의 가능성이 더 높아집니다. 게다가 주기적이고 잦은 에스트로겐 홍수는 여성의 건강에 심대한 영향을 미치는데, 특히 에스트로겐과 관련하여 유방암과 자궁암, 난소암 발병률이 높아집니다.[5, 6]

물론 정확한 비교를 하는 것은 무리지만, 〈그림 2-1〉에서 볼 수 있는 것처럼 피임이 보편화되고 출산 횟수가 적은 건강 부국의 유방암 발병률은 피임을 하지 않고 임신과 수유로 가임기의 상당 부분을 보내는 지역 여성의 유방암 발병률에 비해 무려 최대 약 100배에[*] 달하는 것으로 추정됩니다.[7] 임신과 수유를 지속하는 여성의 호르몬 패턴은 피임하는 여성과는 상당히 다르게 나타납니다(〈그림 2-2〉). 이 그림은 생리 중인 여성과 임신, 수

---

* 〈그림 2-1〉만 보면 수렵 채집 사회의 유방암 발병률에 대해 자세히 제시하지 않아, 무려 100배나 차이가 난다는 지은이의 설명이 다소 의아할 수 있다. 1983년 《네이처》에는 북미 여성 유방암 발병 원인의 85%가 여성호르몬의 영향으로 설명된다는 예방의학자 맬컴 파이크 (Malcolm Pike)의 파격적인 주장이 실렸다. 이듬해인 1984년 세계보건기구는 주요 12개 암의 지역별 발병률에 대한 보고서에서, 유방암의 발병률이 10만 명당 최대 105명(북미), 최소 0.2명(멜라네시아) 수준으로 큰 차이를 보인다고 발표했다. 이 보고서에서 국제 암연구기구(International Agency for Research on Cancer)의 D. 맥스웰 파킨(D. M. Parkin) 등은 서아프리카 여성 중 수렵 채집인의 유방암 발병률은 북미 여성의 12분의 1, 그리고 서아프리카 일반 여성 중 수렵 채집인의 유방암 발병률은 서아프리카 일반 여성의 8분의 1에 불과하다는 놀라운 데이터를 발표했다. 이를 이른바 파이크 모델(Pike's Model)이라고 하는데, 흔히 북미 여성은 수렵 채집인보다 유방암에 걸릴 확률이 100배 높다는 식으로 뭉뚱그려 이야기된다. 〈그림 2-1〉에서는 수렵 채집인의 유방암 발병률에 대해서 따로 제시하고 있지 않다. 하지만 수렵 채집 사회와 같이 극단적인 경우가 아니더라도 유방암 발병률은 지역에 따라 약 4~5배까지 차이가 난다. 보다 자세한 내용은 지은이 웬다 트레바탄의 다른 책 『진화 의학』(*Evolutionary Medicine*) 429~439쪽 참조.

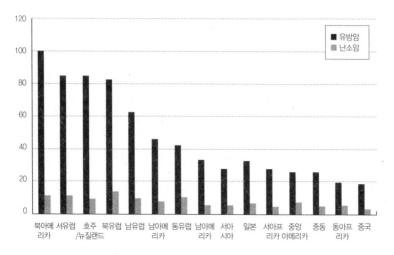

〈그림 2-1〉 세계 각 지역에서의 유방암 및 난소암의 발병률(인구 10만 명당 비율; 연령 보정함)

유 중인 여성의 9개월간의 난소 호르몬 변화의 차이를 잘 보여줍니다. 프로게스테론과 에스트로겐이 분비되면 난소, 유방 그리고 자궁의 세포는 임신을 준비하기 위해서 분열합니다.

〈그림 2-2〉 세 가지 조건 하에서 프로게스테론 수치의 변화

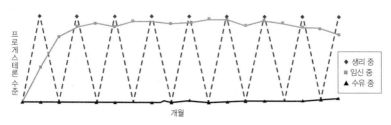

생리 및 임신, 수유 중에 나타나는 90개월간의 프로게스테론 수준의 변화에 대한 개략적인 그림. 에스트로겐 수준도 비슷한 패턴을 보인다.

생리 주기 및 임신 중의
호르몬 수준

일생 동안 생식 관련 호르몬에 노출되는 정도는 단지 생리 주기의 횟수에 따라 결정되는 것만은 아닙니다. 각 생리 주기, 그리고 임신 기간 동안 노출되는 호르몬의 수준에 의해서도 영향을 받습니다. 이미 언급한 것처럼 현대 여성은 과거보다 훨씬 잦은 난소 호르몬 변동에 영향을 받습니다. 게다가 각 생리 주기 동안의 절대적인 호르몬 수치도 높아지고 있는 경향입니다. 건강 부국의 여성은 건강 빈국의 여성보다 더 높은 수치를 보입니다. 예를 들어 보츠와나의 !쿵 산 족의 경우 일반적인 생리 주기 동안 평균 에스트라디올(Estradiol, E2) 수치는 약 112pg/ml입니다. 그에 반해 상하이의 중국 여성은 136pg/ml, 로스앤젤레스의 미국 여성은 164pg/ml에 달합니다.[8] 여러 연구에 의하면 미국 내에서도 민족에 따라 에스트라디올 수치가 상이합니다.[9]

프로게스테론 수치도 역시 인구 집단에 따라 다릅니다. 건강 빈국의 프로게스테론 수치는 미국에 비해 절반이나 3분의 2 정도에 불과하죠.[10] 사실 미국에서 이 정도로 낮은 수치를 보인다면, 불임클리닉을 찾아야 할 수준입니다.[11] 인류학자 버지니아 비첨(Virginia Vitzthum)은 볼리비아의 고산 지대 및 시카고에 사는 임산부, 일반 여성의 프로게스테론 수치를 비교해보았습니다. 〈그림 2-3〉에서 볼 수 있듯 시카고 여성의 수치가 훨씬 더 높았습니다. 볼리비아 여성의 수치는 미국이라면 불임에 해당하는 수치입니다. 하지만 볼리비아 고산지대 여성은 불임에 시달리지 않습니다. 실제로 이 지역의 20~30대 여성은 일생 동안 평균 네 번의 출산을 하였습니다. 1~2년 동안 모유 수유를 하는 것을 감안하면 낮은 출산율이 아닙니다.

이런 차이는 식이와 운동량의 차이로 설명할 수 있습니다. 수많은 연구에서 반복적으로 증명된 것처럼, 많이 먹으면 호르몬 수치도 높아집니다.[12] 영장류에서도 똑같은 현상이 관찰됩니다. 과일의 많고 적음이나 먹이를 구하는 데 필요한 에너지의 수준에 따라서 난소 호르몬의 수준도 변하게 됩니다. 인도네시아에서 오랑우탄을 연구하는 영장류학자 셰릴 노트(Cheryl Knott)에 의하면, 과일이 많아지고 먹이를 구하기 쉬워지면 오랑우탄의 난소 호르몬 수치가 올라가고 임신율도 덩달아 높아진다고 합니다.[13]

버지니아 비첨은 이러한 관찰 결과를 바탕으로 하나의 가설을 세웠습니다. 이른바 유연한 반응 모델(flexible response model, FRM)에 의하면, 현재 처한 생태학적 환경에 따른 자원의 장단기적 변동에 반응하여 난소 기능이 조절될 수 있습니다. 즉 상황에 따라서 생식이 촉진 혹은 지연될 수

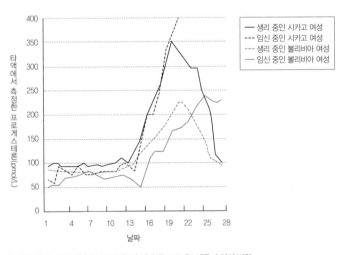

〈그림 2-3〉 두 인구 집단에서 임신 중 및 생리 중 프로게스테론 수치의 변화

있다는 것입니다.[14] 오랫동안 자원이 결핍되면 프로게스테론 수치가 떨어집니다. 그러나 생식 기능은 이처럼 낮은 수준의 프로게스테론에 적용하게 됩니다. 물론 임신을 하는 데 더 시간이 걸릴 수는 있겠습니다.[15] 반대로 자원이 풍부해지면 프로게스테론 수치는 올라갑니다. 건강 부국의 여성이 단기간의 스트레스 상황에 처하게 되면, 프로게스테론 수치가 떨어지고 배란이 억제됩니다. 하지만 여전히 건강 빈국 여성의 호르몬 수준보다는 높습니다. 영양 결핍(과도한 다이어트)이나 과다한 에너지 소모(지나친 운동) 등이 이러한 갑작스러운 스트레스를 유발할 수 있겠죠. 만약 이 가설이 옳다면 왜 건강 부국의 여성은 단기간의 스트레스에도 금세 난소기능이 손상되고 불임이 일어나지만, 만성적인 영양 부족과 과로에 시달리는 건강 빈국의 여성은 아기를 잘 낳는지 설명할 수 있습니다.[16]

현대화로 인해 에너지 균형이 변했고, 이는 관련 생식 기능에 연쇄적인 영향을 주었습니다. 인류학자 마이리 깁슨(Mhairi Gibson)과 루스 메이스(Ruth Mace)는 에티오피아의 인구 집단에 대한 연구를 통해서, 이 지역에 상수도 시설이 들어선 후 출산율이 높아졌다는 사실을 밝혔습니다. 과거에는 물을 길어오느라 매일 몇 킬로미터를 걸어야 했습니다. 따라서 임신과 출산을 위한 에너지가 남을 리 없었죠. 상수도 시설이 건설된 후, 노동량이 급격하게 감소했고 더 자주 출산을 할 수 있게 된 것입니다.[17] 전기와 차량이 도입된 후 마야족의 출산율이 높아졌다는 비슷한 연구도 있습니다.[18] 노동량을 줄여주는 시설이나 장비는 에너지 소모를 줄여주고 출산율을 높여줍니다. 이러한 현상은 왜 개발 초기의 국가에서 출산율이 치솟는지도 설명해줍니다.

식이 자체가 생식 기능에 영향을 주기도 하지만 음식에 들어 있는 식물성 에스트로겐(phytoestrogen)도 영향을 줍니다.[19] 영장류학자 멜리사 에 머리 톰슨(Melissa Emery Thompson) 등에 의하면 곰베 국립공원의 침팬지가 자주 먹는 과일(학명 *Vitex fischeri*)은 프로게스테론 수치를 정상보다 높게 유지시키는 효과가 있다고 합니다(에스트로겐에 미치는 영향은 없었습니다).[20] 비슷한 효과가 인간에게서도 관찰됩니다(비슷한 과일의 추출물이 다양한 생식 '장애'를 치료하는 데 사용되어 왔습니다). 그러나 식물성 에스트로겐이 정말 인간의 생식 생리에 중요한 영향을 미치는지는 확실하지 않습니다. 사실 침팬지의 가임 능력에 미치는 영향이 있는지도 분명하지는 않습니다.[21] 그러나 일반적인 식이 구성 말고도 자주 먹는 음식물 내의 식물성 에스트로겐이 생식 관련 생리 작용에 영향을 미칠 수도 있다는 정도는 확실합니다.

넓은 의미에서 생식 호르몬은 발달 과정 중 경험하는 자원의 가용도에 따라서 이미 결정됩니다. 태아는 이미 어머니 몸 안에서 앞으로 예상되는 환경에 들어맞는 생식 시스템 및 관련된 호르몬 수준을 조정하게 됩니다.[22] 자원이 풍부한 환경에서 성장하는 소녀의 몸은 주변 환경이 안정적이라고 '판단'합니다. 따라서 일시적인 자원 결핍 상황에 처하게 되면 생식 시스템은 잠시 작동을 중단하고 보다 나은 타이밍을 기다리게 됩니다. 상황이 호전되면 다시 생식 시스템이 제자리로 돌아옵니다. 가장 전형적인 사례가 바로 제2차 세계대전 중에 발생한 네덜란드 기근 당시의 일입니다. 당시 네덜란드 여성의 상당수가 불임 혹은 자연 유산을 경험하였습니다. 기근 이전과 이후에 비해서 상당히 높은 비율이었죠.[23] 그러나 처음부터 열악한 환경에서 성장한 소녀의 몸은 '나아질 가망이 없는' 만성적인 영양 부족과 과도한 노동 조건에 적응하며 발달합니다. 따라서 양호한 환경에서 성장한 여성이라면 불임이 일어날 만한 조건에서도 무리 없이 임신과 출산에 성공합니다. 비첨은 "고된 환경에서 태어나 성장한 여성의 생식 기능은 부유한 환경에서 성장하여 다이어트를 하거나 혹은 격렬한 운동을 하는 여성의 생식 기능과는 다르다"라고 지적합니다.[24]

건강 빈국에서 건강 부국으로 이민한 인구 집단에 대한 연구에 의하면 여성의 생식 시스템 발달의 핵심적 시기는 따로 있습니다. 인류학자 알레한드라 누네즈-데 라 모라(Alejandra Núñez-de la Mora)와 길리언 벤틀리는 방글라데시에서 영국으로 이민한 사람들을 조사하였는데 방글라데시에 머물러 있는 동년배에 비해서 이민자의 딸들이 더 높은 프로게스테론 수준 및 이른 초경을 보였습니다. 하지만 이러한 현상은 사춘기 무렵 혹은 그 이후에 이민을 온 소녀에게는 관찰되지 않았죠. 즉 어린 시절에 이민을 온 소녀들은 영국 원주민과 비슷한 프로게스테론 수치를 보였지만 청소년기 무렵에 이민을 온 소녀들은 방글라데시에 남아 있는 동년배와 비슷한 수치를 보인 것입니다.[25] 이러한 결과는 생애사 이론과 관련하여 개선된 환경에 반응하는 생식 시스템의 유연성을 잘 보여주는 사례입니다.[26]

인구 집단에 따른 변이 혹은 단기간의 환경 변화에 따른 생식 호르몬의 변화 양상은 우리에게 몇 가지 시사점을 던져줍니다. 일단 영양 결핍이나 과도한 육체활동에 의한 난소 기능의 변화는 질병이나 장애라기보다는 적응의 결과라는 것입니다.[27] 진화적 관점에서 여성의 생식 시스템은 환경 조건에 따라서 조율되며 장기적인 번식 성공률을 최대화하기 위해서 조절됩니다. 특정 스테로이드 호르몬 수치만 '정상'이고 그 범위를 벗어나면 '비정상'인 것이 아닙니다. 엘리슨은 난소 기능이 발달적 환경 및 생태적 조건에 따라서 "단계적 연속체"로서 움직인다고 주장했습니다. "완전한 생리 주기"와 "완전한 무월경" 사이에는 수많은 단계의 "불충분한" 황체기 혹은 난포기 상태가 존재할 수 있습니다. 종종 황체기 부전 혹은 난포기 부전은 의학적 개입이 필요한 상태로 간주되지만 어떤 상황에서는 정상적

으로 있을 수 있는 상태라는 것입니다.[28]

인구 집단별로 생리 주기 전반에 측정되는 호르몬 수치의 변이를 조사하면 스테로이드 호르몬에 영향을 받는 암의 위험률에 대해 보다 많이 알 수 있습니다. 인류학자 그라지나 야지엔스카(Grażyna Jasieńska)와 잉거 순(Inger Thune)은 다섯 개의 인구 집단에서 중기 황체기 프로게스테론 수치와 유방암 발병률의 관계에 대해 조사하였습니다. 콩고에서 두 수치가 모두 가장 낮았고, 네팔, 볼리비아, 폴란드, 미국 순이었습니다(〈그림 2-4〉).[29] 이들의 서로 다른 프로게스테론 수치는 각 집단에서 섭취하는 전체 열량 수준과 관련이 있었습니다.

인구 집단에 따른 난소 호르몬의 차이를 볼 때, 경구용 피임약에 대한 보다 면밀한 검토가 필요합니다. 왜냐하면 경구용 피임약에 대한 임상연

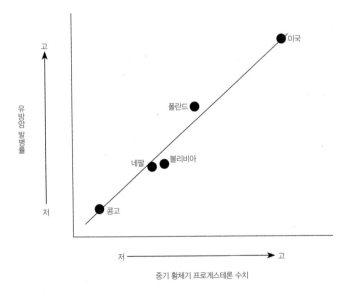

〈그림 2-4〉 유방암 발병률과 중기 황체기 프로게스테론 수치

구가 주로 미국이나 유럽의 여성을 대상으로 하여 진행되었기 때문이죠. 비첨에 의하면 경구용 피임약을 복용하는 건강 빈국의 여성들은 다양한 어려움을 겪습니다.[30] 벤틀리는 태아 발달 중 이미 세팅된 낮은 호르몬 수준에 적응한 여성들이 건강 부국의 여성, 즉 높은 호르몬 수준을 보이는 여성에게 맞도록 개발된 경구용 피임약을 먹는 것은 문제가 있다고 주장합니다.[31] 대사 능력의 차이는 난포기와 황체기의 기간을 다르게 할 수 있고, 이는 생리 주기의 기간에도 영향을 줄 수 있습니다. 모든 인구 집단에 단일 용량의 호르몬 제제를 투여하는 것은 불쾌하고 바람직하지 않은 부작용을 유발할 수 있습니다. 최악의 경우에는 건강에 해가 될 수도 있죠. 게다가 나이에 따라서 생리 주기 동안의 호르몬 수치가 변화한다는 것도 고려해야 합니다.[32] 가장 활동적인 연령의 여성에게 적합하게 개발된 경구 피임약은 이제 막 생리를 시작하는 젊은 여성이나 혹은 폐경을 앞둔 여성에게는 좋지 않을 수도 있습니다(〈그림 2-5〉).

건강 부국에 사는 여성의 호르몬 수치가 그렇게 높다면 남성도 그럴까

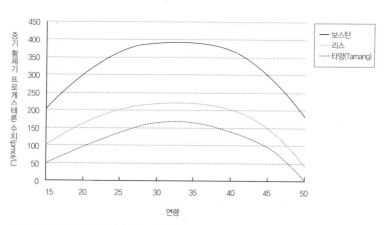

〈그림 2-5〉 세 인구 집단의 일생 동안의 프로게스테론 수준 변화 양상

요? 식이 습관 및 운동량이 여성의 호르몬 수준에 영향을 준다면, 남성도 비슷할 것이라고 예상할 수 있습니다. 실제로 건강 부국의 남성이 더 높은 테스토스테론 수준을 보인다는 증거가 있습니다. 60세가 지나야 이러한 차이가 미미해집니다. 여성과 마찬가지로 테스토스테론에 많이 노출된 젊은 남성은 나중에 전립선암에 많이 걸리게 됩니다.[33] 게다가 아프리카계 미국인 등 일부 인구 집단은 높은 전립선암 발병률을 보입니다. 아마도 태아 시절 모성 호르몬에 과다하게 노출되어서 암이 더 많이 발생한다는 주장이 있습니다.[34] 높은 수준의 테스토스테론은 면역 기능을 저하시킵니다.[35] 생식과 생존을 맞바꾼 것이죠. 여성에게서도 물론 그렇지만 젊은 시절에 아기를 많이 낳는 이득이 생애 후반에 면역 기능이 떨어지거나 혹은 전립선암이 걸리는 손해를 상회할 수 있습니다. 사실 선진국에서는 감염성 질환이 적게 발생하기 때문에 면역 기능이 떨어지는 것을 감수하고 테스토스테론 수치를 올리는 것(근육도 멋지게 울퉁불퉁해지죠)이 '합리적인' 선택일 수 있죠. 최근에는 '테스토스테론 대체 요법'(testosterone replacement therapy)이 유행입니다. 근육도 발달시키고, 성욕도 증가시킬 수 있습니다. 그러나 이러한 치료가 주는 위험은 아마 여성들이 처방 받는 호르몬 대체 요법의 위험에 상응할 것입니다.

일생 동안 겪는 생리의 횟수를 줄이는 것이 필요할까?

진화 과정을 통해 적응한 식습관과 현대의 식습관 간의 불일치를 해결하는 것은 쉽습니다. 이론적으로는 말이죠. 하지만 실천하기는 대단히 어렵습니다. 지방 섭취를 줄이고, 복합 탄수화물의 섭취를 늘리며, 운동량을 늘리는 일이, 식은 죽 먹기였다고 하는 사람을 아직까지는 본 일이 없습니다. 여성의 생식 시스템을 선조의 환경에 맞추는 것은 더욱 어렵습니다. 임신과 출산의 패턴을 바꾸어야 하고 호르몬 수준도 변화시켜야 하기 때문입니다. 사실 우리 조상의 번식 패턴으로 '되돌아'가서, 유방암을 예방해야 한다고 주장하는 책은 거의 없습니다.[36] (석기시대 다이어트에 대한 책은 아주 많습니다만…) 대중에게 그리 인기 있는 주장이 아니기 때문이죠. 그러나 과거의 선조들과 유사하게 생리 주기를 변화시키는 것이 바람직하다는 홍보 웹사이트 등이 최근 많이 생겨나고 있습니다.[37]

상당수의 여성들이 생리에 대해서 불평합니다. 사회적 혹은 직업적 삶에 방해가 될 뿐이라는 것이죠. 그래서 그런 여성들은 최근에 개발된 생리 억제형 경구 피임약(menstrual suppressing oral contraceptives, MSOCs)을 환영합니다. 사실 기존의 피임약도 호르몬 기능에 영향을 주는 것은 마찬가지이므로 피임약을 조금 더 강하게 만들어서 아예 생리가 일어나지 않도록 하는 것은 그리 어려운 기술이 아닙니다. 여러 나라에서 진행된 설문 조사에 의하면 다수의 여성들이 이 생리 억제제를 먹을 것이라고 응답했습니다. 단, 안전하기만 하다면 말이죠.[38] 하지만 과연 그럴까요? 인류학자 리네트 레이디 시버트(Lynette Leidy Sievert)는 여성들이 소위 '정상'적인 생리 주기를 유지하고자 하는 바람이 있다고 주장합니다. 매달 일어나는 생리는 다양한 문화적 혹은 개인적 정체성과 관련되기 때문이죠.[39] 많은 문화권에서 생리는 의례적, 그리고 상징적 의미를 가지고 있는데 인류학자들은 생리가 다산의 능력 및 권력과 밀접한 관련을 가진다고 합니다.[40]

일부 여성은 임신을 막고 주기적인 불편과 간헐적인 고통을 줄이기 위해서, 생리 억제형 경구 피임약, 즉 생리 억제제를 선택하곤 합니다. 물론 일반적인 피임약에 비해서 건강에 미치는 영향이 훨씬 큰 것은 아니지만, 시버트는 몇 가지 고려할 점이 있다고 말합니다.[41] 일단 생리 억제제를 사용하는 여성이 우연히 임신을 하게 되면 몇 달이 지나도록 임신한 사실을 놓칠 수 있습니다. 임신 사실을 모르니 담배도 피우고 술도 마시고 식사도 대충하고 마약도 할 수 있겠죠. 이런 식으로 두세 달이 지나가면 태아의 건강과 발달은 돌이킬 수 없는 타격을 입습니다. 이뿐만이 아닙니다. 여성은 자신의 생리혈 양 혹은 그 양상을 통해서 감염 여부를 짐작할 수 있는데, 생리가 아예 없다면 감염 사실을 모를 수도 있습니다. 마지막 고려 사항은 생리 억제제를 복용한다고 해서 마치 우리 선조의 상태로 돌아간 것처럼 착각해서는 안 된다는 것입니다. 사실 완전히 다릅니다. 생리 억제제는 높은 수준의 에스트로겐을 통해서 피임 효과를 발휘하는데, 이는 임신 혹은 수유 상태의 여성이 보이는 호르몬 상태와 전혀 다릅니다.

진화 의학적인 관점에서 유방암을 줄이려는 시도들은 생활 습관 개선을 통한 것이 아니라, 주로 약물학적 혹은 수술적 방법입니다.[42] 이는 마치 현대인의 식이 습관으로 인해 유발된 건강상의 문제를 해결하기 위해서, 콜레스테롤 저하제나 위장 우회 수술, 항고혈압 약물 등을 시도하는 것과 마찬가지죠. 선조들의 삶의 방식으로 '돌아갈' 생각은 하지 않고 말입니다. 물론 일부 학자들은 이러한 "개입적 내분비 치료"가 유방암 치료를 위한 화학 요법, 방사능 요법 혹은 수술적 요법에 비해서 덜 "자연적인" 치료는 아니라고 주장합니다.[43] 그런데 위험성은 더 적다는 것이죠. 게다가 여성들은 오래전부터 경구용 피임약을 먹어오면서, 호르몬 상태를 조절하는 것에 이미 익숙하지 않느냐고 주장합니다. 하지만 유방암의 위험을 줄일 수 있는 보다 더 바람직하고 확실한 방법이 있습니다. 운동을 더 많이 하고 지방 및 칼로리 섭취량을 줄이고 적당한 음주 혹은 아예 금주를 하고 식이 섬유를 보다 많이 먹는 것입니다.

생활 습관 개선이 암 발병에 미치는 영향을 확인하기 위해서 2,622명의 전직 운동선수와 2,766명의 비운동선수를 비교한 연구가 있습니다. 운동

선수들은 유방암, 난소암, 자궁내막암의 생애 발병률이 유의하게 낮았습니다.[44] 대부분의 운동선수들은 십대부터 훈련을 시작하며, 보통 사람들보다 더 날씬합니다. 그리고 보다 낮은 수준의 생식 호르몬 수준을 보입니다. 꾸준한 운동이 에스트로겐(에스트라디올)의 수치를 낮춘다는 사실은 그라지나 야시엔스카 등이 이미 밝힌 바 있습니다.[45]

포유류에게서는 흔하지 않은 생리

생리 주기를 연구하는 학자들은 주로 너무 빈번한 호르몬 변동이 여성의 건강에 어떤 영향을 미치는지 연구합니다. 여성은 왜 생리를 하는 것일까요? 엄청난 양의 생리혈을 흘리면서 말이죠.[46] 가임기 동안의 모든 영장류 암컷은 이른바 난소 주기를 보이게 됩니다. 하지만 모든 영장류가 수정으로 이어지지 않은 배란 후에 떨어져 나간 자궁내막이 생리혈이 되어 밖으로 배출되는 것은 아닙니다. 사실 대부분의 영장류의 경우 떨어져 나간 내막 조직은 몸 안으로 재흡수됩니다.

왜 인간은 생리를 진화시킨 것일까요? 생물학자 마지 프로펫(Margie Profet)은 생리혈이 자궁 내의 병원체를 제거하려는 목적으로 진화했다는 가설을 제안했습니다. 성관계 중에 정액과 함께 들어온 병균을 없앤다는 것이죠.[47] 다른 영장류와 달리 인간의 여성에게만 상당한 양의 생리혈이 관찰되는 것은 인간만이 생리 주기 내내 아주 빈번하게 성행위를 하기 때문이라는 주장입니다. 그러나 인류학자 베버리 스트라스만(Beverly Strassmann)은 이러한 주장을 반박했습니다. 생리 전후로 자궁 내 병원체의 양은 변화가 없었다고 하면서, 오히려 생리 시점에는 혈액으로 인해 병균이 번식하기 좋은 환경이 형성된다는 것입니다.[48] 또한 과거에는 생리 횟수가 지금보다 적었지만 성관계 빈도도 지금보다 더 적었다는 근거는 없다는 사실도 프로펫의 가설이 가지는 약점입니다.

자주 언급하는 개념입니다만 가능한 한 에너지를 절약해서 보존하려는 경향은 아주 중요한 진화적 기전 중 하나입니다. 매달 착상을 위해 자궁내막을 발달시키는 것은 아주 '값비싼' 활동입니다. 가능하면 임신이 일어나기 전까지 자궁내막을 그냥 '유지'하는 것이 매달 내막을 탈락시키고 새로 만드는 것보다 더 바람직할 수 있습니다. 그러나 스트라스만의 연구에 의하면 오히려 자궁내막을 계속 유지시키는 것이 매달 탈락시키고 다시 형성하는 것보다 에너지가 더 많이 든다고 합니다.[49] 또한 생리는 철 결핍과 관련됩니다. 이 때문에 식이가 부실하거나 장내 기생충에 감염된 여성은 곧잘 빈혈증에 걸립니다.[50] 하지만 스트라스만은 우리의 선조에게 잦은 생리로 인한 철 결핍은 거의 일어나지 않았을 것이라고 주장합니다. 또한 생리와 관련된 또 하나의 부정적인 현상, 즉 생리 전 증후군도 과거에는 큰 문제가 아니었다고 주장합니다. 이에 대해서는 뒤에서 다시 다루겠습니다.

인간의 임신과 출산에 관련된 모든 흥미로운 현상을 모두 자연 선택으로 설명할 수 있는 것은 아닙니다. 앞서 언급한 것과는 다른, 재미있는 대안적 가설이 있습니다. 인간의 생리는 단지 복잡한 생식 시스템이 진화하면서 생긴 부산물(byproducts)로서 공진화했을 뿐이라는 가설입니다. 그래서 왜 그런 현상이 일어나는지 설명할 수 없다는 것이죠.[51] 중요한 과학 원칙으로 이른바 '오컴의 면도날'이라는 것이 있습니다. 증명할 방법이 있기 전에는 가장 간단한 설명이 가장 최선의 설명이라는 주장이죠. 인간의 태반은 자궁벽 깊숙이 침범하도록 진화했습니다. 생리는 단지 이러한 진

화적 과정의 부산물일 가능성도 있습니다.[52]

난자 이야기,
제1편

인간의 알, 즉 난자의 이야기는 임신 20주경부터 시작됩니다. 400~600만 개의 '예비 난자', 즉 난원세포(oogonia)가 유사 분열을 통해 형성됩니다. 이 예비 난자는 46개의 염색체를 모두 가지고 있죠. 임신 6개월경, 이 난원세포는 감수 분열의 첫 번째 단계를 개시합니다. 염색체의 숫자가 절반으로 감소하는 것입니다. 나중에 같은 숫자의 염색체를 가진 정자와 합체할 준비를 하는 것이죠. 이 감수 분열의 결과로 생긴 세포를 난모세포(oocyte)라고 합니다. 난모세포는 더 이상 세포 분열을 하지 않고, 사춘기까지 잠을 잡니다. 그래서 이를 "일종의 가사 상태"(a kind of suspended animation)라고 부르기도 합니다.[53]

난모세포는 난소 안에서 자리를 잡고, 50년 이상 잠을 잡니다. 전혀 변하지 않은 상태에서 말이죠. 물론 폐경에 가까워지면서 난모세포의 숫자는 점점 적어집니다.[54] 약 4분에 하나 꼴로 없어집니다.[55] 폐경 무렵에는 아주 조금만 남게 되죠. 이렇게 많이 없어지는 것은 좀 낭비가 아닐까 싶네요. 하지만 대개는 결함이 있는 난모세포 위주로 제거가 일어납니다. 즉 출산까지 이어질 가능성이 적거나 나중에 건강한 자손이 될 가능성이 적은 임신을 사전에 예방하는 자연 선택 기전이라고 할 수 있습니다. 나중에 자세히 살펴보겠지만 폐경은 단지 난자가 바닥나기 때문에 일어난다는 주장이 있습니다(9장 참조). 50년간 난자가 경험하는 수많은 상처들을 생각하면, 고령의 어머니에게서 염색체 이상을 가진 아기가 많이 태어나는 것은 전혀 이상한 일이 아닙니다.

배아기 시절의 난소에서 난모세포는 난포 안에 둥지를 틉니다. 이 시절의 난포를 일차 난포, 난모세포를 일차 난모세포라고 하죠. 사춘기가 될 때까지 거의 변하지 않습니다. 사춘기가 되면 난모세포와 난포는 일차에서 이차를 거쳐, 삼차 난모세포, 그리고 난포로 변화합니다. 배란이 일어나는 시점에, 생리 주기 중반에 일어나는 황체형성호르몬과 난포자극호르몬의 급격한 증가에 자극을 받아 삼차 난포세포는 감수 분열을 일으킵니다. 그리고 난소, 즉 난포를 빠져 나온 난모세포는 복강으로 나와서 나팔관으로 쏙 들어갑니다. 그러는 도중에 난포는 다시 난소로 들어갑니다. 난소에 남게 된 삼차 난포는 황체(corpus luteum)로 변하게 됩니다. 이후 며칠 동안 황체는 에스트로겐과 프로게스테론을 분비합니다. 만약 수정이 일어나지 않으면 황체는 퇴화합니다. 수정이 일어나면 황체는 계속 프로게스테론과 에스트로겐을 분비합니다. 태반이 자라 호르몬 분비 기능을 넘겨받기 전까지 말이죠(프로게스테론은 'pro(앞)+gestation(임신)'이라는 말인데, 즉 임신 전반부에 기능을 담당한다는 의미입니다).

정자와 조우한 삼차 난모세포는 감수 분열의 다음 단계로 진행하게 됩니다. 비로소 난자(ovum)가 된 것이죠. 수정이 일어나면, 접합자 혹은 수정란(zygote)이라고 부릅니다. 수정란은 나팔관을 따라 이동하여 자궁에 이르게 되는데, 보통 일주일이 걸리는 여행입니다. 한편 황체는 계속 프로게스테론을 분비하여, 자궁벽이 착상에 적합하도록 준비를 합니다. 착상이 일어나면 수정란은 배반포(blastocyst)가 됩니다. 자궁벽 안으로 파묻히는 것입니다. 배반포의 한 부분, 즉 안쪽 세포 덩어리는 배아(embryo)가 되고 바깥쪽 부분, 즉 영양포(trophoblast)는 태반이 됩니다. 이 시점의 영양포는 인간 융모성 성선자극호르몬(human chorionic gonadotropin, hCG)을 분비하는데, 흔히 사용하는 소변 임신 검사 키트는 바로 이 호르몬을 검출하는 것입니다. 이 전체 과정 중 어느 하나라도 삐끗하면 배란이 안 되거나 황체 형성이 안 되거나 혹은 착상이 안 될 수 있습니다. 예를 들면 프로게스테론이 부족하거나 황체기가 너무 짧은 경우, 혹은 감염, 유전적 이상, 어머니의 면역 반응, 자궁 내 피임장치, 프로게스테론 수용체를 차단하는 사후 피임약(RU-486)과 같은 원인입니다. 다음 3장과 4장에서는 수정이 일어난 이후 9개월간의 임신 과정에 대한 이야기를 이어서 하겠습니다.

각 생리 주기의 후반부 동안 프로게스테론과 에스트로겐은 자궁과 유방의 세포 분열을 촉진합니다. 착상을 준비하는 것입니다. 수정이 일어나지 않으면 새로 생겨난 세포는 이내 죽어버리고, 새로운 주기가 시작됩니다. 한 번도 임신을 하지 않은 여성이라면 이러한 세포의 반복적인 탄생과 사망 주기가 무려 30년 동안 매달 일어나는 셈입니다. 안타깝게도 세포 분열이 많이 일어나다 보면 일부 세포는 유방암이나 자궁내막암으로 발전하기도 합니다. 그래서 임신을 한 번도 하지 않은 여성에게 유방암과 자궁내막암이 더 많이 발병합니다.[56]

'정상'
생리 주기

아마 고등학교 생물 시간 혹은 보건 수업 시간 때 배운, '정상' 생리 주기에 대해 잘 알고 있을 것입니다. 보통 생리 주기는 두 단계로 나뉜다고 설명하죠. 바로 에스트로겐의 영향을 받아 난포가 자라는 난포기(follicular phase)와 황체에서 나오는 많은 양의 프로게스테론의 영향을 받아 착상을 준비하는 황체기(luteal phase)입니다. 난포기는 생리가 시작되는 날부터 배란하는 시점까지, 대략 2주입니다. 황체기는 배란부터 생리까지 이어지는 주기의 후반부인데, 역시 약 2주입니다. 그래서 소위 '정상' 생리 주기는 대략 28일에서 30일이 됩니다. 물론 생리 주기는 개인차가 심하고 같은 사람의 생리 주기도 그때그때 들쭉날쭉합니다.

제가 '정상'이라는 말에 굳이 따옴표를 한 이유는 한 여성의 정상 주기가 다른 여성에게는 정상이 아닐 수 있다는 점을 강조하려는 것입니다. 물론 들어가는 글에서 밝힌 것처럼, 의학에서 말하는 '정상'이란 건강 부국에 사는 영양 공급이 양호한 건강한 여성을 기준으로 합니다. 게다가 건강한 여성들 간에도 변이가 상당합니다. 따라서 우리가 알고 있는 이른바 '정상' 생리 주기 혹은 '정상' 생리혈의 용량이라는 것은 사실 가상의 개념입니다. 그래서 버지니아 비첨 등은 볼리비아에 사는 여성의 오직 3분의 1 정도만이 '규칙적인' 생리 주기, 즉 교과서에 이야기하는 26~32일 사이의 주기를 보였다고 하였습니다.[57] 이는 아주 중요한 문제입니다. 특히 피임약의 성공 여부는 주기의 규칙성에 달려 있기 때문에 아주 중요합니다. 그리고 생리 주기를 이용한 피임법, 이른바 날짜 피임법은 생리 주기가 28~29일로 규칙적인 여성 외에는 사용할 수가 없습니다.

볼리비아 여성에 대한 비첨의 연구에 의하면, 생리를 하는 기간은 평균 3.7일(중간값 3.5일)이었습니다.[58] 이는 다양한 인구 집단의 생리 기간에 비하면 상당히 짧은 편입니다. 일반적으로 건강 빈국 여성의 생리 기간이 건강 부국의 생리 기간보다 짧습니다. 유럽이나 미국의 여성이 대략 6일로 가장 긴 편이죠. 비첨 등에 의하면, 생리 기간도 난소 호르몬의 영향을 받습니다. 프로게스테론이나 에스트로겐이 높을수록 길어집니다. 게다가 긴 생리 기간은 높은 여성암 발병률과 관련이 있는데, 6일 이상의 기간을 보이는 여성은 4일 이하의 기간을 보이는 여성보다 암 발병률이 높습니다. 그래서 짧은 생리 기간을 보이는 여성은 경구용 피임약을 먹지 않는 편이 좋다고 합니다. 경구용 피임약은 생리 기간을 '비정상'적으로 연장시킬 수 있기 때문이죠.

생리 주기와 관련된 문제들

거의 모든 여성들이 생리통을 경험할 뿐 아니라 종종 생리불순도 겪습니다. 즐거운 일이 아닙니다. 일부 여성의 생리통은 정말 끔찍할 정도입니다. 우리의 선조들은 어떻게 이런 생리통을 겪으면서도 아이를 돌보고 식량을 채집하며 살아갈 수 있었을까요? 하지만 선조들의 생리는 지금보다 드물었을 뿐 아니라, 생리 기간도 짧았습니다. 큰 문제가 되지 않았습니다.

미국을 비롯한 선진국 대부분의 여성에게 생리 전 증후군은 피할 수 없는 일상으로 취급되고는 합니다. 그러나 사실 모든 집단에서 생리 전 증후군(PMS)이 발생하는지는 의문입니다. 전통 사회에 대한 인류학적 문헌에는 생리 전 증후군이 잘 언급되어 있지 않습니다. 물론 과거 민족지 조사에서는 이에 대한 고려가 철저하게 이루어지지 않았을 수도 있죠. 그럼에도 불구하고 생리 전 증후군은 건강 부국의 여성에게 보다 흔하게 나타납니다. '문명화에 따른 질병'(disease of civilization)인 것입니다.

생리 전 증후군이란 과연 무엇일까요? 사실 생리 전 증후군을 다룰 때 겪는 문제 중에 하나가 바로 너무 많은 '증상'이 있어서 한마디로 정의하기가 불가능하다는 것입니다. 종종 생리 전 증후군을 생리를 시작하기 전 며칠간 경험하는 증상군으로 정의합니다. 체중 증가, 유방 통증, 부종, 어지러움, 오한, 오심, 두통, 요통, 화끈거림, 전신 통증, 불면, 건망증, 집중력 장애, 균형감각 상실, 업무능력 저하, 식욕 증가, 기분 변동, 울음, 우울, 불안, 짜증, 공격성, 긴장, 성욕 저하 등을 포함합니다.[59] 사실상 거의 모든 증상을 포괄하기 때문에 생리 전에 이런 증상이 나타나면 대충 생리 전 증후군으로 속단하기 쉽습니다. 대략 70%의 미국 여성들이 이러한 '증상군'에 따른 생리 전 증후군 진단 기준에 부합합니다. 일부 심각하고 중대한 증상을 보일 경우, 따로 생리 전 불쾌장애(Premenstrual Dysphoric Disorder, PMDD)라는 진단을 붙입니다. 미국 여성의 약 8%가 이 진단을 받습니다.[60]

생리 전 증후군에 대한 지금까지의 연구들을 보면 아마 여성들은 별로 유쾌하지 않을 것입니다.[61] 예를 들어 자신의 삶에 만족하지 못하는 여성, 신경질적이고 감정적인 스트레스에 취약한 여성, 임신을 어렵게 하는 여성 혹은 부부 관계에 만족하지 못하는 여성, 심지어는 시간이 너무 많이 남아도는 여성이 생리 전 증후군에 잘 걸린다는 연구가 있습니다. 여성이 가지는 모든 문제가 사실 자궁에서 시작한다는 식입니다.[62] 최근에 이러한 편견을 불식시키기 위한 다양한 움직임이 일어나고 있습니다. 미국 정신의학회의 『정신장애 진단 및 통계 편람』(Diagnostic and Statistical Manual of Mental Disorders, DSM)에서 생리 전 불쾌장애라는 별도의 진단 기준을 만든 것도 바로 이러한 움직임의 일환입니다.

생리 전 증후군을 의학적 장애의 하나로 간주하면서, 안타깝게도 그동안 별로 관심이 없었을 뿐만 아니라 사실 의학적 개입이 필요하지도 않은 다양한 생식 관련 증상들이 질병의 꼬리표를 달게 되었습니다. 물론 생리 전 증후군이 호르몬의 영향에 의해 발생하는지 혹은 정신적 원인에 의한 것인지에 대한 논란이 계속되고 있습니다. 일단 지금까지의 결론은 다음과 같습니다. 생리 전 증후군이 생물학적 원인을 가지고 있지만, 현재 혹은 과거의 스트레스에 의해 악화된다는 것입니다. 생리 전 증후군을 앓는 여성은 다른 여성보다 호르몬의 변화에 보다 민감하다는 것이죠.[63]

앞서 언급한 것처럼 부유한 국가의 여성들이 더 많이 앓는 것을 볼 때 생리 전 증후군의 상당 부분은 높은 수준의 난소 호르몬에 의해 일어나는 현상으로 보입니다. 생리 주기 동안 높아진 프로게스테론 수준은 생리 직전에 갑자기 떨어지는데, 풍족한 지역에 사는 여성은 이러한 격차가 더 심할 수밖에 없습니다. 따라서 이러한 '금단 증상'이 다양한 신체적 혹은 정신적 민감성을 유발한다는 것입니다.

인류학자 크리스 라이버(Chris Reiber)에 의하면 배란 기간 중에 더 좋은 기분, 자신감, 사교성 그리고 적극적인 연애 경향을 보인 여성들이 그 이후에 찾아오는 저조한 기분, 낮은 자신감과 부족한 사교성과 같은 상태를 생리 전 증후군으로 인지할 가능성이 높다고 합니다.[64] 배란 기간 중 호르몬에 의해서 '도취'되었기 때문에 생리 주기 후반에 더 힘들어 한다는 것이죠. 라이버에 의하면 배란 기간 중 여성은 이성을 유혹하기 위해 보다 적극적인 사회적 행동을 취하게 되는데, 생리 전 증후군은 단지 그러한 상황의 반전일 뿐이라고 합니다. 실제로 생리 전 증후군을 경험하는 여성들은 일주일 혹은 이주일 전에 비해서 기분이 좋지 않다는 식으로 불평합니다.

라이버는 생리 전 증후군을 진화적으로 설명하면서 배란 중에 기분의 고양 혹은 행동의 적극성을 보이지 않는 여성들은 생리를 하기 전 '추락'하는 일도 없다고 주장합니다. 즉 생리 전 증후군을 앓지 않는다는 거죠. 이러한 맥락에서 생리 전 증후군은 임신과 출산에 적합한 환경에서 사는 여성에게 주로 관찰될 것이라고 예측할 수 있습니다. 부유한 지역의 여성이 생리 전 증후군을 많이 경험하는 것처럼 말입니다. 실제로 라이버가 조사한 바에 의하면 임신과 출산이 적합하지 않은 환경에서 사는 여성이 오히려 배란 중에 부정적인 감정과 행동을 더 많이 보입니다. 반대로 생리 직전에는 기분이 더 나아집니다. 이러한 진화적 설명을 통해서 왜 지역별로 생리 전 증후군의 유병률이 다른지, 심지어 어떤 지역에서는 전혀 관찰되지 않는지 짐작할 수 있습니다. 또한 증후군의 증상이 사람마다 제각각으로 나타나는 이유, 그리고 약물 치료가 큰 도움이 되지 않는 이유도 알 수 있습니다. 배란 중 호르몬 수치가 높이 올라가면, 즉 산이 높으면 골도 깊을 수밖에 없습니다.

황체기 동안의 면역 기능 억제

생리 전 증후군에 대한 진화적 이해를 통해서, 아주 흥미로운 현상을 설명할 수 있습니다. 생리 주기 중 면역 기능이 가장 떨어진 시기에 생리 전 증후군이 일어나는 현상입니다. 다음 장에서 살펴보겠지만 배란 이후에 찾아오는 면역 기능의 억제는 어머니의 몸이 수정란을 거부하지 않도록 하는 역할을 합니다. 그래야 수정란이 자궁벽에 성공적으로 착상할 수 있죠. 몇 가지 경험적 연구에 의하면 황체기의 여성은 질병에 더 취약한 경향이 있습니다. 물론 이에 대해서는 상당한 반론도 있습니다. 하지만 난포기에 유방 방사선 촬영을 하면 보다 정확한 진단을 할 수 있을 뿐 아니라,[65] 유방암 수술도 난포기에 하는 것이 더 높은 생존율을 보인다는 증거가 있습니다.[66] 난포기에는 면역 기능이 억제되지 않기 때문입니다. 수많은 질병과 장애가 생리 전, 즉 난포기 후반에 악화됩니다. 예를 들면 천식, 편두통, 당뇨병, 관절염, 우울증, 위장 질환, 골다공증, 만성 피로 증후군, 간질

(뇌전증) 등이죠.[67] 반대로 다발성 경화증이나 류머티스성 관절염과 같은 자가 면역 질환은 황체기에 오히려 증상이 호전됩니다. 물론 루푸스와 같은 자가 면역 질환은 악화되기도 하죠.[68]

건강한 멕시코인 10명을 대상으로 면역 인자 수준에 대한 연구를 했습니다. 특정 면역 인자의 수준이 난포기에는 높아지고, 황체기에는 떨어졌습니다. 즉 잠재적인 병원체에 대한 일차적 방어막이 황체기에는 약해진다는 것입니다.[69] 임신 중 면역 억제에 대한 연구에 의하면 면역 기능 억제의 원인은 바로 프로게스테론입니다. 즉 프로게스테론은 면역을 억제하면서 수정란의 착상을 준비하는 기능을 합니다.[70] 면역 인자의 수준은 프로게스테론 수준과 반대 방향으로 움직였습니다.[71] 미리 에스트로겐을 투여한 원숭이는 질을 통해 접종한 원숭이면역결핍바이러스(simian immunodeficiency virus, SIV)*에 대한 저항력이 증가했지만, 프로게스테론을 투여한 원숭이는 그 반대였습니다.[72] 쥐 실험에 의하면 프로게스테론은 클라미디아(Chlamydia) 균에 대한 저항력을 감소시키는 것으로 조사되었고, 반대로 에스트라디올은 저항력을 증가시켰습니다.[73] 반면 황체기에 에스트로겐을 투여하면 캔디다 알비칸스(Candida Albicans)라는 곰팡이균에 대한 저항력이 오히려 떨어지고 프로게스테론은 별 영향을 미치지 못했다는 상반된 연구 결과도 있습니다.[74]

일부 연구에 의하면 여성들은 난포기 동안 질병도 적게 앓고 증상도 적게 호소합니다. 즉 생리 주기에 따라서 박테리아나 바이러스 감염률이 달라지는 것입니다.[75] 과거에 제가 수행한 183번의 생리 주기에 대한 연구

---

* 원숭이면역결핍바이러스는 에이즈를 유발하는 인간면역결핍바이러스(HIV)와 유사한 바이러스이다.

결과를 보면 황체기에 더 많이 아프고 더 오래 아파합니다.

생물학자 캐럴라인 도일(Caroline Doyle) 등에 의하면, 생리 전 증후군의 증상 중 일부는 황체기에 취약해진 감염에 의해 발생합니다.[76] 심지어 연구자들은 기존에 처방하던 진통제와 같은 대증적 약물보다 차라리 항생제를 처방하는 것이 생리 전 증후군 치료에 더 좋다고 주장합니다. 도일과 같이 연구한 폴 이발드는 생리 전에 악화되는 증상을 통해서 분명하지 않은 만성 질환의 원인을 더 쉽게 진단할 수 있을 것이라고 이야기합니다.

이발드는 이러한 논의를 연장시켜서 고조된 난소 호르몬이 여성암의 원인이라는 가설을 반박합니다. 유방암이 증가하는 이유에 대한 "호르몬 증가 가설"(hormonal proliferation hypothesis)은 상당수의 유방암 케이스를 잘 설명하기 어렵다는 것이죠. 호르몬이 직접적으로 암을 유발하는 것이 아니라 프로게스테론이나 에스트로겐의 변동에 따라서 면역 기능이 먼저 취약해지고, 이로 인해 발암성 바이러스 감염이 더 많이 일어난다는 주장입니다.[77] 그러면서 엡스타인 바 바이러스(Epstein Barr Virus, EBV)나 인간 유두종 바이러스(Human Papilloma Virus, HPV)가 유방암 발병과 관련된다고 주장합니다. 임신 중에 유방암에 많이 걸리는 것도 바로 프로게스테론 때문이라는 것이죠. 건강 부국의 여성이 유방암에 많이 걸리는 것은 식생활이나 유전적 원인에 의한 것도 있지만 호르몬이 면역 기능에 미치는 잠재적인 영향에 의한 것일 수도 있습니다. 언젠가 암 위험을 증가시키는 요인, 즉 감염성 원인과 비감염성 원인에 대해 확실하게 밝힐 수 있는 날이 오리라 기대합니다.

생리
동기화

최근 몇 년간 여성의 생리 주기와 관련하여 가장 뜨거운 과학적 이슈는 같이 지내는 여성의 생리 주기가 하나로 동기화되는 현상에 관한 것입니다. 그러나 이 현상은 사실이 아닐 가능성이 많습니다. 이 현상은 마르타 매클린톡(Martha McClintock)이 유명 학술지《네이처》에 관련 논문을 발표하면서 큰 주목을 받았습니다.[78] 여성들은 이 주장에 열광했을 뿐 아니라 너도나도 이런 현상을 경험했다고 이야기하였습니다. 매클린톡은 일화적 증거 등을 통해서 같이 지내는 많은 여성들의 생리 주기가 수렴하는 현상을 보인다고 주장했죠.[79] 이후에 매클린톡의 연구를 재현하려는 12번의 시도가 있었는데, 절반은 성공했고,[80] 절반은 실패했습니다.[81] 주기가 부분적으로 겹치는 것에 불과하다는, 방법론에 대한 비판이 뒤를 이었습니다.[82]

이른바 배란 동기화 현상은 쥐를 비롯한 여러 종에서 관찰됩니다. 그러나 대부분의 포유류와 달리 인간은 페로몬이라는 후각적 자극에 별로 영향 받지 않는 것으로 보입니다. 보통 페로몬은 많은 동물의 짝짓기와 번식에 아주 중요한 역할을 하죠. 과연 인간도 페로몬을 가지고 있는지 여전히 의심스럽지만,[83] 인간이 페로몬의 영향을 전혀 받지 않는다고 할 수 없다는 주장도 만만치 않습니다. 생리 동기화가 바로 그 증거라는 것입니다. 이 가설을 검증하기 위해서 생리 주기 동안 분비되는 겨드랑이 분비물에 노출시켜서, 생리 동기화가 일어나는지에 대한 연구가 여러 번 진행되었습니다.[84] 하지만 이 연구들도 심각한 방법적인 결함을 가지고 있습니다.[85]

생리 동기화가 있을 것이라고 주장하는 학자들은 주변에 남성이 있는지 여부, 노동 스트레스, 여성 간의 친밀함 정도, 수유 등 다양한 요인에 의해서 생리 주기가 영향 받는다고 주장합니다. 남성을 잘 만날 수 없는 상황에서 다른 여성과 밀접하게 자주 만난다면, 이러한 가설을 검증하기 위한 최적의 상황일 것입니다. 그래서 저와 몇몇 심리학자들은 29명의 레즈비언 여성을 대상으로 연구를 해보았습니다. 그들은 같은 침대에서 잤고, 성적으로 서로 친밀했습니다. 하지만 친밀한 성적 관계를 가지는 남성은 없었죠. 그럼에도 불구하고 생리 동기화는 관찰되지 않았고, 사실 세 번의 주기를 거치면서 오히려 더 멀어졌습니다.[86] 서로의 주기가 수렴하려면 처음에 서로 다른 기간을 보이는 생리 주기가 점점 비슷해지도록 조정되어야 합니다. 하지만 경구용 피임약을 먹지 않는 현대 여성의 생리 주기가 서로 비슷한 간격으로 조정된다는 것은 난센스입니다. 페로몬이든 뭐든 그런 일이 일어나기는 어렵습니다.

게다가 생리 동기화는 진화적으로 설명하기 어렵습니다. 과거의 여성들은 일생 동안 그리 많은 생리 주기를 보이지 않았습니다. 서로 동기화가 일어날 만큼, 연속적인 생리 주기를 길게 가질 일이 별로 없었습니다. 게다가 과거 인류의 인구 집단은 보통 25~40명 정도로 그리 크지 않았습니다. 집단 내에 임신과 수유를 하지 않는 여성의 숫자를 합쳐봐야 몇 명 되지 않습니다. 우리의 조상들이 연속적인 생리 주기를 가질 수 있던 시기는 초경이후 몇 년 그리고 폐경 전 몇 년에 불과합니다. 그런데 이 시기의 생리 주기는 대개 배란을 동반하지 않거나 혹은 아주 불규칙하게 일어납니다. 동기화가 일어날 만큼 충분히 연속적인 생리 주기를 가질 수 있었던 여성들은 사실 불임이거나 난임 여성이었을 가능성이 높습니다. 따라서 설령 동기화를 일으키는 형질을 가지고 있었다고 해도 그 유전 형질은 이내 대가 끊깁니다.

게다가 백번 양보해서 생리 동기화가 진화했다고 쳐도 그 동기화는 배란 동기화여야만 의미가 있습니다. 29명의 레즈비언 여성을 대상으로 한 연구에서, 기초 체온 데이터를 통해 배란 시점을 추정해보았습니다. 역시 배란 동기화의 증거는 없었습니다. 생리 동기화 혹은 배란 동기화가 현대 여성 혹은 과거 여성에게 정상적으로 일어났을 것이라고 볼 수 있는 증거는 없습니다. 물론 인간의 생식에 미치는 사회성적(sociosexual) 행동의 일반적인 영향, 즉 심리적 요인에 의해 동기화가 일어났을 가능성까지 완전히 배제할 수는 없겠습니다.[87]

여성의 성적 행동은 호르몬의 영향으로 일어나는가?

포유류의 성적 행동은 번식기 동안 분비되는 생식 호르몬의 수준에 따라서 결정됩니다. 배란이 일어나는 시기에만 성행위가 집중적으로 일어나고, 그 외의 시기에는 암컷이나 수컷 모두 성관계에 무관심해집니다. 하지만 상당수의 영장류는 수정이 일어날 수 없는 시기에도 성행위를 합니다. 그중 제일 유명한 동물이 인간이죠. 인류학자 헬렌 피셔는 인간을 가리켜 "섹스 선수"(sex athletes)라고 하였는데, 이는 번식과 무관한 성적 활동에도 관심이 많고 성행위도 아주 자주 하기 때문입니다.[88, 89]

인간을 제외한 대부분의 포유류 암컷은 자신이 교미할 준비가 되었다는 것을 주변의 다른 개체에게 명확히 알립니다. 변이가 많이 있기는 하지만 대략 다음의 세 가지 신호로 요약할 수 있습니다. 첫째 냄새를 통해서 생식 관련한 상태를 알리는 화학적 신호(페로몬)를 내보내는 것입니다. 둘째 개코원숭이나 침팬지처럼 붉게 부푼 궁둥이를 보여주는 식으로 시각적 신호를 보내는 것입니다. 셋째 교미를 하고 싶다는 다양한 행동 신호를 보이기도 합니다. 이러한 신호는 임신할 가능성이 가장 높은 시기의 영장류 암컷이 주로 보냅니다. 배란 시점이죠. 그래서 대부분의 종에서 교미는 바로 임신으로 이어집니다. 사실 임신으로 이어지지 않는 교미를 하는 것은 엄청난 낭비입니다. 불필요한 에너지를 사용할 뿐 아니라 공연히 수컷끼리 경쟁하게 됩니다. 게다가 교미 중에는 포식자에게 공격을 당하기도 쉽습니다. 새끼를 데리고 있는 암컷이라면 새끼를 잘 돌보지도 못하게 됩니다. 따라서 자연 선택의 과정을 통해서 거의 모든 종에서 성적인 행동은 번식 가능성이 최대화되는 시점에 국한하여 일어나도록 진화했습니다.

그러나 인간의 여성에게는 성관계와 번식이 직결되지 않습니다. 현대 여성은 생리 주기 어느 때나 성행위를 합니다. 임신 가능성을 별로 고려하지 않죠. 물론 일부 문화권에서는 생리 주기의 특정한 시점에만 성관계를 가지도록 합니다. 더 많은 문화권에서, 특정한 시점에는 성관계를 가지지 못하게 하기도 하죠. 그러나 이는 단지 문화적인 것이며, 성관계 시점에 대한 생물학적인 제한은 없습니다. 사실 남성뿐 아니라, 여성 자신도 스스로의 배란 시점을 잘 알지 못합니다.[90] 물론 기초 체온을 측정하거나 자궁 경부의 점액 상태를 보고, 배란 시점을 추정할 수 있습니다. 이런 기법을 이용하면 임신 가능성을 높이거나 혹은 낮출 수 있죠. 하지만 가정용 배란 측정기가 불티나게 팔리는 것을 보면, 여성이 스스로 배란 여부를 아는 것이 얼마나 어려운 일인지 짐작할 수 있습니다. 과거 어느 시점부터 여성은 '발정기'(estrus)를 잃고 배란을 은폐하도록 진화했습니다. 발정기의 퇴화와 배란의 은폐로 인해서 오늘날 현대인들의 배란과 무관한 성관계, 그리고 임신과 무관한 성관계가 진화하게 된 것입니다.

여성은 생리 주기 전반에 걸쳐 늘 성적으로 왕성할 뿐 아니라, 임신이 불가능한 시기, 즉 폐경 이후나 임신, 수유 중에도 성욕을 느낍니다. 물론 일부 문화권에는 임신 이후, 언제부터 성관계가 가능한지에 대한 문화적 관습이 있습니다. 그러나 이러한 관습이 존재한다는 것은 사실 생물학적으로는 여성이 성관계를 가질 수 없는 시기가 없다는 것을 반증합니다. 낮은 임신 가능성으로 인해 성관계가 생물학적으로 불가능하거나 혹은 성관계에 대한 관심이 없어지는 특정 시기가 있다면 굳이 문화적 관습이 생겨날 이유도 없었겠죠.

사실 폐경 이후 첫 몇 년간 많은 여성들이 이전보다 성욕이 더 증가했다고 이야기합니다. 원하지 않은 임신에서 자유로워졌기 때문입니다. 이를 종합해보면 인간에게 있어서 성관계를 단지 번식을 위한 도구로 좁게 보아서는 안 됩니다. 그리고 여성에게 임신과 관계 없는 성관계가 제공하는 또 다른 장기적 이득이 있을 것이라고 예상할 수 있습니다. 궁극적으로 진화적인 이득은 반드시 번식과 관련되어야 합니다. 즉 결과적으로 임신 가능성과 무관하게 아무 때나 성관계를 가진 여성이, 배란 시에만 성관계를 가진 여성보다 더 높은 번식 성공률을 보였다는 뜻입니다.

여성 스스로도 배란 여부를 잘 알지 못함에도 불구하고, 배란이 일어날 무렵 여성의 행동이나 매력이 약간 변화한다는 증거가 있습니다. 이는 여성의 성적 관심이 호르몬에 의해서 영향 받을 뿐 아니라, 여성 주변의 사람들이 그 여성에게 보이는 성적 관심도 호르몬에 의해 영향 받는다는 의미입니다.[*] 반론도 만만치 않지만 여러 연구들에 의하면 배란이 일어날 무렵 여성의 성적 활동, 흥미, 각성의 변화가 일어나는 것 같습니다.[91] 이러한 연

---

[*] 배란 무렵의 여성이 더 매력적으로 보인다는 논란이 분분한 가설.

구가 지니는 가장 큰 문제는 바로 '손바닥도 마주쳐야 박수소리가 난다'는 것입니다. 즉 성적 활동의 패턴은 여성 자신의 리비도만큼이나 파트너의 성적 관심도 중요하게 작용합니다. 사실 파트너가 없으면 성적 행동도 있을 수 없기 때문입니다.

만약 선조들의 성적 활동의 잔재가 남아 있다면 그 잔재는 배란 시점에 증가할 것이라고 예상할 수 있습니다. 실제로 몇몇 연구에 의하면 후기 난포기, 즉 배란 며칠 전부터 성적인 관심과 활동이 증가합니다.[92] 황체기 동안 높아진 프로게스테론 수준으로 인해서 종종 배란 이후부터 생리 무렵까지 성적 관심이 줄어들곤 합니다. 과거에 심리학자 몇몇과 공동연구를 수행한 적이 있었는데, 파트너 유무와 관계없이 초기 황체기에 성적 활동이 가장 적다는 것을 확인한 바 있습니다.[93] 따라서 프로게스테론은 여성의 리비도를 떨어트릴 가능성이 높습니다. 면역 기능이 떨어지는 것처럼 말이죠. 사실 이 두 가지 현상은 서로 관련되어 있습니다. 성적인 활동이 줄어들면 성관계를 통한 감염이 줄어들기 때문입니다. 연약한 배아가 착상하는 시점에 줄어든 리비도는 배아를 보호하는 역할을 할 수 있습니다. 우리는 배란이 일어나지 않은 여성의 생리 주기도 조사를 했는데, 배란이 일어나지 않으면 성적 활동의 감소가 관찰되지 않았습니다. 이는 안전한 착상을 위해서 성욕이 줄어든다는 가설을 지지합니다.

분명 틀릴 수도 있다는 것을 전제로, 조심스럽게 한 가지 제안을 하려고 합니다. 높은 수준의 난소 호르몬이 행동이나 건강에 영향을 줄 뿐 아니라 성행위의 수준과 패턴에도 영향을 줄 수 있다는 주장입니다. 야생 침팬지에 대한 흥미로운 연구에 의하면 높은 에스트로겐 수준을 보이는 주기 동안 암컷 침팬지는 보다 많은 교미 및 임신을 했습니다. 그런데 이는 수컷 침팬지에게 더 매력적으로 보였기 때문입니다.[94] 물론 여성의 성적 활동에 미치는 요인은 셀 수 없이 많아서 다 다룰 수 없을 정도입니다만, 혹시 건강 부국에 사는 여성의 높은 난소 호르몬 수치가 보다 잦은 성관계의 원인일 수도 있지 않을까 하는 의심을 해봅니다. 선진국 여성들이 보다 성관계를 많이 가진다는 몇몇 일화적 보고가 있습니다. 만약 그렇다면 왜 임산부혹은 폐경에 가까워진 여성들의 성적 관심이 줄어드는지도 설명할 수 있을 것입니다. 평소 높게 유지되던 호르몬 수치는 황체기에 더 급격하게 떨어집니다. 반대로 황체기 동안 프로게스테론 수준은 더 높게 유지되기 때문에, 건강 부국의 여성들은 성적 행위의 주기적 변동이 보다 분명할 것이라고 추정할 수 있습니다.*

인구 집단에 따른 난소 호르몬의 변이에 대해 다소 비약적인 결론을 내린다면, 현재 건강 부국에서 사는 여성의 높은 호르몬 수준은 사실상 인류의 진화사 전체를 통틀어서 가장 극단에 위치하고 있습니다. 인류학자 수전 립슨(Susan Lipson)은 현대에 '정상'이라고 간주되는 수치들이, 사실은 "시스템이 설계되었을 때 있었던 에너지 제한이 거의 없어진 상태"에서 나타나는 (극단적인) 수치라고 말합니다.[95] 안타깝게도 에너지 제한, 즉 굶주림에서 벗어난 대가로 우리는 이른 초경과 여성암과 같은 것을 얻었습니다. 사실 이 요인이 이 책에 등장하는 수많은 '문제들'을 대부분 설명할 수 있습니다. 물론 설명하는 것과 해결책을 제시하는 것은 아주 다른 이야기이긴 합니다.

---

* 사실 난소 호르몬과 성욕과의 관계는 이미 과학적으로 입증된 상태이지만, 그럼에도 불구하고 선진국 여성의 잦은 성관계가 단지 높은 난소 호르몬에 의한 것이라는 주장은 다양한 사회적, 문화적, 종교적 비판을 받을 수 있기 때문에 이를 직접적으로 언급하는 학자들은 별로 없다. 저자는 진화적인 의미에서 선진국 여성의 높은 난소 호르몬 수치가 가져올 수 있는 다양한 의학적 문제뿐 아니라, 더 나아가 개인의 삶과 인간관계에 미치는 영향에 대해서도 우려하고 있다.

이 장에서는 임신과 관련되지 않은 생리 주기에 초점을 맞추어 이야기를 해보았습니다. 운이 좋으면 몇몇 생리 주기는 수태와 임신으로 이어지죠. 물론 대략 네 번의 수태 중 한 번은 중도에 종결됩니다.[96] 유산의 약 절반이 9~10주 내에 일어나기 때문에 대개 임신을 했다는 사실조차도 모르고 지나갑니다. 나머지 절반의 유산이 남은 임신 기간 중에 일어납니다. 다음 장에서는 의학적으로 그리고 개인적으로 엄청난 사건인 유산이 사실 어떤 상황에서는 자연적으로 선택된 적응일 수도 있다는 이야기를 해보려고 합니다.

3장

끝맺지 못한 사랑

Ancient Bodies
Modern Lives

임신은 쉬운 일일까요? 아니면 어려운 일일까요? 분명 어떤 여성에게는 아주 쉬운 일이고, 어떤 여성에게는 대단히 어려운 일이 바로 임신입니다. 선진국 여성을 대상으로 한 연구에 의하면, 임신에 걸리는 기간(종종 '임신 대기 시간'이라고 합니다)은 대략 7~8개월입니다. 가장 가임력이 왕성한 20대 초반에는 대략 한 번의 생리 주기당 약 25%의 임신 확률을 보이게 됩니다. 이는 한 번의 임신을 위해서 약 100번의 성관계가 필요하다는 뜻입니다.[1] 쉽지 않네요. 이렇게 어려워야 할 이유가 있을까요? 뒤에서 살펴보겠지만 커플 간의 아주 잦은 성관계는 면역 시스템이 수정란을 파괴하지 않는 데 중요한 역할을 합니다. 그러나 가임력에 영향을 미치는 다른 요인, 예를 들면 연령, 건강(성 전파성 질환이나 말라리아 등), 유전적 불합치, 생화학물질 노출, 흡연이나 음주, 약물 남용 등의 생활 습관도 중요한 역할을 합니다. 이러한 사회문화적 변수, 즉 근연 요인도 아주 중요합니다만, 이 장에서는 임신에 영향을 미치는 진화생물학적 접근에 중점을 두고 이야기하고자 합니다.

불임을 유발하는 요인,
다낭성 난소

불임의 흔한 원인 중 하나는 바로 다낭성 난소 증후군(polycystic ovarian syndrome, PCOS) 혹은 다낭성 난소 질환(polycystic ovarian disease, PCOD)입니다. 이는 유전성도 가지고 있는 질병입니다만 비만이나 호르몬 불균형에 의해서도 영향을 받습니다. 그래서 종종 심장 질환이나 당뇨병과 동반하여 발생하는 경향이 있습니다(그래서 이를 묶어서 '대사성 증후군 X(엑스)'라는 이름으로 부르기도 하죠). 이 다낭성 난소 증후군은 전 세계적으로 늘어나고 있고 아마 앞으로도 그럴 것으로 추정됩니다. 다낭성 난소 증후군은 난소에 아주 작은 주머니, 즉 낭(囊)이 수없이 생겨나는 병인데, 이로 인해 배란이 잘 일어나지 않습니다.[2] 그런데 이 증후군은 종종 영구적인 상태가 아닌 비만에 의해 일어나는 가역적 상태입니다. 즉 살을 빼면 좋아지고는 합니다. 그래서 일부 학자는 이 증후군을 "가임력 유보 상태"라고 부릅니다. 신체적 혹은 환경적인 조건이 나아질 때까지 우리 몸이 번식을 유보하려 한다는 의미입니다.[3]

일부 연구자들은 다낭성 난소 증후군이 비만 및 인슐린 저항성과 같이 일어나는 현상에 착안하여 이 증후군이 '서구화'의 산물이라고 주장합니다. 우리 몸이 진화적으로 새로운 환경에 적응하지 못해 생긴다는 것이죠.[4] 이러한 주장에 따르면 앞으로 더 많은 여성들이 다낭성 난소 증후군에 희생될 수밖에 없습니다. 점점 더 많은 여성들이 이전보다 물질적으로 더 풍요롭지만 신체적 노동은 보다 적게 하는 환경에서 살아가기 때문입니다.

다른 주장도 있습니다. 보다 큰 뇌를 가진 아기를 지탱하려고 자궁내막이 발달하려는 와중에, 다낭성 난소 증후군이 발생했다는 것입니다.[5] 특히 인간은 긴 난포기를 가지고 있습니다. 수태 시 태반이 자궁벽에 잘 달라붙으려면 보다 복잡한 자궁내막을 발달시켜야 합니다. 이를 위해서 보다 긴 시간 동안, 보다 많은 양의 호르몬을 공급해야 하는데 이를 위해서 난포기가 길어졌다는 주장이죠. 하지만 길어진 난포기로 인해 과다한 호르몬에 노출된 여성은 종종 불임이 되기도 합니다. 세포 치환율은 다낭성 난포 증후군을 가진 여성에게서 더 높은 경향이 있는데 이는 이 증후군이 자궁내막암의 위험요인이 되는 이유를 설명해줍니다. 간단히 말해서 과거 충분한 칼로리 섭취가 어려웠던 시기에는 다낭성 난소 증후군이 적응적인 형질이었지만, 이제는 아니라는 것입니다.

다낭성 난소 증후군을 가진 여성은 폐경도 더 늦어집니다. 난포가 훨씬 많고 오랫동안 유지되기 때문인지도 모르겠습니다. 하지만 그보다는 이른 나이에 (상황이 더 나아질 때까지) 번식을 미루었기 때문으로 보입니다.[6] 이러한 개념은 태아 기원 가설(fetal origins hypothesis)과 관련이 깊은데, 이 가설은 태아 발달 중 경험한 환경이 이후 가임력 혹은 건강에 장기적인 영향을 미친다는 것입니다(뒤에서 보다 자세히 다루겠습니다). 대사성 증후군 X 혹은 다른 호르몬 불균형을 겪는 여성의 태아는 생애 후반에 이러한 상황을 또 겪을지도 모른다는 예상 하에 자궁 속에서 미리 '프로그램화'가 일어나게 됩니다. 자신도 어머니처럼 인슐린 저항성이나 비만, 다낭성 난소 증후군에 걸릴지도 모르니, 미리 준비를 하는 것입니다. 즉 다낭성 난소 증후군은 특정한 신체 상태가 어떤 경우에는 문제('결함')가 되고, 어떤 경우에는 적응('방어')이 되는 전형적인 예라고 할 수 있습니다. 따라서 다낭성 난소 증후군(PCOS) 혹은 다낭성 난소 질환(PCOD)이라고 부르는 것보다는 그냥 다낭성 난소(PCO)라고 부르는 것이 더 적합합니다.

임신 중 일어나는
생리적 변화

임신을 하면 여성의 몸은 아주 많이 변합니다. 가장 중요한 것이 바로 음식인데, 전보다 효과적으로 음식물을 대사하고 더 많은 영양분을 흡수합니다. 따라서 전보다 많이 먹지 않거나 심지어는 입덧 등으로 인해서 적게 먹는다고 해도 체중이 증가하게 됩니다. 신체 대사가 변하는 근연 원인은 소화 수준을 최적화하는 호르몬 변화에 의해 일어납니다. 그중 하나가 바로 콜레시스토키닌(cholecystokinin)인데, 이 호르몬이 증가하면 식후에 피로하고 나른해지게 됩니다. 활동이 줄어드니 살이 찌고,[7] 에너지가 더 많이 저장됩니다. 임산부는 '두 명분을 먹어야' 하기 때문에 이러한 변화는 태아가 지내는 환경을 개선시켜준다고 할 수 있습니다. 체중, 특히 지방을 늘리는 능력은 우리 선조에게는 분명 적응적이었지만 현재는 그렇지 않습니다. 오늘날에는 음식이 너무 남아돌기 때문에 오히려 이러한 능력이 문제를 야기할 수도 있습니다.

임신 중 임산부와 태아에게 일어나는 발달적 변화는 아주 복잡합니다. 그러니 우리들이 세상에 태어나는 놀라운 일이 가능했겠죠. 임신 중에 잘못될 수 있는 일에 대한 글을 너무 많이 읽으면, 오히려 임산부와 태아에 아무런 문제없이 끝까지 임신을 지속하는 것 자체가 기적처럼 느껴집니다. 사실 의학 문헌에는 안 좋은 상황을 지나치게 강조하기 때문에(당연한 일이죠), 여성들은 임신을 생각하면 즐거움보다는 걱정부터 앞서게 됩니다. 하지만 진화적 견해에서 바라보면 안 좋은 일이 반드시 안 좋은 일만은 아니라는 것을 알 수 있습니다.

지난 장에서 초기 배아 발달 단계에 일어나는 난자의 발달에 대해서 이야기했습니다. 성적으로 성숙한 여성에게 수태가 일어나면 여성의 몸은 수태 사실을 인지하고 다음 아홉 달 동안의 임신을 준비해야 합니다. 배란 이후에 수정이 일어나면 황체는 '구조되어서' 에스트로겐과 프로게스테론을 분비합니다. 이는 초기 임신기에 필요한 호르몬입니다. 특히 프로게스테론은 몇 주 후에 태반이 그 역할을 대신하기 전까지 황체에서 분비하는 아주 중요한 호르몬입니다. '구조'(rescue)라는 말이 좀 이상하게 들리겠지만, 생물학이나 의학에서 자주 쓰이는 용어입니다. 원래 생리 주기가 지속되었다면 '정상'적으로는 없어졌어야 할 황체가 '살아남는' 것이기 때문입니다. 하지만 과거의 선조들은 지금처럼 잦은 생리 주기를 보이지 않았습니다. 진화적인 의미에서는 황체가 '구조'되었다고 하기보다, 본래의 제역할을 하는 것이라고 보는 것이 옳겠습니다.

아무튼 황체가 구조되어 아기가 태어나기까지 정말 복잡하게 얽힌 시스템이 제대로 발달하고 기능해야 합니다. 마치 자칫하면 잘못된다는 것을 강조하는 것 같네요. 수정이 일어나면 몇 가지 일이 벌어집니다. 황체가 구조되고, 수정란이 착상하고, 영양배엽이 자궁막 안으로 들어가고, 태반이 발달하여 기능하고, 순환 시스템을 통해 어머니와 태아의 교통이 시작되고, 충분한 영양소가 어머니를 통해 태아에게 전달되고, 충분한 산소가 공급되고, 태아 성장에 필요한 호르몬 균형이 일어나고 출산 전까지 자궁수축이 중단되는 등의 일이죠.

임신에 대한 이야기를 좀 더 해보겠습니다. 임신을 위해서는 여러 호르몬이 마치 오케스트라처럼 서로 조화를 이루어야 합니다. 태반은 성장 호르몬과 비슷한 호르몬을 분비하는데 임신 전 기간을 통해서 분비량이 증가합니다. 이 호르몬은 태아가 포도당을 좀 더 잘 이용할 수 있도록 돕고 모유의 분비도 촉진합니다. 분비량은 태반의 크기에 비례하는데 태반의 크기는 태아의 크기에 비례하죠. 태반은 에스트로겐도 분비합니다. 에스트로겐은 자궁의 성장을 돕고 수유를 위한 유선의 발달도 자극합니다. 프로게스테론도 태반에서 나오는데 어머니와 태아에 전달됩니다. 자궁과 유방을 유지하면서 배란을 억제하죠. 또한 프로게스테론은 갈증, 식욕 및 지방 축적과도 관련이 있습니다. 일반적인 임신 중 '정상' 프로게스테론 수치는 시카고나 보스턴에 사는 영양 상태가 좋은 임산부를 대상으로 하여 수집된 것입니다(2장 〈그림 2-3〉 참조). 프로게스테론 수치가 너무 떨어지면 유산이 일어날 수 있습니다. 그러나 영양 상태가 좋지 않은 (혹은 과잉 영양 상태가 아닌) 인구 집단을 대상으로 한 인류학적 연구에 의하면, 이러한 인구 집단에서는 낮은 프로게스테론 수준으로 인한 유산이 거의 관찰되지 않았습니다. 과연 의학적 '정상'의 기준이 합당한 것인지에 대해 의문을 가지게 합니다.[8]

흔히 임신은 세 기간으로 나눕니다. 각 기간에서 일어나는 성장과 발달의 양상이 상당히 다르기 때문입니다. 첫 번째 세 달 동안에는 주로 배아의 성장과 분화가 일어납니다. 두 번째 세 달은 태아의 키가 자라는 시기입니다. 세 번째 세 달 동안은 지방이 축적되며 체중이 증가합니다. 그러면 각 세 달 동안 어떤 일이 일어나는지 그리고 인류의 진화사가 각 시기에 어떤 영향을 미쳤는지 살펴보도록 하겠습니다.

임신 첫 3개월, 난자 이야기 제2편

2장에서 배아 단계의 난자가 수정 및 착상이 일어나는 단계 혹은 그렇지 못해서 생리로 종결되는 단계까지 이야기한 바 있습니다. 이제 다시 수정란이 자궁벽에 착상하기 위해 배반포의 형태로 준비하던 때의 이야기로 돌아가보겠습니다. 2장에서 언급한 것처럼 배반포의 일부(안쪽 세포 덩어리)는 배아가 되고 다른 부분(영양포)은 태반이 됩니다. 임상 의학적인 측면에서 착상 실패는 큰 문제입니다. 불임의 상당수가 바로 착상이 되지 않아 일어납니다. 분명 일부 착상 실패 케이스는 병적인 상태이고 의학적 치료를 받으면 좋아집니다. 그러나 진화 의학적인 견지에서 보면 상당수의 착상 실패는 사실 '좋은 일'입니다.

난자와 정자가 만나서 생겨난 수정란은 아주 독특합니다. 아버지 혹은 어머니와 유전적으로 다른 존재입니다. 인간의 면역 체계는 자신의 몸이 아닌 유기체를 아주 싫어합니다. 거부하려고 하죠. 그런데 거부되는 유기체가 병균이면 상관없지만 기다리던 임신의 시작, 즉 수정란이면 곤란합니다. 정자는 자궁 경부와 질 점액 및 나팔관을 거치는 긴 여행을 성공하고, 수정란을 만들었습니다. 이러한 긴 여행길에는 항상 어머니의 면역 체계의 공격을 받을 위험이 도사리고 있습니다. 수정란은 어머니의 면역 체계로부터 몸을 잠시 '숨길' 수 있습니다. 그러나 결국 노출될 수밖에 없고 아주 위험한 시기를 겪게 됩니다. 2장에서 언급했다시피, 배란 이후 황체기 동안에는 어머니의 면역 체계가 잠시 허술해집니다. 그래서 많은 여성들이 황체기에 병이 걸리거나 병이 악화되죠. 하지만 그로 인해 수정란이 면역 체계의 감시망을 피할 수 있는 것입니다. 이는 일종의 트레이드오프라고 할 수 있습니다. 황체기 및 임신 초기 다른 질병에 조금 더 취약해지는 대신 수정란의 착상을 보다 용이하게 하려고 일종의 진화적 거래를 한 것이죠.[9]

착상이란 배아가 자궁내막에 둥지를 트는 과정입니다. 2장에서 이야기했지만, 영양포(향후 태반이 되는 부분)가 인간 융모막 성선자극 호르몬(hCG)을 분비합니다. 소변 임신검사 막대는 바로 이 호르몬에 반응합니다. 착상이 되어야 비로소 '공식적인' 임신이 시작되었다고 할 수 있습니다. 상당수의 수정란이 착상이라는 첫 번째 단계를 넘지 못합니다.[7] 인간 융모막 성선자극 호르몬을 분비한다는 것은 일단 어머니의 몸에 배아가 살아남았다는 뜻입니다.[10] 난자와 자궁내막은 착상을 위해서 서로 협조해야 합니다. 한쪽이라도 엉뚱한 짓을 하면 착상은 실패합니다. 일이 잘 풀리면 수정란은 자궁 내벽에 뿌리를 잘 내려서 영양분과 산소를 빨아들이기 시작합니다. 일이 잘 풀리지 않거나 혹은 너무 긴 시간이 걸리면 배아는 떨어져 나갑니다. 조금 늦은 그리고 양이 많은 생리가 일어나죠. 하지만 대부분의 여성은 자신이 잠시 수태를 했다는 사실도 모르고 그냥 지나갑니다.

아주 많은 수정란이 임신 초기에 그냥 버려진다는 사실은 아주 놀라운 일입니다. 얼마나 큰 낭비인가요. 또 얼마나 많은 커플들이 불임 때문에 고통받고 있나요? 정말 아깝습니다. 그러나 진화적 견지에서 보면, 임신을 유지하고 건강하게 태어나 성장하여 나중에 다시 아기를 낳을 수 있을 가능성이 적다면, 즉 싹수가 노란 수정란이라면 차라리 일찍 포기하는 쪽이 더 유리합니다. 어머니가 너무 많은 시간과 에너지를 투자하기 전에 말이죠. 이에 대해서 버지니아 비첨은, 인간이 결함투성이의 생식 체계를 가진 것이 아니라 사실 "아주 유연하고, 가차 없이 효율적이며, 철저하게 전략적으로 설계된" 시스템을 가지고 있는 것이라고 하였습니다.[11] 물론 초기 유산에 대한 임상 의사들의 입장과는 조금 다를지도 모릅니다. 의사들의 일은 유산을 막는 것이니까요. 이에 대해서는 뒤에서 다시 이야기하겠습니다.[12]

태반

포유류 세계의 가장 주류 세력이 바로 '태반 포유류'입니다. 포유강의 아강(亞綱)으로 태반 포유강이 존재한다는 것은 태반이 얼마나 중요한지 잘 말해줍니다.* 다양한 종류의 태반이 있는데 이는 서로 다른 동물의 독특한 임신 과정을 반영합니다. 동물 종에 따른 태반을 분류하는 한 가지 방법은 어미와 새끼 사이에 존재하는 막의 숫자 혹은 어미와 새끼의 순환계 사이의 장벽이 얼마나 두꺼운지에 따라 분류하는 것입니다. 인간의 태반은 태아의 조직이 어머니의 조직 깊숙이 파고들 수 있도록 되어 있습니다. 어머니와 태아 사이에는 단 하나의 얇은 막이 있을 뿐입니다. 게다가 깊이 파고드는 성질로 인해 많은 양의 영양소와 산소, 이산화탄소가 손쉽게 이동할 수 있습니다. 얇은 막을 통해 확산이 일어나기 때문에 보다 자유로운 물질의 교환(영양소와 산소 등 좋은 것, 그리고 약물, 독소 등 나쁜 것)이 쉽게 일어날 수 있습니다.[13] 이러한 형태의 태반을 가진 다른 동물의 예로는 원숭이, 유인원, 안경원숭이, 설치류, 토끼 등이 있죠.[14]

같은 종류의 태반을 가진 포유류 사이에서도 번식 전략에 따라 상당한 차이가 관찰됩니다. 예를 들어 쥐는 인간과 같은 종류의 태반을 가지고 있지만 단 3주 만에 12마리 이상의 새끼를 임신할 수 있습니다. 쥐에 비해서 인간은 단 하나의 태아를 무려 13배나 되는 기간 동안 임신하고 있어야 하

---

* 보통 포유류라고 하는 포유강(Mammalia)에는 오리너구리 등의 원수아강(Prototheria)과 수아강(Theria)이 있고, 수아강은 다시 유대하강(Marsupialia)과 태반하강(Placentalia)으로 나뉜다. 일반적으로는 유대류와 태반류라고 부르는데, 호주 등에서만 많이 발견되는 캥거루, 코알라 등을 제외하면 대부분의 포유류는 태반류이다. 일반적으로 거의 대부분의 동물은 어류(Pisces)와 양서류(Amphibian), 조류와 파충류(Sauropsid), 포유류(Mammalia)의 네 부류로 포괄할 수 있다.

죠. 어떻게 같은 종류의 태반이 이렇게 극단적으로 다른 임신 생리를 가지게 되었을까요? 한 가지 가설에 의하면 태반 유전자가 임신 전반부와 후반부에 다르게 발현되기 때문이라고 합니다.[15] 전반부에는 쥐와 인간이 큰 차이가 없습니다. 거의 동일한 유전자가 기본적인 에너지와 가스(산소, 이산화탄소)를 교환하도록 발현됩니다. 그러나 후반부에는 보다 최근에 진화한 유전자(즉 인간 혹은 쥐에서 특이적으로 진화한 유전자)가 활동을 개시합니다. 그래서 쥐는 짧은 재태 기간을, 인간은 보다 긴 재태 기간을 가지게 됩니다. 또한 서로 다른 재태 기간과 관련된 생리적 차이도 이 특이 유전자의 발현으로 설명할 수 있습니다.

태아는 종종 이식물(移殖物)로 불립니다. 사실 어머니와 태아가 공유하는 부분은 고작 50%의 유전자에 불과합니다. 피부 이식이 종종 거부반응을 보이고 실패하듯이, 태아 이식, 즉 임신도 실패하여 자연 유산으로 이어질 수 있습니다.* 하지만 이러한 면역 반응은 통상적으로 태반을 통해서 적절하게 조절이 가능합니다.[16] 어떻게 외부 물질인 태아의 유전자 혹은 단백질을, 외부 물질로 인식하여 거부하지 않도록 막아줄까요? 황체기에 그랬던 것처럼 임신 초기에 어머니의 면역계는 프로게스테론의 영향을 받아 다소 다운됩니다. 하지만 그 외의 기간에는 왜 거부 반응이 일어나지 않을까요? 이러한 현상을 "모체 발아(태생)의 면역적 무기력 현상"(immunological inertia of viviparity)이라고 합니다.[17] 다소 어려운 개념입니다만 몸 안에 새끼를 배어 출산하는 모든 동물에게 아주 중요한 현상입니다.

---

* 정확히 말하면 20주 이전의 유산은 자연유산(spontaneous abortion), 20주부터 28주의 유산은 유산(miscarriage)이라고 한다. 그러나 일반적으로는 혼용되어 사용되며, 국어에서는 둘을 나누는 적당한 말이 없어서 유산 혹은 자연유산으로 옮겼다.

모체-태아 부적합: 주요 조직 적합도 유전자 복합체

어떤 경우에는 어머니가 자신과 너무 닮은 태아를 거부하기도 합니다. 이는 주요 조직 적합도 복합체(major histocompatibility complex), 흔히 MHC라고 부르는 면역계 유전자의 문제로 인해 일어납니다. MHC는 모든 척추동물에 다 있지만 믿을 수 없을 정도로 다양합니다. 인간에게도 수백 개가 넘는 대립유전자가 존재합니다.[18] 진화사를 통해서 인간의 게놈이 인지한 병원체의 종류가 아주 다양했기 때문입니다. 또한 다른 MHC를 가진 배우자를 만나면서 자식에게 더 다양한 질병에 대한 저항력을 전해준 것도, 이렇게 수없이 많은 종류의 MHC가 존재하는 이유입니다(사실 자연 선택을 통해서, 우리는 자신과 아주 다른 MHC를 가진 파트너를 선택하도록 진화했습니다. 그래서 점점 자식의 MHC는 어머니의 MHC와 유전적으로 달라집니다). 이러한 현상을 흔히 "MHC 기반의 배우자 선택"이라고 하는데 주로 후각 신호를 통해서 중개되는 것으로 알려져 있습니다.[19] 이러한 현상은 설치류에서는 아주 상세하게 연구되었습니다만 인간에게서는 그리 확실하지 않습니다. 생리 동기화처럼 아직 논란이 있죠. 설령 후각 신호가 배우자 선택에 별로 영향을 미치지 않는다고 하더라도, MHC 유전자 좌위에 대한 부모 간의 공유 정도는 착상 실패 및 자연 유산과 깊은 관련이 있습니다. 재세례파 일부 분파(Hutterite) 집단에 대한 연구에 의하면,* 비슷한

---

* 재세례파(Anabaptist)는 자신의 의지가 없는 상태에서 진행되는 유아 세례가 의미가 없다고 주장하면서, 성인이 되었을 때 다시 세례를 주어야 한다고 주장한 기독교 일부 분파이다. 종교개혁 시대에 일어난 이러한 분파는 가톨릭 교단 및 루터파, 칼뱅파의 개신교 교단에서도 심각한 탄압을 받았다. 그래서 이들은 탄압을 피해 세계 각지로 퍼져 나갔는데, 이 중 캐나다에 정착한 재세례파의 일부 분파를 후터라이트(Hutterite)라고 한다. 이들은 수백 년 동안의 탄압으로 인해, 집단 내부의 혼인이 많아져서 다양한 유전병에 취약한 것으로 알려져 있다.

MHC를 가진 부부는 유전적으로 다른 배경을 가진 부부에 비해 임신까지 걸리는 시간이 2.5배에 달했고 유산도 훨씬 흔했습니다.[20]

만약 여성이 자신과 비슷한 MHC 유전자를 가진 남성을 만난다면 이들 사이의 수정란 유전자는 어머니와 비슷해지게 됩니다. 이러한 경우 어머니의 몸은 배아를 인식하지 못한 상태에서 착상이 일어나게 됩니다. 말하자면 면역 억제가 일어나지 않게 되는 것입니다. 그래서 이를 '근친혼 억제 기전'이라고 하기도 합니다. 도무지 임신을 할 수 없었던 여성이 다른 남성을 만나자 금방 임신에 성공하는 경우가 있습니다. 이러한 현상을 바로 이 가설로 설명할 수 있습니다.[21] 이러한 기전은 유전적 다양성이 높지 않은 작은 인구 집단에서 아주 중요합니다. 그리고 아마 인류의 진화사 대부분은 이러한 작은 인구 집단을 중심으로 이루어졌을 것으로 보입니다. 과거에는 멀리서 사는 사람과 만날 일도 드물고, 혼인할 일은 더욱 드물었기 때문입니다.

모체-태아 부적합: 혈액형 유전자

어머니와 아기가 너무 다를 때, 제일 많이 일어나는 현상은 바로 태아 거부입니다. 하지만 임신이 유지되는 중에도 모체-태아 부적합은 문제를 유발할 수 있습니다. 예를 들면 Rh(-)인 어머니와 Rh(+)인 태아의 경우입니다. 이 경우 태아는 어머니와 다른 항원을 가지고 있고, 따라서 어머니가 태아의 혈액에 직접 노출되는 순간, 즉 대개는 출산하는 순간 어머니는 항체 생산을 시작하게 됩니다. 출산 후 수 시간 안에 이 항체를 무력화시키지 않으면, 향후 둘째 아기도 역시 부적합 혈액형을 가질 경우 심각한 면역 문제가 일어나게 됩니다. 이러한 부적합 임신의 경우, 유산이 아주 흔할 뿐 아니라 신생아 용혈성 빈혈도 많이 일어납니다.

ABO 혈액형의 부적합은 보다 흔하지만 아마 들어본 분이 많지 않을 것입니다. 대개 착상이 일어나기도 전에 유산이 일어나고, 따라서 임신 사실도 모르고 지나가는 경우가 많기 때문입니다. 이러한 부적합은 대개 O형의 어머니가 A형 혹은 B형의 아기를 임신했을 때 일어납니다(물론 A형 어머니와 B형 아기, 혹은 그 반대도 일어날 수 있습니다).[22] 이런 경우 설령 어머니와 아기의 혈액이 서로 접촉하지 않는다 하더라도, O형 어머니는 늘 A형 혹은 B형 항원에 대한 항체를 가지고 있게 됩니다. 따라서 이론적으로 어머니의 항체가 태반을 넘어 태아의 적혈구를 파괴하고 다양한 합병증이나 유산을 일으킬 가능성이 있습니다. 물론 임상적으로는 큰 문제가 되지 않습니다. ABO 부적합의 경우, 신생아의 적혈구 수치가 상승하곤 하지만 장기적인 건강에 영향을 미치는 것 같지는 않습니다.[23]

앞서 언급한 것처럼 ABO 부적합이 임상적으로 크게 주목받지 못하는 것은 거부 반응이 수태 이전 혹은 직후에 바로 일어나기 때문입니다. 1927년부터 1944년 사이에 수행된 한 연구에 의하면, A형 혈액형을 가진 아버지와 O형 혈액형을 가진 어머니 사이에서 태어난 A형 자식의 수는 그 반대의 경우(O형 아버지와 A형 어머니)에 비해 약 25% 정도 적었습니다. 이는 A형 아이의 8% 혹은 전체 아이의 3% 정도가 유산된다는 의미입니다. Rh 부적합의 0.5%에 비해서도 아주 높은 수치입니다. 연구자들은 ABO 용혈성 빈혈을 앓는 신생아가 드문 이유는 대부분 임신이 중단되거나 유산되기 때문이라고 하였습니다.[24] 다른 연구에서도 ABO 복합체 유전자 부적합을 보이는 커플은 보다 낮은 가임력을 보인다고 하였죠.[25]

다소 논란은 있지만 태반은 태아 항원을 막는 완벽한 방어막이 아닙니다. 그래서 어머니의 면역반응이 촉발되기도 하고 태아에게 좋지 않은 독소가 전달되기도 합니다. 인간의 얇은 태반의 보호력이 다른 동물 태반의 보호력에 비해 열악하다는 증거가 또 있을까요? 아주 비극적인 예가 있습니다. 1950~60년대에 임신성 오심, 즉 입덧을 줄이는 약으로 개발된 탈리도마이드(thalidomide)의 사례죠. 이 약물은 두꺼운 태반막을 가진 갈라고 원숭이를 대상으로 임상 실험을 했는데, 태아 발달에 아무런 문제가 없었습니다.[26] 그러나 인간에게 처방되자 심각한 사지 기형이 유발되었고 수천 명의 유럽 아이들이 팔다리가 기형인 채로 태어나게 되었습니다(미국에서는 피해 사례가 아주 드물었는데, 당시 미 식품의약품안전처의 프랜시스 올드함 켈시(Frances Oldham Kelsey)가 약물의 시판을 허가하지 않았기 때문입니다). 임신 중 처방하는 약물을 시험할 때 겪는 문제 중 하나가 바로 인간의 태반이 다른 동물의 태반과 다르다는 것입니다. 그래서 마카크 원숭이나 쥐 실험을 통해 얻은 결과를 인간에 적용할 수가 없습니다. 물론 임신한 여성에게 직접 시험하는 것도 윤리적, 도덕적으로 불가능한 일이죠.

초기 유산과
모체-태아 갈등

진화생물학자들은 종종 임신 기간을 모체-태아 갈등으로 설명합니다. 어머니와 아기의 이해관계가 일치하지 않기 때문이죠.[27] 임신이 어머니의 건강 혹은 어머니의 현재 아이들이나 미래의 아이들에 방해가 된다면, 임신 유지를 중단하는 것이 최선의 선택일 수 있습니다. 그러나 태아에게 임신 중단이 주는 이득은 전혀 없습니다. 당연히 아기는 엄마가 임신을 지속해주길 바라죠.

건강 부국에서 이루어진 연구에 의하면 대략 절반의 임신이 첫 5~6

주 사이에 중단됩니다. 그중 대부분은 착상이 일어나기도 전입니다(〈그림 3-1〉 참조).[28] 수태된 태아의 겨우 3분의 1만이 건강한 만삭아로 자랄 수 있습니다.[29] 건강 빈국의 여성을 대상으로 한 예비적 연구에 의하면 이보다 더 높은 임신 중단율을 보입니다.[30] 이러한 현상을 번식 성공률이라는 개념으로 다 설명할 수 있다면 과연 초기 유산이 주는 이득은 무엇일까요? 인간에게는 자식의 숫자보다 질이 더 중요하기 때문에 향후 엄청난 시간과 에너지를 투자해야 하는 아기를 계속 임신할 것인지 중단할 것인지 결정하는 것이 아주 중요합니다. 진화적인 측면에서는 건강하지 않은 아기를 임신하고 출산해서 수유하고 키우는 것보다는 그 에너지를 보다 건강하고 향후에 손주를 가질 가능성이 높은 자식에게 투자하는 것이 합리적입니다. 실제로 한 연구에 의하면, 임신 첫 3개월, 즉 제1기*에 일어나는 자연 유산의 77%는 염색체 이상에 의한 것이었습니다.[31] 그러나 전체 기간

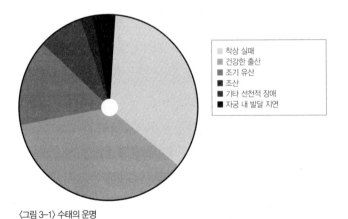

착상 실패
건강한 출산
조기 유산
조산
기타 선천적 장애
자궁 내 발달 지연

〈그림 3-1〉 수태의 운명

---

* 임신 기간은 3개월씩 나누어, 제1기, 제2기, 제3기 혹은 제1삼분기, 제2삼분기, 제3삼분기 등으로 부른다. 제1기는 영어의 the first trimester를 옮긴 것이다. 여기서는 주로 첫 번째 3개월 등으로 풀어 옮기거나, 간단하게 제1기 등으로 적었다.

동안의 유산 중 염색체 이상이 차지하는 비율은 약 15% 정도에 불과합니다.[32] 물론 의학적인 측면에서 생식의 실패는 병적인 상황으로 간주되거나 최소한 건강한 상태는 아닌 것으로 취급되곤 합니다. 그래서 자연 유산을 막는 것이 임상 의사와 여성, 부부의 주요 관심사죠. 의학적 목적과 진화적 목적이 상충되는 상황입니다.[33]

분명 성 전파성 질환이나 기타 감염성 질환 혹은 자궁이나 태반 이상 등과 같은 상황이라면 초기 유산이 일어날 만합니다. 그러나 사실 많은 경우 명확한 원인 없이 유산이 일어납니다. 이러한 기이한 현상은 번식 성공률 최대화를 위한 진화적 전략이라는 개념을 통해 설명할 수 있습니다. 태아의 생존 가능성이 낮거나 혹은 미래의 다른 번식 가능성을 침해하는 상황에서, '손실을 최소화'하려는 일종의 손절매(cut your losses) 전략입니다. 그래서 비첨은 상당수의 초기 유산에 대해서, "여자는 슬퍼할 필요도 없고, 치료받아야 할 이유도 없다"라고 말한 바 있습니다.[34]

자원 가용도에 따른 시기가 초기 유산에 중요한 역할을 하기도 합니다. 볼리비아 여성에 대한 비첨의 연구에 의하면, 파종을 하거나 수확을 하는 등 특히 육체노동이 많이 필요한 시기에 유산율이 약 네 배까지 치솟는 경향을 보였습니다.[35] 일반적으로 농업에 종사하는 여성들은 다른 일을 하는 여성보다 더 높은 유산율을 보입니다. 정신사회적 스트레스도 중요한 역할을 합니다.[36] 코티솔 수준이 높아지면서 유산에 영향을 미치는 것으로 추정됩니다.[37] 진화적인 의미에서 이러한 연구 결과들은 아기를 임신하고 출산하여 키우는 전 과정을 통해 임산부에 대한 사회적 지지가 얼마나 필요한지 잘 보여줍니다.

유산의 위험은 여성의 연령에 따라 증가합니다. 고령의 임산부는 아무래도 건강이 좋을 수 없는데, 건강 빈국의 여성에게 더욱 두드러지는 경향입니다.[38] 물론 건강 수준이 동일하다면 진화적 입장에서 고령의 산모가 보다 덜 적합한 태아라도 임신을 유지하려고 할 것입니다. 향후에 추가적인 임신 가능성이 높지 않기 때문입니다. 다시 말해서 '손절매' 전략보다는 '아예 없는 것보다는 하나라도 있는 것이 낫다'(anything is better than nothing) 전략을 취할 것입니다. 고령의 산모에게 선천적 장애를 가진 아기가 많이 태어나는 이유는 아마 이러한 진화적 이해관계 때문일 수 있습니다. 실제로 25~29세의 여성에게서 염색체 이상으로 인한 자연 유산의 비율은 30~39세 여성보다 훨씬 높습니다.[39] 젊은 여성은 가급적 가려서 임신을 유지하지만 나이든 여성은 마지막 기회라고 생각하여 끝까지 가보는 것이죠.

첫 3개월 이후에는 유산율이 떨어지지만 잠재적인 모체-태아 갈등은 지속됩니다.[40] 특히 영양소에 대한 경쟁이 두드러집니다. 영양 제한이 일어나는 시점은 아주 중요합니다. 영장류학자 수제트 타르디프(Suzett Tardiff) 등에 의하면 마모셋(marmoset)은 임신 초기부터 중기 사이에 약간의 먹이 제한만 있어도 금세 유산이 일어납니다.[41] 그러나 임신 후기의 먹이 부족은 유산율에 별 영향을 미치지 못합니다(조산이 더 많이 일어나기는 합니다). 진화적인 견지에서 보면 먹을 것이 부족한 상황에서는 가급적 빨리 유산을 하는 것이 합리적입니다. 어머니의 투자를 가능한 한 줄이는 것이 유리하기 때문입니다. 그러나 이미 어느 정도 투자를 한 상태라면, 그대로 출산까지 가는 것이 더 유리해집니다. 출산 이후에 수유 혹은 다른 형태의 돌봄을 통해서 이러한 손실을 만회할 수 있기 때문이죠.

임신 중에는 모체-태아 갈등에 더해서, 진화적인 의미에서 아버지-어머니 갈등도 일어납니다(부부싸움이 아닙니다). 아기의 어머니가 다음 번 임신에서도 자신의 아기를 가진다는 보장이 없기 때문에, 아버지는 가능한 한 현재의 임신을 유지하는 쪽이 (진화적으로) 유리합니다. 그러나 어머니는 현재 임신을 유지하는 것이, 임신을 중단하고 훗날을 기약하는 것보다 유리한지 판단하여 결정하는 편이 합리적인 전략입니다.

임신성 당뇨

모체-태아 갈등에 대한 진화적인 접근을 통해서, 보다 잘 이해할 수 있는 의학적 상태가 바로 임신성 당뇨와 자간증·전자간증입니다. 임신 중에 모성 생리가 변화하면서 태아에게 공급하는 산소와 영양소가 '정상' 수준을 초과하는 경우가 생기는데, 이는 의학적 개입이 반드시 필요한 상태입니다. 게다가 임신성 당뇨를 앓은 여성은 생애 후반에 제2형 당뇨를 앓게 되는 경우가 흔합니다.[42]

당뇨를 앓는 여성은 식후에 혈당이 확 올랐다가 인슐린에 의해서 더 많이 내려가고는 합니다. 임신 중에는 지속적으로 혈당과 인슐린 수준이 평소보다 더 올라가는데, 이는 태아에게 영양소를 더 많이 공급하려는 기전입니다. 진화생물학자 데이비드 헤이그(David Haig)는 이를 태아가 자신의 이익을 위해서 어머니의 신체를 혹사시키는 예라고 하였습니다. 게다가 영양 공급이 충분하면 혈당이 더 올라가기 때문에 임신성 당뇨는 건강부국에서 더 흔합니다. 임신성 당뇨를 앓는 여성은 보다 큰 아기를 낳는경향이 있고 아기는 나중에 당뇨병에 걸릴 가능성이 높아집니다.[43] 이렇게 볼 때 임신 중에는 적절한 수준의 정해진 영양 섭취량이 있는 것 같습니다. 너무 많거나 너무 적으면 임신 합병증 외에도, 산모와 아기에게 지속적인 의학적 문제를 야기하게 됩니다. 이는 진화적인 균형 선택(balancing selection)의 전형적인 예라고 할 수 있는데, 임신 중 식사량이라는 천칭은 어느 쪽으로 기울더라도 번식 성공률에 부정적인 영향을 미치게 됩니다.

자간증과 전자간증

전자간증(preeclampsia)* 및 보다 심각한 형태의 자간증(eclampsia)은 전 세계적으로 아주 흔한 임신 합병증입니다. 건강 부국이나 건강 빈국을 막론하고 발생합니다. 전자간증은 임산부에게 발생하는 고혈압인데, 대략 전체 임신의 10% 정도에서 발생합니다. 전자간증을 '치료'하는 유일한 방법은 얼른 태아와 태반을 출산하는 것뿐입니다. 그래서 전자간증은 종종 조산으로 이어집니다. 만약 임신을 빨리 종결하지 않으면, 어머니는 신장·간·뇌 등에 전반적인 손상을 입고 심지어는 경련을 하기도 합니다. 이런 정도로 악화되면 자간증이라고 진단합니다. 여기서 끝이 아닙니다. 얼른 출산을 하면 일단 한숨 돌릴 수 있지만, 어머니의 몸은 장기적인 악영향을 입는다는 보고가 있습니다.[44] 안타깝게도 전자간증에 대한 동물 모델은 아직 없기 때문에 연구도 어렵고 치료법을 개발하기도 쉽지 않습니다. 일부 연구자들은 자간증이나 전자간증이 호모 사피엔스의 뇌가 커지면서 생겨난 병이기 때문에 다른 종에서는 찾아볼 수 없다고 주장합니다.[45]

인류의 뇌가 커지면서 필요한 산소와 영양분도 늘어났습니다. 배아가 착상하면서 영양포는 자궁벽에 뿌리를 내립니다. 그러면서 어머니 혈관을 태반 내부로 스카우트합니다. 이를 통해 어머니의 혈관이 성장하는 배아에 필요한 것을 공급해주죠. 수태 수일 내에 일어나는 영양포의 이러한 착상과정은 모든 포유류에서 거의 비슷합니다. 그러나 인간만은 독특하게도, 어머니 혈관을 다시 한 번 내부로 더 깊이 스카우트하는 과정이 일어납니다. 영양포의 2차 침입이라고 하는 이 과정은 주로 임신 3개월 무렵에 일어납니다. 이를 통해서 태반은 보다 확실하게 자궁벽에 뿌리를 내려서 태

---

* 흔히 임신중독증으로 알려져 있다.

아의 뇌 성장에 필요한 영양분과 산소를 충분히 흡수하게 됩니다. 그러나 종종 이러한 2차 침입이 실패하거나 불완전할 수 있습니다. 다양한 이유가 있지만 어머니와 태아의 MHC 유전자가 너무 비슷하거나 혹은 영양소를 둘러싼 모체-태아 갈등에서 태아가 '승리'할 경우가 주요 원인입니다.[46, 47] 후자의 경우 전자간증이 발생하는 것은 '당연'합니다. 진화적인 측면에서 전자간증은 (혈압을 올려서) 어머니로부터 태아로 자원을 이동시켜주는 역할을 하기 때문이죠.

태아의 영양분 및 산소 요구량은 점점 늘어나는데, 태반과 자궁 간의 유착이 충분하지 않으면 이를 보상하기 위해서 어머니의 혈압이 점점 높아질 수밖에 없습니다. 약간의 고혈압은 임신 중에 흔히 일어나는 일이지만, 과도하면 문제가 됩니다. 자간증으로 진단을 받은 임산부는 철저한 산전 관리를 받아야 하고, 때로는 보다 일찍 분만을 시도하게 됩니다. 산전 모니터링이 어려운 지역의 경우, 흔히 산모와 태아가 모두 죽게 됩니다. 세계보건기구는 지금도 매년 약 7만 명의 여성이 자간증이나 전자간증으로 사망하는 것으로 추정하고 있습니다. 즉 유도분만이 불가능했던 과거에는 자간증·전자간증이 자연 선택의 주요 요인이었다는 것을 시사합니다.

그런데 로비야르(P. Y. Robillard) 등은 전자간증이 주로 첫 임신에서 많이 일어나며, 아주 잦은 비배란성 성관계*와 같은 생태적 조건과 관련될 수 있다는 점에 착안, 진화 의학적인 견지에서 전자간증의 발병률을 줄일 수 있는 방법을 제안한 바 있습니다. 물론 전자간증의 기전 및 치료방법은 수없이 제안되고 있지만,[48] 로비야르 등이 제안한 진화 의학적 방법은 꽤 간단합니다. 성관계를 시작한 이후, 최소 몇 달 동안은 임신을 미루는 것입

---

* 배란 시기와 무관하게 아무 때나 하는 성관계.

니다. 즉 이들은 자간증이 첫 임신에서 많이 일어나는 것이 아니라, 사실은 새로운 정자에 노출되어 생기는 "커플 질환"(couple disease)이라고 여기는 겁니다.[49] 규칙적인 성관계를 하면서 몇 달이 지나면 여성의 면역 체계가 배우자의 항원에 적응하게 되고, 이는 임신 초기에 태아를 "이종(異種) 이식물"로 인식하게 되는 경향을 줄여줄 수 있다는 주장입니다.

그래서 로비야르는 다음과 같이 말합니다. "전자간증을 피하고 싶다면, 임신하기 전에 좀 기다려라. 그리고 그 전에 아무 때나 자주 성관계를 가져라." 여성의 몸이 정자 및 정자의 항원에 적응할 기회를 주는 것입니다. 조금 무리한 추측에 따르면, 배우자와의 아주 잦은 성관계는 영양포의 2차 심부 침입 실패를 줄여줄 수 있습니다. 진화적인 측면에서 옛 선조 여성들은 배우자와 잦은 비배란성 성관계를 가졌습니다. 수유 중이나 임신 중의 성관계가 다 비배란성 성관계죠. 물론 그러다 보면 비배란성 성관계를 자주 가진 남성, 즉 주로 남편의 아기를 결국 임신할 확률이 높았을 것입니다. 그래서 아마 과거에는 전자간증이 지금처럼 흔하지는 않았을지도 모릅니다.

임신에 대한 진화적 이야기는 안타깝게도 스트레스와 갈등으로 가득합니다. 임신 소식을 처음 들었을 때 한없이 기뻐하는 어머니의 마음과는 영 다르죠. 물론 원하는 아기라면 기쁜 것이 당연합니다. 그러나 임신 첫 몇 개월이 반드시 즐거운 기간이라고 하기는 어렵습니다. 입덧을 비롯한 다양한 형태의 이상하고 불쾌한 생리적 변화가 기다리고 있습니다. 물론 임신이 일단 '이륙'에 성공하면, 대개는 결국 '착륙'까지 이어지게 됩니다. 즉 건강한 자식을 낳는 것이죠. 첫 3개월에 일어나는 일에 대해서 좀 더 이야기하고, 임신 전 기간 동안 영양 공급을 충분히 하는 것이 얼마나 중요한지, 즉 옛말대로 임산부는 왜 음식을 잘 가려 먹어야 하는지 논의해보도록 하겠습니다.

4장

열 달을
버틴다는 것

Ancient Bodies
Modern Lives

잘 아시다시피 임신은 아주 쉬워 보이기도 하지만, 때로는 그렇게 쉽지만은 않습니다. 인간의 어머니는 생존할 가능성이 없는 임신 그리고 그 생명에 대해서 너무 많은 에너지와 시간을 쓰기 전에, 가능한 한 빨리 포기하는 방법을 진화시켰습니다. 그리고 이러한 자연 선택은 포유류의 진화에 중요한 역할을 해왔죠. 오늘날 건강 부국에서는 수없이 많은 임신이 초기에 종결되고 있지만, 동시에 많은 생명이 기술적인 개입을 통해서 '구원' 받기도 합니다. 특히 아이를 바라는 부모에게는 이러한 의학적 기술이 아주 반가운 일입니다. 아이들의 번식적 혹은 진화적 '가치'와 무관하게 말이죠. 사실 이 책을 읽는 독자의 상당수는 만약 100년 전이었다면 수태와 임신, 출산에 성공하지 못했을지도 모릅니다. 세상에 존재할 수도 없었겠죠. 임신에 성공하는 것과 임신을 유지하는 것은 아주 다른 문제입니다만, 보통 첫 2~3개월을 잘 넘기면 이후에는 큰 무리 없이 잘 유지되는 경향을 보입니다. 첫 3개월을 넘기는 동안 겪는 이야기들, 특히 입덧(morning sickness)에 대해 이야기해보도록 하겠습니다.

첫 3개월 동안에 벌어지는
일들

첫 3개월 동안은 보통 태아(fetus)보다는 배아(embryo)라는 말을 사용합니다. 이 시기에는 대부분의 기관이 분화하여 발달하게 됩니다. 이 시기의 배아는 아주 취약한데, 다양한 요인에 의해서 죽어버리거나 혹은 나중에 평생 동안 따라다닐 발달적 장애를 입을 수 있습니다. 임신 첫 8주 동안에 발달하는 기관은 다음과 같습니다. 순환기계(2주), 신경계(3주), 팔다리와 심장, 다른 대부분의 내장기관(4주), 뇌와 생식계(5주). 그래서 6주가 되면 초음파로 고환을 볼 수 있는 것(남자 아기의 경우)입니다.

앞서 언급한 것처럼 첫 3개월은 아주 취약한 시기입니다. 여성들은 종종 자신이 임신했다는 사실조차 인지하지 못합니다. 특히 문제가 되는 것은 평소에 불충분한 식사, 불균형한 식생활을 하는 여성들입니다. 대부분의 미국 십대 소녀들처럼 말이죠. 이 시기의 부족한 영양 공급은 배아 발달상의 다양한 문제를 유발합니다. 리보플라빈(riboflavin) 부족은 골격 발달에 문제를 유발하고, 비타민 B6, 즉 피리독신(pyridoxine) 결핍은 신경운동계의 문제를 일으킵니다. 비타민 B12가 충분하지 않으면, 수두증이 생기고, 나이아신(niacin)이 부족하면 구개열이 일어날 수 있습니다. 엽산이 부족하면 신경관 결함이 유발되고, 비타민 A가 부족하면 시각장애가 일어납니다. 아이오딘(iodine)*이 부족하면 신경 문제 및 크레틴병(cretinism), 즉 선천성 갑상선 기능 저하증을 유발합니다.

---

* 과거에는 독어 발음을 따라 요오드로 불렸으나, 현재는 영어 발음을 따라 아이오딘으로 부른다. 일어로는 옥소라고 한다.

아이오딘 결핍, 크레틴병, 그리고 PTC 미각의 진화

크레틴병에 걸리면 신체적 정신적 이상이 발생합니다. 임신 중 모체 갑상선 호르몬이 부족해서 생기는 병이죠. 임산부 혹은 태아의 임상적인 질병에 의해서 생기기도 하지만, 임신 중에 아이오딘을 충분히 섭취하지 못해 발생할 수도 있습니다. 어찌되었든 출생 직후에 바로 치료를 시작하면 이후 신체적 발달의 이상은 생기지 않는 것으로 알려져 있습니다. 하지만 제대로 치료하지 못하면, 지능이 떨어지기도 합니다. 뇌 발달의 결정적 시기에 아이오딘 결핍이 일어나면, 완전한 회복이 불가능할 수도 있죠.

음식을 통해 섭취한 아이오딘이라는 미네랄은 갑상선 호르몬의 원료가 됩니다. 충분한 아이오딘 섭취가 부족하여 발생하는 크레틴병은 전 세계적인 현상이며, 특히 아이오딘이 부족한 토양에서 자란 곡물을 먹는 지역에서 많이 발생합니다. 세계보건기구에 의하면 전 인구의 대략 35%가 아이오딘 결핍의 위험에 처해 있습니다. 미국인의 10%, 그리고 유럽인의 57%가 아이오딘 결핍의 위험성을 안고 있다고 합니다.[1] 아이오딘이 부족한 토양은 과거 빙하로 덮여 있던 지역에서 흔하게 있습니다. 아이오딘 결핍이 유럽 사람에게 많이 발생하는 이유입니다. 이 미네랄의 결핍은 성인에게 갑상선종(goiter)을 유발하는데, 그래서 이 지역이 이른바 '갑상선종 벨트'로 불리곤 합니다. 갑상선종이 생겼다는 것은 갑상선이 과다하게 활성화되었다는 의미입니다. 목 앞부분에 큰 덩어리가 형성되고, 심한 경우에는 육안으로도 쉽게 확인이 가능합니다(〈그림 4-1〉). 대부분의 경우 갑상선종은 어머니에게는 큰 문제가 되지 않습니다. 그러나 발달 중인 태아에게는 명백하고 심각한 결과를 낳을 수 있습니다. 즉 번식 성공률이 떨어지는 것입니다. 식이 아이오딘 결핍은 아이오딘 보강을 한 소금이나 음식을 먹는 기술적인 혁신을 통해 '해결'할 수 있습니다. 그러나 이미 우리 몸은 자연 선택을 통해서 아이오딘 결핍을 '해결'하는 형질을 진화시켰다는 주장이 있습니다.

특정한 유전자를 가진 사람은 특정한 쓴맛을 느낄 수 있는 것으로 알려져 있습니다. 논란이 분분하지만, 이 유전자가 바로 갑상선종과 크레틴병을 막는 역할을 한다는 주장이 있습니다. 이 유전자는 비교적 흔하게 발현되는데, 보통 '맛볼 수 있거나 혹은 없거나'(tasting or nontasting) 유전자로 불립니다. 페닐티오카바마이드(phenylthiocarbamide, PTC)라고 불리는 물질에 대한 미각을 좌우하기 때문이죠. 이 대립유전자의 빈도는 인구 집단별로 아주 다른데, 이는 과거에 그리고 아마 지금도 이 유전자가 자연선택 과정에 작용하고 있다는 것을 시사합니다.[2] 물론 언뜻 생각하면 이 유전자를 가진 사람, 즉 PTC에 쓴맛을 느끼는 사람이 그렇지 않은 사람보다 과연 무엇이 유리한지 잘 떠오르지 않습니다.

이 화학물질은 주로 브로콜리나 방울다다기양배추와 같은 양배추 과

〈그림 4-1〉 목에 갑상선종이 있는 여성. 아이는 태아 및 신생아 기간 동안 영양 결핍을 앓은 것으로 보인다.

(科)의 식물에서 쓴맛을 유발하는 물질과 비슷합니다. 쓴맛을 느끼는 사람(해당 대립유전자의 동형 접합 혹은 이형 접합을 가진 사람, 즉 해당 유전자를 하나라도 가진 사람)은 쓴 물질이 있다는 것을 알아차리고, 그 음식을 피하게 됩니다. 그러나 쓴맛을 못 느끼는 사람(두 개의 열성 대립유전자만을 가진 사람)은 쓴맛을 느끼지 못하므로 해당 음식을 맛있게 많이 먹게 됩니다. 그런데 흥미롭게도 이러한 음식이 주로 '갑상선종 유발 음식'들입니다. 아이오딘 흡수를 방해하기 때문이죠. 아이오딘이 부족한 토양에서 자란 음식을 먹어야 하는 사람들에게는 이러한 갑상선종 유발 음식이 좋을 리 없습니다. 아이오딘을 보충한 소금이 세상에 나오기 전에는 이러한 쓴 음식을 피한 여성들이 아이오딘이 부족한 식생활 중에서도 최대한 많은 아이오딘을 흡수할 수 있었을 것입니다. 그리고 자식들이 크레틴병에 걸릴 확률도 낮았을 것입니다. 그러나 쓴맛을 느낄 수 없었던 여성, 즉 PTC 미맹은 이런 음식을 많이 먹었을 테니 자식 중에 크레틴병에 걸리는 경우도 많았을 것입니다. 심각한 건강상의 문제를 야기했을 것입니다. 방울다다기양배추를 별로 좋아하지 않는다면 조상님께 감사하는 마음을 가지는 것이 좋겠습니다. 그러한 쓴맛을 느끼는 형질이 선조들을 건강하게 해주었을 테니 말입니다. 게다가 양배추 과의 채소는 특히 입덧을 많이 유발하는 것으로 알려져 있습니다. 다음에 자세히 다루겠지만 이런 경향은 아마 갑상선 장애나 크레틴병에 잘 걸리지 않게 하는 이득이 있었을 것으로 보입니다.

입덧

지난 장에서 우리는 임신 중에 발생하는 두 가지 주요한 문제가 진화 의학적인 측면에서는 병적인 것이 아닐 수도 있다는 이야기를 하였습니다. 초기 유산, 그리고 전자간증·자간증이죠. 이제 세 번째 예를 들겠습니다.

바로 임신 중에 발생하는 오심, 즉 구역감입니다. 입덧은 종종 NVP라고 부릅니다. '임신 중 오심과 구토'(nausea and vomiting of pregnancy, NVP)라는 뜻이죠. 초기 임신 구역감이라고도 합니다. 아무튼 입덧은 아주 흔하게 일어납니다. 미국 기준으로 전 임산부의 약 90%가 경험합니다. 따라서 입덧은 지극히 정상적인 반응이자 자연스러운 임신 과정의 일부입니다. 하지만 그럼에도 불구하고 입덧을 '치료'하기 위한 다양한 약물과 의학적 개입방법이 개발되어 있습니다. 지난 장에서 언급했다시피, 1950년대에 입덧 문제를 '해결'하기 위해 개발된 탈리도마이드로 인해 수천 명의 아이들이 심각한 기형을 가지고 태어났습니다. 입덧은 방어일까요? 혹은 결함일까요?

진화생물학자 마지 프로펫(Margie Profet)은 초기 임신 중의 오심이 태아의 발달에 해가 될 수 있는 위험한 물질이나 독소로부터 어머니와 아기를 보호하기 위해 진화한 형질이라고 주장합니다.[3] 결함이 아니라 방어라는 뜻이죠. 구역감과 식욕 저하의 직접적인 근연 원인은 호르몬(임신 초기에 증가하며, 위장 운동을 저하시키는 효과가 있는 인간 융모막 성선자극호르몬이나 프로게스테론, 에스트라디올 등)으로 추정됩니다. 그러나 진화적인 궁극 원인은 임신 첫 3개월 동안 태아의 발달 손상을 일으킬 수 있는 해로운 음식을 피하려는 것인지도 모릅니다. 만약 그렇다면 입덧을 했던 고대의 여성들이 더 건강한 자식을 낳고, 더 높은 번식 성공률을 보였을 것입니다. 실제로 입덧을 동반하지 않은 임신이 상당한 문제를 야기할 수 있다는 증거는 아주 많습니다. 예를 들어 입덧을 하지 않는 여성은 입덧을 하는 여성에 비해서 자연 유산을 많이 경험합니다.[4] 연구 중에 만난 조산사는 입덧을 하지 않는 임산부를 상당히 걱정스럽게 바라보곤 했죠.

임산부가 꺼리게 되는 음식은 얼얼한 음식, 쓴 채소(앞서 말한 방울다다기양배추 등), 과숙한 과일, 매운 음식, 훈제 음식 등입니다. 모두 태아 발달에 영향을 줄 수 있는 물질이죠. 주목할 것은 대부분의 음식들이, 임신 전에는 별로 꺼리는 음식이 아니었다는 점입니다. 종종 임산부들은 원래는 좋아했던 음식들이 이제 구토를 유발한다고 불평합니다. 광범위한 문헌 조사에 의하면, "고기, 생선, 가금류, 계란 등"이 가장 흔한 기피음식으로 분류되었습니다.[5] 놀라운 점은 이러한 결과는 종전의 연구 결과와 상반될 뿐만 아니라, 사실 이러한 음식들은 종종 임산부에게 '좋은' 음식으로 추천되고는 한다는 것입니다. 과거의 환경에서는 사실 고기나 생선, 가금류, 계란 등을 오랫동안 보관할 수 없었을 뿐 아니라, 지금도 세계 각지에서 식중독을 유발하는 주요 음식들입니다. 과일이나 채소, 음료보다 훨씬 식중독을 많이 일으킵니다. 특히 임신 초기 면역력이 떨어진 임산부에게 오염된 음식을 제공하는 것은 큰 문제가 될 수 있습니다.[6] 가장 취약한 발달 시기를 지나고 나면, 고기와 계란, 가금류에 대한 임산부의 거부감이 줄어들게 됩니다. 이때부터는 단백질이 풍부한 음식을 많이 먹는 이득이 태아의 발달에 더 중요해지기 때문이죠.

입덧이 심해지는 때는 배아가 가장 취약한 시기와 일치합니다. 만성적인 오심은 영양 결핍을 가져올 수 있지만, 실제로 임신 초기에 식사량이 줄어드는 것은 큰 문제가 되지 않습니다. 물론 임신 후기에는 태아 성장을 위해서 잘 먹는 것이 필요하죠. 대부분의 경우 오심은 첫 3개월이 지나면 없어집니다. 어머니는 정말 악몽 같은 시기를 보냅니다만, 이러한 악몽의 원인인 태아는 입덧으로 이득을 보고 있는 것입니다.

임신 중에 하면 안 되는 일, 즉 문화적 터부는 흔한 편입니다. 특정한 행동을 금지하거나 혹은 특정한 음식을 먹지 못하게 하는 문화적 금기들이 있습니다. 상당수의 인류학자들은 이러한 터부가, 취약한 시기 동안 어머니를 보호해주는 효과가 있다고 주장합니다. 인류학자 댄 훼슬러(Dan Fessler)[7]는 광범위한 횡문화적 문헌 조사를 통해서, 약 73개의 사회에서 특정한 음식에 대한 금기가 존재한다고 하였습니다. 육류가 가장 흔한 금기였습니다. 심지어는 고기를 만지지도 못하게 합니다. 잘 알다시피 고기를 만지며 요리하는 것만으로도 위험한 오염물에 노출될 수 있습니다. 인류의 진화 과정에는 고기 섭취가 대단히 중요한 역할을 했습니다.[8] 그래서 훼슬러는 "고기에서 유래하는 질병은 인류 진화사 동안 임신한 여자들에게 중요한 선택압으로 작용했다"라고 말합니다.[9]

고기를 충분히 먹지 않을 때 생길 수 있는 문제 중 하나는 바로 철 결핍입니다. 철 결핍은 전 세계에서 가장 흔한 영양 결핍인데, 임신 중에는 철 요구량이 늘어나게 됩니다. 불충분한 철 섭취는 조산, 저체중 출생아, 태아 혹은 모성 사망 등을 유발하고, 아기의 인지 발달도 저해하게 됩니다. 훼슬러는 임신 초기에 철 섭취의 감소는 병원균의 증식을 막아주는 효과가 있기 때문에 적응적일 수 있다고 언급합니다. 임신 초기에는 어머니의 면역체계가 약해지기 때문입니다. 토식증(土食症), 즉 흙을 먹는 행위는 철 흡수를 억제하는 기능을 하기도 합니다(토식증에 대해서는 다시 자세히 다루겠습니다). 하지만 임신이 진행되면서 태아의 철 요구량이 늘어나면, 어머니의 생리 시스템이 변화하게 됩니다. 철을 보다 잘 흡수할 수 있도록 말이죠. 이 두 가지 조건 하에서 트레이드오프가 발생하게 됩니다. 임신 초기 감염을 억제하기 위해 철을 적게 흡수하는 것이 태아에게 좋을 것인가? 혹은 그런 위험을 안고, 철을 충분히 흡수하여 태아 발달을 돕는 것이 이득일 것인가?

지금까지의 연구에 의하면 입덧은 다른 동물에서 관찰되지 않습니다. 물론 가축화된 개나 사육되는 붉은털원숭이, 침팬지에게서 임신 초기 식욕 저하가 관찰된다는 보고가 있지만, 이를 입덧이라고 하기는 어렵습니다.[10] 그러나 횡문화적 연구에 의하면(비록 단조로운 옥수수 혹은 쌀 위주의 식사를 하는 전통 사회에서는 드물게 나타난다고 합니다만), 입덧은 건강 부국의 여성뿐 아니라 모든 문화권에서 보편적으로 관찰되는 현상입니다. 이런 사실로 미루어볼 때 입덧은 초기 인류의 진화에 중요한 역할을 했을 것으로 추정됩니다. 초기 인류의 식량 사정은 좋지 않았고 일단 식량을 구하면 종류를 가리지 말고 먹어야 했죠. 슈퍼마켓이 등장한 이후에야 인간이 다양한 음식을 먹게 된 것이 아닙니다.

분명 입덧은 어느 정도까지는 좋은 현상입니다. 그러나 어느 선을 넘으면 문제가 되기 시작합니다. 임신 초기 오심과 구토가 도움이 될 수 있는 분명한 한계점이 있습니다. 구역감이 너무 심해져서 탈수에 빠지거나 심각한 체중 감소가 일어나면 어머니와 아기 모두에게 좋지 못합니다. 죽을 수도 있죠. 이러한 한계점을 넘는 입덧은 분명 '결함'입니다. 이런 병적 입덧은 대략 5,000번의 임신에 한번 꼴로 나타납니다.[11] 이발드는 이러한 극단적인 수준의 입덧이 일어나는 이유에 대한 가설을 세웠습니다. 자연 선택에 의해 진화한 입덧이라는 기전이 병원균에 의해 '악용'되기 때문이라는 것입니다.[12] 인류학자 아이비 파이크(Ivy Pike)는 이른바 입덧의 "배아 보호 가설"(embryo protection hypothesis)이라는 것이 영양 상태가 좋은 여성들에 대한 편향된 관찰 결과에 의존하고 있다고 비판하였습니다. 임신 전부터 영양 상태가 좋지 않았던 여성은 입덧으로 인해 치명적인 상황에 놓일 수 있습니다. 실제로 아프리카 투르카나 족 여성들은 입덧을 할 경우 태아의 출생 전후 혹은 신생아 무렵의 사망률이 두 배나 증가하는 것으로 조사되었습니다.[13]

입덧에 대한 다른 가설도 있습니다. 바로 임신 초기 모체-태아 갈등의 결과로 일어난다는 것이죠. 특히 오심이 너무 심해서 어머니의 건강을 위협하는 수준이거나 혹은 만성적인 영양실조 상태인 경우에 일어나는 입덧의 경우, 이런 가설이 설득력을 가집니다. 이 가설에 의하면, 입덧은 영양분을 서로 차지하기 위한 모체-태아 갈등의 부산물일 뿐입니다. 그 자체가 선택의 결과는 아닙니다.[14] 어머니에게 닥칠 수 있는 가장 최악의 상황은 아기가 살아남지 못하거나 심각한 문제를 가진 아기가 태어나는 것입니다(물론 적합도의 관점에서 말입니다). 따라서 배아는 어머니에게 자신이 건강하고 잘 자랄 수 있을 것이라는 신호를 보내주어야 합니다. 종종 입덧이 없는 임신이 유산으로 이어지는 것을 보면 임신 초기의 구역감은 배아가 건강하다는 증거인지도 모릅니다. 증상 자체만으로도 선택적 가치가 있는 것이죠.[15]

음식 기피와 관련된 현상 중 하나가 바로 진흙을 먹는 토식증입니다. 여러 사회에서 공통적으로 관찰되는 현상입니다. 의학적으로는 이러한 증상이 병적 상태로 기술되고는 합니다. 그러나 단지 병으로 보기에는 너무 많은 문화권에서 널리 보고되고 있습니다. 토식증은 진화 의학적으로 설명이 가능합니다.[16] 여러 사회에서 진흙은 설사를 다스리고, 독소를 제거하며, 음식만으로 섭취하기 어려운 미네랄을 보충하는 역할을 하곤 합니다. 실제로 흔히 사용되는 설사약 카오펙테이트(kaopectate)의 주성분은 카올린(kaolin)인데, 카올린이 바로 진흙입니다.* 아프리카에서는 입덧을 하는 여성에게 종종 진흙을 먹이는데, 진흙은 독소를 몸 밖으로 배출하여 태아

---

* 카올린은 카올리나이트(kaolinite), 즉 고령석이 풍화되어 형성된 점토를 말한다. 흔히 고령토라고 부르는데, 중국 고령산에서 많이 생산되기 때문에 유래된 이름이다. 대개 흰 빛을 띄는데, 조선 백자의 주요 원료이다. 미국 등에서는 카오펙테이트라는 이름으로 화이자 사에서 생산하고, 한국에서도 일동제약에서 후라베린큐라는 상품명으로 판매하고 있다. 토식증과 관련된 먹는 진흙은 흔히 보는 황토색 진흙이 아니라, 주로 고령토 계열의 흰 진흙이다.

를 보호하는 역할을 할 수 있습니다.

임신 초기 이후에도 지속되는 토식증은 태아의 골격 성장 및 임신 중 혈압 조절에 필요한 칼슘을 보충하는 역할을 하는 것으로 보입니다. 인류학자 안드레아 윌리(Andrea Wiley)와 솔 카츠(Sol Katz)는 아프리카에서 토식증이 널리 관찰되는 이유가 바로 진흙 속의 칼슘 때문이라고 하였습니다. 60개의 아프리카 부족을 조사한 결과, 낙농을 하지 않는 사회에서 토식증이 더 많이 관찰되었다고 합니다. 우유 등 젖을 짜 먹는 부족의 식단은 칼슘이 부족하지 않기 때문에 토식증이 그리 흔하지 않습니다. 말하자면 의학적으로 질병으로 간주되는 상태, 즉 토식증이 사실 진화적으로는 입덧을 줄여주고, 독소를 제거하며, 칼슘과 다른 미네랄을 보충하는 목적을 가지고 있을 수 있습니다. 진흙을 먹는 행위는 침팬지에서도 관찰되기 때문에, 아마 초기 호미닌도 진흙을 먹었을 것으로 추정됩니다.[17] 긴 진화적 역사를 가진 식습관입니다. 현대 사회에서는 임산부에게 필요한 칼슘이 거의 유제품을 통해 공급됩니다. 그러나 그럴 수 없었던 과거 조상에게는 진흙을 먹느냐 마느냐가 건강한 임신을 하느냐 마느냐의 문제로 귀결되었을 수 있습니다.[18] 물론 토식증은 토양 속의 병원균에 감염되거나 철결핍성 빈혈에 걸리거나 혹은 납 중독에 빠지는 등 부정적인 결과도 낳을 수 있습니다.[19]

두 번째 그리고
세 번째 3개월

호흡기계와 신경계는 두 번째 3개월에도 계속 발달을 지속합니다. 두 번째 3개월이 끝날 무렵, 태아는 출산을 해도 생존이 가능해집니다.[20] 물론 인큐베이터 등 현대 의학의 도움을 받긴 해야 합니다. 대개 두 번째 3개월이 시작될 무렵 태동을 느끼기 시작합니다. 태아는 자궁 내 위치를 자주 바꾸는데, 대략 한 시간에 열 번 꼴입니다. 그리고 주름을 없애듯이 팔다리를 죽 펴고는 하는데, 그 자세가 마치 "인도네시아 발리의 전통 춤사위"와 닮았죠.[21] 또한 빨고 삼키기, 머리 움직이기, 손을 얼굴에 갖다 대기 등 다양한 동작을 보입니다. 심지어 공중제비나 연속 구르기와 비슷한 동작도 보이는데, 이로 인해 탯줄이 목을 감기도 합니다. 이에 대해서는 뒤에서 다시 다루겠습니다. 태동의 횟수와 기간이 점점 늘어나면서 임산부는 숙면을 취하기 어려워집니다. 그러다가 아기가 점점 커져서 자궁에 여유 공간이 줄어들면 태동도 다시 줄어듭니다. 태아가 보이는 운동의 상당수는 출생 이후 행동과 반사 반응을 준비하는 연습 과정입니다.

세 번째 3개월 동안의 성장

호흡계와 신경계의 발달은 세 번째 3개월, 즉 임신 제3기에도 지속됩니다. 그리고 순환계와 호흡계는 출생 이후에 달라진 환경에 적응할 준비를 합니다. 그러나 마지막 3개월 동안 일어나는 가장 중요한 변화는 바로 체중 증가 및 지방 축적입니다. 지방은 특히 태아 발달에 중요한데, 인간의 태아는 다른 동물보다 훨씬 통통한 것으로 알려져 있습니다.[22] 다른 포유류에 비해서 지방이 대략 16% 정도 많습니다. 심지어 자궁 내 발육 지연(intrauterine growth retardation, IUGR)이 있거나 영양실조 상태에 있었던 경우에도 다른 동물보다는 통통합니다. 임신 마지막 몇 주 동안 지방이 축적되면 출생 후 초기 생존에 큰 도움이 됩니다. 특히 아주 빠른 두뇌의 발달 속도를 지탱해주는 원동력이 됩니다. 게다가 살이 포동포동한 아기는 자신이 "충분히 키울 만한" 자질이 있다는 신호를 어머니에게 보내서 영아살해나 방임을 막아준다고 합니다.[23]

잠재적인 모체-태아 갈등은 마지막 3개월에도 지속됩니다. 특히 영양분 할당을 둘러싸고 경쟁하게 됩니다. 임신 중에 심각한 영양 결핍 혹은 영양실조에 빠지면, 자궁 환경에 치명적 영향을 미쳐서 유산을 하게 될 수 있습니다. 그런데 놀랍게도 거의 기아상태에 빠진 어머니가 성공적으로 아기를 낳는 경우가 있습니다. 실제로 전쟁이나 기근 중에도 출산은 지속됩니다. 즉 어머니의 건강을 희생해서라도, 태아가 임신을 지속시키는 방법이 있다는 것입니다. 물론 이렇게 겨우 태어난 아기는 다양한 건강상의 문제를 가지고 있을 수 있습니다. 대개는 재태 기간에 비해서 크기가 작고 출생 이후 수개월 내에 큰 병에 걸리거나 종종 죽기도 합니다.

자궁 내 발육 지연은 어머니의 전자간증이나 영양소를 대사하지 못하는 유전적 장애, 충분한 영양소를 공급해주지 못하는 불완전한 태반 등으

〈표 4-1〉 저체중 출생과 관련된 것으로 추정되는 생애 후반의 의학적 상태

저체중 출생(2.5kg 미만)과 관련된 성인의 의학적 상태	출처
고혈압	Barker et al, 1990
심혈관계 질환	Barker et al., 1989; Barker, 1995, 1997
제2형 당뇨	Barker, 1999, 2005
성 조숙증 · 이른 초경	Gluckman, Hanson, and Beedle, 2007
여성 우울증(특히 소녀)	Costello et al., 2007
비만	Gluckman, Hanson, and Beedle, 2007
골다공증	Gluckman, Hanson, and Beedle, 2007
흉선 성장의 장애 · 면역 능력 장애	McDade et al., 2001

로 인해 발생할 수 있습니다. 이런 경우는 의학적 치료 대상일 뿐이지, 진화적으로 해석할 여지는 없습니다. 그러나 사회 경제적 상황으로 인해 발생하는 영양 결핍 혹은 영양실조에 의한 자궁 내 발육 지연에 대해서는 진화 의학적 분석이 유용합니다.

자궁 내 발육 지연이 수십 년 후의 건강에 영향을 미칠 수 있다는 증거들이 점점 늘어나고 있습니다.[24] 〈표 4-1〉은 자궁 내 발육 지연(정확히 말하면 저체중 출생)을 겪었던 사람들과 관련된 의학적 상태를 요약하고 있습니다. 사실 저체중 출생, 그 자체는 이후의 건강 상태를 예측하는 요인이 아닙니다. 그러나 상당수의 자궁 내 발육 지연은 저체중 출생으로 나타나기 때문에, 이 수치로 대신하는 경우가 많습니다. 음식이 부족하면 태아는 굶주리게 됩니다. 일단 태아는 뇌를 살리고 다른 장기의 발달은 뒤로 미루어 놓는 결정을 합니다. 따라서 영양실조를 앓은 임산부의 아기는 간이나, 췌장, 위장관이 보통보다 작습니다. 그런데 이러한 내장기관은 콜레스테롤과 혈당 조절에 아주 중요한 기관입니다. 따라서 자궁 내 발육 지연이 있었던 아기는 나중에 이와 관련된 건강 문제를 많이 겪게 됩니다. 자궁 내 발육 지연은 흉선 성장도 지연시키는데, 흉선은 면역 기능을 담당하는 기관입니다. 따라서 젊은 시절에 감염성 질환에 취약하게 됩니다.[25] 물론 영양실조 상태인 임산부에게서 태어난 아기라면 보통 출생 이후의 환경도 그리 좋을 리 없습니다. 출생 후 초기 환경 역시 생애 후반의 건강에 큰 영향을 미칠 수 있습니다.[26]

태아기 프로그램화 가설(fetal programming hypothesis)에 따르면, 발달 중인 태아는 주변 단서를 이용해서 재태 기간뿐 아니라 출생 이후의 환경에 대한 예측을 하게 됩니다. 임신 중에 영양 공급이 원활하지 않았다면, 출생 후에도 역시 그럴 것이라고 짐작하는 것이죠. 따라서 태아는 자궁 내에서 겪은 상황에 맞추어 미래를 위한 프로그램을 만들어갑니다. 결과적으로 아주 효율적인 대사 시스템을 장착해서 태어나게 됩니다. 가용한 칼로리는 모조리 저장하겠다는 일종의 절약 시스템이죠. 그런데 이런 절약 시스템을 갖춘 아기가 막상 세상에 나와 보니 풍요로운 현대 사회라면, 대참사가 일어납니다. 지방이 과다하게 축적되고 다양한 건강상의 문제가 발생합니다. 이른바 건강 부국, 즉 선진국의 여성들은 종종 임신 중에도 다이어트를 하고는 합니다. 체중이 느는 것이 걱정되기 때문이죠. 따라서 태아는 밖의 세상이 굶주림으로 가득할 것이라고 예상하게 됩니다. 하지만 실제 세상은 기름진 음식거리가 가득합니다.

영양 공급이 충분하지 않아 작은 아기로 태어난 사람이, 출생 전 프로그램된 것과 너무 다른 환경에서 살게 되면 건강이 해를 입게 됩니다. 바로 '불일치' 때문이죠(〈그림 4-2〉). 급격한 세계화가 일어나면서, 고지방 고칼

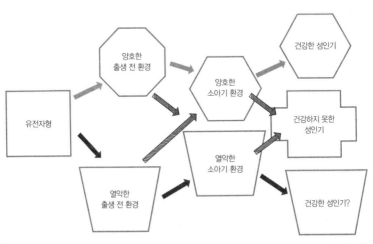

〈그림 4-2〉 재태기 및 소아기의 일치된 환경 및 불일치된 환경이 성인기 건강에 미치는 영향. 진한 화살표는 일치성 환경, 빗금 친 화살표는 불일치성 환경.

로리 음식이 널려 있는 오늘날에는 이러한 진화적 불일치가 큰 문제가 됩니다. 출생 후에 아기는 금세 정상 수준의 체중을 회복할 수 있습니다. 그러나 발달이 정체된 신체 내부 기관은 출생 후에 회복될 수 없습니다. 낮은 체중으로 태어나 출생 이후에 과다한 지방과 설탕을 먹어 비만해진 아이들을 생각해봅시다. 이 아이들의 발달이 지연된 간·췌장·위장관은 과다한 지방과 설탕을 처리할 수 없습니다. 설상가상입니다. 연약한 장기에 지나친 부하가 걸리게 되고 비만·당뇨·고혈압·동맥경화 등이 발생하게 됩니다.

어떤 사람들은 작게 태어난 아이들이 그냥 타고난 대로 작은 몸으로 살면서 영양 개선을 통해 건강을 증진시키려는 헛된 노력을 하지 않으면 그래도 좀 괜찮을 수 있지 않느냐고 이야기합니다.[27] 아마 그러면, 출생 전 환경이나 출생 후 환경이 별 차이가 없을 테니 자궁 내에서 프로그램된 대사 패턴이 성인기의 삶에도 잘 작동할 것입니다. 큰 건강상의 문제도 없을 수 있습니다. 하지만 이러한 주장은 종종 사회 경제적 불평등으로 인해 열악한 환경에서 아기를 가지는 여성의 삶을 개선할 필요가 없다는 식으로 악용되고는 합니다.[28]

사실 현상 유지가 최선이라는 식의 이런 주장은 도덕적으로나 윤리적으로 받아들일 수 없습니다. 어머니 몸속에서부터 굶었으니, 일생을 굶고 살라니. 이뿐만 아니라 현대화가 급격하게 진행되는 사회에 실제로 적용할 도리도 없습니다. 게다가 임신 중에 겪는 영양 결핍은 비록 출생 당시 체중이 정상이라 하더라도 생애 후반에 여러 건강상의 문제를 야기할 수 있습니다.[29] 또한 비정상적으로 큰 아기도 성인병에 걸리기 쉽습니다. 아마 자궁 내 발달과 관련된 아주 광범위한 조건의 상황이 생애 후반의 건강에 폭넓은 영향을 미치는 것 같습니다.

출생 전 환경과 생애 후반 건강과의 관련성에 대한 연구에 의하면, 모두를 경악하게 할 만큼 우려되는 일이 또 있습니다. 바로 이러한 효과가 대를 이어 내려간다는 것입니다. 앞서 말한 것처럼, 수정 이후 불과 몇 주 만에 형성되는 난자의 질이 이후 그 태아가 출생하여 다시 어머니가 되어 아기를 낳을 때 영향을 미칩니다. 난자는 이 시기에 대한 '기억'을 가지게 되고, 이 기억은 이후에 난자가 배란되어 수정하고 새로운 생명으로 다시 태어날 때 영향을 미치게 됩니다. 인류학자 크리스 쿠자와(Chris Kuzawa)는 "세대 간 표현형 지속성"(intergenerational phenotypic inertia)이라는 가설을 통해서, 태아는 어머니로부터만 세상에 대한 단서를 얻는 것이 아니라 모계 전체를 통해서 단서를 얻게 된다고 하였습니다.[30] 따라서 한두 세대가 겪은 영양 부족의 효과는 완충시킬 수 있습니다. 반대로 한두 세대의 영양이 개선된다고 해서 금방 그 효과가 확실하게 나타나는 것도 아닙니다. 즉 신생아 체중을 개선하려는 공공보건 정책은 임신하기 한참 전부터 시작되어야 하며 그 정책의 성공 여부도 단일 세대에 대한 관찰 데이터로 속단해서는 안 됩니다. 피터 엘리슨은 이러한 신체 생리의 세대 간 연결이 초기 삶의 조건과 관련된 다양한 만성 질환이나 장애를 설명할 수 있다고 지적합니다.[31] 즉 모든 임산부 및 그들의 자식과 손주의 건강까지 모조리 개선하는 방법만이, 횡세대적 출생 전 프로그램화(transgenerational prenatal programming)의 영원한 저주를 막는 유일한 길입니다.

소아과 전문의인 피터 너새니얼츠(Peter Nathanielsz)는 출생 전 프로그램화가 성인기의 양호한 건강도 설명해줄 수 있다고 주장합니다.[32] 이를 이른바 '프랑스인의 역설'(French paradox)이라고 하죠. 프랑스인은 미국인만큼이나 고지방, 고칼로리의 음식을 많이 먹는데도 심혈관 장애나 당뇨병에 잘 걸리지 않습니다. 왜 그럴까요?* 이미 프랑스는 100년 넘게 아주 정교한 산전 관리 시스템을 운영하고 있다는 것에 주목해야 합니다. 태아가 건강하게 발달하도록 잘 관리하고 있죠. 건강한 임신은 건강한 아기를 낳고, 이는 건강한 성인으로 이어집니다. 그러나 출생 후 환경이 좋더라도 불량하게 관리된 임신은 불량한 아기를 낳고, 이는 열악한 건강의 성인으로 이어집니다.

출생 전 프로그램화는 영양 수준 외에도, 감염이나 염증 등 다양한 요인에 의해서 좌우됩니다.[33] 사실 생애 초기에 겪는 감염은 출산 전 영양 공급만큼이나 성인기 건강에 큰 영향을 미칩니다. 다른 말로 하면 불량한 건강 혹은 감염 하나로는 성인기 건강에 해가 되지 않는다고 하더라도 이 두 가지 효과가 합쳐지면 문제가 될 수 있다는 것입니다. 사실 당연한 말입니다. 영양 상태가 좋지 않으면 소아기에 더 많은 감염성 질환에 걸리는 경향이 있습니다.[34] 끝으로 덧붙일 말은 성인기의 질병이 단지 생애 초기 환경에만 전적으로 좌우되는 것이 아니라는 점입니다. 환경과 유전자의 상호 관계가 아주 복잡하게 작용합니다.

두 발로 걷는
임산부

인류의 특징이라면, 바로 두 발 걷기입니다. 하지만 공짜로 얻은 것은

---

* 흔한 속설로 프랑스인이 즐겨 마시는 와인의 효과를 이야기하지만, 사실 이는 과학적 근거가 없다. 게다가 와인은 이제 전 세계인이 모두 즐겨 마시고 있지만 눈에 띄는 효과는 보고된 바가 없다.

아니죠. 두 발 걷기가 진화하면서, 그 비용은 주로 허리가 지불했습니다. 네발로 걷는 동물은 휘어진 척추를 가지고 있고 척추는 아래에 매달린 내장기관을 지탱하는 역할을 합니다(임신 시에는 태아까지도 지탱해야 하죠). 하지만 인류의 조상이 서서 걷기로 마음을 먹으면서 척추는 S자 형으로 휘어졌습니다. 다리 위의 모든 신체를 지탱해야 했기 때문입니다. 따라서 두 발 걷기 시 무게 중심은 골반 바로 위에 위치하게 됩니다. 허리 부분의 척추가 앞으로 휘어지는 현상을 흔히 요추 만곡이라고 합니다. 그리고 이렇게 요추를 앞으로 내민 자세를 척추 전만(lordosis)이라고 하죠. 우리 몸의 골격 중에 가장 약한 부분이며, 나이가 들면 거의 모든 사람들이 요통을 앓는 이유입니다.

마지막 3개월 무렵에 이르면 태아는 점점 더 앞으로 튀어나오게 됩니다. 그래서 임산부의 무게 중심도 앞으로 쏠리게 되죠. 하지만 임산부가 네

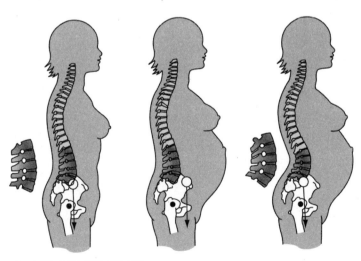

〈그림 4-3〉 임신이 직립 자세에 미치는 영향

발로 걸어야 하는 일은 없습니다. 다행히도 여성의 척추는 이러한 이동이 일어나도 균형을 잡을 수 있습니다. 자연 선택을 통해서 아래쪽 척추, 즉 요추가 보다 가파른 쐐기 모양으로 진화했기 때문입니다. 인류학자 캐서린 휘트컴(Katherine Whitcome) 등은 임신 후반의 여성에 대한 연구를 통해서, 요추의 만곡이 심해지면서 무게 중심을 원래처럼 뒤로 당기기 때문에 임신을 해도 앞으로 넘어지는 일이 없다고 하였습니다.[35] 이러한 일이 가능한 이유는 여성의 요추가 뒤쪽이 보다 좁은 쐐기 모양을 하고 있기 때문입니다(〈그림 4-3〉). 게다가 화석 증거에 의하면, 오스트랄로피테신도 이미 이러한 형태의 척추를 가지고 있었다는 것이 밝혀졌습니다. 즉 그때부터 두 발 걷기를 했다는 뜻이죠. 그러나 허리가 이렇게 앞으로 확 휘어진다는 것은 여성이 요통에 더 많이 시달리고 추간판 탈출증(허리 디스크)도 더 많이 앓는 원인이 되기도 합니다.

임신 중에 경험하는
정신사회적 스트레스

태아기 프로그램화를 일으키는 기전은 무엇일까요? 유력하게 제안되는 기전은 바로 당질 코르티코이드(glucocorticoids)라는 호르몬입니다. 대표적인 당질 코르티코이드는 코티솔(cortisol)인데, 스트레스를 받으면 증가합니다. 과다한 당질 코르티코이드는 저체중 출생과 연관된 여러 성인병과 관련된 것으로 알려져 있습니다. 그래서 유력한 기전으로 제안되고 있죠.[36] 특히 임신 후반에 당질 코르티코이드가 증가하면 대사 기능을 포함한 다양한 신체 기관의 발달에 영향을 미칩니다. 예를 들면 인슐린 저항성,

심혈관 기능, 간과 췌장의 기능 등이죠. 또한 스트레스는 면역 기능을 떨어뜨립니다.[37] 당질 코르티코이드는 뇌 발달에 중요한 역할을 하는 것으로 알려져 있는데 과다해지면 오히려 문제가 됩니다. 특히 태아기처럼 민감한 시기에는 더욱 그렇습니다. 따라서 스트레스, 즉 영양 결핍이 언제 일어나는지에 따라서 태아 신체 발달에 미치는 영향도 다양하게 나타날 수 있습니다. 이에 대해서는 자세하게 살펴보는 것이 필요한데 왜냐하면 당질 코르티코이드는 조산을 막기 위해서 임신 중에 흔히 처방되는 약물이기도 하기 때문입니다.

발달 중인 신체 기관에 미치는 스트레스 호르몬의 영향으로 인해 당연히 생애 후반에 여러 신체적, 정신적 문제가 발생할 수 있습니다. 예를 들면 임신 중 스트레스를 과하게 받으면 아이가 다양한 행동 장애를 겪을 가능성이 높아집니다. 과잉 행동, 인지기능 저하, 불안, 공포 등입니다.[38] 재태 기간 중 태아는 어머니의 스트레스를 고스란히 같이 겪게 됩니다. 다행히도 인간의 뇌는 출생 후에도 계속 발달합니다. 그래서 어머니 몸 안에서 경험한 과다한 스트레스의 부정적 효과를 최소화할 수 있는 기회가 없는 것은 아닙니다.[39]

영양 결핍의 사례와 마찬가지로 임신 중에 스트레스를 많이 겪은 임산부의 아기는 앞으로의 세상도 그럴 것이라고 생각하고 자신의 몸과 마음을 프로그래밍합니다. 즉 과다하게 활성화된 스트레스 반응을 보이게 되는데, 이는 생애 후반의 신체적, 정신적 건강에 안 좋은 영향을 미칩니다. 심혈관 장애에 취약해지고 우울증도 자주 찾아옵니다. 예전에 자궁 내에서 어머니로부터 스트레스를 전달받은 여성은 스트레스에 과민한 성격이 됩니다. 그리고 이 여성이 다시 임신을 하면 그 영향은 다시 대를 이어 내려가게 됩니다. 만약 딸을 낳게 되면 또 이런 성향이 전달됩니다. 임신 중

에 스트레스를 줄이는 '산전 처방'만이 이러한 악순환을 막는 유일한 방법입니다.[40]

정신사회적 스트레스는 임신 관련 합병증을 유발하는 확실한 원인입니다. 하지만 이외에도 지진과 같은 환경적인 스트레스가 임산부에 부정적 영향을 미칠 수 있습니다. 사실 우리 조상들은 주로 이러한 종류의 스트레스를 많이 겪었습니다. 원인을 알 수 없는 지구의 흔들림, 화산 폭발, 쿵쾅거리는 물소 떼의 질주, 사자나 표범의 포효 등이죠. 실제로 1944년 캘리포니아 노스리지 지진 당시, 임신 중이던 여성들에 대한 연구에 의하면, 당시 임신 2기였던 여성들은 임신 3기였던 여성에 비해서 보다 이른 출산을 하는 경향을 보였습니다.[41]

선조들이 살던 과거에는, 건강하고 활기 있는 스트레스 반응을 보이던 여성들이 포식자도 잘 피하고 '진짜' 위험한 상황에서도 잘 살아남았을 것입니다. 당질 코르티코이드가 쭉 솟구치면서 선조들은 목숨을 구했고, 이내 떨어지면서, 선조들은 안도의 한숨을 쉬었겠죠. 그러나 오늘날에는 텔레비전에서 하루에도 여러 번씩 엄청난 스트레스 사건을 보도합니다. 사이렌이 울리고 시끄러운 소음도 계속됩니다. 경제적 궁핍, 사람들의 시선이나 모욕, 부부싸움이나 부모로부터의 꾸지람, 버릇없는 아이들, 심지어는 머릿속에서 만들어낸 두려움까지. 스트레스 반응에 따른 다양한 문제들은 이제 우리의 삶에서 도저히 피할 수 없는 현대 사회의 부산물입니다. 예전에는 분명 순기능이 있었지만 오늘날에는 다양한 신체적, 정신적 문제를 유발하고 있을 뿐이죠.

반면에 어머니나 태아의 건강을 증진시켜주는 스트레스도 있습니다. 적당한 신체적 활동에서 유발되는 스트레스입니다. 진화적인 측면에서 볼 때, 임산부는 모름지기 조용히 앉아서 임신 기간 내내 휴식을 취해야 한다는 의견은 완전히 말도 안 되는 주장입니다. 동시대의 수렵 채집 사회나 혹은 과거 사회에 대한 기록을 종합해보면, 출산 직전까지 임산부의 활동을 줄이거나 바꾼 사례는 없었습니다. 실제로 일을 하는 임산부의 몸속에서도 태아는 아주 편안하게 머무릅니다(스트레스가 너무 과하지만 않으면 말이죠). 그리고 태아는 주변 환경에 귀를 기울이며 마치 학습을 하는 것처럼 보입니다. 적당한 일을 계속한 어머니의 아이들은 출생 후에도 더 잘 지내는 경향을 보입니다. 임산부도 마찬가지입니다. 적당한 일을 계속한 어머니의 컨디션이 더 좋은 경향을 보였고, 진통도 짧고, 산후 합병증도 적었습니다.[42] 물론 건강상에 큰 문제가 있는 임산부에게 무리해서 운동을 권유할 수는 없습니다. 임신했다고 해서 전에 하지 않던 운동을 새로 시작하는 것도 좋지 않습니다. 이전과 비슷한 삶의 방식을 유지하는 것이 바람직합니다.

마지막으로 임산부와 태아가 매일같이 접하는 독소 혹은 유해물질에 의한 스트레스에 대해서 이야기해보겠습니다.[43] 간접흡연을 포함한 흡연, 대기 오염과 수질 오염, 마약이나 혹은 치료용 약물, 알코올, 카페인, 집 안 어디에나 있는 화학물질 등입니다. 주의력결핍 과잉행동 장애의 일부 케이스가 환경 독소 노출과 관련된다는 보고가 있습니다. 임신 중 흡연은 저체중 출생아, 작은 태반, 높은 소아 호흡기 장애와 관련됩니다. 그리고 아기가 성인이 되면 더 높은 흡연율을 보이게 됩니다(또 다른 형태의 태아기 프로그램화인지도 모르죠). 임신 중 알코올 섭취는 태아 알코올 증후군(fetal alcohol syndrome, FAS)을 유발합니다. 회복이 불가능한 신체적, 정신적 이상을 가진 아기가 태어나게 됩니다. 또한 알코올에 노출되면, 출생 후 성장 속도도 느려집니다. 아마 발달 초기에 알코올에 의해 세포 분열이 억제되어 세포의 수가 줄어들었기 때문으로 보입니다. 인류는 비교적 최근에 이르러서야 발효주를 만들어 먹은 것으로 추정됩니다.* 따라서 알코올 섭취가 만연한 현대 사회와 과거 환경에 적응한 몸 사이에 진화적 불일치가 발생하는 것입니다.

분명히 말해서 임신 중에 스트레스를 줄이고 스트레스 요인에 대한 노출을 피하는 것은 아주 좋은 일입니다. 우리의 조상이 끈끈한 사회적 네트워크 안에서 임신 기간을 보냈다는 것을 고려할 때, 사회적 지지가 임산부와 태아의 건강에 얼마나 중요할지 짐작할 수 있습니다. 다음 장에서는 과거 사회에서 출생 시의 사회적 지지가 이후의 어머니와 아기의 삶과 죽음에 어떤 영향을 미쳤는지 살펴보도록 하겠습니다. 출산 시 그리고 출산 후 몇 개월 동안은 옆에서 최대한 도와주어야 한다는 사회적 공감대, 이것은 우리가 조상으로부터 물려받은 소중한 유산입니다.

이 장을 시작할 때 임신 중에 잘못될 수 있는 모든 가능성을 다 언급할 것이라고 하였는데, 실제로 거의 다 이야기한 것 같습니다. 하지만 보통의 임신은 아무 문제없이 잘 진행됩니다. 적절한 수준의 음식을 구할 수 있고, 감염성 질환은 적으며, 상대적으로 스트레스도 적은 환경에서 말입니다. 우리가 지금 여기 있을 수 있는 이유는 우리의 어머니가 임신 초기에 우리를 유산하지 않았기 때문입니다. 즉 우리의 어머니는 비타민과 미네랄을 포함한 충분한 영양소를 공급해주었고, 심각한 입덧도 피해갈 수 있었고, 아마 임신성 당뇨나 자간증도 없었을 것입니다. 물론 임신 중에 임상적 어려움을 겪은 어머니도 있었겠지만, 현대 의학의 도움을 받을 수 있었기 때문에 임신을 지속하고, 결국 건강한 우리를 낳을 수 있었습니다. 우리의 어

---

* 술의 기원을 멀리 수백만 년까지 보는 이른바 구석기 가설이 있지만, 근거가 부족한 편이다. 확실한 술의 기원은 알 수 없지만, 최소한 약 7,000년 전 문명사회가 시작될 때는 음주가 보편적으로 이루어진 것으로 추정된다.

머니들이 수백만 년 전과 비슷한 환경에서 임신하고 출산을 했다면, 이 책을 읽는 독자 중 상당수는 아마 세상에 존재하지 못했을 것입니다.

5장

바깥 세상에
나오신 것을
환영합니다

Ancient Bodies
Modern Lives

앞선 장에서는 주로 무엇이 잘못될 수 있는지에 대해서 이야기했지만 사실 첫 몇 달만 무사히 넘기면 대개의 임신은 무리 없이 끝까지 지속됩니다. 하지만 출산의 순간에서 몇 가지 흥미로운 진화적 트레이드오프의 사례를 확인할 수 있습니다. 가장 대표적인 것이 바로 태아의 머리 크기와 어머니의 골반 크기 간의 타협입니다. 간단히 말하면 좁은 골반이 두 발 걷기에 더 유리합니다. 그러나 태아가 빠져나오기에는 불리하죠. 많은 경우 머리가 큰 아기들은 문화적 혹은 의학적 도움을 받아야만 세상에 나올 수 있습니다.

두 발 걷기와 출생

두 발 걷기보다 인류의 진화사에 중대한 영향을 미친 사건은 없습니다. 두 발 걷기는 인간만이 가진 다양한 형질, 예를 들면 커진 뇌와 향상된 지능, 도구의 제작과 사용, 사냥, 대단히 의존적인 신생아, 육식 위주의 식생활, 에너지 효율성의 증가 등과 깊은 관련이 있습니다. 두 발 걷기의 '원동력'이 무엇인지는 몰라도, 아무튼 이런 흔하지 않은 이동 방법을 진화시키기 위해 일어난 우리 몸의 해부학적 변화는 아주 중대한 결과를 낳았습니다. 아기가 어머니의 몸을 빠져나오는 통로의 모양이 변한 것입니다.

두 발 걷기로 인해서 나타난 수많은 해부학적 변화를 모두 설명할 수는 없습니다. 그러나 몇 가지 중요한 내용은 알아두는 편이 좋겠습니다. 〈그림 5-1〉에서 네발 걷기를 하는 동물과 두 발 걷기를 하는 동물의 골반을 비교하였습니다. 두 발 걷기를 하면 산도, 즉 아기가 나오는 통로가 좁아지고 좌골극,* 즉 궁둥뼈의 가시(isisch spine)가 더 튀어나오게 됩니다.[1] 호미닌은 천골,† 즉 엉치뼈도 넓기 때문에 상체를 보다 강력하고 튼튼하게 지지할 수 있습니다. 엉치뼈의 윗부분, 즉 엉치곶은 앞의 산도 쪽으로 튀어나오기 때문에 전방의 산도 직경과 뒷부분을 좁히게 됩니다.[2] 말하자면 산도, 즉 아이가 나오는 통로는 네발 동물의 '얕은 뼈 고리'에서 두 발 걷기를 하는 인간의 '깊게 휜 대롱' 모양으로 바뀐 것입니다.[3] 또한 몸의 균형을 보다 잘 잡고 성공적인 보행을 하기 위해서 다양한 근육도 같이 변하게 되었습니다.

인간의 남성과 여성은 신체적으로 아주 다릅니다. 이를 성적 이형성(sexual dimorphism)이라고 하죠. 일단 몸 크기부터 차이가 납니다. 유방이나 엉덩이, 수염과 같은 2차 성징의 결과도 다르고, 체지방과 근육의 분포 양상도 다릅니다. 그러나 뼈만 연구하는 골학자(骨學子)에게 가장 분명한 차이는 바로 골반입니다(〈그림 5-1〉). 골반의 모양은 이동을 위해서 최

---

* 좌골, 즉 궁둥뼈는 골반의 아랫부분을 구성하는 뼈이다. 앉은 상태에서 바닥에 닿는 부분이다.
† 천골은 골반의 뒷부분을 구성하는 뼈로 요추 아래의 천추 5개가 융합하여 만들어진다.

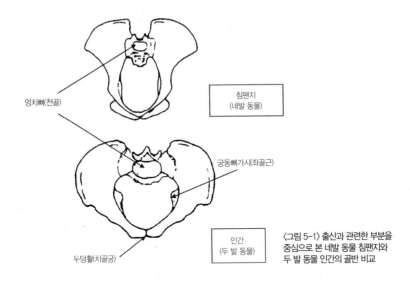

엉치뼈(천골)

침팬지
(네발 동물)

궁둥뼈가시(좌골극)

인간
(두 발 동물)

두덩활(치골궁)

〈그림 5-1〉 출산과 관련한 부분을
중심으로 본 네발 동물 침팬지와
두 발 동물 인간의 골반 비교

적화되어 있습니다. 그러나 여성에게는 이동 외에도 출산이라는 또 다른 임무가 있기 때문에 남성의 골반과 다른 모양을 하고 있습니다. 일반적으로 말해서 효과적인 두 발 걷기를 하려면 골반이 좁아야 합니다. 하지만 성공적인 출산을 위해서는 골반이 넓어야 합니다. 여성의 골반은 이러한 두 가지 상반된 목적을 달성해야 하기 때문에 그 사이에서 적당한 타협을 했습니다. 여성은 남성만큼 잘 달리지 못합니다(아마 세계 최고의 육상 선수는 영원히 남성의 몫일 것입니다). 또한 여성은 침팬지만큼 아기를 잘 낳지 못합니다. 진화적인 측면에서 여성은 머리가 큰 아기를 낳기 위해서 빨리 달릴 수 있는 능력을 포기했다고 할 수 있습니다.

언뜻 생각해보면 큰 희생 같지는 않습니다. 좁은 골반으로 아기를 낳다가 죽는 것보다는 조금 느리게 뛰는 것이 뭐 대수일까 싶죠. 그런데 왜 여성은 더욱 큰 골반을 가지려고 하지 않았을까요? 다른 육식 동물의 포식을 피하려는 목적이라고 생각할 수 있습니다만, 아마 그리 큰 선택압이 되지는 못했을 것으로 보입니다. 빨리 달리는 남성이라고 해도 사자나 호랑이보다는 훨씬 느립니다. 사실 더 좋은 체형을 가진 여성이 두 발 걷기도 잘하고 더 건강합니다. 과거의 선조들에게 일생 동안 아기를 임신하는 기간이 길었는지 혹은 아기를 안고 다니는 기간이 길었는지 비교해서 생각하면, 효과적인 두 발 걷기가 여성에게도 큰 이득이 된 이유를 알 수 있습니다.[4] 임신 후반이나 출산 초기 육아 기간 동안에는 여성의 에너지 요구량이 크게 증가합니다. 따라서 효과적인 두 발 걷기를 하는 여성이 훨씬 유리해집니다. 이동 시에 에너지를 절약해주는 효과적인 골반의 모양과 머리가 큰 아기를 잘 밀어 낳을 수 있는 골반의 모양 사이에서 절묘한 타협점을 찾은 것이, 현재 여성의 골반 모양입니다.

골학자들은 어떻게 골반의 성별을 구분할 수 있을까요? 여성의 골반은 치골궁, 즉 두덩활 아래 부분의 각도가 더 크고 더 오목합니다. 산도는 전후좌우로 더 넓습니다. 골반골은 옆으로 더 퍼져 있고, 천골(엉치뼈의 윗부분), 즉 엉치곳은 산도 쪽으로 덜 튀어나왔으며 약간 더 넓적하고 평평합니다. 물론 이러한 특징은 여성에 따라 아주 다릅니다. 전체 몸의 크기나 활동 수준, 성장기 동안의 식생활이나 건강 수준에 따라 상이하죠. 하지만 이런 특징이 두드러지는 사람은 보다 여성적인 몸매를 가진 사람입니다. 산도가 넓고 아기를 잘 낳을 수 있기 때문이죠.

산부인과 의사인 모리스 아빗볼(Maurice Abitbol)에 따르면 인간 골반의 특징들이 바로 침팬지와 인간을 구분해줄 뿐 아니라 남성과 여성을 구분해줍니다.[5] 그리고 두 발 걷기를 가능하게 해주었을 뿐 아니라, 보다 큰 뇌(대뇌화)도 주었습니다. 인류 진화사의 측면에서 초기 호미닌, 즉 오스트랄로피테신의 골반은 두 발 걷기에 적응했고, 보다 최근의 호미닌, 즉 호모

속의 골반은 큰 뇌를 가진 아기의 출산에 적응했다고 할 수 있습니다.[6]

남성과 여성의 골반 차이, 혹은 네발 동물과 두 발 동물의 골반 차이도 중요하지만, 무시해서는 안 되는 것이 있습니다. 같은 여성이라고 해도, 골반 모양이나 크기의 차이가 상당하다는 것입니다. 최근 적절한 영양 및 양호한 보건 체계가 갖춰진 좋은 환경에서 자란 여성들에 대한 의학적 연구가 있었습니다.[7] 이렇게 건강하게 성장한 여성의 골반은 역시 아기를 낳기 적합한 형태로 발달했습니다. 반면에 열악한 영양 및 불량한 보건 체계 하에서 성장한 여성의 골반은 그렇지 못했습니다. 또한 키가 큰 여성일수록 출산에 적합한 골반을 가지고 있었고, 키가 작은 여성은 아두 골반 부적합(cephalopelvic disproportion, CPD)이 흔했습니다.[8] 머리가 골반을 빠져나오지 못하는 것입니다. 물론 유전적인 영향으로 키가 작을 수도 있지만, 영양 결핍이나 어린 시절 질병이 저신장의 더 중요한 원인입니다(남성의 골반도 물론 변이가 심한데, 역시 영양이나 보건 요인에 좌우됩니다).

과거의 출산

화석화된 초기 호미닌의 골격을 조사하면 언제 그리고 어떻게 두 발 걷기가 진화했는지 알 수 있습니다. 오스트랄로피테신과 같은 가장 초기 인류의 골반은 별로 남아 있지 않지만, 그래도 거의 완전한 형태의 골반골 두 개를 얻을 수 있었습니다. 운 좋게도 두 개 모두 여성의 골반이었죠.

골반의 주요한 변화는 인류의 조상과 침팬지의 조상이 갈라지던 약 500~700만 년 전부터 시작되었습니다. 영장류의 신생아 두개골 크기와 골반 크기는 서로 비례하는 경향이 있습니다. 과도하게 여유 있는 골반을 가질 이유가 없기 때문이죠. 따라서 어떤 영장류도 '쉽게' 새끼를 낳는다고 할 수 없습니다. 〈그림 5-2〉를 보면 상당수의 영장류, 특히 긴코원숭이나

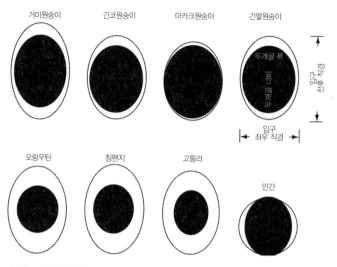

거미원숭이　긴코원숭이　마카크원숭이　긴팔원숭이

두개골 폭

입구 전후 직경

입구 좌우 직경

오랑우탄　침팬지　고릴라

인간

〈그림 5-2〉 몇몇 영장류의 골반 입구(바깥쪽 원)와 신생아 머리(안쪽 검은 원)

마카크원숭이, 긴팔원숭이 등에서 골반 크기는 새끼 두개골이 지나가기에 상당히 빠듯한 수준입니다.[9] 그리고 두 발 걷기가 시작되면서 골반의 입구와 출구 사이의 3차원적 구조가 변하게 되었고, 출산은 더욱 어려운 일이 되었습니다. 네발 영장류의 산도, 즉 새끼가 나오는 통로는 앞뒤도 더 넓습니다. 그런데 두 발 걷기를 하면서 산도 중간이 '비틀어'졌습니다. 그래서 산도의 입구는 좌우로 더 넓어졌고, 출구는 앞뒤로 넓은 모양을 가지게 되었습니다. 아주 빠듯한 통로를 빠져나와야 하므로 인간의 아기는 얼굴을 옆으로 집어넣은 후에, 다시 중간에 고개를 90도 돌려서 앞뒤로 나란히 맞추어야 합니다.[10] 좀 더 알기 쉽게 설명해보겠습니다. 일단 주먹을 쥐어보십시오. 좌우(엄지부터 새끼손가락까지)가 앞뒤보다 더 넓죠. 그리고 중간이 90도 비틀어진 타원형의 터널을 상상해보십시오. 그 터널에 주먹을 쥐어 통과시키려면 중간에 한번 팔을 돌려주어야 합니다. 아기의 머리가 이런 방법으로 어머니의 산도를 통과합니다.

하지만 아기의 머리가 지나갔다고 해서 끝나는 것이 아닙니다. 머리가 먼저 나오면 그 뒤에 어깨가 기다리고 있습니다.[11] 원숭이의 어깨는 좁기 때문에(네발로 뛰기 위한 적응이죠) 산도를 지나갈 때 살짝 움츠리면 충분합니다. 그러나 인간의 어깨는 넓은데다가 그리 유연하지도 않습니다. 머리의 장축, 즉 긴 부분을 골반의 출구와 나란히 한 후에, 다시 몸을 돌려서 어깨를 좌우 축에 맞추어 산도에 들어올 수 있도록 해야 합니다. 머리가 나오면 또 어깨를 돌려서 다시 전후 축에 맞추어야 하죠. 그래서 큰 아기들은 가끔 어깨가 골반에 걸려서 나오지 못하는 이른바 견갑 난산(shoulder dystocia)에 빠집니다. 대단히 위험한 상황입니다. 물론 과거에는 아주 흔하지는 않았을 것으로 추정됩니다. 예전에는 아기들이 그리 크지 않았기 때문이죠. 출산 합병증에 대해서는 뒤에서 다시 다루겠습니다.[12]

게다가 인류는 두 발 걷기를 위해서 천골갑각, 즉 엉치곶 부분이 앞으로 튀어나오도록 진화했습니다. 따라서 어머니의 골반은 뒤보다 앞부분에 여유가 더 많습니다. 아기의 머리는 뒷부분이 가장 넓기 때문에 보통 아기의 얼굴이 어머니의 등을 향한 상태에서 출산이 시작됩니다. 일반적인 출산 장면을 상상해보십시오. 아마 산모는 분만대나 침대에 등을 대고 누워 있을 것입니다. 즉 출산 시 아기의 얼굴은 천장이 아니라 바닥을 바라본 상태라는 것입니다. 어떤 조산사는 이 상황을 "서니 사이드 업"(sunny side up)* 이라고 불렀습니다. 그러나 네발 걷기를 하는 영장류의 경우, 뒤통수가 어미 산도의 뒷부분에 닿은 자세를 취합니다. 그 자세에서 바로 산도를 거쳐 밖으로 나옵니다. 어미 몸의 앞부분을 보도록 머리가 돌아가거나 하는

---

* 윗부분에 익히지 않은 노른자가 남도록 아랫부분만 익힌 계란 프라이.

〈그림 5-3〉 원숭이 새끼의 출산과 어미의
반응

일은 없습니다. 그래서 영장류나 원숭이는 출산을 할 때, 몸을 아래로 낮추
어 몸의 윤곽을 따라 새끼가 나올 수 있도록 도와줍니다(〈그림 5-3〉).

　그러나 인간의 경우, 몸 뒤로 손이 닿지도 않습니다. 물론 두 다리 사이
에 앞으로 손을 넣어 아기를 당긴다는 것도 역시 무리입니다. 자칫하면 아
기를 너무 꺾어서 신경이나 근육이 손상될 수도 있습니다(〈그림 5-4〉). 출
생 시에 아기의 얼굴이 어머니의 등을 향하게 된 것이 바로 출산 시에 다
른 사람의 도움이 필요한 원인일지도 모릅니다.[13] 출산 시 다른 사람의 도
움을 받는 것은 거의 인류 보편의 현상입니다. 대부분의 포유류나 영장류
에서 출산은 단독 작업입니다. 거의 암컷 혼자서 새끼를 낳습니다. 하지만
인간의 여성은 거의 모든 문화권에서 다른 사람의 도움을 받아 출산합니
다. 물론 혼자서 아기를 낳는 것이 전혀 불가능한 것은 아닙니다. 하지만

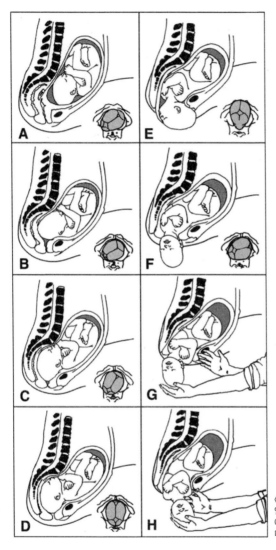

<그림 5-4> 두 발 걷기를 하는 인간의 골반을 빠져나오는 태아. 이런 방식의 출산 과정에는 다른 이의 도움이 필요하다.

저와 동료 인류학자 카렌 로젠버그(Karen Rosenberg)는 인류가 진화의 역사를 거치면서 다른 사람의 도움을 받아 출산을 했고, 도움을 받은 출산

이 혼자 행하는 출산보다 더 많은 아기를 살릴 수 있었을 것이라고 생각합니다.[14] 아주 작은 차이라고 하더라도 수백 세대가 지나면 거의 보편적인 출산 관행으로 자리 잡을 수 있습니다.

물론 원시시대의 선조들이 주산기 사망에 대한 의학적 위험성을 미리 예견하여 의식적으로 다른 이의 도움을 청하지는 않았을 것입니다. 아마 진통과 분만의 불확실성, 그리고 동반된 막연한 불안 때문에 정서적 지지를 해줄 누군가를 찾았겠죠. 인류 진화사를 통틀어서 이러한 종류의 도움은 주로 친구나 가족들이 제공했습니다. 물론 거의 여자들이죠. 이들 여성은 전문적인 산파 기술을 가지고 있지 않았지만 산모와 아기를 돌볼 수 있었을 것입니다. 곁에 있어주는 것만으로도 정서적 스트레스를 줄여줄 수 있었을 테죠.

그러나 오늘날의 출산 풍경은 과거와 달라졌습니다. 많은 여성들이 낯선 환경에서 출산을 합니다. 주로 병원이나 조산소입니다. 모르는 사람에 둘러싸여 있고 정서적인 지지도 충분하지 않습니다. 진통에 대한 두려움과 불안은 종종 문제(진화 의학 용어로는 '결함')로 간주되어, 의학적으로 다루어집니다. 예를 들면 말로 위안하기보다는 진통제를 투여하는 식이죠. 하지만 산모의 두려움과 불안은 주변 사람의 도움을 청하는 '방어'일 수 있습니다. 이를 통해서 합병증의 발생률이나 심지어는 사망률도 줄일 수 있죠. 물론 불안이나 공포가 지나치게 심해지면, 의학적인 접근이 필요합니다. 그러나 대개는 가까운 사람이 같이 있어주는 것만으로도 병적 불안이 발생하는 것을 막을 수 있습니다.

진화적인 측면에서 분만을 앞둔 여성의 불안은 조상에게 물려받은 유익한 유산입니다. 랜디 네스(Randy Nesse)의 말처럼, 출산에 대한 "안 좋은 느낌이 주는 좋은 점"은 번식 성공률을 높여준다는 것입니다.[15] 다시 말해서 혼자 아기를 낳는 것을 꺼려한 여성들이, 더 건강하고 많은 자식을 낳을 수 있었다는 것이죠. 출산을 앞둔 산모가 용감해봐야 별로 얻을 것이 없습니다.

출생 시 뇌의
크기

두 발 걷기에 의해 골반의 크기가 작아지자, 또 다른 문제가 생겼습니다. 바로 신생아 두개골의 크기가 어느 정도 이상 커질 수 없게 된 것입니다. 이는 인간 진화의 거대한 방향, 즉 뇌의 크기가 커지도록 선택된 것과는 정반대의 상황입니다. 어쩔 수 없이 타협을 해야 했습니다. 이를 산부인과 의사 필립 스티어(Philip Steer)는 "걷기와 생각하기 간의 갈등"이라고 했습니다.[16] 더 큰 뇌를 가진 아기를 낳으려면 여성은 두 발 걷기의 효율성을 포기해야만 합니다. 현대 사회라면 가능했을지도 모릅니다. 활동량도 적고 교통수단도 많으니까요. 하지만 늘 먼 거리를 다니며 식량과 신생아를 옮겨야 했던, 우리의 조상에게는 선택적 손해를 유발했을 것입니다. 그래서 여성은 도저히 비효율적인 두 발 걷기를 선택할 수는 없었습니다. 이를 해결하는 유일한 방법은 출생 이후까지 아기의 두뇌 발달을 미루는 것뿐입니다.

대부분의 포유류에서 두뇌 발달의 거의 절반은 이미 출생 시에 달성됩니다. 이와 달리 영장류 대부분은 출생 시 두뇌 발달 수준이 절반에 훨씬 못 미칩니다. 과거 호미닌의 신생아 화석이 발견되지는 않았지만, 인류학자 제러미 드 실바(Jeremy De Silva)와 줄리 레스닉(Julie Lesnik)은 화석화된 성인의 두개강 크기와 현대 영장류의 신생아 및 성인의 뇌 용적에 대한 통계적 데이터를 종합해서, 과거 호미닌의 신생아 두개 크기를 추정했습니다.[17] 그 결과 현대인의 신생아 두뇌 크기는 우리와 비슷한 크기의 영장류 새끼 두뇌 크기와 '정확히' 일치했습니다. 즉 출생 당시에는 인간의 뇌가 그리 큰 편은 아니라는 것이죠. 인간이 가진 엄청난 크기의 뇌는 전부 출생 이후에 발달한 것입니다. 출생 시 이미 달성된 뇌 크기의 비율은 오스트랄로피테신에서 현대 인류로 진화하면서 점점 낮아졌습니다. 성인 뇌의 크기가 점점 커지면서 일어난 일입니다.

출생 이후에 대부분의 뇌 발달이 이루어진다는 사실은 어머니와 아기에게 서로 다른 두 가지 의미로 다가옵니다. 일단 어머니는 출산 이후에 오히려 더 많은 에너지를 자식에게 투자해야 합니다. 임신 중에는 하루에 약 300칼로리가 더 필요하지만, 수유 중에는 하루에 500칼로리의 추가 에너지가 필요합니다. 이렇게 의존적인, 즉 연약한 아기가 살아남으려면, 출산 후 수개월 동안은 부모의 전적인 보살핌이 필요합니다. 독립적인 기능을 하는 데 필요한 신경계 발달이 이루어지는 몇 달 동안입니다.

지연된 뇌 발달이라는 전략을 통해서 인간의 아기는 좁은 두 발 걷기용 골반을 빠져나올 수 있었습니다. 크기 외에도 미성숙한 태아의 뇌는 출산 시에 다른 유리한 점이 있습니다. 바로 두개골판이 완전히 유합되지 않았기 때문에 서로 겹쳐질 수 있다는 것입니다. 분만 시 머리가 수직을 향하는 시점에 두개골판이 서로 겹치는 현상이 일어납니다. 그리고 어머니의 양쪽 골반을 붙여주는 인대도 분만 중에 느슨해집니다. 릴락신(relaxin)이라는 호르몬 덕택입니다. 네발 걷기를 하는 원숭이는 인간보다 더 많이 느슨해집니다. 그래서 다소 좁은 산도로도 큰 머리를 가진 새끼가 쉽게 나올 수 있죠. 그러나 인간은 다릅니다. 출산 시에 골반이 너무 느슨해지면, 나중에 두 발로 걸을 수가 없습니다. 그래서 릴락신에도 불구하고 인간의 골반은 약간만 이완됩니다.[18]

그런데 만약 사춘기가 지나자마자 출산을 하면, 두 개의 치골, 즉 두덩

뼈가 아직 서로 단단히 붙어 있지 않기 때문에 더 쉽게 아기를 낳을 수 있습니다. 마치 다른 영장류처럼 말입니다. 즉 다른 뼈가 성장을 멈춘 한참 후에도 골반골이 더 자랄 수 있다는 뜻입니다. 실제로 치골의 유합은 30대 초반까지는 일어나지 않습니다.[19] 반면 오스트랄로피테신은 이러한 늦은 치골 유합 현상이 없었던 것으로 보이는데, 이는 골반골의 느린 발달과 성장이 두 발 걷기를 위한 적응이 아니라, 큰 뇌를 가진 아기의 출산을 위한 적응이라는 의미입니다.

지금까지 신생아의 뇌가 덜 성숙한 이유가 두 발 걷기를 위해 진화한 골반을 빠져나가기 위한 적응이었다는 것을 자세히 다루었습니다. 분명 이러한 기전도 중요한 역할을 했겠지만, 덜 성숙한 채로 태어나 얻게 된 부수적인 이득은 수없이 많습니다. 가장 중요한 이득은 뇌가 아직 발달하는 중에 학습되는 언어입니다.[20] 일반적으로 덜 발달한 뇌는 더 많은 인지적 유연성을 가지게 됩니다.[21] 신생아의 형편없는 운동 기능은 물론 처음에는 큰 손해입니다. 어머니가 늘 안거나 업고 다녀야 합니다. 하지만 복잡한 인지 및 사회적 기술을 익히기 위해서는 물렁물렁한 뇌가 제격입니다. 물론 태교가 중요하지 않다는 것은 아닙니다만, 신생아의 뇌는 자궁 밖의 세상에서 신나는 경험을 더 많이 하고 또 더 많은 것을 배웁니다.

두 발 걷기의
의학적 결과

들어가는 글에서 이야기한 것처럼, 두 발 걷기의 의학적 결과는 경도의 요통에서 골반 장기 탈출증에 이르기까지 아주 다양합니다. 하지만 그 어떤 문제도 출산과 관련된 문제에 견줄 수 없습니다. 불과 500년 전만 해도 여성들이 죽는 가장 큰 이유 중 하나가 바로 출산이었습니다. 물론 이는 강력한 자연 선택의 원동력이 되기도 했지만, 어쨌든 출산 관련 합병증은 두 발 걷기가 낳은 가장 비극적인 의학적 결과라고 할 수 있습니다. 두 발 걷기용 골반과 큰 뇌 사이의 심각한 갈등이 없었다면 아마 산과 의사나 조산사(산파) 같은 직업도 세상에 없었을 것입니다.

골반 장기 탈출증

출산의 통로라는 기능 외에도 두 발로 서 있는 인간의 골반 바닥은 내장기관을 담는 '그릇'의 역할을 합니다. 네발 동물은 강력한 복벽 근육이 내장기관을 담고 있을 뿐 아니라 서 있거나 움직일 때는 척추가 이들을 매달고 있게 됩니다. 인간의 좌골, 즉 궁둥뼈는 안전한 출산에 방해가 되기도 합니다만, 골반 바닥에 수평으로 튀어나와 장기를 받치는 역할을 합니다. 안타깝게도 골반 바닥의 평평한 위치가 종종 골반 장기 탈출증(Pelvic Organ Prolapse, POP)이라는 문제를 일으키기도 합니다.[22] 좌골극, 즉 궁둥뼈 가시는 진화적 트레이드오프의 또 다른 예라고 할 수 있습니다. 한편으로는 근육과 인대를 잘 붙잡아서 내장기관을 떠받쳐야 하지만, 다른 한편으로는 산도로 튀어나와 분만을 방해하기도 하는 것이죠.[23] 다시 말해서 궁둥뼈 가시와 회음부, 즉 살 부위의 근육은 "뭔가를 밀어내기보다는 안으로 붙잡아두기 위해" 진화했다고 할 수 있습니다.[24]

골반 장기 탈출증은 남성보다 여성에게 훨씬 흔합니다. 출산 시에 골반문이 열리기 때문이죠. 여러 번 출산을 한 고령의 여성에게 더 흔합니다. 골반 바닥이 약해지거나 손상되어 더 이상 내장기관을 떠받칠 수 없으면 탈출증이 일어납니다. 그 주범은 바로 출산 시에 과다하게 늘어난 항문 올림근입니다. 이 근육은 원래 과거에는 꼬리를 흔드는 역할을 했는데, 호미닌에서는 골반 바닥을 지탱하는 역할을 합니다.[25] 무거운 것을 들거나 장기간의 기침, 압박 등을 받으면 약해집니다. 골반 바닥 탈출증은 생명을 위협하는 질병은 아니지만, 아프고 불편할 뿐 아니라 종종 수술도 필요합니다. 성 기능에도 영향을 미치죠. 최근 미국의 연구에 의하면 거의 4분의 1의 여성이 이러한 골반 바닥 장애를 앓고 있다고 합니다.[26]

진화적 트레이드오프의 또 다른 예는 바로 골반 입구의 크기입니다. 넓은 골반 입구와 짧은 산도를 가진 여성은 아기를 쉽게 낳지만, 그에 상응해 위험도 커지게 됩니다.[27] 골반 입구가 아주 넓은 여성, 즉 의학적으로 납작골반(platypelloid pelvis)을 가진 여성은, 좁은 입구를 가진 여성, 즉 유인원형 골반(anthropoid pelvis)을 가진 여성에 비해서 골반 바닥 장애의 위험성이 더 높습니다.[28]

두 발 걷기를 하면서 골반 바닥이 방광이나 직장 등의 골반 장기를 떠받치게 되었습니다. 하지만 퇴화한 것도 있습니다. 사실 골반 뼈의 고리 자체가 좁으면 큰 문제가 없습니다. 그러나 그럴 수 없다 보니 튼튼한 결합조직, 즉 인대 등이 그 역할을 대신하게 되었습니다. 그러면서 원래 자리를 차지하고 있던 근육이 점점 밀려나게 되었습니다. 그런데 골반 바닥의 근육의 역할은 방광과 직장 조임근(괄약근)을 조이는 것입니다. 따라서 두발 걷기를 시작한 인류는 "보다 정교한 장기 출구 조절"을 해야만 했습니다.[29] 간단히 말해서 네발 동물에서는 단지 꼬리를 움직이는 기능을 했던 골반 바닥이 이제는 체중을 지탱하고 조임근을 조절하는 기능을 맡게 된 것입니다.[30] 물론 변비, 실금, 치핵, 탈장의 책임을 두 발 걷기에 모두 떠안기는 것은 약간 억울할 수도 있겠습니다.[31]

게다가 임신 중에는 상대적으로 좁은 골반강에 자궁과 태아까지 떠맡

아야 합니다. 태아가 아직 작은 초기 임신에는 큰 문제가 안 됩니다만, 몸집이 커진 임신 후기에는 큰 문제가 됩니다. 태아가 좁은 골반강에서 '흘러넘쳐' 복강까지 차지하게 되는 것입니다. 복강은 아주 단단하기 때문에 잘 늘어나지 않습니다. 그래서 태아는 어느 정도 이상 커질 수 없게 됩니다. 다태 임신, 즉 쌍둥이나 세쌍둥이를 임신하면 흔히 조산으로 이어지는 이유입니다. 복강이 두세 명의 태아의 성장을 끝까지 받아줄 만큼 신축성이 뛰어나지 않기 때문이죠. 임신 중 복강 안에서 크게 자란 태아는 혈관에 압력을 가하게 됩니다. 이는 어머니와 아기의 생명에 큰 위협이 될 수 있습니다. 특히 아기가 복강으로 올라오면서 어머니의 무게 중심이 바뀌게 됩니다. 걷거나 서는 것이 어려워집니다.[32] 물론 네발 동물은 태아가 어미의 네발 사이에서 균형을 잡고 있으므로 큰 문제가 안 됩니다. 즉 두 발 걷기는 출산을 어렵게 했을 뿐 아니라 이미 임신 후기부터 다양한 문제를 일으키는 것입니다.[33]

제왕절개

두 발 걷기로 인한 신체의 변화로 인해 일부 여성은 제왕절개를 통해 아기를 낳아야 합니다. 앞서 말한 대로 출산을 둘러싼 어머니와 아기의 이해관계는 상충되는 면이 있습니다. 아기 입장에서는 몸집이 크면 클수록 좋습니다. 그러나 너무 커지면 출산이 어려워지는데, 어머니와 아기, 모두의 생명을 위협할 수 있죠. 이건 어머니도 마찬가지입니다. 가능한 한 큰 아기를 낳고 싶겠지만, 너무 커지면 안 됩니다. 건강 선진국 기준으로 주산기, 즉 출산 전후 생존율을 최대화하는 체중은 약 3.8~4.2킬로그램입니다.[34] 출산을 쉽게 하는 아기의 체중 같은 데이터는 조사된 적이 없지만, 아마 작으면 작을수록 쉽게 낳을 수 있을 것입니다. 물론 어머니의 번식 성공률은 아기를 쉽게 낳는 것에 달린 것이 아니라 건강한 아기를 낳는 것에 달려 있습니다. 실제로 신생아 평균 체중은 앞서 말한 생존율 최적 체중보다 더 적습니다.[35] 즉 어머니의 요구와 아기의 요구가 타협한 결과라는 뜻이죠. 과거에는 어머니가 죽어버리면 아기도 살 길이 막막해졌을 것입니다. 그래서 최적 체중보다 조금 작은 아기가 자신 및 어머니의 생존 가능성을 최대화했을 것입니다. 다시 말해서 아기가 약간 손해를 보고 어머니가 이보다 조금 더 손해 보는 수준에서 타협이 이루어졌을 것입니다.*

태아의 몸집이 너무 크면 종종 제왕절개를 통해 출산을 합니다. 제왕절개는 신생아의 생존확률을 높여주지만, 어머니는 얻는 것이 별로 없습니다. 보통 제왕절개의 위험성이 질식 분만의 위험성을 상회하기 때문입니다. 물론 제왕절개를 할 수 없었던 과거에는 아마 어머니와 아기가 모두 죽었을 것입니다.

진화적 안정 선택(stabilizing selection)의 전형적인 예가 바로 신생아 출생 시 체중입니다. 너무 무거워도 안 되고 너무 가벼워도 불리합니다. 그래서 자연 선택을 통해 신생아 체중은 약 2.5~5.0킬로그램 사이로 안정화되었습니다. 그러나 의학 기술의 개가 덕분에 이러한 한계로부터 벗어날 수 있게 되었습니다. 현대 의학 기술을 통해서 초저체중 출생아도 살릴 수 있을 뿐 아니라 과체중 출생아도 제왕절개를 통해 분만할 수 있습니다. 따라서 전반적인 보건 및 식이의 개선, 그리고 수술적 분만이 가능한 국가에서 점점 평균 출생체중이 증가하고 있는 것은 놀랄 일이 아닙니다.

실제로 미국에서 지난 18년간 출생체중 평균은 약 40그램, 즉 1.2%

---

* 진화생태학적 입장에 따르면, 더 손해 보거나 덜 손해 보는 식의 개념은 있을 수 없다. 그러나 진화의 속도와 환경 변화의 속도가 일치하지 않기 때문에, 개체 수준에서는 일시적으로 소위 '더 손해를 보거나' 혹은 '덜 손해를 보는' 식의 일이 일어날 수 있다.

가 증가했습니다. 국가 통계에 의하면, 1960년대부터 1997년 사이에 3.5~3.9킬로그램 사이의 아기는 2%, 4.0~4.9킬로그램 사이의 아기는 1%가 늘어났습니다.[36] 이는 너무 큰 아기를 분만할 때 생기는 위험이 제왕절개를 통해 제거되면서 아기의 체중이 최적화되고 있는 과정이라고 할 수 있습니다. 아마 이런 추세가 계속된다면 모든 아기는 제왕절개를 통해 낳게 될 것입니다.[37] 예를 들어 영국 불독(English bulldog)은 쪼그린 몸통과 큰 머리를 가지고 있는데, 이 때문에 거의 모든 새끼를 제왕절개를 통해서 출산해야만 합니다.

제왕절개 비율은 전 세계적으로 늘고 있는 추세입니다(미국 29%, 영국 23%, 캐나다 22%, 브라질 32~70%, 호주 23%, 이탈리아 및 대만 35%, 칠레 40%).* 많은 연구자들은 10~15% 정도의 제왕절개 비율이 '예상할 수 있는' 수준이며 세계보건기구의 권고도 이와 비슷합니다. 제왕절개의 위험 요인은 작은 키, 비만, 협소 골반(주로 성장기의 영양 공급 부족에 의한 것입니다) 및 감염 등입니다. 말하자면 이른바 '자연적인' 제왕절개 비율이 성장기의 영양 결핍 혹은 성인기의 비만 등으로 인해서 부풀려지고 있을 가능성이 높습니다. 예를 들어 서호주 통계에 의하면 160센티미터보다 작은 여성은 164센티미터 이상의 여성보다 네 배나 더 많이 제왕절개를 받습니다.[38] 체질량지수(BMI)†가 30이 넘는 여성은 20 이하인 여성에 비해서 제왕절개

---

* 한국의 제왕절개율은 약 30~40% 수준이다. 제왕절개 증가율이 가장 높은 나라는 중국으로 절반 이상의 임산부가 제왕절개로 아기를 낳는다.

† 체질량 지수(Body Mass Index, BMI)는 인간의 비만도를 나타내는 지수로, 체중과 키의 관계로 계산된다. 키가 t미터, 체중이 w킬로그램일 때, BMI는 t/w^2이다. 한국에서는 25 이상은 비만, 18.5 미만은 저체중으로 간주한다. 세계보건기구에서는 30 이상을 비만으로 정의한다. 체질량 지수는 체지방량과 근육량을 구분하지 못하고, 키가 클수록 더 엄격해지는 경향이 있어서 완벽한 비만도 평가 방법은 아니다. 하지만 간편하기 때문에 널리 쓰이고 있다.

비율이 세 배나 됩니다.[39] 비만한 여성은 비만한 아기를 낳는 경향이 있기 때문에 제왕절개 비율이 높아지는 것입니다. 또한 산모의 연령도 '자연적인' 제왕절개 비율 증가와 관련이 있습니다. 전반적으로 높은 제왕절개 비율을 보이는 나라에서 여성의 출산 연령도 높은 경향을 보입니다.[40]

물론 제왕절개는 위험한 수술입니다. 이로 인해 죽는 사람도 있습니다 (네덜란드에서 진행한 연구에 의하면, 질식 분만에 비해서 사망률이 무려 7배에 달했습니다). 출혈, 폐색전증, 패혈증, 마취 합병증 등도 일어납니다.[41] 회복 기간이 늘어나기 때문에 수유가 어렵고 모아 애착에도 좋지 않습니다. 제왕절개는 또한 향후의 수태력에도 영향을 줍니다. 예를 들면 제왕절개 이후의 임신은 사산(死産)이 증가한다는 보고가 있습니다. 태반 문제가 쉽게 생기기 때문입니다.[42] 또한 한번 제왕절개를 하면, 다음 출산 시에도 대개는 제왕절개를 해야 합니다. 다른 문제가 없더라도 말이죠.* 게다가 아두골반 부적합이나 자궁 기능 부전으로 인해 제왕절개를 한 경우에는 산모의 딸도 역시 비슷한 이유로 제왕절개를 하는 비율이 높습니다.[43] 어머니-태아 갈등 이론에 의하면, 큰 아기일수록 어머니로부터 많은 자원을 가져가기 때문에 후속 출산이 어려워질 수 있습니다.

제왕절개는 아기에게도 다양한 문제를 유발합니다. 생후 초기에 호흡 장애나 수면 곤란의 발생률이 높아집니다.[44] 자기 조절도 잘 안 되고 행동 및 생리적 균형을 맞추는 기간도 더 걸립니다. 큰 수술을 한 어머니는 도무지 여력이 없기 때문에 아기를 안아주고 자극하고 살갗을 마주 대고 눈빛을 나누며 서로 속삭이는 등의 방법으로 아기의 자율기능을 촉진해주는

---

* 물론 제왕절개 후 다음 아기를 질식 분만하는 경우도 있다. 이를 'VBAC'(Vaginal Birth After Cesarean)라고 하는데, 위험성이 높아서 많이 시행되지는 않는다.

일을 할 수 없습니다. 출산 후 2~4주 사이의 산모를 대상으로 한 기능성 자기공명영상(fMRI)* 연구에 따르면, 질식 분만을 통해 아기를 낳은 산모는 아기의 울음에 보다 더 잘 반응하는 것으로 나타났습니다.[45]

이러한 문제의 일부는 수술 중에 투여하는 약물에 의해 일어납니다. 그러나 일부는 정상적인 진통을 '거르기' 때문에 일어난 것으로 보입니다. 조금 성급한 질문일 수도 있겠지만 제왕절개가 신생아에게 미치는 장기적인 영향을 고려해볼 때, 산모에게 선택적 제왕절개†를 권유하는 것이 과연 옳은 일일까요? 최근 충격적인 연구결과가 보고된 바 있습니다. 다른 요인을 모두 감안하더라도 제왕절개로 출산한 아기의 제1형 당뇨병 발병률이 무려 20%나 높았다는 것입니다.[46]

반면에 제왕절개는 수없이 많은 여성과 신생아의 목숨을 구했습니다. 과거라면 아두·골반 부적합이나 태아 위치 이상, 전치 태반, 태반 박리, 탯줄 탈출, 자궁 파열, 태아 심박 이상 및 심각한 감염 등으로 인해 많은 산모와 아기가 목숨을 잃었을 것입니다.[47] 특히 제왕절개는 인간면역결핍바이러스(HIV)에 감염된 산모 혹은 단순 헤르페스바이러스(herpes simplex virus, HSV)의 현증 감염에 추천됩니다. 아직 논란이 있지만 B형 간염(HBV)이나 인간 유두종 바이러스(human papilloma virus, HPV), C형 간염(HCV) 감염자의 경우에도 종종 시행됩니다.[48] 제왕절개를 하면 요실금

---

* 수소 분자의 특성을 이용해서, 뇌의 기능을 실시간 평가하는 자기공명영상 촬영방법의 한 종류.

† 선택적 제왕절개(elective C-section)는 정규 제왕절개라고도 하는데, 그 일정과 방법을 어느 정도 선택할 수 있다는 의미이다. 선택적이라는 말은 마치 꼭 필요하지 않은 수술이라는 어감을 주지만, 설령 악성 종양 제거 수술이라고 해도 환자와 의료진이 상의하여 수술법과 일정을 선택하는 경우에는 선택적(elective) 치료라고 부른다. 즉, 선택적 제왕절개의 반대말은 필수적 제왕절개가 아니라, 응급 제왕절개(그 방법과 시기를 조절할 수 없이 급박하게 진행되는 수술)이다. 선택적 제왕절개를 받은 여성들이, 종종 '필요하지도 않은' 수술을 받았다는 비난을 받곤 해서 사족을 덧붙인다.

도 적게 발생합니다. 출산에 대한 극도의 공포를 보이는 산모에게도 수술이 적당할 수 있습니다. 게다가 제왕절개는 '자연적인' 출산을 하기에는 어려운 여성들이 출산의 일정을 미리 계획하기 쉬운 장점이 있습니다. 물론 전자 태아 모니터링 기계, 임신 유도 및 촉진을 위한 장치, 경막외 척추마취, 겸자 분만, 회음부 절개 등을 위한 의료장비, 그리고 잘 모르는 의료진이 가득한 병원에서의 출산은 별로 자연스러운 느낌은 아닙니다.[49] 하지만 예전에 제왕절개를 했거나 혹은 볼기 분만(둔위 분만)과 같이 응급상황이 예상되는 경우라면 병원에서의 계획적인 제왕절개가 더 바람직합니다. 응급 제왕절개는 상당히 위험할 수 있습니다.

힘겨운 분만 과정이 과연 아기에게 뭐가 '좋을까?'

앞서 말한 것처럼 의학 기술의 발전 그리고 임산부가 느끼는 불안과 공포로 인해서 제왕절개가 점점 늘어나고 있습니다. 그러나 과연 제왕절개가 산모 혹은 신생아에게 일으킬 수 있는 문제는 없는지, 이에 대한 우려도 적지 않습니다. 분명 제왕절개는 대수술이기 때문에 질식 분만보다 단점이 많다는 주장이 있습니다. 그런데 과연 자궁의 수축을 겪고, 좁은 산도를 지나고, 종종 산소결핍에 빠지고, 머리가 눌리는 질식 분만의 과정이 아기에게 무슨 도움이 될까요? 인류학자 애슐리 몬터규(Ashley Montagu)는 상대적으로 긴 분만과정이 인간의 신생아에 "도움이 된다"라고 처음 주장한 학자입니다.[50] 자궁의 수축으로 인한 일종의 타격과 마사지 효과가 다른 포유류에서 분만 직후 어미의 새끼 핥기의 효과를 대신한다는 것입니다.

포유류의 새끼 핥기는 호흡기계 및 소화기계를 자극하는 효과가 있습니다. 어미가 핥지 못한 새끼는 종종 호흡기계 혹은 소화기계의 이상으로 인해 목숨을 잃곤 합니다. 분만 중에 태아의 피부에 가해지는 자극은 장기 발달을 촉진하고 신경계가 적절하게 기능하도록 도울 수 있습니다. 몬터규에 따르면 조산했거나 혹은 제왕절개로 태어난 아기는 호흡기계 및 소화기계 문제가 더 많이 발생했고, 방광 및 조임근의 조절력도 부족한 경향을 보였습니다. 아주 짧은 진통 혹은 아예 진통을 겪지 못한 아기들이죠.[51] 그런데 정상 분만을 시도하다가 결국 제왕절개를 통해 태어난 아기, 즉 진통을 경험한 아기는 보다 양호한 기능을 보이는 경향이 있었습니다.

진통 과정이 아기 그리고 어머니에게 주는 또 다른 이점이 있습니다. 분만 중 나오는 스트레스 호르몬, 즉 아드레날린이나 도파민 같은 카테콜아민(catecholamine)이 출생 이후의 적응에 도움이 될 수 있습니다. 특히 이러한 '스트레스 호르몬'은 폐의 성숙을 도우며, 폐 속에 가득한 양수 등의 액체를 배출시키는 역할을 합니다. 또한 태아 혈류량을 증가시켜서, 뇌로 충분한 혈액이 공급되게 합니다. 섭취한 열량을 보다 효과적으로 이용하도록 도와주고 면역력을 증가시키는 백혈구의 수치도 올립니다.[52] 게다가 카테콜아민은 분만 중의 저산소증을 견딜 수 있도록 도와줍니다.[53] 출생 직후 호흡이 시작되도록 해주죠. 제왕절개를 통해 태어난 아기들은 종종 호흡곤란을 겪는데, 이는 카테콜아민이 충분히 분비되지 않기 때문입니다. 게다가 혈당도 보다 낮은데, 카테콜아민이 부족해서 에너지 유리를 촉진하지 못하기 때문입니다.[54] 이러한 현상은 생후 며칠 동안의 생존에 아주 중요합니다. 왜냐하면 첫 며칠간은 종종 초유도 나오지 않고 모유 생산도 바로 일어나지 않기 때문입니다.

이뿐만이 아닙니다. 스트레스 호르몬이 모아(母兒) 애착에 긍정적인 역할을 한다는 주장도 있습니다.[55] 의학적 도움을 받지 않은 분만을 통해 태어난 아기는 종종 첫 몇 시간 동안 아주 활동적입니다. 진통 중에 분비된 노르에피네프린 같은 카테콜아민 덕분이죠. 이러한 높은 각성 수준 및 자극 반응 능력은 모아 애착이 개시되는 데 아주 중요한 역할을 합니다. 하지만 제왕절개로 태어난 아기들은 다소 축 늘어진 경향을 보입니다.[56]

노르에피네프린은 신생아 후각 시스템의 발달을 촉진합니다. 즉 정상 분만을 통해 태어난 아기는 주변의 냄새를 더 잘 학습하게 됩니다.[57] 제왕절개로 출생하였다고 하더라도 수술 전 일정 시간 진통을 경험한 아기들도 역시 보다 양호한 후각 능력을 보입니다.[58] 따라서 어머니의 체취를 금세 인지할 수 있습니다. 분만 중에 쏟아져 나온 카테콜아민은 동공을 확장시켜 아기를 더 또렷또렷하게 해줍니다. 이 두 가지 모두가 애착 형성에 도움이 됩니다.[59]

또한 출산 과정은 신생아의 급성기 반응(acute phase response)*을 촉진시킵니다. 이는 새로운 환경에서 직면하게 될 다양한 감염원에 대한, 아기의 최전방 방어선이라고 할 수 있습니다.[60] 일단 체온이 올라가죠. 이것은 체온 조절 능력이 완비되지 않은 신생아에게 대단히 중요한 일입니다. 과거에는 체온을 올리는 능력이 생존에 아주 중요했을 것입니다. 제왕절개로 태어난 아기들의 면역 인자는 보다 낮은 수준입니다. 급성기 반응이 잘 일어나지 않는다는 의미입니다. 초기 산욕기에는 이외에도 여러 가지 일이 일어나는데, 이는 뒤에서 다시 자세히 살펴보겠습니다.

진화 의학적인 측면에서 볼 때, 진통의 이득과 제왕절개의 이득을 모두 취하는 것이 가능합니다. 바로 제왕절개를 시작하지 않고 진통을 겪고 나서 수술을 하는 것입니다. 실제로 이렇게 하면 호흡기계 문제의 위험이 줄어듭니다.[61] 비록 정상 분만을 하지 않았지만 아기는 높은 수준의 카테콜아민에 노출됩니다. 불가피하게 제왕절개를 하는 일이 있더라도 그 전에

---

* 염증 초기에 일어나는 면역 반응. 다양한 종류의 급성 면역 세포나 면역 인자가 활성화된다.

진통과정을 거치는 것이 산모와 태아에게 유리할 수 있습니다.

난산

태아의 머리가 너무 커서 산도를 통과할 수 없거나 혹은 태아의 자세나 위치, 즉 태위가 좋지 않을 때, 난산(難産)이라는 의학적 상태에 빠지게 됩니다. 응급 제왕절개를 해야 하죠. 세계적으로 산모가 사망하는 원인의 약 8%가 난산에 의해 일어납니다. 태아도 역시 사산, 질식 혹은 뇌 손상 등에 빠지게 됩니다. 겨우 목숨을 건지더라도, 이른바 산과 누공(obstetric fistula)으로 인해 오랫동안 고생하게 됩니다. 산과 누공이란 질과 방광, 직장이 연결되는 상태입니다. 수술을 통해 치료하지 않으면 소변과 대변을 조절하지 못하게 됩니다. 만성적인 감염과 통증, 불임으로 이어지고, 결국 죽음에 이르기도 합니다. 세계적으로 대략 200만 명의 여성이 산과 누공을 앓고 있으며, 그중 상당수는 남편, 가족 및 마을에서 쫓겨나기도 합니다. 너무 창피하기 때문에 어쩔 줄 몰라 도움도 청하지 못하는 여성들이 적지 않습니다.

과거 사회에서 난산이 여성의 주요 사망원인이었다면, 이를 진화적으로 설명하기란 참으로 쉽지 않습니다. 동물의 세계에는 난산이 드물기 때문입니다. 아마 난산은 근대화로 인해 식량 사정이 나아지고, 여성의 활동량이 줄어들면서 나타난 현상으로 보입니다. 산부인과 의사인 로버트 로이(Robert Roy)는 캐나다 원주민, 즉 이누이트 족에 대한 연구를 통해서, 전통 사회에서는 난산이 극히 드물다는 사실을 밝힌 바 있습니다.[62] 진통과 분만은 신속하고 손쉽게 진행되었습니다. 1978년 이누이트 족의 제왕절개율은 2% 미만(총 622건의 출산 중 10건)이었으며, 그중 겨우 4건만이 아두 골반 불균형에 의한 것이었습니다. 다른 수렵 채집 사회에서도 비슷한 보고들이 있습니다. 물론 이러한 결과를 해석할 때는 주의할 점이 있습니다.[63] 종종 그들의 문화적 규준은 의연하게 진통과 분만 과정을 견디는 것을 바람직한 것으로 여깁니다. 대부분의 민족지 연구가 직접 관찰이 아니라 면담을 통해 정보를 얻기 때문에 '쉬운 분만'에 대한 개념이 다른 사회와는 다를 수 있습니다. 아무튼 농경 사회가 시작되면서 식량 사정이 열악해졌고, 그로 인해 작은 체구와 작은 골반을 가지게 되었으며 이러한 변화가 높은 난산율의 원인이 되었을 가능성이 있습니다. 그렇다면 아마 농경이 시작되기 전, 즉 1만 년 전에는 난산이 드물었을 것입니다.

건강 부국에서 난산을 경험하는 여성이 많은 또 다른 이유가 있습니다. 바로 분만 중에 여성이 취하는 자세입니다. 이른바 쇄석위(lithotomy), 즉 등을 침대에 대고 양 다리를 벌리고 있는 자세입니다. 쇄석위는 분만을 위한 최적의 자세라고 할 수 없을 뿐 아니라, 사실 쪼그리거나 앉는 자세, 심지어는 서 있는 자세만도 못합니다. 한 가지 이유를 들자면, 일단 태아의 무게 중심은 누워 있는 어머니의 등 쪽을 향하게 됩니다. 이 자세는 의료진에게는 적합하지만 어머니와 아기에는 그리 적당한 자세가 아닙니다. 인류학적 문헌에 가장 많이 등장하는 출산 자세는 앉은 자세 혹은 반 정도 뒤로 기울여 누운 자세입니다. 쪼그리거나 무릎을 꿇은 자세, 서 있는 자세도 드물지 않습니다. 등을 평평한 바닥에 대고 있는 자세는 사실 현대식 병원 분만에서만 관찰됩니다.

꼿꼿한 자세를 취하면 자궁 수축의 힘이 아기의 뒤통수 부근에 가해지게 됩니다(정상 태위의 경우).[64] 정수리는 태아의 머리뼈 중 가장 발달한 뼈입니다. 그래서 강력한 수축도 잘 견딜 수 있습니다. 그러나 산모가 눕게 되면 태아의 약한 이마 쪽 머리뼈가 어머니의 천골, 즉 엉치뼈에 눌리게 됩니다. 그렇다고 해서 아기의 뒤통수가 엉치뼈와 맞닿는 것은 더 위험합니다. 이른바 후위(posterior presentation)라고 하는 자세가 되는데, 이럴 경우 수축력이 척수와 가까운 쪽 두개골에 가해지게 됩니다.

골반 유연성과 산모 자세의 관련성에 대한 최근 연구에 의하면, 서 있거나 혹은 쪼그리고 앉은 자세는 허리를 바닥에 대고 누운 자세에 비해서 여러 방향으로 산도가 확장되는 것으로 나타났습니다.[65] 그러면 이제 쪼그리고 아기를 낳으면 괜찮을까요? 사실 현대 여성은 쪼그린 자세를 별로 취할 일이 없기 때문에 분만을 위해서 장시간 쪼그린 자세를 취하는 것이 아주 어렵습니다. 보통 분만 시 쪼그린 자세를 취하는 문화권에서는 여성들이 매일매일 요리를 하거나 배변을 할 때, 심지어는 사람을 만나서 이야기를 할 때도 그런 자세를 취합니다. 그래서 쪼그린 자세에 이미 익숙해져 있죠. 미리 연습이 되어 있지 않다면 어렵습니다. 하지만 분만 중 쪼그린 자세를 유지하도록 도와줄 사람이 있다면, 가장 최적의 분만 자세는 바로 쪼그린 자세입니다.[66]

앞서 언급했다시피 종종 태아의 어깨 너비의 중요성이 무시되고는 합니다. 견갑 난산, 즉 어깨가 산도에 '걸려서' 생기는 난산의 발생률은 2.5~4킬로그램 사이의 신생아에서는 고작 2%뿐이지만, 4킬로그램이 넘는 신생아에서는 거의 10%에 육박하는 수준입니다.[67] 당뇨병을 앓는 어머니에게서 난산이 더 흔한 것을 미루어볼 때 앞으로 더욱 증가할 것이라고 예상할 수 있습니다. 견갑 난산이 발생하면, 출혈이 발생하고, 살 부분이 심각하게 찢어지는 증상, 즉 회음부 열상도 일어날 수 있습니다. 자궁 파열이나 탯줄 압박도 일어날 수 있는데, 탯줄이 눌리면 아기는 저산소증에 빠집니다. 그리고 물론, 죽을 수도 있습니다. 일단 의사들은 손으로 어깨가 낀 아기의 위치를 돌려놓으려고 시도합니다. 하지만 이러한 방법이 여의치 않으면 하는 수 없이, 빗장뼈, 즉 쇄골을 부러뜨려야 합니다. 강제로 어깨를 '움츠러'들도록 하는 것이죠. 견갑 난산을 예방하려면 어머니의 자세가 중요합니다. 쪼그린 자세 혹은 선 자세는 등을 바닥에 댄 자세보다 견갑 난산이 적게 발생하는 것으로 알려져 있습니다.[68]

분명 현재 의료계의 분만 관행은 진통과 출산 중에 있는 여성에게 부정적인 영향을 미칠 뿐 아니라 난산도 더 많이 일으키고 있습니다.[69] 산부인과 의사 미셸 오덴트(Michel Odent)는 현재의 분만 방식이 진통과 출산을 더욱 어렵게 하고 있다며 목소리를 높여 주장합니다.[70] 오덴트에 따르면 어려운 출산은 "문명화로 인한 장애"입니다. 어떤 기술적 혹은 사회적 개입도 없이 일어나는 다른 동물의 출산에 비해서, 인간의 출산이 '비인간화' 되었다는 것이죠. 이상적인 출산은 어떤 개입도 없이 여성의 본능에 따라 이루어져야 한다고 주장합니다. 이를테면 동물들은 '태아 방출 반응'(fetal ejection reflex)이라는 본능적 반응을 통해서 스스로 으슥한 장소를 찾아 출산을 합니다. 일리가 있기는 합니다만, 현대 사회에서 출산을 하는 많은 여성은 분명 사회적 혹은 정서적 지지를 받아야 한다고 생각합니다. 하지만 동기가 정말 강력한 여성이라면, 오덴트의 방법을 한번 적용해볼 수 있을지도 모르겠습니다.*

태반을 분만한 이후

진화 의학의 중요한 교훈 중 하나는 출산이 딱딱 끊어지는 짧은 사건이 아니라 몇 주 된 태아의 난소가 발달하는 것에서 시작하여 자식이 독립하

---

* 단독 분만은 대단히 위험하다. 예외적인 경우가 아니라면, 의학적으로 추천되지 않는다.

여 다음 생식을 시작할 때까지 이어지는 기나긴 과정의 일부분이라는 것입니다. 사실 진화적인 면에서 볼 때, 조산사나 산부인과 의사가 임신, 분만, 출산 과정 중에만 어머니와 태아를 같이 돌보고 이후에는 다른 전문가(신생아 전문의나 소아과의사)가 신생아를 넘겨받는 식의 과정은 이상한 일입니다. 게다가 출산 이후에는 산모를 담당하는 의사도 바뀌곤 하는데, 이는 더 이상한 일이죠.

애슐리 몬터규와 아돌프 포트만(Adolf Portmann)을 위시한 여러 인류학자들은 출생 후의 첫 몇 달이 독립적인 생명 활동이라기보다는 재태 기간에 가깝다는 주장을 했습니다. 인간의 신생아는 너무 일찍 태어난다는 것이죠. 몬터규는 모체 내 수태(uterogestation)와 모체 외 수태(exterogestation)*라는 말을 사용해서, 자궁 내에서 보내는 9개월과 자궁 밖에서 보내는 6~9개월을 모두 재태 기간으로 보아야 한다고 했습니다. 다음과 같이 말했죠. "아기가 처음 겪는 몇 개월간의 기간은 수태의 연장으로 보는 것이 합당하다. 따라서 출생 후 몇 개월 동안의 기간은 어머니와 아기가 아직 밀접하게 연결되어 있는 것처럼, 아기, 어머니 그리고 그 둘 간의 관계를 다루는 것이 바람직하다."[73]

태반의 분만으로 출산 과정이 끝나는 것은 아니라고 할 수 있는 다른 중요한 이유가 있습니다. 2005년 출산 중에 일어난 모성 사망 52만9,000건을 조사한 연구에 의하면, 대략 십만 건의 출산마다 400명의 어머니가 죽었습니다. 모성 사망의 약 절반은 출산 이후 24시간 내에 일어났고, 3분의

---

* 사실 수태나 재태, 임신이라는 말에는 이미 아기를 몸 안에 배고 있다는 의미가 포함되어 있다. 또한 uterogestation, exterogestation이라는 말은 직역하면, 자궁 내 임신, 자궁 외 임신이라고 할 수 있는데, 이는 배아가 자궁이 아닌 복강 내 다른 내장기관에 착상하는 현상, 즉 자궁 외 임신(ectopic pregnancy)과 혼동될 수 있다. 그래서 모체 내 수태, 모체 외 수태라는 말을 새로 만들어 옮겼다.

2는 첫 일주일 이내에 일어났죠. 이러한 모성 사망률이 지역에 따라 차이가 있었는데, 미국, 캐나다, 호주, 뉴질랜드 및 서유럽에서는 낮은 편이었습니다.

모성 사망의 가장 중요한 원인은 산후 출혈입니다. 태반이 자궁벽에서 떨어지면서 자궁의 혈관에 '상처'를 남기게 됩니다. 이 상처에서 출혈이 일어나는 것입니다. 산후 자궁 수축이 일어나면 이러한 상처 부분이 꽉 '오므라들면서' 출혈이 멈추죠. 자궁 내에 남아 있는 태반이나 태반막이 없다면, 이러한 과정은 아무 문제없이 자연스럽게 일어납니다. 만약 자궁 수축이 원활하지 않으면 의사는 옥시토신을 투여해서 이를 촉진해줍니다. 그런데 옥시토신을 구할 수 없었던 과거에 자궁 출혈이 멈추지 않을 때는 과연 어떻게 했을까요? 산모나 산파 혹은 아기가 할 수 있는 것이 전혀 없었을 것 같지만, 사실 그렇지 않습니다. 출생 후 몇 분 만에 아기는 어머니의 유방을 핥고 비비고, 심지어 빨기도 합니다. 이러한 유두 자극은 옥시토신을 분비하게 하여, 자궁 수축과 태반 배출 및 자궁에 남아 있는 혈관 상처의 치유에 도움이 됩니다. 물론 아기가 아니라 누가 유두를 자극하더라도 비슷한 현상이 일어날 수 있습니다. 막 태어난 갓난아기가 자신을 낳아준 어머니의 생명을 구하는 모습은 정말 감동적입니다.

인류의 출산 과정은 다른 포유류와 아주 다릅니다. 심지어 가장 가까운 친척인 유인원과도 다릅니다. 이러한 차이의 상당수는 인류가 두 발 걷기를 선택하면서 협소해진 산도에 의한 것입니다. 약 500~700만 년 전 일입니다. 그리고 약 200만 년 전, 뇌가 점점 커지게 되었습니다. 그러나 너무 큰 머리는 도무지 어머니의 골반을 빠져나올 수 없었기 때문에 두뇌의 성장은 출산 이후에 주로 일어나게 되었습니다. 즉 인간의 신생아는 아주 연약한 상태로 태어나게 되었고, 이로 인해 부모의 양육 행동에 상당한 변화가 초래되었습니다. 현재는 분만을 돕는 다양한 의학적 방법이 시행되고 있습니다. '유턴'이 금지된 막다른 일방통행 길에서 발이 묶인 아기에게 비상구를 만들어준 셈이죠.

저는 출산 이전과 이후에 일어나는 일들을 서로 분리해서 다루는 의학적 관행에 반대하지만, 이 장은 일단 여기서 '분리'해서 끝내는 것이 좋겠습니다. 5장이 너무 길어지는 것을 막고 독자들이 한 숨 고르고 갈 수 있도록 말이죠.

6장

너무나도 연약한

Ancient Bodies

Modern Lives

출산 이후에는 어머니와 아기가 같이 지내는 것이 좋다고 합니다. 그러나 꼭 그럴 필요는 없다는 말도 있습니다. 어떤 말이 맞는 것일까요? 사실 어느 정도는 둘 다 맞는 말입니다. 진화적인 의미에서 보면 안정적인 모자 애착은 신생아의 생존에 대단히 중요합니다. 그러나 인간은 아주 유연한 동물이기 때문에 어머니의 사랑에 대한 의존도가 그렇게 높지 않을 수도 있습니다. 정말 생후 1~2시간 내에 어머니와 아기가 반드시 같이 있어야만 할까요? 특수 의료장비가 없던 예전에는 어땠을까요? 사실 긴 진화적 시간 동안 어머니는 아기의 생존을 위해서 반드시 필요한 존재였습니다. 특히 출생 직후에는 더욱 그러했습니다.

너무나도 연약한
아기

앞에서 언급한 것처럼 인간의 아기는 너무나도 연약합니다. 다른 영장류에게서는 도저히 찾아보기 어려울 정도의 연약함을 자랑합니다. 흔히 갓 태어난 새끼의 발달 정도를 조숙성(precocial) 혹은 만숙성(altricial)에 따라서 구분합니다. 조숙성을 가진 동물은 태어나자마자 바로 눈을 뜨고 어미에게 매달리고 따라다닐 수 있는 운동능력을 보여줍니다. 소와 말 같은 유제류(有蹄類), 즉 발굽이 있는 동물이나 대부분의 영장류들입니다. 반면에 만숙성 새끼들은 출생 당시에 아주 무력합니다. 눈을 뜨지도 못하며 주로 둥지에 있거나 혹은 어미가 안거나 업고 다닙니다. 개, 고양이 그리고 일부 영장류가 이러한 만숙성을 보입니다. 대부분의 동물은 극단적인 조숙성과 극단적인 만숙성 사이의 어디엔가 위치하고 있습니다.[1]

인간의 신생아는 다른 종류의 만숙성 원숭이나 유인원과 비슷한 점이 있습니다. 그러나 단지 만숙성이라고 하기에는 너무 '덜' 발달된 상태로 태어납니다. 앞서 말한 것처럼 인간은 다른 영장류와 비교하여 예상되는 성장 수준의 4분의 1에 불과한 뇌를 가지고 태어납니다. 미숙한 뇌를 가지고 태어나므로 신경 기능도 역시 미숙합니다. 인간은 종종 "이차적 만숙성"을 보인다고 하는데, 사실 만숙성의 특징과 조숙성의 특징을 모두 가지고 있죠.[2]

이차성 만숙성이라는 개념을 여기서는 인간의 신생아에 대한 진화적 역사를 설명하는 은유로 쓰도록 하겠습니다. 최초의 영장류는 아마도 대부분의 초기 포유류와 마찬가지로 만숙성을 보였을 것입니다. 그러나 좀 더 시간이 흐른 뒤, 즉 인간과 다른 유인원의 공통조상에게는 상당한 조숙성이 진화했습니다. 아마 현대의 원숭이나 다른 유인원 새끼와 비슷한 정도의 발달 상태로 태어났겠죠. 인간의 젖은 만숙성 동물보다는 조숙성 동물의 젖과 더 흡사합니다. 이러한 증거들로 미루어보아 아마 약 200만 년 전, 두 발 걷기 및 대뇌화를 거치면서 만숙성이 진화했을 것입니다. 즉 현생 인류의 신생아가 보이는 '연약함'은 과거 조숙성을 가졌던 조상으로부터 다시 이차적으로 획득한 형질입니다.[3]

인간의 신생아는 인간과 가까운 영장류에 비해서 보다 덜 발달된 상태로 태어납니다. 인간은 출생 후 몇 년이 지나야 마카크원숭이의 골발달 수준에 도달합니다.[4] 두개골의 발달 수준도 다른 영장류에 비해서 낮은 수준입니다. 이러한 신생아의 낮은 두개골 발달 수준은 오히려 두개골의 직경을 줄여서 출산을 보다 용이하게 해줄 수 있습니다. 사실 유인원은 두개골이 충분히 발달한 채로 태어나야만 합니다. 유인원은 강력한 턱근육을 가지고 있어서 거친 섬유질 음식도 잘 먹습니다. 만약 유인원의 두개골이 미성숙한 상태로 태어난다면, 딱딱한 먹이를 씹을 때마다 턱근육이 머리뼈를 당겨서 양쪽으로 벌어질 테죠.

위장관계, 면역계, 체온조절계도 역시 미발달된 상태로 태어납니다. 신생아는 소화효소가 부족하기 때문에 출생 후 몇 달 동안은 초유나 젖밖에 소화시킬 수 없습니다. 신생아에게 곡류를 주면 배탈이 나죠. 미국 소아과학회는 생후 6개월 전까지 곡류를 주지 않도록 권장하고 있습니다. 면역계는 1세 전까지는 충분히 기능하지 못합니다. 따라서 첫 1년 동안은 임신 중에 어머니로부터 혹은 모유로부터 전달받는 면역 능력에 의존해야만 합니다. 출산 중 혹은 직후에 벌어지는 여러 상황은 신생아의 면역 기능에 긍정적인 (혹은 부정적인) 영향을 미칠 수 있습니다. 이런 점에서 볼 때 출생 자체는 하나의 분리된 과정이라기보다는 연속적인 긴 과정의 일부입니다.

어머니는 신생아의 건강을 유지시키기 위해서 여러 가지 방법을 사용하는데, 이는 출생 전부터 이후까지 계속됩니다. 인간의 아기는 사실 생후 15~21개월까지는 거의 태아 때와 비슷한 수준의 발달 단계에 머물러 있습니다. 예를 들어 임신 중 태아의 체온은 어머니의 체온 조절계에 의존합니다. 신생아는 체온 조절 능력이 부족하기 때문에 어머니가 몸으로 아기를 안아서 따뜻하게 해주어야 합니다. 소아과의사 진 윈버그(Jin Winberg)는 어머니가 유방과 가슴, 팔을 이용해서 "둥지"를 만든다고 하면서 이

"둥지"가 의료용 아기침대보다 더 효과적이라고 말한 바 있습니다.[5] 살갗을 마주 대는 어머니 품과 의료용 침대를 비교한 연구에 의하면, 어머니에 안겨 지내는 신생아는 보다 양호한 혈당 수치를 보였습니다. 이것은 어머니 젖이 나오기 전까지 신생아가 건강을 유지하는 데 아주 중요합니다. 어머니 품에 안겨 있는 신생아는 덜 우는 경향을 보이는데 이는 불필요한 에너지 소모를 줄일 뿐만 아니라 포식자의 눈에 덜 띄게 해주는 장점이 있습니다. 아기가 젖을 빨면 어머니의 가슴과 유방 부분의 체온이 올라가서 아기를 더 따뜻하게 해줄 수 있습니다.[6] 신생아의 체온과 에너지를 유지시켜주는 어머니의 능력은 과거 인류의 조상에게 아주 중요한 생존상의 이득을 주었습니다. 사실 의료시설이 부족한 지역에서는 지금도 여전히 큰 이득을 주고 있습니다.

출생 직후 어머니와 아기가 보이는 호르몬 변화나 신체적 변화는 바뀐 상황에 대한 건강한 적응일 뿐만 아니라 모자 애착을 강하게 만들어주는 효과도 있습니다.[7] 이런 점에서 인간은 다른 영장류와 그리 다르지 않습니다. 사실 애착을 높여준다는 점에서 인간은 설치류와 비슷합니다. 호르몬의 변화를 통해서 어머니는 아기에게 보다 많은 시간과 에너지를 투자합니다. 쥐는 몇 주 동안, 원숭이는 몇 달 동안, 그리고 인간과 침팬지는 이러한 직접적인 양육투자가 몇 년 이상 지속됩니다.

출생 후 첫 1시간 동안이 애착에 얼마나 중요한지에 대해서는 상당한 논란이 있죠. 이러한 광범위한 논란과 관련 문헌을 여기서 다 밝힐 수는 없습니다. 하지만 출생 직후 어머니가 아기의 냄새를 맡고, 소리를 듣고, 아기의 표정을 보는 것, 즉 아기의 존재를 느끼는 것은 대단히 중요합니다. 생애의 첫 1시간이 인생의 다른 1시간과 그리 다를 바 없다고 주장하는 사람이 있을까요?

애착에 관련된 호르몬이 중요한 역할을 하지만, 그렇다고 애착이 반드시 일어나는 것은 아닙니다. 아래는 제가 1987년에 쓴 글의 일부인데, 여전히 유효하다고 믿습니다.

출산이라는 강력한 신체적, 정서적 경험 및 동반해서 일어나는 호르몬의 작용을 고려해보자. 어머니는 이미 몇 달 동안 아기의 존재를 느껴왔다. 태아의 움직임을 경험하고, 심지어 대화를 하기도 했다. 막 태어난 갓난아기는 비로소 자신을 보여주며, 숨쉬기 시작한다. 랩에 싸인 상품을 막 뜯는 순간이다. 아마 여러분은 포장을 뜯고 선물상자 안에 있는 무엇인가를 발견하는 짜릿한 경험을 기억할 것이다. 어머니는 바로 그 순간을 경험하는 것이다. 다른 사람이 대신 선물 포장을 뜯어주는 것은 실망스러운 일이다. 사실 길게 보면, 선물의 가치와 의미는 누가 선물 포장을 개봉했는지와는 무관할지도 모른다. 그러나 과연 그럴까? 게다가 그 선물은 바로 갓난아기가 아닌가? 물론 모자간의 기나긴 관계는 사실 첫 1시간을 같이 보냈는지 혹은 그렇지 않은지와 별로 관련이 없을지도 모른다. 그러나 보다 중요한 것은 그 특별한 순간이 그 자체만으로 엄청나게 가치 있고 의미 있는 순간이라는 것이다.[8]

어머니와 아기는 첫 1시간 동안 과연 무엇을 하는가?

20세기 중반의 일반적인 병원 출산 과정을 따른다면, 첫 1시간 동안 어머니와 아기는 얼굴도 제대로 보지 못합니다. 그렇다면 출산을 느끼고 지켜보는 것은 별로 의미 없는 일일까요? 다른 동물의 예를 들어보죠. 동물의 행동은 종종 '종 특이성'을 가지고 있지만, 인간을 이해하는 데도 상당히 도움이 됩니다. 지난 장에서 이야기한 것처럼, 출산 직후 새끼의 몸을 혀로 핥는 것은 대단히 보편적인 행동입니다. 이러한 핥기는 몇 가지 기능을 가지고 있습니다. 태아의 몸을 덮은 물질을 제거해서 호흡과 체온 유지에 도움을 주고, 호흡과 소화, 배설을 자극하며, 포식자를 유혹하는 냄새를 제거하고, 새끼가 젖꼭지를 향하도록 도와주고, 새끼의 체취를 학습하며, 애착을 촉진합니다. 포유류에서 핥기는 거의 강박적인 수준으로 일어나며 어미는 이 일을 끝내기 전에는 다른 일에는 전혀 관심이 없는 것처럼 보입니다. 출생 직후 어미가 핥지 못한 새끼는 종종 죽기도 하죠.

이러한 새끼 핥기의 예외가(돌고래 같은 해양 포유류를 제외한다면) 바로 인간입니다. 어떤 인류학적인 문헌에서도 어머니가 신생아를 핥았다는 이야기가 없습니다. 하지만 인간의 어머니는 손을 사용해서 아기와 교감합니다. 66명의 가정 분만 사례를 관찰한 결과, 어머니는 낳자마자 아기를 만지고, 안고, 꼭 껴안았습니다. 손바닥으로 아기를 마사지하고 아기의 손과 얼굴, 팔다리를 손가락으로 탐색하죠.[9] 이러한 행동을 통해서 아기를 따뜻하게 해주고 호흡 및 위장 운동을 촉진시키는 것으로 보입니다. 마치 다른 포유류의 핥기처럼 말입니다.

만지기는 인간의 상호작용에서 아주 중요한 행위입니다. 따라서 출생 후 모자간의 피부 접촉이 성공적인 모유 수유, 애착의 촉진, 불안의 경감, 육아에 대한 확신, 정서의 개선을 유발하는 것은 전혀 놀랄 일이 아닙니다.[10] 이러한 일은 모두 옥시토신(oxytocin)을 통해서 일어나는데, 이는 젖빨기나 피부 접촉 등을 통해서 증가하는 호르몬입니다. 다음 장에서 성공적인 모유 수유가 아기의 생존에 중요하다는 것을 살펴볼 것입니다. 출생

후 첫 몇 분 동안의 피부 접촉을 통해서 전체 모유 수유기간을 상당히 늘릴 수 있습니다.[11] 분명 출산 직후의 모자 접촉은 어머니와 아기의 장기적인 건강에 아주 중요한 역할을 합니다.

태지의 진화적 중요성

신생아를 문질러서 태지(胎脂, Vernix)를 바르는 것은 일단 아기의 몸이 마르지 않도록 도와줍니다. 태지란 신생아의 피부를 덮고 있는 하얀색 크림 같은 지방 물질인데, 양수 속에서 태아의 피부가 마르지 않도록 도와주는 역할을 합니다. 물론 보기에는 약간 징그러울 수도 있습니다. 하지만 태지는 심지어 항균 기능도 가지고 있습니다.[12] 일반적으로 병원에서는 출산 직후에 아기를 씻기면서, 태지를 깨끗이 닦아내죠. 그러나 가정 분만에서는 몸에 고루 펴서 바르고는 합니다. 어떤 조산사는 남는 태지를 조금 덜어서, 자기 손에 바르기도 했습니다. 탁월한 보습효과가 있다면서 말이죠.

태지는 태아의 피부세포에서 유래한 물질이며 주로 물과 지방 및 단백질(각각 10% 정도)로 이루어져 있습니다.[13] 이 '자연의 콜드크림'이야말로 아기에게 가장 좋은 보습제라고 할 수 있는데, 높은 지방성분이 함유되어 있기 때문이죠. 일반적으로 시판되는 보습제는 아기에게 이상적이라고 하기는 어렵습니다. 오하이오의 신시내티 소아병원 피부과학 연구소에서는 태지와 비슷한 성분의 보습제를 개발하고 있습니다. 물론 성인을 위한 것은 아니고 아직 피부가 완전하지 않은 미숙아를 위한 것입니다.[14] 게다가 태지는 비타민 E와 멜라닌(피부색소)을 많이 함유하고 있는데, 이는 항산화효과를 가지고 있으며 아기의 피부를 오염 물질이나 자외선으로부터 보호해줍니다.[15] 그리고 태지의 냄새는 아마 부모를 유혹하여 애착을 촉진하는 페로몬의 효과가 있을 수도 있습니다. 고소한 냄새에 더해서, 태지는 아주 부드럽기 때문에 자꾸 문지르며 마사지하고 싶은 마음이 들게 하죠.

아기의 피부는 자궁에서 만들어지지만 피부가 계속 만들어지려면 피부의 최상층이 마를 수 있어야 합니다. 태지는 양수 안에서 피부가 물과 만나지 못하도록 하는 기능을 하는데, 그래서 피부의 상층이 건조하게 마를 수 있고 새로운 피부가 계속 형성될 수 있습니다. 이러한 과정은 임신 25~26주에 일어나는데, 따라서 그 전에 태어난 아기는 피부의 최상층이 없는 상태라고 할 수 있습니다. 그렇기 때문에 조산아의 피부는 체온을 잘 조절하지 못하고, 수분이 쉽게 빠져나가며, 세균이 침범하기도 쉽죠. 연구에 의하면, 조산아의 생존을 좌우하는 가장 중요한 요인이 바로 살갗입니다(인간의 임신 기간이 9개월보다 더 줄어들 수 없는 이유는 아마 피부 발달에 필요한 시간 때문인지도 모릅니다). 태지와 비슷한 성분의 크림은 미숙아 치료에 큰 도움이 될 것입니다. 예전에는 태지의 기능이 단지 피부를 통한 수분 증발을 막고 열 손실을 줄이는 것이라고 생각했습니다. 물론 틀린 말은 아니지만 출생 후에 공기와 접촉하면서 태지는 보다 많은 기능을 수행하게 됩니다.[16]

갓난아기는 공기와 세균, 햇빛에 노출됩니다. 피부는 춥고 건조한 환경을 극복하기 위해서 아주 중요한 방어막입니다. 특히 병원에서 출생한 신생아는 온 몸에 다양한 세균을 뒤집어쓰게 됩니다. 포도상구균, 간균 및 대장균 등이죠.[17] 앞서 언급한 것처럼 신생아는 낮은 면역력을 가지고 있습니다(어머니로부터 전달받은 것이 전부입니다). 따라서 태지가 "복합성 선천적 방어벽"의 역할을 하면서 유용한 세균이 자랄 수 있는 토양이 되어줍니다.[18] 또한 출산 중에 배설되는 타르 형태의 태변으로부터 태아와 신생아를 보호해주죠. 이 태변은 종종 감염성의 발진을 유발합니다.[19]

태지는 제왕절개를 통해서 태어난 아기에게 더 많이 있습니다. 정상 분만 중에는 태지의 상당 부분이 좁은 질벽을 지나면서 닦여 나가기 때문입니다. 그래서 과거에는 태지의 기능이 좁은 산도를 지나가기 용이하게 해주는 윤활제라고 생각하기도 했었죠. 실제로 아기의 몸이 크거나 재태 기간을 충분히 채운 경우에는 피부에 남아 있는 태지의 양이 적어집니다. 간신히 산도를 빠져나오면서 상당량이 제거되기 때문입니다.

놀랍게도 다른 포유류에는 태지에 해당하는 물질이 없습니다. 아마도 체모가 적은 인간의 특징과 관련된 것으로 보입니다. 물론 인간도, 이미 자궁 안에서부터, 체모를 가지고 있죠. 신생아의 몸을 덮은 가는 털을, '배냇솜털'(lanugo)이라고 합니다. 이는 재태 기간을 채울수록 적게 관찰됩니다. 배냇솜털의 기능에 대해서는 논란이 분분합니다. 어떤 학자들은 단지 "진화적 유물"(evolutionary holdover)일 뿐, 특별한 기능은 없다고 주장합니다. 그러나 아마도 태지와 함께 작용하여 수분으로부터 피부를 보호하는 역할을 하는 것 같습니다. 체모의 움직임은 정상적인 심박수의 발달에 도움을 주죠. 배냇솜털은 옥시토신 분비와도 관련이 있는데, 옥시토신의 자극을 받아 즐거워하는 태아는 움직임도 더 활발합니다. 이는 모두 성장 기전과 깊은 관련이 있습니다.[20] 이러한 과정은 출생 직후 어머니가 아기를 만지고 태지를 문지르면서 계속됩니다(더 이상 배냇솜털이 없더라도 말이죠).

앞서 말한 것처럼 태지는 태아의 탈수를 막아줍니다. 이뿐만 아니라 다른 여러 가지 기능이 있습니다. 자궁 내의 가벼운 감염으로부터 태아를 보호하는 항균작용을 합니다. 흥미롭게도 자궁경부를 막아주는 끈끈한 덩어리는 태지에서 관찰되는 항균성분과 비슷한 물질을 가지고 있습니다. 아마 이 둘은 비슷한 기능을 하는지도 모릅니다.[21] 가벼운 감염은 출산을 유발하기 때문에 감염을 막음으로써 태아가 충분 기간 성숙할 수 있도록 도와주는 것입니다.

태지의 다른 기능은 바로 태지 안에 포함된 단백질에 있습니다. 양수에 떠다니는 태지 단백질을 삼키면 위장관 성숙에 도움을 줍니다. 임신 후기에 피부와 폐의 성숙은 양수 안의 글루타민(glutamine)에 의해서 촉진되는데, 이 글루타민은 태지에 풍부합니다.[22] 태지는 또한 계면활성제로 알려진 물질을 포함하고 있는데, 이는 기도를 깨끗하게 유지해주어서 출생 후 호흡을 돕는 역할을 합니다. 또한 상처의 회복을 촉진하는 기능도 있는데 출산 중에 태지가 어머니의 회음부를 지나면서 회음절개에 의한 상처 혹은 다른 찢어지거나 벗겨진 상처의 회복을 돕습니다.[23] 게다가 피부 청결제로서의 역할도 하는데, 이는 출산 시 어머니나 아기에게 모두 중요하게 작용하죠.

요약하면 태지라는 다기능성 물질은 신생아나 산모의 산후 건강 및 생존에 놀랍도록 이상적으로 작용합니다. 따라서 진화적인 의미에서 피부 청결제이자 보습제, 항균제, 항산화제로서의 태지는 닦아내지 않는 편이 더 좋을 것입니다. 특히 의료수준이 떨어지는 저개발국가에서는 이러한 이점이 더욱 중요합니다. 세계보건기구에서는 체온 손실을 줄이기 위해서, 출생 후 몇 시간 동안은 신생아 목욕을 하지 않도록 권유하고 있습니다.[24] 분명 태지의 중요한 효과가 목욕을 통해서 반감될 것입니다.[25] 태지의 항균작용은 병원에서 출산할 때에도 역시 중요한데, 종종 병원성 감염으로부터 아기를 보호해줄 수 있기 때문입니다.

출산 직후 아기를 어루만지며 달래는 어머니

출산 직후 몇 분 안에 어머니는 아기를 달래주기 시작해야 합니다. 아기는 분만과 진통 과정을 겪으면서 상당한 스트레스를 받은 상태입니다. 이 시기 동안 에너지를 잘 조절하는 것이 아주 중요합니다. 아기를 울리지 않는 것, 즉 불필요한 에너지 소모를 줄여주는 것은 상당히 유익한 일입니다. 많은 문화권에서 공통적으로 관찰되는 사실은 어머니가 아기를 자신의 왼쪽으로 안는다는 것이죠. 어머니가 왼손잡이여도 동일합니다. 아동심리학자 리 소크(Lee Salk)가 처음으로 이러한 연구를 발표한 지 이미 50년이 넘게 지났습니다. 소크는 이러한 행위를 통해 어머니가 아기에게 심장 소리를 들려준다고 하였습니다. 심장 소리가 아기를 달래주고 신생아 초기의 체중 증가에도 긍정적인 역할을 한다는 것입니다.[26] 게다가 아기들은 오른쪽을 더 많이 쳐다보는 경향이 있습니다. 따라서 왼쪽으로 아기를 안으면 아기의 작은 표정 변화나 반응도 금방 알아차릴 수 있습니다.[27] 100명의 산모를 관찰한 결과, 거의 4분의 3의 어머니가 자신의 왼쪽으로 아기를 처음 안으려고 했습니다. 그리고 그 이상에서 출산 후 첫 1시간 동안 아기를 주로 좌측에 안고 있었죠.[28] 호미닌 진화에서 오른손잡이 경향이 진화한 것, 즉 뇌의 편측성이 나타난 것도 혹시 처음에 아기를 심장이 위치한 왼쪽으로 안는 경향과 관련된 것인지도 모릅니다.

신생아는 어머니의 얼굴과 눈에 아주 예민하게 반응합니다. 그리 놀랄 일도 아닌 것이 시각적 의사소통은 모든 영장류에 공통된 특징입니다. 일반적인 만숙성 포유류와 달리 인간의 신생아는 출생 직후 눈을 뜹니다. 그리고 얼굴 앞 25~50센티미터 거리의 물체에 초점을 맞출 수 있습니다. 바로 어머니의 젖과 어머니의 눈과의 거리입니다. 어머니는 얼굴을 아기와 가능한 한 평면상에 위치시키려고, 즉 '정면'(en face)을 마주보려고 노력합니다(〈그림 6-1〉).[29] 아기가 잠에서 깨어 어머니의 얼굴을 바라볼 때, 아기도 보통 가만히 어머니를 보고 있으려 합니다. 마치 어머니로부터 무엇인가를 배우려고 하는 것처럼 말입니다.

전 세계의 모든 어머니는 목소리로 아기를 달래고 심지어는 모성어

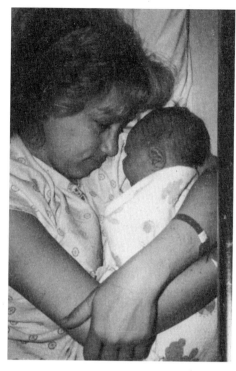

<그림 6-1> 갓난아기의 얼굴을 쳐다보
는 산모

(motherese)라는 특별한 언어를 사용하기도 합니다.[30] 동물의 세계에서
폭넓게 관찰되는 모자간의 목소리 상호작용은 친근함을 유지할 뿐만 아니
라 개체 식별을 돕고 양육을 촉진하는 작용을 합니다. 종종 어머니의 발성
은 높은 음을 보이는데, 이는 아기가 높은 음을 더 잘 인식하는 것과 관련
이 있습니다. 소아과 전문의 베리 브래즐튼(Berry Brazelton)에 의하면, 신
생아의 신경계는 여성의 높은 목소리에 더 잘 반응합니다.[31] 실제로 어머
니는 '본능적으로' 목소리의 음고를 높이는 경향을 보입니다. 어른과 대화
하다가 아기로 시선을 돌리면, 말하던 도중임에도 불구하고 갑자기 목소
리가 높아지는 현상이 일어납니다.[32]

좌측으로 아기를 안는 것이나 정면으로 주시하기, 음정을 높이기, 아기를 만지는 방식 등은 아마도 진화적인 의미에서 아기를 달래고, 불필요한 에너지 소모를 줄이고, 체중을 늘리며, 모자 애착을 강화하는 행동양식이 자연 선택된 결과로 나타났을 것입니다. 강한 애착 및 관련된 행동은 성공적인 모유 수유에 기여하고, 이는 과거에 신생아의 생존에 아주 중요하게 작용했을 것입니다(세계의 많은 지역에서는 지금도 여전히 그렇죠). 생애 첫 1시간 동안의 모성행위가 인류의 독특한 행동양식이라면 갓난아기와 같이 있을 수 없을 때 어머니가 느끼는 좌절감도 쉽게 이해할 수 있을 것입니다. 물론 출산 직후 모체나 신생아의 건강이 위험한 상태라면 당연히 분리해서 관리하는 것이 바람직합니다. 죽은 아기와 애착을 형성해봐야 무의미합니다. 의학적인 이유가 있다면, 모자 분리에 반대할 이유가 없습니다. 그러나 산모와 신생아가 모두 건강한 상태라면 모자 동실이 주는 이득이 분명합니다. 분만 이후 모자 관리에 관한 산과적인 지침을 가급적 모자가 같이 지내는 방향으로 바꾸는 것이 바람직할 것입니다.

첫 1시간은 애착 형성에 결정적인 순간일까?

생애 첫 1시간 동안 일어나는 어머니와 아기의 애착을 촉진하는 수많은 사건에도 불구하고, 반드시 첫 1시간이 '결정적인' 순간이라고 할 수는 없습니다. 수술을 통한 분만이나 조산, 미숙 등의 문제로 몇 시간 혹은 며칠 동안 산모와 신생아가 떨어져서 지낸다고 하더라도 여전히 강력하고 성공적인 애착이 일어날 수 있습니다. 심지어 입양처럼 출산 과정을 동반하지 않은 모자관계에서도 강력한 애착은 일어납니다. 자식과 강한 애착을 형성하고자 하는 부모는 상상할 수 있는 모든 장애물을 극복할 수 있습니다. 모자 애착은 생물학적 현상을 한참 뛰어넘는 그 무엇입니다.

하지만 과거에는 지금과 사뭇 달랐을지도 모릅니다. 첫 1시간 동안 모자간에 벌어지는 상호작용은 애착 형성에 상당한 영향을 주었을 것입니다. 막 태어난 아기를 자극하고 마사지하여 이후의 호흡을 촉진하고 온기를 더하며 태지를 피부에 넓게 바르는 것을 떠올려봅시다. 아기를 왼쪽으로 안아 어머니의 심장소리를 듣게 하고 높은 음정으로 아기를 달래며 포근하게 재우는 일은 일생 중 가장 연약한 시기를 보내고 있는 신생아에게 불필요한 에너지 소모를 줄여주는 강력한 이점이 있습니다. 우리 조상에게는 아마 첫 1시간 동안의 적절한 모성행위가 큰 생존상의 이득을 주었을 것입니다. 어머니의 유방을 탐색하는 신생아의 타고난 본능은 출산 후 어머니 자궁의 수축을 촉진하여, 태반의 배출을 돕고 산후 출혈을 줄여주는 역할을 합니다. 어떤 점에서 신생아는 자기 어머니의 생존율을 높여주려고 하는 것입니다. 자신에게 젖을 주고 편안하게 보호해주는 어머니를 돕는 것입니다.[33] 출생 직후에 일어나는 행동학적 혹은 생물학적 기전은 수백만 년간 어머니와 아기의 생존을 도운 자연 선택의 결과입니다. 첫 1시간은 아마 일생에서 가장 취약한 시기입니다. 따라서 강력한 선택압이 작용했을 것입니다.

베이비 블루스와
산후 우울증

모든 산모들이, 옥시토신의 도움을 받아, 아기를 사랑스러운 눈으로 쳐다보면서 생애 첫 몇 시간, 혹은 며칠을 축복 속에 보내는 것은 아닙니다. 상당한 수의 산모들은 '베이비 블루스'(Baby Blues)를 경험하는데, 일부는 산후 우울증(Postpartum Depression)으로 진행합니다. 비록 인구 집단별로 발병률은 상이하지만 우울증이 오면 사실상 모든 활동에 흥미를 잃어 버립니다.[34] 출산 후에 발생하는 부정적인 기분에는 문화적 요인과 생물학적 요인이 모두 관여합니다. 예를 들어 같은 미국 안에서도 히스패닉계는 낮은 발병률을 보이고, 아메리칸 인디언은 높은 발병률을 보입니다.[35] 많은 인류학자들은 출산 후 우울감은 문화의 영향을 많이 받는다고 밝혀냈지만, 또한 상당수의 연구자들은 출산 후의 우울한 기분이 모든 인구 집단에서 관찰된다는 사실도 알아냈습니다.[36] 즉 출산 후의 저조한 기분상태는 비록 발병률과 임상 양상의 상당한 변이가 있지만, 사실 어떤 여성도 경험할 수 있는 보편적인 일입니다.

출산 후 우울감에 영향을 주는 사회적 요인은 주로 사회적 지지수준이 낮거나 결혼 상태가 위기에 처한 경우입니다.[37] 임신이나 출산, 분만 과정에서 어려움이 있었거나 아기의 건강 상태가 좋지 않을 때, 보다 많은 우울감을 경험하는 것으로 알려져 있습니다. 사실 이러한 경우라면, 정상적인 산모보다 더 높은 수준의 사회적 지지를 받아야 합니다. 진화적인 의미에서 출산 초기의 여성은 사회적인 지지를 통해서 단지 '도움(받으면 좋지만, 안 받아도 그만인)'을 받는 것이 아닙니다. 사회적 지지는 자신과 아기의 생존 자체를 결정하는 아주 중요한 요인입니다. 특히 아기의 아버지, 즉 남편이나 다른 친척의 지지가 아주 중요합니다. 건강 상태가 불량한 아기는 산후 우울감과 깊은 관련이 있습니다. 이는 과거에 흔히 일어나던 이른바 '손실 최소화'(cut your losses) 현상인데, 참 비극적인 일이지만 부정할 수 없는 현실이었습니다.[38] 그렇다고 현대 사회에서 건강하지 않은 아이를 버리거나 대충 키워도 된다는 것은 아닙니다. 과거 선조들이 아기를 키우던 환경은 현재보다 훨씬 가혹했습니다. 다만 현대에서도 일부 산모가 경험하는 우울감을 이러한 진화적 견해에서 바라볼 수는 있을 것입니다.

인류학자 에드워드 하겐(Edward H. Hagen)은 산후 우울감이 친척으로부터 동정 및 지원을 불러일으킬 수 있다고 주장했습니다. 물론 아이의 아버지로부터 더 많은 관심을 이끌어냅니다. 저조하고 부정적인 기분 상태가 오히려 이득을 가져올 수 있는 것입니다.[39] 과거 사회에서는 아마 자신의 아이를 버리겠다는 신호, 즉 아이에게 투자된 유전자를 포기하겠다는 신호가 오히려 육아를 위한 시간과 자원 제공을 시작하게 하는 역할을 했을지도 모릅니다. 따라서 산모의 부정적인 감정상태는 속한 사회적 집단의 다른 구성원에게 보다 많은 지원을 해달라는 '협상'이라는 것이죠. 흥미롭게도 분만과 출산 과정에서 정서적인 지지를 받을 수 있는 충분한 자원이 있거나 임산부 도우미(doulas)*가 있는 경우에는 산후 우울감이 적게 발생한다는 보고가 있습니다.[40]

출산 후에 찾아오는 부정적인 기분은 가벼울 수도 있지만, 상당히 심각할 수도 있습니다. 즉 건강상의 손상일 수도 있지만 건강한 방어기전일 수도 있죠. 랜디 네스에 따르면, 부정적인 기분은 종종 적응적인 가치를 가지고 있습니다. 단 너무 심해져서 완전히 무력해지는 수준이 아니라면 말이죠.[41] 가벼운 베이비 블루스를 겪는 산모는 모든 생각과 에너지를 당장 급한 과업을 위해서 집중할 것입니다. 바로 아기를 돌보는 일입니다. 우울감을 느끼는 동안은 쇼핑을 가고 싶지도 않고, 사람을 만나고 싶지도 않고, 직장에 가고 싶지도 않습니다. 현대 사회에서는 바람직한 행동이라고 하기 어렵지

---

* 서양에서는 조산사(midwife)나 산부인과 의사, 간호사 외에도 출산 경험이 있는 여성, 즉 두러(doula)가 출산 과정을 함께 하며 심리적 안정을 돕는 경우가 종종 있다. 주로 산모의 친정어머니나 자매, 혹은 친한 친구가 이런 역할을 하는데, 산과적 전문 지식은 없지만 산모의 불안과 두려움을 줄여주는 데 큰 역할을 한다. 최근에는 상업적인 두러 연결 업체도 활동하고 있다.

만, 과거에는 아기가 어머니의 관심을 독차지할 수 있도록 도와주었을 것입니다. 물론 어머니가 아기에게도 무관심해질 정도로 심하게 우울해지면, 치료가 필요한 역기능적인 상황으로 이해하는 것이 합당합니다.

산모와 신생아를 상당한 기간 격리시키는 관습이 여러 문화권에서 폭넓게 관찰됩니다.* 짧게는 며칠부터 길게는 40일간 격리를 지속합니다. 이러한 관습은 출산과 분만으로부터 회복하고 성공적으로 수유를 개시하고 지속할 수 있도록 격려합니다. 아기와 애착을 형성할 시간을 주는 것은 물론입니다. 인류학자 바버라 피페라타(Barbara Piperata)는 출산 후에 보이는 여성의 낮은 활동 수준이 신생아 양육에 도움을 줄 것이라고 주장했습니다. 아마존의 여성은 출산 후에 약 40일의 낮과 40일의 밤 시간 동안 식사를 제한하는 '레스구아르도'(resguardo)라는 풍습을 가지고 있는데, 이는 전반적으로 감소한 에너지 소모량과 관련됩니다.[42] 산모의 활동을 제한하는 것은 전 세계적으로 관찰되는 현상입니다. 이러한 제한은 산모와 신생아의 건강에 긍정적인 역할을 하는 것으로 보입니다. 서구사회에서는 이러한 관습이 분명하지 않은데 아마도 출산 후 우울감이 이러한 기능을 대신하는 것으로 추정됩니다.

출산 후 우울감에 대한 다른 진화적 설명도 있습니다. 신생아의 건강이 좋지 않거나 혹은 양육을 도와줄 사람이 전혀 없어서 향후 아기의 생존을 보장하기 어려운 경우, 출산 직후에 아기를 유기하는 것이 더 유리할 수 있다는 주장입니다. 아마 저조한 기분상태는 애착을 지연시키고, 장기적으로 무엇이 최적의 적합도를 보장할 수 있는지 보다 냉정하게 판단할 수 있도

---

* 어머니와 아기를 떼어놓는 것이 아니라, 어머니와 아기가 서로를 독점할 수 있도록 다른 사람들과 떼어놓는 것이다.

록 도와줄지 모릅니다.[43] 이러한 가설과 관련해서 출산 초기 몇 주간의 수유로 인한 프로락틴(prolactin) 호르몬의 증가가 외부인에 대한 적대감을 높인다는 주장이 있습니다. 이러한 적대감이 아기를 보다 잘 보호하는(일단 키우기로 했다면) 효과가 있다는 것이죠. 세라 허디는 이를 "수유 공격성"(lactation aggression)이라고 하였는데, 출산 초기 배우자에 대한 약한 수준의 부정적인 감정을 유발하는 것으로 보입니다.[44]

출생 후에 발생하는 경도의 저조한 기분상태가 약간의 이득이 된다는 주장에도 불구하고, 분명 산후 우울증이 중등도 이상으로 심해진다면 모자 관계에 장기적인 악영향을 미치게 됩니다.[45] 산후 우울증은 수유에도 영향을 주는데, 이는 산모와 신생아 양쪽에 치명적인 영향을 줄 수 있습니다.[46] 사실 현대 사회에서 베이비 블루스로부터 어머니나 아기가 얻는 특별한 이득은 없습니다. 그러나 분명 과거에는 산모에게 나타나는 경도의 저조한 기분이 여러 가지로 도움이 되었을 것으로 보입니다.

염증과 호르몬, 베이비 블루스

산후 우울감이나 우울장애를 유발하는 혹은 억제하는 생물학적인 요인에 대한 연구는 서로 상충되는 경우가 많습니다. 그러나 정신사회적 요인 혹은 환경적 요인 외에도, 영향을 미치는 생물학적 요인이 있다는 것은 분명합니다. 출산은 면역 반응과 호르몬 조절에 직접적인 영향을 미치며, 이는 다시 스트레스 반응에 영향을 주죠. 사실 인간이 겪는 많은 신체적 혹은 정신적 질병은 감염과 염증에 의한 것입니다.[47] 그래서 몇몇 연구자들은 높은 염증 반응이 베이비 블루스를 유발한다고 주장했습니다.[48] 만약 그렇다면 염증을 줄여서 산후 우울증의 위험을 줄일 수 있을 것입니다. 모유 수유를 하는 여성은 우울증을 적게 앓는데, 이는 아마도 적은 감염 가능성과 관련이 있는 것으로 보입니다. 갓 출산한 여성은 호르몬 변화, 통증, 수면 장애 등의 요인으로 인해서 염증에 보다 취약합니다. 그러나 모유 수유를 하면, 비록 모유 수유가 종종 통증과 스트레스를 유발함에도 불구하고 출산 후 스트레스를 전반적으로 줄여 염증 반응을 감소시켜주는 것으로 나타났습니다.[49] 우울증에 빠진 산모는 종종 수유를 중단하는데, 이러한 중단이 오히려 우울증을 더 악화시킬 수도 있습니다. 전통 사회에서는 모유 수유가 당연한 일이었는데, 아마도 그 때문에 전통 사회에서 산후 우울증이 낮게 보고되는지도 모르겠습니다.

건강심리학자 케이틀린 켄달-택킷은 염증이 산후 우울증을 유발하는 유일한 원인은 아니지만, 분명 '하나의' 요인이라고 주장했습니다.[50] 기분에 직접 영향을 주기보다는 출산 후 기분에 영향을 미치는 다양한 요인(통증, 수면 부족, 트라우마, 사회적 지지의 결핍, 부부 갈등, 아기의 질병, 낮은 수입, 과거 트라우마의 병력 등)이 염증을 악화시키고, 이는 다시 우울증을 악화시킨다는 것입니다. 따라서 이러한 스트레스 요인을 조절하는 것이 베이비 블루스나 산후 우울증을 예방하고 치료하는 방법입니다. 산모가 밤에 잠을 푹 자는 것은 분명 쉬운 일은 아니지만 산후 우울감을 줄여주는 가장 좋은 방법 중 하나입니다.[51] 사실 잠을 푹 자는 것만으로도 상당수의 신체적 혹은 정신적 고통이 경감됩니다.[52] 베이비 블루스를 겪는 산모에게 모유 수유를 하도록 처방할 수 있을 것입니다. 켄달-택킷은 염증을 줄여줄 수만 있으면 무엇이든 산후 우울증에도 도움이 된다고 주장합니다. 예를 들면 항염증 작용이 있는 오메가-3 지방산을 먹는 것도 도움이 된다는 것이죠.[53]

안타깝게도 우울증은 불면을 유발합니다. 따라서 불면과 우울감 사이의 악순환이 계속됩니다. 통증도 마찬가지죠. 통증은 스트레스과 염증 반응을 유발하고, 스트레스와 염증은 통증을 악화시킵니다. 그리고 결국 우울 감도 심해집니다. 사실상 모든 산모는 어느 정도의 통증을 겪을 수밖에 없습니다. 그런데 인류학자 짐 맥켄나(Jim McKenna)와 톰 맥데이드(Thom McDade)는 흥미롭게도 아기와 같이 자는 산모가 통증을 더 많이 경험하지는 않는다고 보고했습니다. 아기는 분명 어머니의 숙면을 방해하는데도 말입니다.[54] 아기와 같이 자는 이점이, 조각난 수면이라는 결점을 보완하고도 남는 것으로 보입니다. 아기와 함께 자는 어머니는 자는 도중에도 용이하게 수유를 할 수 있습니다. 아기와 따로 자면서, 한 시간마다 깨어 수유를 하러 일어나야 하는 어머니보다 오히려 더 푹 잘 수 있는 것입니다.[55]

끝으로 의료 수준이 높은 국가의 여성은 그렇지 않은 국가의 여성보다 임신 관련 호르몬의 수치가 더 높다는 이야기를 하겠습니다. 따라서 의료 수준이 양호한 국가의 여성은 임신이 종결되면서 갑자기 떨어지는 에스트로겐이나 프로게스테론에 의한 영향을 더 많이 받는데, 이는 우울감을 유발하죠. 현대 문명사회에 사는 여성들은 생애 기간 내내 높은 수준의 생식 호르몬에 노출되는데, 이는 산후 우울증의 높은 발병과 관련되는 것 같습니다.

진화 의학적인 입장에서 산후 우울증의 위험성을 줄이기 위해 다음과 같은 조언을 하겠습니다. 첫째 신체적 혹은 정신적 스트레스를 줄일 수 있도록 분만을 준비합니다. 특히 분만 중에 산모를 도울 수 있는 지지적인 동반자가 필요합니다. 둘째 임신 기간 및 산욕기 동안 충분한 오메가-3 지방산을 섭취합니다. 셋째 적어도 1년간 모유 수유를 유지합니다. 넷째 가능한 충분히 잡니다. 안전한 방식으로 아기와 같이 자는 것은 오히려 모유 수유로 인한 수면 분절을 최소화할 수 있습니다. 다섯째 가능한 스트레스를 줄입니다. 필요한 경우에는 비약물적인 치료도 고려합니다. 여섯째 충분히 운동합니다. 운동은 염증과 스트레스를 감소시킵니다. 그러나 원래 운동을 잘 하지 않다가 출산 후에 갑자기 격렬한 운동을 시작하는 것은 좋지 않습니다. 일곱째 자주 모유 수유를 하면 아기가 덜 우는 경향을 보입니다. 우는 아기도 금방 달랠 수 있죠. 이러한 일곱 가지 방법이 베이비 블루스를 근본적으로 예방하지 못할 수도 있지만, 어머니와 아기의 건강에는 분명 어떤 식으로든 도움이 될 것입니다. 망설일 이유가 없습니다.

생애 첫 1시간 동안 일어나는 흥미롭고 중요한 일들을 이야기했습니다. 이 시기 동안의 모자 접촉이 신생아의 생존에 얼마나 중요한지 살펴보았죠. 생후 1~2년도 아니고 첫 1시간에 책의 한 장을 할애한 것입니다. 첫 1시간에 너무 많은 공을 들였는지도 모르겠네요. 그러나 사실 첫 1시간은 일생에서 가장 중요한 순간이며 앞으로 인생이 어떻게 펼쳐질지를 좌우하는 핵심적인 때입니다. 특히 진화적 입장에서 보면 더욱 그러했을 것입니다. 이제부터 첫 몇 달의 이야기를 해보고자 합니다. 아기에게 지방이 축적되고 뇌가 발달하며, 성장에 주력하는 시기 말입니다. 이러한 모든 성장과정은 어머니 혹은 다른 양육자의 보살핌 속에서 일어나지만 가장 중요한 요인은 역시 모유 수유입니다.

7장

유방은 여성의
상징인가?

✿

Ancient Bodies
Modern Lives

도발적인 제목입니다. 그러나 사실 인간이 속한 포유강의 동물, 즉 포유류는 모두 유선에서 분비되는 젖으로 새끼를 키웁니다. 좋든 싫든 여성은 이러한 생물학적 사실에서 벗어날 수 없습니다. 유방은 젖을 생산하여 아기에게 먹이기 위해서 '설계'된 기관입니다. 아마 어떤 독자들은 초기 유아기나 소아기에 관한 이야기를 왜 여성의 건강에 대한 책에 집어넣었는지 의아해 할 것입니다. 그러나 인류의 긴 역사 동안, 아기의 건강은 바로 여성의 건강이었습니다. 여성은 임신 과정을 겪으며 엄청난 에너지와 시간을 투자한 자녀를 위해서, 출산 후에도 거의 대부분의 자원을 사용해야 합니다. 포유류 전반에서 보편적으로 관찰되는 수유라는 현상은 여성의 건강에도 큰 영향을 미치는데, 이는 수유가 너무 '비싼' 투자이기 때문입니다. 수유는 얼마나 값비싼 행위일까요? 9개월간의 임신 기간 동안, 여성은 약 34만 칼로리를 추가로 더 소모합니다. 그런데 9개월간의 수유를 위해서는 무려 67만 칼로리가 필요합니다.

수유의
생물학

수유, 즉 젖을 생산하고 분비하는 과정은 세 단계로 나뉩니다. 첫째 유선이 발달하고, 둘째 젖을 생산하고, 셋째 젖을 물립니다. 유선의 발달은 임신 중에 일어나는데, 프로락틴, 프로게스테론 혹은 에스트로겐이 작용하여 이를 돕습니다. 물론 유방과 유선은 이미 훨씬 전에 발달을 시작했죠. 일부는 어머니의 뱃속에서 시작되었고, 또한 사춘기에도 발달합니다. 하지만 수유를 위한 준비는 임신이 시작되어야 비로소 완료됩니다. 임신 중에는 프로게스테론과 에스트로겐이 젖 분비를 막습니다. 심지어 출산 후 2~3일까지는 젖이 분비되지 않습니다. 출산 직후에는 대신 초유(colostrum)가 나오는데 이는 모유보다 칼로리가 낮고 지방도 적지만 단백질은 두 배나 많습니다. 더 중요한 것은 초유가 높은 면역 성분을 함유하고 있어서 연약한 신생아의 면역 기능을 돕는 것입니다. 젖 분비는 종종 예상보다 더 늦어지는데, 태반이 아직 남아 있거나 제왕절개 수술을 한 경우 혹은 출산 중 너무 심한 스트레스를 받았던 경우에 자주 늦어집니다.[1]

수유가 시작되면, 프로락틴과 옥시토신이 중요한 역할을 맡게 됩니다. 그러나 더 중요한 것은 '빨기'입니다. 다시 말해서, 아기의 빠는 자극이 없으면 젖 생산은 이내 중단됩니다(미숙아는 젖을 빠는 힘이 부족하기 때문에, 유방 펌프를 이용해서 이를 대신해야 합니다). 아기가 젖을 빨면, 그 자극은 어머니의 뇌 안의 시상하부(hypothalamus)로 전달됩니다. 그리고 도파민과 옥시토신의 분비를 촉진하는데, 이는 배란을 억제하는 역할을 합니다(〈그림 7-1〉). 도파민은 뇌하수체 전엽(anterior pituitary)에서 프로락틴을 분비시키는데, 이 프로락틴이 젖의 생산을 유발합니다. 옥시토신은 뇌하수

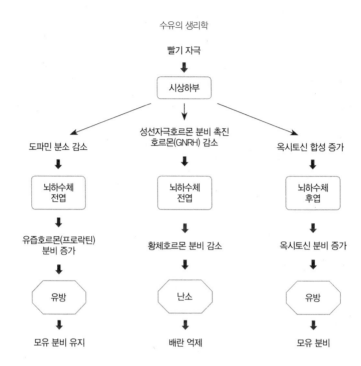

수유의 생리학

빨기 자극

↓

시상하부

도파민 분소 감소 ← 성선자극호르몬 분비 촉진 → 옥시토신 합성 증가
호르몬(GNRH) 감소

↓ ↓ ↓

| 뇌하수체 전엽 | 뇌하수체 전엽 | 뇌하수체 후엽 |

↓ ↓ ↓

유즙호르몬(프로락틴) 분비 증가 / 황체호르몬 분비 감소 / 옥시토신 분비 증가

↓ ↓ ↓

유방 / 난소 / 유방

↓ ↓ ↓

모유 분비 유지 / 배란 억제 / 모유 분비

〈그림 7-1〉 수유와 관련된 호르몬의 작용

체 후엽(posterior pituitary)에서 분비되어 젖의 분비를 유발합니다. 주목할 것은 이 모든 일이 바로 아기의 빠는 자극에서 시작된다는 것입니다. 젖분비는 수요와 공급의 관계를 따릅니다. 더 많이 빨면, 더 많이 나오죠. 이러한 면에서 쌍둥이 혹은 세쌍둥이를 키우는 것도 큰 문제가 안 됩니다(더 빨면 더 나오기 때문이죠). 반면에 아기에게 다른 대체제를 주면 오히려 문제가 됩니다. 분유를 먹으면 젖을 덜 빨게 됩니다. 그러면 젖의 생산도 줄어들죠. 종종 '젖이 부족해서' 수유를 중단한다고 하지만 사실 젖을 물리지 않기 때문에 젖이 나오지 않는 것입니다. 실제로 젖 생산과 관련된 실질적

인 의학적 문제를 가진 여성은 그리 많지 않을 것입니다.

옥시토신은 수유와 깊은 관련이 있습니다. 젖이 나오도록 촉진할 뿐 아니라 아기에게 젖을 주고 싶은 마음이 들도록 해주죠. 어떤 어머니는 아기가 울기만 해도 젖이 나옵니다. 심지어 아기 생각만 해도 젖이 나온다는 어머니도 있습니다. 성공적인 수유를 위해서는 심리적, 정서적 과정이 중요한 역할을 합니다. 그래서 정신적, 사회적 스트레스를 받으면 수유가 잘 되지 않습니다.[2]

앞서 언급한 것처럼 수유는 배란과 관련된 황체형성호르몬과 난포자극호르몬을 억제하여 임신을 막습니다. 즉 아기가 젖을 힘차게 빨면 어머니는 임신을 하지 못한다는 것입니다. 아기가 자주 젖을 빨면(밤낮으로 여러 번 젖을 먹으면), 몇 개월 동안 배란이 억제됩니다. 그러나 분유를 사용하여 젖 빨기의 빈도가 줄면 어머니는 곧 배란이 재개되고 임신이 가능해집니다. 사실 수유는 그리 믿을 만한 피임 방법은 아닙니다. 그러나 전체적인 의미에서 수유를 길게 하는 집단의 평균 출산 간격은 보다 늘어날 것입니다.

정상 신생아의 기준은 무엇일까?

모유를 먹는 아기가 보다 건강하다는 데는 이견이 없습니다. 사실 아기의 건강에 대한 기준 자체가 최근에야 정립된 개념입니다. '정상 성장과 발달'에 대해 다양한 의학적 조언을 담은 글을 본 적이 있을 것입니다. 그런데 과연 '정상'이 의미하는 바는 무엇일까요? 무슨 기준으로 정상을 정의할까요? 대개는 영양 공급이 좋고 건강한 환경에 살며 의료 수준이 높은 집단(즉 주로 유럽이나 미국인)이 기준입니다. 게다가 그 기준은 모유 수유를 많이 하지 않던 지난 수십 년간의 데이터를 기반으로 만들어집니다. 사실 과거 수십 년간 유럽과 미국의 어머니는 모유 수유를 잘 하지 않았고, 따라서 아기들에게 수동 면역이 잘 형성되지 못했죠. 게다가 아기들은 다른 방에 있는 요람에서 어머니와 따로 잤고 흔히 울다 지쳐서 잠들곤 했습니다.[3]

하지만 '정상'이 '진화적으로 의미가 있는' 기준이 되려면 아기를 양육하던 진화적 환경에 가장 가깝게 해야 할 것입니다. 즉 첫째, 최소 6개월간은 완전한 모유 수유를 하고, 둘째, 생후 2년까지는 보조적인 수준에서 수유를 지속하고, 셋째, 아기가 원할 때는 언제든지 수유를 하고, 넷째, 생후 3년까지는 동생과 영양 공급이나 정서적인 면에서 경쟁하지 않고(어머니가 동생을 낳지 않고), 다섯째, 밤에도 젖을 주면서 같이 자고, 여섯째, 생애 첫 1년간 다른 사람(어머니)과 밀접한 신체적, 정서적 접촉을 하고, 일곱째, 양육을 보조하는 끈끈한 사회적 네트워크에 단단히 결속되어 지내는 환경이어야 합니다. 이러한 환경에서 자라는 아이들의 성장 곡선으로 발달의 기준을 삼아야 진화적인 의미에서 보다 정확한 '정상' 소아 성장발달 곡선을 그릴 수 있을 것입니다.[4]

이른바 '정상'을 규정하는 데 가장 중요한 것은 바로 장기간의 집중적인 수유입니다. 1960년대 미국의 병원에서는 마취제와 진통제를 사용해 낯선 사람들이 분만을 진행했습니다. 어머니와 아기는 출산 직후 분리되어 아기는 신생아실에서 지냈죠. 수유는 지연되거나 아예 불가능했습니다.[5] 아직도 이렇게 분만하는 병원이 없는 것은 아니지만, 과거보다는 모유 수유에 대한 인식이 개선되어 종종 출산 후 몇 분 안에 수유를 개시합니다. 지금은 수유를 빨리 시작할수록 더 오랫동안 성공적인 수유를 할 수 있다는 공감대가 있습니다. 그러나 이 불행한 시기 동안에는 대부분의 의료인들이 아기와 엄마를 따로 관리했고 첫 수유에 관심을 가지는 사람은 거의 없었습니다.[6] 노력하는 사람이 없진 않았지만, 역부족이었습니다.[7] 라 레체 리그(La Leche League)*처럼 수유의 중요성을 강조하는 일종의 전문가 집단이 있었지만, 상당수는 수유를 하려는 어머니를 돕는 자원봉사자에 불과했습니다. 지난 2~3세대 동안 수유의 가치는 격하되었고, 공개적으로 수유를 한다고 천명한 유명인사는 최근까지 거의 없었죠. 이러한 문화적 상황에서 단지 "아기에게는 엄마 유방이 최고다"라는 모토로는 부족했습니다.

지난 수십 년간 세계보건기구와 국제 건강 클리닉에서 사용한 성장 곡선은 미국의 한 지역에서 수집된 건강한 유럽계 미국인의 자료를 바탕으로 한 것이었습니다. 원자료는 펠스 추적 연구(Fels Longitudinal Study)라고 알려진, 1929년부터 1975년까지의 체질측정학적 자료를 기반으로 하고 있습니다. 이 데이터에 포함된 신생아의 대부분은 모유 수유를 받지 않았거나 짧은 기간만 수유를 받았죠. 이 기준표를 모유 수유아에게 적용하면, 8~12개월 무렵에 대부분 적정 이하의 성장을 보인다고 판정받게 됩니다. 다시 말해서 모유 수유아는 분유를 먹고 자란 아이들보다 다소 여위고 가벼운 편입니다.[8] 수십 년 전에 이러한 모유 수유아는 "성장 불안정"(growth faltering)으로 간주되곤 했습니다. 게다가 이런 자료는 3개월 이상의 모유 단독 수유가 바람직하지 못하다는 근거로 사용되었습니다.[9]

이 연구가 이루어진 1979년경 선진국의 거의 모든 아기들은 분유를 먹었습니다. 심지어 사람들은 '부적절한' 모유 수유에 의존할 수밖에 없는 후진국의 상황에 대해서 우려하기도 했습니다. 위생이 안 좋은 국가에서는

---

* 모유 수유의 필요성을 홍보하고, 수유방법을 전파하는 국제적인 비영리단체(http://www.lalecheleague.org/)

오염과 감염을 막기 위해 불가피하게 전적인 모유 수유를 하도록 권장할 수밖에 없었지만 심지어 일부 연구자들은 이러한 모유 수유가 '부당한' 일이라고 주장하기도 했죠. 왜냐면 후진국에서 태어난 아기들의 성장 속도가 '정상' 기준에 미달하기 때문이었습니다. 아이러니하게도 이러한 '부당한' 권고는 스웨덴의 유아식 판매에 관한 윤리 규정을 제안하는 논문에서 언급된 것이었습니다.

지나고 나서 보니 이런 권고는 정말 이상한 권고였습니다. 수백만 년간 아기들이 먹고 자란 모유가 부적절하다고 하니 말이죠. 모유 수유를 주장하는 단체에서 말하는 것처럼 모유를 먹고 자라는 아기들의 성장 속도를 기준으로 정상 발달 수준을 평가하는 것이 더 합당할 것입니다. 하지만 상황은 그렇지 않았습니다. 심지어 "모유가 최선은 아니다: 정상 신생아 식이 촉진하기"(Breast Is No Longer Best: Promoting Normal Infant Feeding)라는 기사에서 니나 베리(Nina Berry)와 칼린 그리블(Karleen Gribble)이라는 보건 연구자는 모유 수유가 더 이상 신생아를 위한 '최적'의 음식이 아니라고 쓴 적도 있습니다. '정상'적인 음식일 수는 있다고 한 발 빼면서 말입니다.[10] 그러면서 분유와 같은 대안적 방법이 보다 적절하다고 주장했죠.

이런 문제점을 인식한 세계보건기구에서는 새로운 성장 곡선을 만들었습니다. 이 곡선은 수유와 같은 건강한 식이 방법을 선택한 어머니에게 아기의 성장이 최소한 어느 정도는 되어야 하는지에 대한 기준도 제시했습니다. "건강한 소아의 성장 속도를 기술하는" 것이 목표였기 때문에 모유 수유가 더 적합하다는 것은 분명했습니다.[11] 기존의 차트를 계속 사용하면 세계적인 비만 추세에 일조하는 것밖에는 되지 않았기 때문입니다.[12]

분유 수유를 소위 의학적 '정상' 식이 방법으로 간주하면서 생긴 문제는 또 있습니다. 바로 면역 기능을 담당하는 흉선입니다. 신생아의 정상적인 흉선 크기에 대한 데이터는 분유 수유가 만연하던 시절, 미국의 신생아를 기준으로 작성되었습니다. 다양한 수유 방법이 출생 후 4개월 무렵의 신생아 흉선 크기에 미치는 영향을 연구한 자료에 의하면, 모유 수유를 한 신생아의 흉선 크기가 전적인 분유 수유 혹은 부분적인 분유 수유를 한 신생아에 비해서 훨씬 큰 것으로 나타났습니다.[13] 계속 모유 수유를 한 경우와 4개월경에 모유 수유를 중단한 경우를 비교했는데 역시 모유 수유를 계속한 아기의 흉선이 더 컸습니다.

사실 흉선 크기는 심지어 하루에 몇 번 수유를 하는지에 따라서 달라지기도 합니다.[14] 연구자들은 모유의 면역 인자가 흉선을 더 잘 발달시킨다고 결론내렸습니다. 흉선은 출생 후부터 사춘기까지 꾸준히 발달하다가, 그 이후에 점점 작아집니다. 일부 연구자들은 모유 수유아의 흉선 크기를 정상으로 간주하고, 모유 수유를 받지 못한 아이들의 흉선은 발달이 지연된 것으로 봐야 한다고 주장했죠. 톰 맥데이드가 지적한 대로, 이른바 "정상 면역 기능"은 영양 공급이 넘치고 병원균 노출은 줄어든 인구 집단을 대상으로 하여 추정된 것이므로 잘못된 것입니다.[15]

또 다른 논쟁거리가 있습니다. '정상적인' 모유 수유 기간에 관한 논란이죠. 물론 이는 문화적인 맥락에 따라서 많이 좌우됩니다. 남아프리카의 산(San) 족이나 호주 아보리진 여성은 보통 3~4년 정도 모유 수유를 합니다. 그러나 미국에서는 6개월 미만의 수유 기간이 정상입니다. 미국 소아의학회에서는 전적인 모유 수유를 6개월, 그리고 부분적인 모유 수유를 1년 혹은 그 이상 하도록 권유하고 있습니다.[16] 미국 여성의 30% 미만이 6개월의 모유 수유를 하고 있기 때문에 1년이나 그 이상의 모유 수유는 미국 사회에서 비정상적이거나 최소한 일반적인 일은 아닌 것으로 취급됩니다. 적당한 모유 수유 기간에 대해서는 뒤에서 다시 다루겠습니다.

한 가지 더 있습니다. 초기 신생아기의 호흡기계, 소화기계 감염이나 중이염은 아주 흔하기 때문에 많은 부모들 그리고 심지어 의료진도 어느 정도의 감염을 '정상'으로 간주합니다. 그러나 이러한 감염은 모유 수유를 하는 아기들에게는 흔하지 않습니다. 배가 고프다며 자주 우는 것도 신생아기에 '정상'적으로 일어나는 것으로 간주되고는 합니다. "분유 수유가 이른바 신생아와 소아의 건강에 대한 '정상'의 개념마저 바꾸고 있는 것"입니다.[17] 이번 장의 말미에 이른바 '정상적인' 발달 속도가 사실 '정상'이 아닐 수 있다는 것을 다시 이야기하겠습니다.

왜 모유 수유가 어머니와 아기의 건강에 좋을까?

제가 말한 논쟁의 상당수는 번식 성공률을 증가시키는 자연 선택에 의해 일어난 건강상의 결과에 대한 것입니다. 같은 맥락에서 모유 수유도 바라볼 수 있습니다. 과거 그리고 지금도 어느 정도는 모유 수유가 아기의 생존에 아주 중요한 역할을 하고 있습니다. 그런데 모유 수유는 어머니의 번식 성공률도 올려줄 수 있습니다. 따라서 모유를 대체할 수 있는 제품이 널려 있는 오늘날에도 여전히 모유 수유는 큰 이점을 가지고 있습니다. 어머니에게 전혀 흠이 없는 방법이라고 할 수는 없지만, '상당히 좋은' 방법입니다. 모유 수유가 어머니에게 주는 건강상의 이득에 대해 구체적으로 살펴보겠습니다.

포유류 어미에게 수유는 상당히 비용이 많이 드는 일입니다. 그러나 비

(非)포유류 동물들의 새끼들이 출생 직후에 높은 비율로 사망하는 것과 비교하면, 수유로 인해 얻는 이득이 더 많습니다. 갓 태어난 포유류 새끼는 어미에게 달라붙어 젖을 먹습니다. 기생하는 것과 다름없습니다. 물론 기생의 정의는 "어떤 이득을 주지 않고 도움만을 얻는 것"이기 때문에 정확한 표현은 아닙니다.[18] 어머니도 모유 수유를 하며 얻는 것이 적지 않기 때문이죠. 하지만 모유 수유를 위해서 매일 추가로 필요한 칼로리의 양은 임신 때보다도 많습니다. 그러니 모유 수유의 이득만 취할 수 있다면 분유도 '좋은 대안'이 될 수 있을 것입니다. 하지만 아직도 분유가 이러한 역할을 완벽하게 대신할 수 있을지는 불확실합니다.

모유의 영양학적 가치에 대한 수백 편의 논문과 언론 기사가 넘쳐납니다만 다시 한 번 그 이야기를 반복해보겠습니다. 일단 모유는 인간 종의 성장과 발달을 위해 영양 성분이 최적화되어 있습니다. 따라서 다른 종에게 적합한 젖, 즉 우유를 인간의 아기가 먹는 것은 예상치 못한 부정적 결과를 가져올 수 있죠. 게다가 젖의 성분은 해당 종의 수유 패턴과 밀접한 관련이 있기 때문에 이러한 패턴을 변화시키는 것도 좋은 결과를 낳는다고 하기 어렵습니다. 예를 들어 사자는 사냥 중에 새끼를 떠나 몇 시간이고 돌아다닙니다. 그래서 사자의 젖은 아주 영양분이 많고 열량도 높습니다. 사자의 새끼는 6~8시간 동안 수유를 받지 않아도 배고픔을 느끼지 않습니다. 사자 젖의 약 3분의 1 이상이 지방, 탄수화물, 단백질입니다. 반면에 붉은캥거루 등의 유대류는 늘 새끼를 주머니에 넣고 다닙니다(자궁에서 빠져나온 캥거루 배아는 어미의 젖꼭지와 사실상 융합되어 있습니다). 늘 젖을 먹을 수 있기 때문에 영양분이 풍부하지는 않습니다. 겨우 15%만 영양분이고, 나머지는 물입니다(〈그림 7-2〉 참조).

원숭이나 유인원, 인간과 같은 영장류의 젖도 묽은 편입니다. 즉 아기를

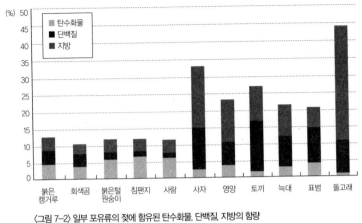

〈그림 7-2〉 일부 포유류의 젖에 함유된 탄수화물, 단백질, 지방의 함량

늘 데리고 다니는 것이 '자연스러운' 양육 패턴이었다는 뜻이죠. 1950년
대 미국 소아과의사들은 4시간마다 수유를 하도록 권유했는데 이는 인간
보다 두 배나 진한, 즉 28%의 영양소를 포함한 토끼의 수유 간격과 비슷
합니다. 포식자의 위협을 피하기 위해서 토끼는 얼른 수유를 하도록 진화
했습니다. 4시간에 한 번씩 새끼를 찾아서 신속하게 수유를 하고 다시 떠
나죠. 그런데 인간은 토끼가 아닐뿐더러 젖도 묽기 때문에 4시간에 한 번
만 젖을 주면 아기는 배가 고픕니다. 인간과 비슷한 유인원이나 원숭이의
경우를 보더라도, 인간은 보다 자주 수유를 하는 것이 적당합니다.

젖의 성분과 수유 행동은 같이 진화했을 뿐 아니라 미량의 영양소도 신
생아의 필요에 맞게 잘 조절되어 있습니다. 한 번의 수유에서도 시기에 따
라 영양 성분 비율이 다릅니다. 처음에는 지방이 적다가 점점 많아지죠. 이
런 특성은 분유가 도저히 흉내 낼 수 없습니다. 게다가 분유의 성분은 아기
가 자라면서 점점 달라집니다. 아기에게 더 필요한 영양소에 맞추어 바뀌
는 것입니다. 인간의 젖은 85%가 물입니다. 자주 주어야 한다는 뜻이죠.

출산 첫 달에는 한 시간에 네 번에서 다섯 번을 주어야 합니다. 즉 어머니는 한 시간에 최소 네 번 정도는 아기를 안게 되는 것입니다. 이렇게 자주 젖을 물리면 배란이 억제됩니다. 배란 억제와 같은 생리적 이익뿐 아니라 잦은 접촉은 아기의 정신사회적 발달도 촉진합니다. 자주 젖을 줘야 하다 보니 어머니와 아기가 최대한 같이 지낼 수 있도록 사회적 시스템도 진화해왔습니다. "무력한 아기를 낳고, 자주 수유하고, 집중하여 양육해야 하는 필요성에 의해서, 인류의 사회적 특성과 인구학적 구조가 빚어진 것입니다."[19]

모유 수유를 받는 아기

모유는 영양학적으로 아주 우수합니다. 효소 및 성장 인자, 호르몬, 면역 인자 등의 단백질, 젖당과 같은 탄수화물, 지용성 비타민과 지방산 등의 지질, 11종의 수용성 비타민, 20종의 미네랄 및 면역 기능과 관련된 세포 등을 함유하고 있습니다. 두뇌 성장에 특히 중요한 긴사슬불포화지방산도 있죠. 아기를 예정보다 일찍 낳게 되면, 모유에 이러한 긴사슬불포화지방산의 함유량이 높아집니다. 미성숙한 아기의 두뇌 발달을 돕는 것입니다.[20] 만삭으로 태어난 아기는 출산 몇 주 전부터 몸에 지방산을 축적해두는데 미숙아는 축적된 지방산이 적습니다. 물론 어린 신생아는 지방을 잘 흡수하지 못합니다. 하지만 모유에는 지방의 흡수를 돕는 효소가 포함되어 있습니다. 다른 종의 젖, 즉 우유 속의 지방이 인간의 신생아에게 잘 흡수되지 못하는 이유입니다.

영장류의 젖은 탄수화물의 함유량이 이상하게 높은 편입니다. 대개는 젖당인데, 몸 안으로 들어가면 곧 포도당으로 바뀌게 됩니다. 영장류, 특히 인간의 뇌는 아주 빠르게 발달하는데, 포도당은 이러한 빠른 성장을 지탱해주는 중요한 역할을 합니다.[21] 최근의 연구에 따르면 모유 수유를 받은 신생아가 더 우수한 인지 발달 능력을 보였는데 이러한 효과는 십대까지 지속되었습니다. 긴사슬불포화지방산도 이러한 뇌와 인지 기능의 발달에 아주 중요한 역할을 하죠. 1966년부터 1996년 사이에 시행된 잘 설계된 20개의 대조군 연구에 의하면, 모유 수유 기간이 길수록 인지 발달에 긍정적인 영향을 미쳤고, 이러한 효과는 초기 신생아기부터 청소년기까지 지속되었습니다. 일반적인 인지 발달 외에도 향상된 시각 능력, 보다 이른 운동 기능의 성숙, 더 적은 행동 문제 등 다양한 이점이 보고되었습니다. 특히 다른 방법으로는 긴사슬불포화지방산을 보충할 길이 없는 조산아에게서 모유의 효과가 두드러졌습니다.

모유 수유와 지능과의 관련성에 대해서는 논란이 있습니다. 여러 상반된 보고들이 있습니다. 한 연구에 의하면, 지능이 높은 어머니가 모유 수유를 더 많이 하는 경향이 있었다고 합니다. 지능은 유전성이 있기 때문에 모유 수유를 받은 아기의 지능이 높아지는 것처럼 보이지만 사실은 어머니 머리를 닮은 것뿐이라는 주장입니다.[23] 모유 수유보다는 부모로부터 제공받는 정서적 지지나 학문적 자극에 대한 기대 수준 등 집안 분위기가 더 많은 영향을 미친다는 보고도 있었습니다.[24] 여러 증거를 종합해보면, 모유 수유는 두뇌 발달에 긍정적인 영향을 미치는 것으로 보입니다. 그러나 최근의 연구 결과에 의하면, 안타깝게도 모유 수유를 하지 못한 어머니들이 너무 실망할 정도는 아닌 것 같습니다.[25]

모유 수유를 받으면 제2형 당뇨병이나 비만, 고혈압, 암 등 다양한 성인기 질병을 예방해준다는 보고가 늘어나고 있습니다. 예를 들어 피마(Pima) 아메리카 원주민은 제2형 당뇨병 유병률이 세계에서 제일 높습니다. 그런데 최소 2달 이상 모유 수유를 한 경우 당뇨병 유병률이 상당히 줄어들었습니다.[26] 캐나다 지역의 원주민을 대상으로 한 연구에서, 모유 수유는 제

2형 당뇨병의 위험을 줄여주었습니다. 호르몬의 차이 및 모유 수유로 인해 최적의 체중을 유지하게 된 것이 당뇨병의 위험을 줄인 것으로 보입니다. 모유 수유를 하면 과체중도 줄어든다는 보고가 있습니다.[28] 모유 수유를 받은 아기들이 보다 날씬한 것을 생각하면 당연한 일인지도 모르죠. 이런 보고가 다른 인구 집단에서도 확인된다면 모유 수유를 권장하는 것이 세계적인 비만 문제를 해결하는 데 도움이 될지도 모릅니다. 물론 첫 6개월 동안의 모유 수유에 의해서 평생 동안의 체중이 결정된다는 주장은 좀 과장되었을 수도 있겠습니다만.

이뿐만 아닙니다. 첫 6개월 동안 모유 수유만을 받은 아메리카 원주민은 혼합 수유(분유나 동물의 젖 등)를 한 경우보다 더 양호한 콜레스테롤 수준(높은 고밀도 지단백질(HDL) 수준과 낮은 저밀도 지단백질(LDL) 수준)을 보였습니다. 초기 소아기의 모유 수유 여부가 관상동맥 질환에도 영향을 미치는 것입니다.[30] 게다가 영국에서 무려 65년 동안 지속한 추적조사 연구에 의하면, 모유 수유는 동맥경화증의 위험을 줄이는 것으로 나타났습니다.[31] 총 17,000명이 넘는 피험자를 대상으로 한 15개의 연구를 종합해보면 모유 수유는 약간 낮은 수축기 및 이완기 혈압과 관련이 있었습니다.[32] 비록 작은 차이지만 "고혈압의 유병률을 17%, 관상동맥 질환의 빈도를 7%, 뇌졸중이나 중풍의 빈도를 15%" 줄여주었습니다.[33] 물론 이러한 보고와는 아주 다른 결과를 내놓은 연구들도 있습니다. 하지만 모유 수유의 의지를 다지고 싶은 여성이라면 그 의지를 북돋아줄 연구 결과들이 무궁무진합니다.

〈표 7-1〉은 9개월간의 임신 기간 및 생후 9개월간의 신생아기 동안 어머니에게 추가로 필요한 영양소를 비교하고 있습니다. 이 표를 보면 수유가 임신보다 더 '비싼' 작업임을 알 수 있습니다. 특히 칼로리는 거의 두 배나 들고, 비타민 A도 많이 필요합니다. 사실 임신 중에 더 많이 필요한 영

영양학적 요구 사항	임신(9개월 총합)	수유(9개월 총합)	특별히 필요한 부분
열량(kJ)	340,000	676,620	대뇌 발달
비타민 C(mg)	18,900	19,800	
비타민 B1 혹은 티아민(mg)	389	405	
비타민 B2 혹은 리보플라빈(mg)	378	432	
엽산(mug DFE)	162,000	135,000	
비타민 A(mug RE)	234,000	351,000	
비타민 D(mug)	1,350	1,350	골 무기화
비타민 E(mg alpha-TE)	2,700	3,240	
칼슘(mg)	270,000	270,000	골격 발달
인(mg)	324,000	324,000	골격 발달
철분(mg)	8,100		면역 기능
아이오딘 혹은 요오드(mg)	47,250	4,050	갑상선 기능 및 뇌 발달

양소는 엽산과 철분뿐입니다. 모유에는 철분이 부족하기 때문에 생후 몇 개월 동안은 태아 시절에 저장해두었던 철분을 꺼내 써야 합니다. 임신 중에 충분한 철분 공급이 어머니뿐 아니라 신생아에게도 중요한 이유입니다. 앞서 말한 것처럼 철 결핍은 전 세계적으로 가장 흔한 임신 중 영양 결핍입니다. 건강 부국도 예외가 아닙니다. 그래서 출산 이후 6개월이 지나면 철분을 보충하도록 권유하고 있습니다.

초유와 모유의 면역 보호 기능

다른 동물과 마찬가지로 갓 태어난 신생아의 면역 시스템은 그리 좋지 못합니다. 그래서 주로 재태 중 어머니로부터 물려받은 면역 인자에 의존해야만 합니다. 면역 시스템이 발달하기 전 며칠 혹은 몇 주 동안은 모유의 방어기능에도 상당 부분 의존합니다.[34] 사실 어머니 입장에서도 그렇죠. 지난 9개월 동안 엄청난 에너지와 시간을 들인 아기를 그냥 무방비 상태로 병원균이 득실거리는 세상에 내놓는 것은 진화적으로 있을 수 없는 일이죠. 출생 직후에 나오는 초유를 주면 신생아를 상당 부분 보호해줄 수 있습니다. 초유에는 면역 인자가 특히 풍부한데, 이는 이후에 나오는 모유나 혹은 분유가 도저히 따라잡을 수 없는 부분입니다. 게다가 주변 상황(예를 들면 결핵이 유행한다든가 혹은 주혈흡충이 많은 환경이라든가)에 특화된 어머니의 면역 인자가 그대로 아기에게 전달됩니다.[35] 비록 일부 항체는 어머니 혹은 아기에게만 특이적으로 활성화될 수 있습니다만, 포유류에서 관찰되는 이러한 방식의 면역 인자 전달은 진화적으로 아주 오래된 전략입니다. 심지어는 바늘두더지나 오리너구리 같은 단공류에서도 관찰됩니다. 단공류는 유두가 아니라 피부를 통해서 면역 인자를 분비합니다. 새끼가 어미의 피부를 핥아먹죠.

인간의 면역계는 침팬지와 상당히 유사합니다. 그리고 유인원, 구세계 원숭이, 신세계 원숭이 순으로 비슷합니다. 영장류의 진화적 관계와 일치하죠.[36] 진화계통학적인 관계뿐 아니라, 가까운 종간에는 주로 노출되는 미생물의 종류도 비슷합니다. 예를 들어 송아지와 인간의 신생아는 어미와의 관계가 상당히 다릅니다. 그래서 우유와 모유의 면역 성분도 상당한 차이가 납니다. 송아지는 어미 곁에서 비교적 독립적으로 움직일 수 있습니다. 따라서 어미 소가 주로 노출되는 미생물과 새끼가 주로 노출되는 미생물의 종류는 다소 다릅니다. 하지만 영장류의 새끼는 몇 주 동안 어미 곁에 찰싹 붙어 있기 때문에 노출되는 미생물도 거의 같습니다. 우유와 모유

면역 인자	모유	우유
분비형 면역 글로불린 A (Ig A)	++++	+
면역 글로불린 G (IgG)	+	++++
락토페린(lactoferrin)	++++	+
락토페록시다제	+/-	++++
리소자임	++++	+/-

의 면역과 관련된 구성성분의 차이가 나는 이유는 바로 이러한 어머-새끼 관계의 차이에서 기인합니다(〈표 7-2〉).

하지만 궁금한 생각이 듭니다. 왜 신생아는 처음부터 면역계를 완성해서 태어나지 않을까요? 몇 가지 주장이 있습니다. 첫 번째 가설은 어머니 자궁 속에서는 병원균으로부터 충분히 보호받을 수 있기 때문에 면역계를 발달시킬 자원을 전용해서 다른 기관의 발달과 성장에 사용하는 편이 유리하다는 것입니다. 두 번째 가설은 3장에서 언급했던 것처럼, 태아는 어머니로부터 거부 반응을 피하기 위해서 의도적으로 면역계를 발달시키지 않는다는 것입니다. 과거 선조들은 출산 직후 바로 초유를 주었습니다. 따라서 신생아의 면역 기능이 미숙해도 별로 문제가 생기지 않았죠. 게다가 신생아가 직접 면역 시스템을 발달, 유지하는 데 드는 비용을 생각하면, 최대한 어머니 면역 기능을 빌려 쓰는 편이 유리합니다. 절약한 에너지를 뇌나 다른 기관, 즉 어머니로부터 '기생'할 수 없는 부분에 집중 투자하는 편이 현명하죠. 아기가 어머니 곁을 떠나 자기 길을 가기 시작할 때 면역계도 성숙하기 시작합니다.

모유를 먹는 아기들은 설사나 위장관 질병, 상기도(上氣道) 혹은 하기도

(下氣道) 감염이 더 적습니다.[37] 물론 선진국에서 아기들이 이런 문제로 인해 입원을 하거나 죽는 경우는 아주 드물기 때문에, 별로 큰 이점이 아닌 것 같아 보입니다. 하지만 전 세계적으로 5세 이하 소아의 주요 사망 원인 중 하나는 설사, 다른 하나는 급성 호흡기 감염입니다.[38] 생후 2~3년 동안 발생하는 소아 사망의 상당수를 단지 6개월 이상 모유 수유하는 것으로 막을 수 있습니다. 게다가 전 세계적인 소아 사망의 거의 대부분은 영양 결핍이나 영양실조와 관련됩니다. 역시 모유 수유를 통해서 조금은 개선할 수 있습니다. 영양 상태가 양호한 신생아나 소아는 이런 병에 잘 걸리지 않고 설령 걸리더라도 곧 회복합니다.[39]

모유 수유는 천식 예방 효과도 있습니다. 게다가 용량-반응관계가 있는데, 다시 말해 많이 주면 더 높은 예방효과가 있습니다. 9개월 이상 모유 수유를 하면 좋습니다.[40] 전 세계적으로 하늘 높은 줄 모르고 치솟는 천식의 발병률은 비만이나 호흡기 감염 그리고 모유 수유율의 감소와 관련이 있습니다. 모유를 먹으면 덜 비만해지고 호흡기 감염도 줄어들기 때문에 천식도 덜 걸리는 것입니다.[41] 게다가 모유를 먹으면 다른 음식물에 노출되는 일이 줄어들기 때문에 천식이 감소할 가능성도 있습니다.

인류학자 캐럴 위스먼과 톰 맥데이드는 어머니의 태반과 모유를 통해서 전달되는 면역 보호 효과가 라마르크 진화(Lamarckian evolution)*의 전형적인 예라고 하였습니다. 아기가 가진 자신만의 면역 능력(자연 선택 혹은

---

* 라마르크 진화란 용불용설이라고도 한다. 환경에 적응하면서 얻은 획득 형질이 그대로 자식에게 전달된다는 이론이다. 예를 들어 높은 곳에 있는 잎사귀를 먹기 위해 목이 길어지면서, 그 형질이 새끼에게 전달되어 기린이 진화했다는 식의 주장이다. 하지만 다윈 진화, 즉 자연 선택에 의한 진화 이론에 밀려 상당 기간 라마르크의 이론은 잘못된 것으로 간주되었다. 그런데 최근 현대 진화학의 발전에 따라 라마르크의 이론이 작동 가능한 몇 가지 예외적인 경우가 밝혀지면서, 재조명받고 있다.

다윈 진화에 의한 결과)을 미처 시작하기도 전에, 어머니의 면역 인자가 활동을 시작하기 때문입니다.[42] 모유 수유 관행은 문화적 규범에 의해 상당한 영향을 받기 때문에 결국 문화가 신생아기 면역 기능 발달에 영향을 미친다는 뜻이 됩니다. 즉 문화적 차이가 흉선 크기의 차이를 유발하는 것이죠. 문화가 건강에 아주 중요하다는 것은 상식이지만, 면역 기능에 직접 영향을 미칠 수 있다는 것은 신선한 주장입니다. 그리고 자식의 일생 동안의 건강에 큰 영향을 미칠 수 있는 모유 수유 여부를 많은 여성들이 충분한 고민도 없이 결정하고 있는 현실이 우려스럽기도 합니다.

영양상의 이점 혹은 면역 보호 등의 이점 이외에도 모유 수유의 이득이 또 있습니다. 아기가 빨기를 하면 위장관 호르몬이 유리(遊離)됩니다. 따라서 에너지 흡수와 이용도가 최적화됩니다. 즉 같은 양의 열량을 카테터를 통해 공급할 때보다 더 효과적인 성장이 가능합니다.[43] 콜레시스토키닌(cholecystokinin)과 같은 호르몬은 수면을 유도하는데, 이는 에너지를 절약하게 해주는 효과가 있습니다.[44] 신경생리학자 케르스틴 우브뇌스-모베르히(Kerstin Uvnäs-Moberg)에 의하면, 인공 젖꼭지는 생리적 기능에 도움이 된다고 합니다. 비록 인공 젖꼭지의 부정적인 면도 적지 않지만, 진화적인 면에서 우리 선조들은 (아기 시절에) 어머니 젖을 아주 자주 빨았기 때문입니다. 모유 수유 행동의 변화가 단지 우연한 결과가 아니라는 증거들은 더 많습니다.

모유 수유, 그치지 않는 아기의 울음

현재의 모유 수유에 대한 권고는 소아과의사나 육아 전문가들이 1950년대에 주장했던 조언과는 상당히 다릅니다. 사실 육아에 대한 권고는 과거와는 많이 달라졌습니다. 대표적인 것이 바로 우는 아기를 달래지 말라는 조언이죠. 과거에는 우는 아기를 안아서 달래지 말고 '울다 지쳐 그만 둘' 때까지 내버려두라고 했습니다. 게다가 많은 부모들이 아기는 '원래' 우는 것이고, 그게 '정상'이라고 생각합니다. 아기가 있는 집이면 으레 일어나는 대수롭지 않은 일이라고 여기죠. 그러나 진화적인 입장에서 보면 전혀 사실이 아닙니다. 과거에는 아기가 매일 오랫동안 울 수 없었을 것입니다.[45] 아기가 우는 이유는 세 가지입니다. 아프거나 배고프거나 혼자 있거나. 과거에는 어머니가 아기를 늘 업거나 안고 다녔기 때문에 아기가 배고프거나 혹은 혼자 있는 일이 거의 없었습니다. 아기가 원하는 것을 즉시 '대령'할 수 있었죠. 그러니 과거 조상들에게 아기가 우는 원인은 단 하나뿐입니다. 아파서 우는 것인데, 아픈 아기를 그냥 내버려둘 수는 없는 일이죠. 왜 아파하는지 즉시 확인해야 합니다. 실제로 인간을 제외한 다른 영장류는 거의 울지 않습니다. 어머니를 떠날 일이 거의 없기 때문입니다.

심리학자 닉 톰슨(Nick Thompson) 등은 과거에 아기의 울음은 어머니가 모유를 제대로 주지 못한다는 것을 다른 이에게 알리는 기능을 했을 것이라고 주장합니다.[46] 예를 들면 어머니가 불안과 공포로 인해 정서적 스트레스를 받는 상황 등입니다. 아기는 울어서 부족 안의 다른 여성이 이를 듣고 '유모' 역할을 자청하게 한다는 것이죠. 사실 과거에 모유 수유를 하지 않는 여성은 거의 없었을 테니 아기가 배가 고프다는 것은 어머니에게 뭔가 심각한 상황이 벌어졌다는 뜻입니다. 배고플 때 울지 않는 아기는 아마 목숨을 구하기 어려웠을 것입니다. 이 주장에 따르면 아기의 울음은 어머니를 향한 것이 아니라 집단 안의 다른 유모를 향한 것입니다. 물론 어머니 젖이 아니라 다른 여성의 젖을 빨면 결국 어머니 젖이 더 안 나오는 문제는 있었을 것입니다.

아기를 최대한 울지 않도록 잘 달래는 것이 주는 진화적 이득은 또 있습니다. 우는 아기가 있다는 것은 그 집단 안에 어떤 이유로 젖을 주지 못하는 엄마 그리고 배고픈 아기가 있다는 뜻이고, 유모를 자청할 여자도 없다는 의미입니다. 포식자에게는 아주 매력적인 상황이죠. 게다가 계속 울면 많은 사람들이 짜증스럽게 됩니다. 자칫하면 학대를 당할 수도 있습니다. 아기를 잘 달래는 것이 이러한 직접적 학대를 막는 방법입니다. 실제로 미국에서 아동 학대나 영아 살해의 주요 원인 중 하나가 바로 그치지 않는 울음소리입니다.[47]

우는 행위는 에너지가 아주 많이 듭니다. 갓난아기는 에너지를 충분히 비축하는 것이 아주 중요하기 때문에 우는 아기를 그냥 두는 것은 이상한 일입니다. 특히 과거에는 아프거나 위험에 처한 경우에만 아기가 울었을 테니, 집단의 누군가가 즉시 무슨 일이 일어났는지 알아보려고 했을 것입니다. 배고픔이나 외로움처럼 간단하게 달랠 수 있는데도 아기를 울게 내버려둔다면 아마 마을에 아기 울음이 그치지 않았겠죠. 그러면 정말 아파서 우는 아기도 무시당할 가능성이 높아졌을 것입니다.[48] 양치기 소년처럼 말이죠. 아기를 늘 곁에 두고 배고프다고 하면 바로 젖을 주는 행동 양식은 아마 호미닌 선조 여성의 번식 성공률을 증대시켜주었을 것입니다. 그리고 이것은 현재도 마찬가지입니다. 어머니는 한 시간 후에 아기에게 가서 모유든 분유든 줄 테니 괜찮다고 생각하겠지만, 아기는 자신이 얼마나 오랫동안 굶주리게 될지 혹시 어머니가 죽은 것은 아닌지 알지 못하기 때문입니다.[49]

현대 사회에서 어머니가 경험하는 정서적 스트레스도 이런 측면에서 살펴볼 수 있습니다. 산모의 어머니나 친구 심지어는 일부 의료진들도 이러한 조언을 하곤 합니다. 모유 수유는 세 시간 혹은 네 시간에 한 번만 해라, 혹은 아예 모유 수유를 하지 마라, 아기는 요람에 넣어 다른 방에서 재워라, 아기가 울어도 제 풀에 지칠 때까지 그냥 두어라 등등. 이런 식으로 키워지는 아이들은 영아 산통 혹은 배앓이*를 자주 하게 됩니다. 특별한 원인도 없는데 자주 끊임없이 울고 잘 달래지지도 않죠. 이런 행동은 정말 부모를 지치게 만듭니다. 스트레스로 녹초가 된 어머니는 아마 젖이 부족해서 아기가 계속 운다고 생각하고, 모유 수유를 중단하는 잘못된 결정을 내리곤 합니다.

진화적인 견지에서 배앓이는 다음과 같이 설명합니다. 아기가 기대하는 수준으로 어머니가 대해주지 않기 때문에 생기는 불만족, 즉 아기의 요구와 어머니의 대응이 불일치하기 때문에 일어나는 현상입니다. 소아과의사 론 바(Ron Barr)의 정의에 의하면, 배앓이는 아기가 '가진' 문제가 아니라 어머니에게 원하는 것을 해달라며 아기가 '하는' 행동입니다.[50] 혼자 남겨지는 바람에 열심히 울음을 터트린 아기는 아마 부모가 곧 그 사실을 알아차리고 아기를 챙겨주었을 것입니다. 그러므로 진화적으로 이러한 행동 반응이 후손에게 전해지게 되었습니다.

하지만 끊임없이 우는 아기를 보는 부모의 삶은 정말 지옥입니다. 부모는 자신이 제대로 부모 역할을 못 하는 것 같아 자신감이 떨어지고 우울해집니다. 이는 다시 부모-자식 애착 반응에 부정적인 영향을 미치게 됩니다. 많은 경우 배앓이를 해결하는 방법은 어머니의 육감뿐입니다. 아기를 '독립적으로' 길러야 한다는 식의 조언이나 응석받이가 될 수 있으니 그러면 안 된다는 충고를 무시하고 아기에게 다가가 안아주어야 합니다. 진화적인 의미에서 말하자면, 보다 융통성 있는 건강하고 적절한 양육 행동을

---

* 영아 산통(baby colic)은 우리말로 배앓이로 번역되지만, 배가 아픈 것과는 큰 관련이 없다. 의학적으로는 하루에 세 시간 이상, 일주일에 사흘 이상 특별한 원인이 없는 울음을 3주 이상 지속할 때, 영아 산통으로 정의한다.

하도록 권유합니다. 육아 지침서에 전형적으로 제시되는 조언과 다르더라도 말이죠. '어머니의 직감에 귀를 기울여라'라는 대략의 철칙만 지키면 수많은 육아 스트레스를 줄일 수 있을 것입니다.[51]

그치지 않는 울음은 아기의 건강에도 큰 해가 됩니다.[52] 에너지가 많이 들기 때문에 아직 호흡기계의 기능과 대사 능력이 완전하지 않은 첫 몇 주 동안에는 특히 문제가 될 수 있습니다. 게다가 신생아가 너무 오래 울면 지칠 뿐 아니라 산소 공급도 적어집니다. 실제로 많은 아기들은 생리적인 한계 이상으로 울곤 합니다.[53] 지나친 울음은 위장관에도 무리를 주는데 특히 3개월 이상 된 유아에게 문제가 됩니다. 혹은 너무 울어서 젖도 제대로 빨지 못하는 경우도 문제가 될 수 있습니다.[54] 유아에게 빈발하는 위-식도 역류 질환, 즉 '위산 역류'는 "문화와 신체의 부조화"에 의한 것이라는 가설이 있습니다.[55] 모유 수유, 수면 패턴, 부모의 책임감 및 양육 행동 등에 영향을 주는 생문화적 요인이 영아 위-식도 역류 질환의 '원인'입니다. 예를 들어 3~12개월 사이에 일어나는 역류 질환의 약 절반은 우유에 대한 아기의 부정적 반응에 의해 일어납니다. 진화적 차원에서 이러한 문제를 '치유'하는 방법은 아기가 기대하는 대로 해주는 것이죠. 다시 말해서 오랜 진화적 역사 동안 인류가 늘 해오던 방식, 즉 우유 대신 모유를 주는 것입니다. 사실 이런 방법으로 아기의 지나친 울음을 달랠 수만 있다면 어머니의 (그리고 다른 가족들의) 웰빙 수준도 더 나아질 것입니다.

여러 연구에 의하면, 분당 50회 이상으로 흔들어주면 우는 아기를 달랠 수 있습니다.[56] 이는 인간이 느리게 걸을 때 흔들리는 정도와 비슷합니다. 즉 수백만 년 동안 어머니가 아기를 업거나 아기 띠에 싸서 안고 다니며 채집 활동을 했던 것을 반영하는지도 모릅니다. 아기를 업고 다니며 리듬감 있게 흔들어주면 아기의 발달이 촉진된다는 가설이 있습니다. 오늘날의 전기 바운서나 스윙도 비슷한 속도로 움직입니다. 심지어 너무 칭얼대는 아기를 달래기 위해서 "덜덜거리는 세탁기 위에 아기를 올려놓는" 부모들도 있습니다.[57]

생후 3개월이 되면 아기의 울음 패턴이 바뀌게 됩니다. 인류학자 조지프 솔티스(Joshep Soltis)는 아기의 울음에 대한 또 다른 인류학적 가설을 제시했는데, 바로 생후 몇 달 동안의 '건강한' 울음은 자신이 건강하니 충분히 양육 투자할 만한 가치가 있다는 것을 부모에게 알리는 기능이 있다는 것입니다.[58] 솔티스는 초기 신생아기의 아기 울음이 가진 음향 특성을 분석했습니다. 만성 질환을 시사하는 약한 울음 혹은 과도하게 높거나 낮은 높이의 비정상적 울음소리에 대한 부모의 반응은 강하고 거친 울음에 대한 반응과 다르다는 것을 밝혔습니다. 즉 영아 방임 혹은 살해는 주로 약한 아기의 울음소리를 들으면 일어난다는 것입니다. 어머니 입장에서는 일생 동안의 번식성공률을 높이기 위해서, '손절매'(損折賣) 전략, 즉 살아남을 가능성이 적은 아기를 희생하는 전략을 취할 수 있습니다. 실제로 학대 혹은 방임에 의해 희생되는 아기들은 종종 만성 질환을 앓고 있는 경우가 흔합니다. 아마 '건강하지 못한 울음소리'를 냈을 것입니다.

또 다른 독특한 가설도 있습니다. 아기가 우는 것은 단지 부모에게 뭔가 해달라는 신호 이상의 기능을 한다는 가설입니다. 영장류학자 킴 바드(Kim Bard)에 의하면, 너무 많이 우는 아기는 두뇌 발달이 지연되는 경향이 있었다고 합니다. 특히 시각중추의 발달이 지연되었습니다.[59] 아기의 두뇌 발달을 위해서는 적절한 외부 자극이 필요합니다. 즉 부모가 적절한 자극을 주지 못할 때, 스스로 울음을 통해서 "뇌를 깨우는 데 필요한 수준"의 자극을 주려고 한다는 것입니다.[60] 전통적인 수렵 채집인이나 인류의 선조들은 항상 아기를 데리고 다녔습니다. 따라서 자극이 부족할 일이 없고 울 '필요'도 없다는 것이죠. 마지막으로 울음이 언어 진화와 관련된다는 가설도 있습니다. 고인류학자 딘 팔크(Dean Falk)는 인간이 다른 영장류보다 많이 우는 이유를 언어와 관련하여 설명하고 있습니다.[61]

어머니를 위한 모유 수유

번식 성공률의 차원 이상으로, 모유 수유는 어머니의 건강에 아주 큰 이득이 있습니다. 모유를 주면 엔도르핀과 옥시토신이 분비됩니다. 기분이 좋아질 뿐 아니라 아기와 긍정적인 상호 관계를 촉진시켜주는 호르몬이죠. 애착이 더 잘 일어나게 됩니다. 진통과 출산으로 지친 몸의 회복을 돕고 스트레스도 줄여줍니다.[62] 임상 의사인 미리엄 롭복(Miriam Lobbok)은 모유 수유가 "여성의 건강을 위한 예방적 방법"이며 "출산의 마지막 과정"이라고 하였습니다.[63] 앞서 언급한 것처럼, 출산 직후의 모유 수유는 산후 출혈을 줄이는 가장 좋은 '자연적' 방법 중 하나입니다. 그리고 모유 수유를 계속하면 자궁은 임신 전 상태로 되돌아가고, 몸무게도 역시 임신 전 상태로 되돌아갑니다.[64] 조산사들은 항상 신생아가 어머니 젖꼭지를 물고 있도록 독려합니다. 병원에서 분만을 돕는 산부인과 의사와 달리 조산사에게는 산후 출혈을 막는 약물이 없습니다. 그래서 경험적으로 모유 수유가 주는 이득을 알고 있는 것입니다.

출산 후 어머니의 몸은 자동적으로 수유를 위해서 에너지 할당을 시작합니다. 과거에는 모든 여성이 모유를 주었기 때문에 당연한 일입니다. 마치 임신 기간처럼 여성의 몸은 가능한 한 모든 자원을 허투루 쓰지 않으려고 합니다. 특히 젖꼭지를 자극하면 나오는 옥시토신은 영양이 부족한 환경에서도 아기를 위해 가능한 한 많은 자원을 몸에 비축하도록 해주는 역할을 합니다.[65] 임신 중에 체중이 느는 이유 중 하나는 모유 수유에 필요한 열량을 미리 몸에 저장해두려는 것입니다.[66] 근육에서 발생하는 열 생산을 줄이고 엉덩이나 허벅지에 지방 형태로 에너지를 변환해두는 것이죠.[67] 그런데 오늘날에는 이러한 잉여 지방이 건강상의 문제가 되고 있습니다. 비축된 지방을 모유로 바꾸어 아기에게 주는 것이 그냥 지방을 몸에 두어 동맥이 막히게 하는 것보다는 더 현명한 일입니다.[68] 이러한 에너지 절약 모드는 수유 기간 중 필요한 에너지 요구에 대비하는 것입니다. 게다가 빨기 행위는 여성의 위장관 생리작용을 조절하는데 에너지가 갑자기 필요할 때를 대비해서 미리 저장할 수 있도록 해줍니다.

심장 질환과 관련해서 모유 수유를 선택한 여성의 건강은 보다 양호했습니다. 1986년부터 2002년 사이에 약 96,000명을 대상으로 한 미국 수유 건강 조사에 의하면, 일생 동안 최소 2년 이상 모유 수유를 한 여성은 심근 경색을 앓을 가능성이 19% 적었습니다.[69] 모유를 오래 주면 줄수록 제2형 당뇨병의 발병률도 줄어들었습니다.[70] 빈혈도 경감시켜주고 방광 등 감염도 줄어들었습니다. 폐경 후 척추 혹은 고관절 골절의 위험도 감소했습니다.[71] 흥미롭게도 모유 수유는 단기적으로 어머니의 뼈에서 칼슘을 빼앗아가지만 정말 골다공증이 문제가 되는 생애 후반에는 골절 예방에 도움을 주었습니다.

유방암과 난소암의 위험성도 감소합니다. 오래 주면 줄수록 유방암의 위험성이 줄어드는데, 6년 이상 모유 수유를 한 여성은 한 번도 모유를 주지 않은 여성에 비해 유방암 발병률이 3분의 1에 불과했습니다.[72] 건강 부국과 건강 빈국 간의 유방암 발병률이 크게 차이가 나는 이유는 아마 모유 수유의 비율과 기간이 다르기 때문인지도 모릅니다.[73] 자궁내막암도 줄어들었습니다. 폐경 이후에는 확실하지 않지만 최소한 폐경 시기까지는 내막암의 발생률이 감소하는 것으로 보입니다.[74] 암 발생이 줄어드는 이유는 모유를 주는 여성의 배란 횟수가 줄어들기 때문이죠(2장 참조).

물론 모유 수유가 공짜는 아닙니다. 너무 오랫동안 수유를 하면 다음 아기를 임신할 수 없는데다 이른바 '모성 소진'(maternal depletion)에 빠지게 됩니다. 특히 먹을 것이 충분하지 않은 지역에 사는 여성에게는 큰 문제가 됩니다. 식량이 충분하지 않은 지역의 여성은 선택을 해야 합니다. 수태 간격을 늘리는 방법으로 임신 및 수유의 스트레스를 최소화할 것인지 혹은 모유 수유를 단축하는 방법으로 소진을 피할 것인지 말이죠.[75] 이런 선택의 기로에 놓일 정도로 영양 사정이 좋지 않다면 모유가 아기에게 주는 면역상의 혹은 영양상의 이익도 줄어듭니다. 모유 수유를 중단하는 것이 이득이 되는 경계는 인구 집단별로 많이 다르지만, 주로 가용한 자원의 양, 어머니의 노동량, 병원체의 노출 정도, 사회적 지지 체계 등에 따라 좌우됩니다. 예를 들어 건강 부국과 같이 병원체가 적은 환경에서는 병원균이 만연한 환경에 비해서 트레이드오프의 경계가 많이 내려갑니다. 다시 말해, 어지간하면 모유 수유가 손해 볼 일이 없다는 것이죠. 톰 맥데이드와 캐럴 워스먼은 "지역적인 문화적 생태 환경은 트레이드오프와 관련된 상황에 영향을 줄 수 있는데, 특히 모유 수유의 패턴과 아기 및 어머니의 건강을 결정할 수 있다"라고 지적합니다.[76] 지역적인 상황을 고려하지 않고, 무조건 모유 수유나 영양 보충제 등을 권장할 수는 없다는 것입니다.

왜 모유 수유를 하지 않는가?

〈표 7-3〉은 모유 수유의 이득을 정리한 표입니다. 2000년 이후에 출판된 과학적 연구들을 정리한 것입니다. 정말 깜짝 놀랄 정도로 많은 이득이 있습니다. 아주 예외적인 상황이 아니라면 모유 수유를 하지 않을 이유가 전혀 없어 보입니다. 건강 부국에서도 모유 수유는 신생아의 건강에 예방

적인 효과가 있습니다. 모유 수유를 받으면, 그렇지 않은 경우에 비해서 호흡기 감염으로 병원에 입원할 가능성이 3.5배나 낮습니다. 설사는 2배, 중이염 등 귀의 감염은 1.6배 감소하죠. 소아기 비만의 가능성도 줄어듭니다.[77] 모유 수유의 예방적 효과에 대해서 많이 알려지고 있음에도 불구하고 수많은 여성들이 모유 수유를 하지 않거나 권고보다 일찍 중단합니다.

〈표 7-3〉 유아와 어머니에게 주는 모유 수유의 장점

모유 수유의 장점	출처
흉선 크기의 증가: 림프구 생산 촉진을 통한 면역기능의 강화	Hasselbalch et al., 1996, 1999
생리활성물질	
모유 내 면역글로불린(Ig): 특히 면역글로블린A(IgA)는 어머니와 유아의 즉각적 환경에서 오는 항원을 방어	Hamosh, 2001 및 논문 내 참고문헌
유리산소를 처리하는 비타민: 항염증 작용	
락토페린과 철—항감염(특히 대장균과 이질균)	
모유단백질 카세인—세균 감염을 방어(특히 연쇄상구균과 헤모필루스균)	
소화기관 성숙을 촉진	
위장기관의 재생을 촉진하고 예방접종에 대한 반응을 강화시킬 수 있는 뉴클레오티드	
소화기능을 향상시키는 효소들	
성장과 발달을 촉진하는 호르몬이나 성장인자들	
프로락틴—영아기 및 그 이후 시기에 신경내분비계통 발달을 조절	
젖병이나 물, 음식물 내의 오염원과의 접촉 제한	Heinig, 2001 및 논문 내 참고문헌
예방접종에 대한 반응 강화	

모유 수유의 장점	출처
설사, 기타 소화기계 질병 및 탈수의 발생률 감소	
호흡기계 질환 감소	
중이염 및 요로감염 감소	
영아 돌연사 증후군(sudden infant syndrome)의 감소	McKenna, Mosko, and Richard, 1999; Alm et al., 2002
제1형 당뇨병, 셀리악병(celiac disease), 염증성 장질환, 아토피성질환, 다발성경화증, 비만, 크론씨병과 같은 만성 질환에 대한 보호효과	Davis, 2001 및 논문 내 참고문헌
동맥경화로 인한 사망률을 완화	Martin et al., 2005
초기 영아기의 우수한 지질 프로파일	Harit et al., 2008
천식 발생률 감소	Oddy et al., 2004; Dell and To, 2001; Oddy, 2004
소아기 백혈병 및 림프종에 대한 보호효과	Bener, Denic, and Galadari, 2001
어머니의 생식능력을 억제하여 적절하게 출생 간격을 연장	다양
우수한 인지발달	
우월한 시각 기술 · 조기 운동발달 · 후기 행동문제의 감소	Anderson et al., 1999 및 논문 내 참고문헌(Der et al, 2006; Jacobson and Jacobson, 2006)
제2형 당뇨병의 발생률 감소	Pettitt et al, 1997; Young et al, 2002, Simmons, 1997
과체중의 위험성 감소	Harder et al., 2005
생애 후반 수축기 및 이완기 혈압의 감소	Martin et al., 2005
상향 사회이동성 증가	Martin et al., 2007
신장 증가	Martin et al., 2002
우수한 시력	Chong et al., 2005
조현병 발생 위험 감소	Sorensen et al., 2005
전반적인 면역 기능 강화	McDade, 2005

모유 수유의 장점	출처
모유 수유가 어머니에게 갖는 이점	
산후 출혈 방지	Heinig and Dewey, 1997 및 논문 내 참고문헌
신속한 산전 체중 복귀	
유방암 발생률 감소	Collaborative Group on Hormonal Factors in Breast Cancer, 2002; Heinig and Dewey, 1997; Zheng et al., 2000
빈혈, 방광 및 기타 감염의 중증도 약화	Labbok, 2001 및 논문 내 참고문헌
골다공증 및 관련 골절의 위험도 감소	Wolf, 2006 및 논문 내 참고문헌; Huo, Lauderdale, and Li, 2003
동맥경화 및 심장마비 위험도 감소	Stuebe, 2007
제2형 당뇨병 발생률 감소	Steube et al., 2006

이는 사소한 문제가 아닙니다. 사실 과거 사회에는 모유 수유를 할지 말지 결정할 것도 없었습니다. 다른 대안이 없었으니까요. 예전에는 어디서나 모유 수유하는 여성을 쉽게 볼 수 있었지만 아기에게 모유가 좋은지 혹은 모유가 어떤 이점이 있는지에 대해서는 관심도 없었죠. 모유 수유에 대해서 사회적 관심이 높아진 것은 아주 최근의 일입니다.

2008년 미국 소아의학회는 최소 첫 6개월간은 모유 수유만 하도록 권고하고 있습니다. 사실 미국 여성의 80%가 모유 수유를 시작하지만 약 절반만이 6개월 동안 모유 수유를 유지합니다. 게다가 전적으로 모유 수유만을 6개월 동안 유지하는 경우는 더 적습니다. 거의 혼합 수유를 하죠. 하지만 너무 일찍 혼합 수유를 하는 것은 그 이후의 수유에도 좋지 않은 영향을 미칩니다.[78] 왜 소아의학회 권고를 따르지 않는 것일까요? 아마 소아의학회의 메시지가 별로 마음에 와 닿지 않는데다 모유 수유를 그다지 할 필요가 없다는 어머니 혹은 할머니의 조언에 더 귀를 기울이기 때문인지도 모릅니다.* 미국에는 모유 수유에 대한 적절한 롤 모델이 거의 없습니다. 라 레체 리그와 같은 모유 수유 지지단체가 활동을 하고 있지만, 역부족입니다.

혼합 수유를 하거나 모유를 중단하는 가장 흔한 이유는 모유가 부족해서 아기가 만족하지 못한다는 것 때문입니다. 그러나 앞서 말한 것처럼 '부족한 모유'는 사실 문화적인 상황에 의해서 왜곡된 현상입니다. 생물학적으로는 어머니의 모유가 부족할 리 없습니다.[79] 예를 들어보겠습니다. 자신의 아기가 성장 차트를 충실히 따르거나 심지어 더 빨리 성장하는 것을 자랑스럽게 여기는 어머니라면, 아마 3개월이 지나면서 걱정이 많아질 것입니다. 모유 수유아는 분유 수유아에 비해서 출생 후 3개월이 지나면 성장 속도가 눈에 띄게 느려집니다. 성장 차트에 비춰 봐도 성장이 지연된 것처럼 느껴집니다. 사실 현재 사용하는 성장 차트라는 것이 과거 분유 수유가 만연할 때 작성된 것이기 때문에 당연한 일입니다. 성장 곡선의 아랫부분에 위치한 아기의 체중을 보면서 많은 어머니들은 혼합 수유를 결심하게 됩니다.[80]

수유 행동에 영향을 미치는 다른 요인은 바로 직장 복귀 시점입니다.[81] 모유 수유를 하면 사회적으로도 민망하고 신체적으로도 불편합니다. 젖꼭

---

* 한국의 상황에서는 모유 수유를 하지 말라고 조언하는 할머니를 생각하기 어렵지만, 미국은 이미 100여 년간 분유 수유가 지배적이었기 때문에 수유 관행에 대한 사회적 분위기가 많이 다르다. 지금의 할머니가 아기를 낳고 키우던 20세기 중반에는 미국의 모유 수유율이 2%까지 떨어진 적도 있다.

지가 따끔거리죠. 일상적인 업무가 어렵습니다.[82] 사실 모유 수유에 대한 책은 대개 모유의 이점 및 모유 수유 방법에 대해서 다루고 있습니다. 하지만 지금 중요한 문제는 그런 것이 아닙니다. 현대 사회의 여러 사정은 도무지 모유 수유를 할 환경이 안 된다는 것이 문제입니다. 과거 인류는 경험하지 못했던 상황입니다.

모유 수유를 하기 어려운 목록을 만들자면 한도 끝도 없습니다. 정보의 부족, 모유 수유를 독려하지 않는 의료진이나 가족, 친구 혹은 사회적 분위기가 그 목록의 맨 위에 있을 것입니다. 직장 복귀도 흔한 이유입니다. 사실 모유 수유가 직원 및 직원의 아기 그리고 전체 사회에 주는 이득을 생각하면 직장에서 모유 수유가 가능하도록 여건을 만들어주는 것이 반드시 필요합니다.[83] 미국에서는 유방이 성적인 대상이며, 이유야 어떻든 간에 공공장소에서 유방을 드러내는 것은 외설적인 것으로 취급되고는 합니다.[84] 사실 이 책을 쓰고 있는 바로 지금, 켈리 로만(Kelli Roman)이라는 여성이 자신의 아기에게 모유 수유를 하는 사진을 페이스북에 올린 사건이 한 지역 신문의 1면을 장식했습니다. 이 사진은 유방을 "외설적인 포르노그래피, 혹은 성적 도발을 위한" 대상으로 보는 정책에 반대하기 위해 포스팅된 것입니다. 모유 수유를 성적인 것으로 해석하는 이런 분위기에 반대하기 위해 켈리는 이 기사와 관련하여 지지자들을 모았는데, 벌써 거의 10만 명에 달하는 사람들이 찬성의사를 표시했습니다. '현실의 모유 수유'(virtual nurse-in)라는 또 다른 캠페인을 통해 11,000명이 넘는 사람들이 모유 수유 장면을 사진으로 찍어 페이스북에 올리고 있습니다.[85] 이러한 계몽 운동에도 불구하고 아직 미국에서 공공장소 모유 수유는 잘 받아들여지지 않습니다. 분유 회사에서 주도하는 신뢰도가 의심스러운 연구 결과나 광고, 무료 샘플도 여성들이 모유 수유를 하지 않게 만드는 주요 이유

중 하나입니다.

많은 사람들은 분유 수유를 아주 불편하게 생각합니다. 젖병을 준비하고 사용하는 데 드는 시간과 비용이 상상 이상이라는 것이죠. 분유 수유를 하려면 매년 700~3,000달러가 필요합니다.[86] 또 어떤 브랜드를 선택하느냐에 따라서 차이가 큽니다. 미국 정부에서 지원하는 여성, 아기, 어린이 프로그램(Women, Infants and Children, WIC)에 등록된 여성에게 지원하는 분유 예산만 1997년 기준으로 2,665,715달러였습니다.[87] WIC에서는 모유 수유를 권장하고 있지만 지난 수십 년 동안 WIC의 지원을 받는 여성들은 그렇지 않은 여성보다 더 높은 분유 수유율을 보였습니다.[88] 다른 연구에 의하면 모유 수유를 통해서 절약할 수 있는 건강관리 비용이 대략 40억1800만 달러로 추산되었습니다.[89] 애리조나 지역과 스코틀랜드의 건강한 아기를 비교한 연구에 의하면, 분유를 먹은 아기들은 최소 석 달 이상 모유만 먹은 아기들에 비해 외래 이용률이나 입원율이 두 배 높았고, 하기도 질병, 중이염, 위장관 질환으로 처방받은 비율은 여섯 배에 달했습니다. 비용으로 환산하면 "생애 첫 1년간 모유 수유를 전혀 하지 않는 아이는 약 331~475달러를 의료비로 더 지출"하는 셈입니다.[90]

종종 여성들은 모유 수유가 아프고 불편하기 때문에 아기와 관계를 맺는 것을 더 어렵게 한다고 말합니다.[91] 33명의 여성을 대상으로 진행된 인터뷰 연구에 따르면 거의 이구동성으로 모유 수유가 너무 아프고 불편하다고 하였습니다. 특히 첫 몇 주 동안은 더 힘들다고 응답했죠.[92] 사실 이런 어려움은 모유 수유를 홍보하는 문헌에는 잘 나오지 않습니다. 하지만 몇몇 웹사이트나 소책자에서는 수유를 좀 더 편하고 쉽게 하는 방법을 알려주고 있습니다. 앞서 인터뷰한 여성들은 젖 뭉침, 유선염, 유두 열상이나 출혈, 자궁 경련 등으로 힘들었다고 말합니다. 그런데 이러한 문제는 모유 수유가 일반적인 다른 문화권에서는 별로 보고되지 않는 편입니다. 심지어 어떤 여성은 진통과 출산보다 모유 수유가 더 고통스러웠다고 응답하기도 했습니다.

많은 여성들은 모유 수유의 시간을 아기와 같이 보내는 조용한 시간으로 받아들이지 못합니다. 오히려 불안과 걱정에 휩싸여 모유 수유의 시간을 공포스럽게 여기기도 하죠. 실제로 많은 여성들은 이러한 불편이 극도에 달해서, 하는 수 없이 모유 수유를 중단합니다. 안타깝게도 모유 수유를 중단한 많은 여성들은 자신이 훌륭한 어머니가 아니라면서 자책합니다. 모유 수유가 훨씬 좋다는데, 내 몸은 왜 그러지 못할까 하면서 실망하기도 합니다. 여성주의 작가 재클린 울프(Jacqueline Wolf)는 지난 수십 년간 여성주의자들이 여성의 건강 개선과 관련해 다른 부분에만 집중하지 정작 모유 수유에는 관심이 없었다고 질타합니다.[93]

모유 수유는 왜 아플까요? 통증은 아기가 젖을 무는 방법, 그리고 얼마나 꼭 무는지에 따라 결정됩니다.[94] 그런데 이런 부분은 라 레체 리그와 같은 모유 권장 단체의 권고 혹은 다른 경험 많은 어머니의 조언을 따르면 해결할 수 있습니다. 로션, 따뜻한 찜질이나 목욕, 마사지가 통증을 경감시켜줍니다. 대부분의 통증은 시간이 지나면 좋아집니다. 자세를 교정하면서 좋아지기도 합니다. 과다한 젖 뭉침이나 수유통은 현대화의 산물일 수도 있습니다. 현대 여성은 유방을 노출하기보다는 과잉보호하기 때문입니다. 유방을 감싸는 속옷을 입지 않거나 느슨하게 덮어두었던 과거에는 이런 문제가 없었을 것으로 추정됩니다.

정신사회적 요인도 모유 수유를 하지 않거나 너무 일찍 중단하는 이유 중 하나입니다. 그래서 모유 수유를 하면 안 되는 합당한 의학적 요건이 무엇인지에 대한 논의가 최근에 활발합니다. 미국 질병통제센터나 다른 건강 부국의 보건 관련 정부기관에서는 인간면역결핍바이러스, 즉 HIV 양성인 여성은 모유 수유를 하지 않도록 권유하고 있습니다. 바이러스가 어머니로부터 아기에게 전염될 수 있기 때문입니다. 그러나 모유 대체제를 구하기 어렵거나, 있더라도 그 수준이 너무 열악한 나라에서는 차라리 HIV 감염의 위험을 감수하고서 모유를 주는 것이 더 이득입니다. 설사나 영양실조로 죽는 것보다는 낫기 때문이죠. 따라서 권고 기준을 만들 때는 이러한 권고가 어떤 문제를 유발할 수 있을지 고려해야만 합니다. 당장 모유를 주지 않으면 아기가 죽을 것이 뻔한데, HIV 감염 가능성이 있으니 모유를 주지 말라는 식의 권유는 정말 배부른 이야기죠. 게다가 남아프리카에서 시행된 연구에 의하면, HIV 양성인 아기들은 모유 수유를 할 때 더 오래 사는 경향을 보였습니다.[95]

드물기는 하지만 효소 '결핍'으로 인해 모유 수유를 하면 장에 탈이 나는 아기들이 있습니다. 유당 불내성이나 페닐케톤뇨증(phenylketonuria, PKU), 몇몇 대사성 장애가 이러한 문제를 일으킵니다. 면밀한 관찰이 필요하기는 하지만 이런 아기들도 부분적인 모유 수유가 가능합니다. 어머니의 젖 말고는 먹을 것이 없었던 과거에는 이런 아기들 중 몇몇은 평생 지속되는 후유증을 앓기도 했죠. 지금은 오염된 우유에 대한 우려가 더 큽니다. 제초제(에이전트 오렌지류의 고엽제 등), 살충제(DDT 등), 중금속(납, 수은, 비소 등), 방사능 물질(스트론튬 90 등)이죠.[96] 연구에 의하면, 모유 수유를 통해서 아기에게 전달되는 이런 미량 오염물질의 농도는 우유나 물을 줄 때보다 낮았습니다. 그렇지 않더라도 손해보다 이득이 큰 것은 확실합니다. 환경오염이 더 심각해지지만 않는다면 말입니다.

1장에서 모유 수유가 수백만 년간 포유류가 선택한 중요한 번식 전략이라고 이야기했습니다. 다시 이 장의 대부분을 할애해서 모유가 어린 아기에게 최고의 음식이라며 모유 홍보를 하였네요. 하지만 이 책을 읽는 많은 분들은 아마 모유 수유를 받지 못했고 또 아기에게 모유를 주지도 못했을 것입니다. 물론 그로 인해 큰 병이 난 적은 없으실 것입니다. 인간은 아주 유연하다는 증거이고 또한 현대인이 문화적 혁신을 통해서 우리 조상의 삶과 죽음을 결정하던 생물학적 제한을 뛰어넘고 있다는 증거인지도 모릅니다. 과거에는 모유 외에는 대안이 없었고 모유를 구하지 못하면 굶어 죽기 십상이었습니다. 분명 어머니의 가슴이 최고의 음식이지만, 우리에게는 그 외에도 대안이 있습니다.

모유 수유가 아기뿐 아니라 어머니의 건강에 아주 좋다는 이야기도 했습니다. 그러나 많은 여성들이 여러 가지 이유로 모유를 주지 못하거나 짧은 기간만 줄 수 있습니다. 분명 모유보다 더 나을 리는 없겠지만 그래도 많은 어머니들이 어려운 여건 하에서 최선을 다했고 아기는 '충분히 괜찮을' 것이라고 믿어도 좋습니다. 분명 여성은 아기에게 '모유', 그 이상입니다. 어머니의 역할이 단지 '모유를 주는 사람'인 것도 아니죠. 이에 대해서 다음 장에 계속 이야기해보겠습니다.

8장

어머니,
그 이상의 가치

Ancient Bodies

Modern Lives

영장류의 어린 새끼는 출생 직후부터 어미에게 매달릴 수 있는 운동 기능을 가지고 태어납니다. 그래서 어미가 먹이를 구하거나 다른 동료들과 같이 이동하거나 밤에 잠을 잘 때도 어미에게 딱 매달려 있습니다. 어미는 그만큼 무거운 몸을 이끌고 먹이를 구하려 다녀야 합니다. 하지만 아기가 어미의 활동에 그리 방해가 되는 것 같지는 않습니다. 그러나 인간의 아기는 어머니에게 매달려 있을 힘이 없습니다. 사실 조금이라도 움직이려면 어머니의 도움이 필요하죠. 게다가 두 발 걷기가 진화하면서 인간의 발은 붙잡는 기능을 잃어버렸고, 어머니의 몸에는 붙잡을 만한 털이 없어졌습니다. 그뿐 아닙니다. 모유는 영양분이 좀 묽은 편이기 때문에 어머니는 유모를 구하지 않는 한, 아기를 두고 멀리 갈 수도 없습니다. 하루 종일 아기를 안고 있거나 혹은 포대기에 싸서 업고 다녀야 합니다. 두 팔로 아기를 안고 있으면 식량을 운반할 수도 없고 고구마 같은 뿌리채소나 감자 같은 덩이줄기를 캐는 도구를 쥘 수도 없습니다. 아기를 잠시 바닥에 내려놓는 경우에도 포식자에게 발각되지 않게 아기를 잘 달래야만 합니다. 고인류학자 딘 팔크는 어머니가 아기를 달래려다 보니 언어가 진화했다는 주장을 하기도 했죠.[1]

아기를 운반하는
비용

아기를 운반하는 비용 그리고 그 불편함을 고려하면 포대기를 '발명'한 것은 인류 진화사에 아주 중요한 혁신이었습니다. 포대기에 아기를 담으면 채집활동이 가능하기 때문입니다. 한 연구에서 두 팔로 아기를 안고 다니는 것과 포대기를 이용해서 업고 다니는 것의 에너지 소모 정도를 비교했는데, 물론 두 팔로 안고 다니는 것이 훨씬 에너지 소모가 많았습니다.[2] 골반이 넓은 오스트랄로피테신에 비해서 좁은 골반을 가진 호모 속(屬)은 아기를 데리고 다리기 위해서, 포대기와 같은 도구를 반드시 발명해야만 했다고 주장하는 학자들도 있습니다. 1년 동안 수렵 채집 사회를 관찰한 연구에 따르면 포대기 없이 아기를 안고 다니는 데에는 모유 수유보다도 더 많은 에너지가 필요했습니다.

아기를 운반하는 비용은 우리 선조들의 출산 간격을 결정하는 핵심 요인 중 하나였습니다. 인류학적 연구에 의하면, 수렵 채집인들은 거추장스

⟨표 8-1⟩ 아기를 운반하는 데 필요한 에너지

연령	평균 체중(Kg)	매년 이동하는 평균 거리	킬로미터당 필요한 에너지(kg/km)
0~1	6	2,400	14,000
1~2	8.8	2,400	21,200
2~3	11.6	1,800	20,880
3~4	12.4	1,200	14,880
4++	13+	0	0

러운 아기를 안고도 식량을 구하기 위해 먼 거리를 이동해야만 합니다(〈그림 8-1〉). 만약 2년에 한 명씩 아기를 낳는다면 어머니는 아기 둘을 안고 먼 길을 떠나야 합니다. 쉽지 않은 일이죠. 〈표 8-1〉에 인류학자 리처드 리 (Richard Lee)의 !쿵 산 족에 대한 연구 결과를 요약했습니다. 아이의 나이와 몸무게, 1년간 여성의 평균 이동거리, 그리고 거리당 각 연령의 아기에 대한 필요 에너지량을 비교했습니다. 이 표를 보면 4세 이하의 아기 둘을 업고 다닐 때 얼마나 많은 에너지가 필요한지 쉽게 짐작할 수 있습니다. 사실 가용 에너지와 배란 간의 밀접한 관련성을 감안할 때 채집을 하는 여성이 출산 후 3년 이내에 다시 배란도 재개하고 원거리 이동 능력도 유지할 만큼 에너지를 비축할 가능성은 낮습니다. 예를 들어 두 살 터울로 아기를 낳으면 어머니가 추가로 1년간 필요한 작업량은 3만5,280킬로

〈그림 8-1〉 !쿵 산 족, 혹은 주오안시 족. 여성들이 식량을 채집해서 집으로 가져가고 있다. 보츠와나 칼리하리 사막.

그램입니다. 리처드 리에 따르면, 2년 간격의 출산이 이론적으로 가능한 한계입니다. 이보다 더 짧은 간격이라면 어머니는 도저히 두 아이를 키울 수 없습니다. 더 양호한 환경에서 건강한 아기를 낳아 키우기 위해 트레이드오프가 일어나는 것이죠. 물론 남편이나 나이 먹은 자식, 혹은 할머니 등 다른 사람의 도움을 받을 수 있다면 더 짧은 간격의 출산도 가능합니다.

어느 시점에 이르면 아기는 혼자 움직이기 시작합니다. 이동 능력은 중요한 '발달적 이정표' 중 하나이기 때문에 부모나 의료진은 언제 아기가 이동을 시작하는지 관심을 가지고 보곤 합니다. 일반적인 발달표에는 기어 다니기가 생후 7~12개월 사이에 일어나는 것으로 되어 있습니다. 이는 아주 보편적인 발달 속도로 알려져 있기 때문에 돌이 되어도 기어 다니지 못하면 부모는 큰 걱정을 하게 됩니다. 기어 다니기는 두 발 걷기를 위한 준비 단계이자 근력과 운동 조율 능력을 기르기 위해 필요한 단계로 간주됩니다. 하지만 인류학자 데이비드 트레이서(David Tracer)는 기어 다니기가 비교적 최근의 현상일 뿐이라고 주장합니다. 아기들이 깨끗한 집안에서 살게 되면서 기어 다니기 시작했다는 것이죠. 과거에는 그냥 땅바닥에서 기어 다녀야 했는데 이러다 보면 기생충에 감염되거나 육식 동물의 표적이 될 수도 있었을 것입니다.[4]

한번 상상해보십시오. 아기가 더러운 흙바닥을 기어 다니며 오물과 기생충, 뜨거운 모닥불, 그 외 다양한 병원체에 노출되는 상황을 말입니다. 아마 곧 큰 문제가 생겼을 것입니다. 트레이서는 파푸아 뉴기니의 아우(Au) 족을 비롯한 여러 원주민 사회에 대한 연구를 통해서, 이들 원주민들은 아기를 더 오랫동안 업고 다니고 아기가 깨어 있을 때는 처음부터 똑바로 앉아 있도록 훈련한다는 것을 알아냈습니다. 즉 기어 다니는 대신 꼿꼿이 '앉아 있는' 것이죠. 사실 아우 족은 아기가 기어 다니는 것을 아주 꺼림니다. 그래서 아우 족의 아기는 베일리 운동 발달 척도* 상의 수평검사에서 '불합격'합니다. 하지만 수직 자세 검사는 아주 잘 통과하죠. 아우 족 기준으로는 서구 사회와 반대로 발달하는 것이 '정상'인 것입니다. 사회에 따라서 정상의 기준이 바뀌는 예는 앞으로 더 이야기하겠습니다.

적과의
동침?

밤새도록 아기와 같이 자면서 모유를 주는 지속적인 접촉은 영장류 및 인간에게서 보편적으로 관찰되는 번식 전략의 중요한 한 부분입니다. 아기는 항상 어머니가 옆에 있을 것이라고 '예상'합니다. 인간 진화사의 유산입니다. 원시 시대에 아기가 부모와 떨어져서 외딴 바닥에 누워 자는 장면을 상상해보십시오. 아기가 밤새 울든 말든 부모는 신경을 안 쓰는 그런 상황이 과연 가능했을까요? 긴 진화 기간 동안 어머니는 늘 아기와 같이 있었다고 보는 것이 더 합당합니다. 오늘날의 전통 사회처럼 말이죠. 그러나 미국 소비자상품안전위원회(ACPSC)†나 '선의의' 소아과의사, 그리고 미

---

* 베일리 발달 검사(Bayley Developmental Scale)는 1~42개월 사이의 영유아 발달 기능을 평가하기 위해서 고안된 검사다. 크게 정신 척도, 운동 척도, 행동 평정 척도의 세 부분으로 나뉜다.

† 미국 소비자상품안전위원회는 연방정부의 독립 기구로 소비자 안전 기준을 제정하고 홍보하는 역할을 한다. 1999년 9월 29일, 위원회는 1990년부터 1997년까지 미국 전역에서 발생한 515건의 영아 사망 사례를 보고했다. 그러나 515건의 사망 사례 중 394건은 아기가 침대 모서리 혹은 틈에 끼거나 물침대에 숨이 막혀 발생한 경우였으며, 어머니 등이 아기 위로 굴러서 발생한 동반 수면 관련 사망은 121건에 불과했다. 보고서의 내용은 주로 매트리스의 강도와 침대 프레임의 모양 등에 관해 다루었지만, 동시에 가급적 아기를 전용 요람에 따로 재우도록 권고하여 큰 논란을 일으켰다.

국의 일반 대중들의 생각은 조금 다릅니다. 상당수의 의료전문가와 부모들은 아기와 같이 자는 것이 위험하다고 생각합니다. 영아 돌연사 증후군(Sudden Infant Death Syndrome, SIDS)*도 걱정하고, 어머니가 굴러서 아기를 뭉갤까 걱정하기도 하죠.† 정신성적(psycosexual) 발달이 느려지면 어떡하느냐고 걱정하기도 합니다.‡ 인류학자 짐 맥켄나와 톰 맥데이드는 어머니의 몸이 아기를 편안하게 해주는 자양분으로 인식되는 것이 아니라, 마치 "살인 무기"처럼 취급되고 있다며 우려했습니다.[5] 물론 진화적으로는 전혀 그렇지 않습니다만.

짐 맥켄나는 인간의 어머니와 아기의 "생물학적으로 적합한 수면 방법"을 옹호하는 유명한 학자입니다.[6] 사실 어머니와 아기가 가까이 잠을 자지 않으면 야간에 모유 수유를 하는 것은 거의 불가능합니다. 아마 과거에 어머니와 따로 잤던 아기들은 추위와 배고픔으로 인해서 살아남지 못했을 것입니다. 아침이 되면, 동물에 물려 어디론가 사라졌을 수도 있겠죠. 낮이나 밤이나 젖을 물리는 것은 인류의 유산입니다. 그러려면 동침해야 합니다. 부정적인 사회적 편견에도 불구하고 점점 많은 미국 여성들이 아기와 같이 자거나 혹은 아주 가까운 곳에서 잠을 잡니다. 모유 수유 때문입니다. 어머니들은 아기와 같이 자면서부터 아기가 덜 울고 잠도 더 잘 자고 모유도 더 많이 나오는 것을 경험했다고 합니다. 어머니도 전보다 더 잘 잤습니

---

* 생후 1년 내, 주로 생후 2~3개월 무렵에 영아가 이유 없이 갑자기 죽는 증후군. 주로 수면 중에 일어난다.

† 영어 돌연사 증후군의 원인이 분명하지 않았던 시절에는 잠을 자는 어머니가 뒤척이면서 아기를 깔아뭉개어 발생한다는 의심을 받기도 했었다. 오래된 육아 지침서에서는 아기와 따로 자야 하는 이유로, 이러한 잘못된 내용이 실려 있는 경우가 있다.

‡ 잘못된 프로이트 심리학의 영향으로 어머니와의 동침이 부적절한 성적 판타지를 유발한다고 믿은 사람들도 있었다. 그러나 이는 프로이트가 말한 심리성적 발달단계 이론과 전혀 맞지 않는다.

다.[7] 맥켄나의 연구에 의하면, 같이 자는 어머니는 아기의 호흡 소리를 잘 들을 수 있으며 칭얼거리면 바로 반응할 수도 있습니다. 그래서 동반 수면은 영아 돌연사 증후군을 일으키는 것이 아니라 오히려 막아준다는 것이죠.[8] 부모가 알코올이나 약물을 남용하는 경우만 아니라면 같이 자는 것이 아이의 사망률을 줄일 수 있습니다. 맥켄나에 따르면 영아 돌연사 증후군은 생물학적 원인이 아니라 문화적 원인에 의해 일어납니다. 이에 비춰볼 때 일단 아기와 각방을 쓰는 것은 좋은 생각이 아닌 것 같습니다.

초보 부모의 가장 큰 불평거리 중 하나는 아기가 식구로 들어오면서 도통 충분히 잠을 잘 수가 없다는 것입니다. 보통 "순한 아기"(good baby)라는 말은 사실상 "밤새 혼자서도 잘 자는 아기"와 거의 동의어처럼 쓰입니다.[9] 실제로 미국 소아과의사가 가장 많이 받는 문의가 바로 수면에 관한 것입니다. 밤새도록 혼자 새근새근 잘 자는 아기가 얼른 되었으면 하는 바람이죠. 미국과 같은 서구 사회에서는 빠른 독립을 좋은 가치로 생각합니다. 그러니 아기가 얼른 혼자 잘 수 있게 되길 고대하는 것도 이상한 일은 아닙니다. 얼른 혼자 자는 법을 '배워서' 혼자서도 잠을 자는 아기가 더 훌륭하며 '정상'적인 아기라는 믿음은 수백만 년의 진화 과정을 돌이켜볼 때 전혀 사실이 아닙니다.

진화적 측면에서 보면 네 시간에 한 번 젖을 주는 관행은 말이 안 됩니다. 어머니와 아기의 생리작용에도 맞지 않습니다. 최근에는 소아과의사들이나 부모들의 이러한 고정관념이 점점 바뀌고 있기는 합니다. 분명히 말하지만, 밤에 잠을 자지 않는 아기의 '문제'를 해결할 아주 간단하고 유서 깊은 해결책이 있습니다.

어디서 자는지에 대한 것 말고도 좀 더 이야기할 것이 있습니다. 예를 들어 아기를 엎드려서 재우면 위험하다는 우려스러운 이야기가 있습니다. 1992년 의사협회와의 협력을 통해 시작된 '누워서 잠을'(the Back to Sleep) 캠페인을 통해서, 어머니들은 아기를 침대에 뉘어 놓는 법에 대해 교육을 받았습니다. 엎드려서 자는 아기가 영아 돌연사 증후군의 위험성이 높다는 사실에 근거한 것이었죠. 아주 성공적인 캠페인이었습니다. 영아 돌연사 증후군이 약 절반 감소했습니다.[10]

하지만 맥켄나의 주장에 의하면 모유 수유를 하는 어머니는 이런 슬로건이 별로 필요하지 않습니다. 어차피 수유를 하려면 아기를 눕혀야 하기 때문이죠. 엎드린 아기에게 젖을 주는 것은 아주 어렵습니다. 누워서 모유 수유를 하게 되면 자연스럽게 어머니의 다리가 굽어집니다. 옆으로 누워서 자게 되죠. 따라서 부분적으로 아기를 둘러싼 형태가 되는데 이런 자세로는 자다가 아기 위로 구르는 일이 일어나기 어렵습니다.[11] 어머니와 같이 자는 아기는 더 또릿또릿해지고, 젖도 자주 물며, 심박수와 체온도 올라갑니다. 자면서 더 많이 움직이고 깊은 수면도 줄어듭니다.[12] 보통 깊은 수면이 더 좋은 것이라고 생각하지만, 첫 몇 달 동안의 아기에게는 아닙니다. 너무 깊이 자면 질식할 수도 있고, 숨을 쉴 수 없어도 잘 깨지 못해서 죽을 수도 있습니다.

잘 알려진 사실이지만 영아 돌연사 증후군은 다른 동물에게서는 관찰된 바 없습니다. 없습니다. 인간, 특히 현대인에게만 관찰되는 현상입니다. 특히 서구 문화에서는 어머니가 아기와 같이 자지 않죠. 물론 동물과는 다른 인간의 해부학적 혹은 생리학적 특징 때문에 돌연사가 일어난다는 반박도 가능합니다. 예를 들면 미성숙한 뇌나 호흡기관 등이 주로 지적되죠. 2~5개월 사이, 즉 돌연사가 가장 많이 일어나는 시기에는 아기의 자율 행동(호흡 조절 등)이 반사 반응에서 수의 조절로 바뀌게 됩니다. 이 시기 이전의 아기는 침이나 베갯잇 등에 숨이 막히면 '자연적인' 반응이 잘 일어나지 않습니다. 따라서 이 시기에는 '숨을 어떻게 쉬는지 배우고,' 기도를 어떻게 유지하는지도 연습해야 합니다. 연습을 위한 가장 좋은 환경적 자극으로 어머니의 규칙적이고 리듬감 있는 숨소리 그리고 아기의 얼굴로 내뿜는 이산화탄소만한 것이 있을까요? 아기가 혼자 자게 되면 만질 것도 없고 들을 소리도 없습니다. 호흡이 불규칙해지면 생명이 위험할 수 있습니다.[13] 돌연사가 인간의 아기에게 더 흔한 (혹은 인간에게만 일어나는) 이유는 다음의 두 가지입니다. 첫째, 신경학적으로 더디게 발달한 뇌, 둘째, 아기를 혼자 재우는 문화적 요인.

돌연사를 유발하는 다른 생물학적 요인은 아마 상기도의 구조로 추정됩니다. 인간의 상기도는 다른 포유류와 다릅니다. 가장 큰 차이는 숨을 쉬는 후두와 음식을 삼키는 인두가 합쳐졌다는 것입니다.[14] 즉 인간은 숨을 쉬면서 동시에 삼킬 수가 없습니다. 그러나 음식을 삼키는 동시에 숨을 쉴 수 없다면 엄마 젖을 빨기 어렵습니다. 그래서 이러한 특징은 2세까지 나타나지 않습니다. 모유 수유의 빈도가 줄어드는 시기죠. 다시 말해서 아기들은 다른 동물처럼 숨을 쉬면서 동시에 삼킬 수 있습니다. 상기도의 변화는 약 4~6개월에 처음 시작되는데, 돌연사가 가장 많이 일어나는 시기죠. 인류학자 제프리 레이트먼(Jeffrey Laitman)은 이때를 "처음의 호흡 패턴이 새로운 호흡 패턴으로 바뀌면서, 호흡의 불안정이 발생할 수 있는 시기"라고 지적합니다.[15] 인간의 특징은 두 발 걷기와 직립이지만, 아기들은 두 발로 걷지도 못하고 서지도 못하죠. 마찬가지입니다. 두 발로 서기 시작하면서 호흡 문제도 사라집니다. 후두와 인두가 합쳐지면서 많은 문제가 생겼죠. 매년 얼마나 많은 사람이 음식을 먹다 걸려 죽는지 모릅니다. 하지만 그로 인해 인간은 거의 무한정으로 소리를 조합할 수 있는 능력을 가지게 되었습니다.[16] 아기가 아무리 똑똑하다고 해도 이러한 해부학적 변화가 일어나기 전에는 제대로 말을 하지 못합니다.

소아과의사들이 아기를 혼자 재우라고 하는 또 다른 이유가 있습니다.

혼자 자는 아기가 이후 소아기, 청소년기 및 성인기에도 더 잘 자게 된다는 것이죠. 하지만 요람에 갇혀 혼자 자도록 '교육'받았던, 미국 성인의 62%가 수면 문제를 호소하고 있습니다.* 어머니와 같이 잤던 아기와 따로 잤던 아기가 과연 나중에 성인이 되어서 서로 다른 수면의 질을 보일지 궁금한 일입니다. 만약 아기를 혼자 재우는 것이 수면 문제에 대한 '해결책'이라면, 이렇게 많은 성인들이 수면 문제로 고통받을 리 없습니다. 사실 성인기 수면 문제는 어머니와 따로 자는 서구 사회보다 같이 자는 문화권에서 더 드뭅니다. 그리고 지난 20년 동안 수행된 연구들을 보면, 자존감, 사회성, 삶의 만족도 등도 어린 시절 동반 수면을 취했던 사람에게서 더 양호하게 나타났습니다.[17] 맥켄나의 말처럼 어머니와 같이 자는 이득은 21세기에도 여전히 유효합니다. 물론 담배와 술, 약물에 취한 뚱뚱한 사람이 너무 푹신한 매트리스나 이불, 여러 개의 베개 혹은 물침대와 같은 이상한 곳에서 잠을 청한다면 어머니와 동반 수면을 했든 그렇지 않든 수면의 질에 큰 차이가 없겠지만 말입니다.

**이유, 그리고
그 이후**

이유(離乳) 역시 진화 의학적인 설명이 아주 유용한 현상입니다. 언제

---

* 지은이는 수십 년 전 어머니와 따로 자는 관행이 지배적이던 때에 성장하여 성인이 된 미국인들도 수면 문제에 시달리는 것은 다르지 않다고 꼬집고 있다. 한국에서도 이른바 '통잠' 재우기 훈련이라는 것이 일부 유행하고 있는데, 이 훈련의 지지자들은 영아기부터 혼자 자는 훈련을 해야 성인이 되어서도 좋은 수면 습관을 가질 수 있다고 주장하고 있다. 그러나 이는 의학적으로 입증되지 않은 사실이다.

이유할 것인가를 놓고 어머니와 아기의 번식적 '목표'가 다시 한 번 충돌합니다. 어머니 입장에서는 이제 그만 젖을 끊고 임신을 준비하는 것이 유리한 시점이 되어도 아직 아기는 최대한 오랫동안 영양소와 면역 인자를 빨아먹는 것이 유리하기 때문입니다. 이유의 시기는 종에 따라 다르지만, 같은 인간이라도 집단에 따라서 다릅니다. 즉 '정상' 이유 시기에 대한 기준은 상황에 따라 다릅니다. 어머니의 나이나 추가적인 출산 잠재력, 주변 환경의 병원균 수준, 그리고 이유를 한 후 아기를 먹일 만한 마땅한 음식이 있는지 여부 등에 따라 달라지죠. 인류학자 댄 셀렌(Dan Sellen)은 비교 영장류 연구를 통해서, 인간의 이유는 비교적 일찍 일어나는 편이라고 하였습니다. 왜냐하면 인간은 적절한 "이행기 음식, 즉 이유식"(transitional food)을 만들 수 있는 능력을 가지고 있기 때문입니다.[18]

침팬지도 그렇지만, 대부분의 수렵 채집 사회에서는 약 3~4년간 수유를 하는 것이 정상입니다. 인류학자 캐서린 뎃와일러(Katherine Dettwyler)는 인간의 "자연적인 이유 시기"를 결정하는 데 다양한 생애사적 요소가 포함된다고 말합니다.[19] 예를 들어 몸집이 큰 동물은 재태 기간에 비해서 상대적으로 오랫동안 수유를 합니다(고릴라와 침팬지의 상대적인 수유 기간과 재태 기간의 비율은 약 6대 1입니다). 이러한 기준으로 미루어 보면, 인간의 정상적인 이유 연령은 4.5세가 되어야 합니다. 많은 종의 원숭이와 유인원은 첫 번째 어금니가 나올 무렵에 이유를 시작하는데, 이 기준을 적용하면 6세까지 수유를 해야 합니다.[20] 뎃와일러의 연구에 따르면, 대개의 영장류는 젖먹이의 체중이 성체 체중의 3분의 1에 도달할 때까지 수유를 합니다. 이 기준이라면 5~7세죠. 하지만 모유 수유를 해도 길어야 1년을 넘지 않는 대부분의 문화권에서 4~7년의 수유 기간은 너무 길다는 느낌을 줄 것입니다. 그러나 건강한 유아식을 구하기 어려운 세계 여러 지역에서는 수년 이상 수유를 하는 일이 드물지 않고, 사실 그런 '긴' 기간의 수유 여부가 건강한 혹은 병약한 소아기를 가르는 결정적 요인이 되기도 합니다.

반면에 인류학자 게일 케네디(Gail Kennedy)는 유아의 뇌 발달 속도가 너무 빠르기 때문에 모유만으로는 1년 이상 감당하는 것이 불가능하다고 주장합니다.[21] 그렇기 때문에 보조식이 필요하며 주변에 영양분이 풍부한 음식이 있을 때 바로 이유를 하는 것이 유리하다는 것이죠. 대형 유인원이 모유만으로 새끼를 '감당'할 수 있는 것은 늘 굶주려 있는 거대한 뇌가 없기 때문이라는 가설입니다. 하지만 케네디의 이러한 가설은 영양 공급을 위해서 모유의 면역 보호 기능을 희생해야 하는 딜레마가 있습니다. 3세가 되면, 모유 단독은커녕 보조식을 같이 주어도 뇌의 에너지 요구량을 감당할 수 없습니다. 어른이 먹는 음식을 먹어야 합니다. 자연 선택의 결과로 이유 시기가 당겨졌고 이로 인해 인간이 혼자 살 수 없는 또 다른 이유가 생겼습니다. 사회적 혹은 기술적 능력을 전수받는 것 외에 뇌 발달을 위한 영양학적 도움을 받아야 하는 것이죠. 케네디에 의하면 2.5세경 인간의 수유 패턴이 유인원의 5세경 수유 패턴과 비슷합니다. 이러한 변화가 약 250만 년 전 "도구의 도움을 받은 식이 변화"(tool-assisted dietary shift), 즉 육류 위주의 식생활 변화에 의해 일어났다는 것이죠.[22] 친족의 도움, 특히 외할머니의 도움이 이러한 전환을 가능하게 해주었습니다.[23]

언제 이유가 일어나든지 간에 이유는 양육의 끝이 아닙니다. 인간은 다른 포유류 그리고 다른 영장류와 달리 이유 이후에도 식량을 계속 공급해줍니다.[24] 대부분의 어린 포유류는 젖을 떼면 스스로 먹이를 구합니다. 어미와 식량을 나누는 행위는 아주 드뭅니다. 인류학자 쳇 랭커스터(Chet Lancaster)와 제인 랭커스터(Jane Lancaster)는 이유부터 사춘기까지 아이에게 음식을 제공하는 인간의 행위가 초기 성인기까지 생존할 수 있는 확률을 2~3배 증가시켜준다고 지적합니다. 어른 혹은 연상의 형제자매가 제공하는 보다 길어진 양육을 통해서 인간은 기술적, 사회적 기술을 학습하고, 이를 통해 생존 및 번식 성공률을 증대시킬 수 있었습니다. 또한 약 6세경에 마무리되는 뇌 발달도 보조할 수 있었죠.[25] 따라서 이러한 포괄적인 양육에 드는 비용은 어머니 및 자식의 번식 성공률 증가로 인해 상쇄되고도 남는 면이 있습니다.

게다가 댄 셀렌은 이유 이후에 아기에게 음식을 제공하는 행위가 아기를 보호할 뿐 아니라 어머니의 에너지 소모도 줄여주는 효과가 있다고 주장합니다. 즉 모자 양쪽의 번식 성공률에 도움이 될 뿐 아니라 적응을 위한 행동적 유연성도 확보하게 해주었다는 것이죠.[26] 이런 이유로 인해서 인류의 출산 간격이 다른 영장류보다 더 짧아질 수 있었다고 합니다. 하지만 양질의 '이유식'을 구할 수 없을 경우 이러한 전략은 심각한 후유증을 유발할 수도 있습니다. 유아 그리고 소아의 건강에 악영향을 미치는 것이죠.[27] 모자 건강을 증진하려면 이유 시기를 앞당긴 우리 조상의 행동적 유연성, 즉 이른 이유가 주는 장점을 반영해야만 합니다. 그러나 적절한 이유식을 구하기 어려운 환경, 예를 들어 기아 지역이나 병원균이 많은 지역에서는 너무 이른 이유가 모자 건강에 도리어 해가 되지 않을지 여부도 고려해야 한다고 셀렌은 강조하고 있습니다.

장래의 어머니 역할과 유방

아기에게 모유가 좋다는 정보가 대중(임산부 혹은 임신을 준비하는 여성)

에게 널리 퍼지면서 모유 수유를 하기 어려운 상황에도 모유를 줄 수 있는 기술적 혁신이 일어났습니다. 이러한 현대 기술의 도움을 받으면 직장에서도 모유를 줄 수 있습니다. 아무래도 직장에서는 두 시간에 한 번씩 모유를 주는 것이 어렵죠. 질 레포르(Jill Lepore)는 《뉴요커》에 기고한 글에서 수유하는 어머니에게 유축기가 마치 휴대폰처럼 늘 들고 다녀야 하는 기계처럼 되었고 심지어 출산 축하 선물로 인기를 누리고 있다고 썼습니다. 아기에게 가장 좋은 모유를 언제나 줄 수 있으니 말이죠. 물론 '어머니 유방이 최선'입니다만, 유방 없이 모유만 주는 것이 최선은 아닙니다.

사실 유축기는 사용하는 것이 그리 쉽거나 편리하다고 할 수 없습니다. 게다가 직장에서 유축기를 사용하려고 시도한 수많은 어머니들은 이내 포기하고 맙니다. 여러 가지로 불편할 뿐 아니라 직장의 지원도 미흡하기 때문이죠. 특히 자율성이 부족한 저임금 노동자의 경우에는 유축한 모유를 보관할 곳이 마땅치 않습니다. 일단 유축을 할 만큼, 프라이버시가 보장되는 공간이 없습니다. 사실 집 밖에서 일하는 여성들, 특히 1세 미만의 아기를 가진 여성은 아기를 데리고 직장에 가는 것을 선호합니다. 필요하면 언제든지 모유를 줄 수 있기 때문이죠. 최근 미국에서 불고 있는 이상적인 가족 중심의 문화는 모유 수유가 가능한 직장 문화를 포함합니다. 유축기를 사용해서 젖을 짜고 보관하는 것은 여성이 일과 가족 사이에서 과연 어떤 선택을 해야 하는지에 대한 첨예한 사회 경제적 이슈를 희석시키는 결과를 가져옵니다.[29] 유축기는 궁극적인 해결책이 아니라는 것이죠.

모유가 아기에게 아주 좋은 것은 사실이지만, 그렇다고 모유 수유를 단지 식량 제공 시스템이라고 여겨서는 곤란합니다. 심리학자 해리 할로우(Harry Harlow)는 수십 년 전, 아기는 어머니의 젖보다 오히려 어머니의 따뜻하고 부드러운 느낌을 더 좋아한다는 것을 입증했습니다. 그는 붉은털원숭이 새끼를 부드러운 천으로 되었으나 젖은 나오지 않는 가짜 어미 그리고 철사로 만들어졌지만 젖이 나오는 가짜 어미가 있는 방에 두었습니다. 새끼 원숭이는 대부분의 시간 동안 부드러운 천 어머니에 달라붙어 있었죠.

수많은 연구들에 의하면, 평생의 건강 중 상당 부분이 모유 수유 여부에 의해서 영향을 받습니다. 그러면서 모유 수유를 하지 않는 여성들이 비난을 당하기도 합니다. 하지만 이런 손쉬운 비난은 양육의 문제가 여성 개인의 통제력을 벗어난다는 것을 간과한 것입니다.[30] 십대 임산부는 집에서 모유를 주어야 할까요? 아니면 '비정하게' 아기를 두고 학교에 가야 할까요? 교육을 포기하고 젖을 주면 아기에게 당장 좋을 수도 있겠죠. 하지만 낮은 교육수준으로 인해서 장기적인 사회 경제적 기회를 상실한다면 아기의 미래에 바람직할까요? 미국의 경우라면 교육을 받는 것이 아기를 돌보는 것보다 확실히 유리합니다. 더럽고 빈곤한 집에서 그저 아기에게 모유를 준다고 해서 더 나을 것은 없습니다.

만약 그 여성이 집안의 유일한 수입원이라면 어떻게 해야 할까요? 출산 후에 바로 직장에 복귀하지 않으면 여성과 그녀의 가족들은 집안에서 부족한 양의 저급한 음식을 먹으며 건강이 나빠질 것입니다. 이러한 모든 것은 트레이드오프의 결과입니다. 우울증에 걸린 어머니에게 강압적으로 모유 수유를 강요하면 우울증은 더 악화될 것입니다. 다른 모든 조건이 동일하다면, 물론 모유 수유를 하는 것이 적합합니다. 하지만 인류는 진화의 역사를 통틀어서 최적의 전략만을 추구할 수 있었던 경우가 극히 드물었습니다. 대개는 '충분히 좋은' 전략만을 추구할 수 있었죠. 모유 수유로 인해서 가족의 건강과 행복이 방해받는 상황이라면, 분유를 주는 것도 '충분히 좋은', 즉 괜찮은 전략입니다. 모유 수유가 주는 따뜻함과 정서적 교류는 분유 수유를 하면서도 제공할 수 있습니다. 물론 골프를 치러 가거나, 파티에 참석해야 해서, 혹은 승마를 하느라고 모유를 주지 못한다면, 적당한 이유가 되지는 못하겠습니다.

양육과 관련하여 상당히 우려되는 기술적 혁신이 또 있습니다. 아기의 울음을 모니터링하고 해석해주는 기계입니다. 아기의 울음소리를 듣고 어른이 이해할 수 있는 '언어'로 번역해준다며 광고합니다. 이제 우는 아기는 "사랑을 받아야 하는 대상"이 아니라 "해결해야 하는 문제"가 되었습니다.[31] 10만 원 정도면 계산기 크기의 이 기계를 구입할 수 있습니다. 아기의 울음소리를 다섯 가지 의미, 즉 배고픔과 졸림, 불편함, 스트레스, 지루함으로 구분해서 알려줍니다. 약 2미터 떨어진 곳에서도 울음소리를 분석할 수 있으며(아기의 체중에 따라서 얼마나 멀리 떨어진 곳에서 분석이 가능한지 적힌 표도 같이 제공됩니다), 20초면 분석이 끝납니다.[32] 분석이 진행될 때 그리고 완료될 때 서로 다른 색의 불빛이 반짝입니다. 진단이 미심쩍으면 아기의 몸동작을 보고 동봉된 표와 대조하여 정확한 진단을 내릴 수도 있습니다. 아기가 왜 우는지 알 수 있을 뿐 아니라, 어떻게 대처해야 하는지도 알려줍니다(같이 제공되는 표에는 아기를 달래는 방법도 적혀 있습니다). 조금 늦게 달래다 보면 울음의 원인이 지루함에서 스트레스로 바뀔 수도 있겠죠. 많은 사람들은 이러한 기구가 모자간의 쌍방향 의사소통에 아무런 도움이 되지 않을 뿐 아니라 인간성에 대한 배려도 부족하다고 지적합니다. 이런 도구가 어머니의 불안을 줄여줄 수 있을지도 모르겠습니다. 하지만 아기와 며칠만 같이 지내보면 아기가 왜 우는지 금세 잘 알 수 있게 됩니다. 전자 장비는 도움도 안 되고, 필요하지도 않습니다.

이뿐 아닙니다. 아기가 자는 방에 설치하는 단방향 모니터링 장비도 있습니다. 요리나 청소, 독서, 수면과 같은 일상적인 일을 하면서, 아기가 내는 소리를 계속 들을 수 있게 해주는 장치죠. 짐 맥켄나는 진화적, 횡문화적 양육 환경에 대한 연구를 통해서 만약 모니터링이 필요하다면 다른 방식으로 바꿔어야 한다고 주장합니다.[33] 아기의 수면과 기상, 맥박과 호흡은 일상적인 소리의 자극을 받아서 발달하기 때문에 아기를 고요한 방에 혼자 두기보다는 늘 어머니와 함께 붙어 있으면서 어머니가 경험하는 일상의 소리를 같이 경험해야 한다는 것입니다. 하지만 현실은 그렇지 않습니다. 우리는 아기와 늘 붙어 있지도 못하고, 심지어 야간에도 아기와 같이 자는 것을 불편해합니다. 정 모니터링 장비를 사용하겠다면, 아기의 소리를 어머니만 듣는 것이 아니라 아기도 어머니와 다른 가족이 내는 소리를 들을 수 있도록 해야 합니다.

인류의 조상이 겪어온 유아기와 상당한 거리가 있는(지독한 수준은 아니지만), 유아 대상의 제품들이 또 있습니다. 바로 음악, '교육' 비디오, 텔레비전 프로그램, 기타 수동적 자극을 통해서 아기의 지능을 향상시켜준다고 하는 제품들입니다. 제품 광고에서는 지능이 향상되었다고 선전하지만, 대부분의 연구 결과에 따르면 효과는 미심쩍습니다. 효과가 없을뿐더러 오히려 시각적 미디어에 너무 노출되는 것은 유아 발달에 좋지 않습니다.[34] 초기 언어, 혹은 다른 지능의 측면들은 실제 사람, 특히 부모와의 적절한 시각적, 청각적 교류만으로도 충분히 발달할 수 있습니다.[35] 지난 수백만 년간 그래왔기 때문입니다.

진화 의학에서 자주 묻는 질문은 해당 행동을 일으킨 '진화적 환경이 무엇인가?'입니다. 즉 어떤 상황에서 특정 행동이 진화했는지에 대한 것이죠. 아기의 진화적 환경은 바로 어머니의 몸입니다.[36] 유아의 정상 발달은 항상 어머니와의 접촉, 즉 어머니가 안아주고, 젖을 주고, 함께 자는 환경을 상정해야만 합니다. 이러한 환경 하에서, 아기는 잘 먹고, 덜 울고, 영아 돌연사 증후군으로 죽는 일도 일어나지 않게 됩니다. 보다 건강한 어린이 그리고 성인으로 성장할 수 있는 것이죠.

인간의 아기는 출생 시에 아주 무력합니다. 게다가 이후 10년 이상 부모의 양육에 기대야만 합니다. 따라서 이유 이후에도 어머니가 투자해야 하는 시간과 에너지는 엄청납니다. 다른 가족 혹은 사회의 도움이 필요한 이유입니다. 사실 다른 사람의 도움이 없으면 어머니는 다시 임신을 하는 것이 어렵습니다. 새로 아기를 임신, 출산하고 양육하는 에너지를 감당할 여력이 없기 때문이죠. 영장류 사회나 수렵 채집 사회에 대한 연구에 따르면, 아기는 어머니와 같은 대상에 최소한 3~4년간 아주 찰싹 붙어서 지내야 합니다.

아기가 딸린 어머니가 자신 및 아기에게 필요한 에너지를 획득하기 위해서 수렵 채집을 해야 하는 상황을 생각해봅시다. 아기가 점점 크면 당연히 무거워집니다. 어머니는 무거운 아기를 이끌고 식량을 구하러 다니다가 이유가 시작되면 아기를 내려놓을 수 있게 됩니다. 따라서 이후에는 여력이 생기죠. 남은 에너지는 둘째를 위해 사용할 수 있게 되는 것입니다. 배란이 재개되고, 임신, 수유, 그리고 양육의 사이클이 반복됩니다. 다른 사람의 도움(특히 할머니의 도움)과 공동 양육은 이러한 전략이 성공하는 핵심 요인입니다. 인간의 가족, 그리고 확대 친족 네트워크는 인간을 다른 영장류와 구분해주는 아주 중요한 특징입니다.

9장

폐경은 왜
일어나는가?

Ancient Bodies
Modern Lives

일생 동안 일어나는 여성의 생물학적 변화에 대한 진화적 설명 중 가장 큰 난관은 바로 폐경입니다. 번식 성공이 진화의 원동력이라면 도대체 폐경은 설명할 방법이 없습니다. 번식 성공률을 높이는 형질이 진화했다면 이른 시기에 폐경이 일어나는 현상이 어떻게 자연 선택될 수 있었을까요? 물론 과거에는 여성의 수명이 그리 길지 못해서 폐경 이후 몇 년 이상 살지 못했을 것으로 보입니다. 하지만 오늘날에는 폐경 이후에도 전체 생애의 3분의 1을 활동적이고 건강하게 살아갑니다. 그렇다면 지난 200년간 초경 연령이 점점 앞당겨진 것처럼, 폐경 연령이 점점 뒤로 늦춰져야 할 것입니다. 하지만 그런 일은 일어나지 않았습니다. 사실 폐경을 진화적인 견지에서 연구할 때, 고려해야 하는 두 가지 질문이 있습니다. 왜 배란이 완전 중단되는가? 그리고 왜 여성은 번식이 끝난 후에도 그렇게 오래 살아남는가? 이번 장에는 첫 번째 질문에 대해서 이야기해보도록 하겠습니다.

폐경은 인간에게만
일어나는가?

의학적으로 생리의 중단, 즉 1년간 한 번도 생리가 일어나지 않으면 폐경이라고 진단합니다. 2장에서 이야기했지만, 이러한 정의는 생리를 하는 여성이 '정상'이라는 전제를 깔고 있습니다. 사실 우리의 조상은 늘 임신 혹은 수유 중이었기 때문에 생리를 그리 많이 하지 않았습니다. 따라서 마지막 생리 주기가 언제였는지 따져보는 것은 생물학적으로 큰 의미가 없습니다. 인간과 달리 다른 포유류들은 대개 생리를 하지 않기 때문에, 폐경이 일어나는지 묻는 것은 무의미합니다. 따라서 번식이 중단된다는 가장 명확한 과학적 정의는 폐경이 아니라, 배란의 중단입니다.[1] 영장류학자들은 이 기준을 활용하죠.

다른 종에서 번식 주기의 종결이 어떻게 일어나는지 이해하려면 일단 사망하기 전에 배란이 중단되는 종이 있는지를 먼저 묻는 것이 좋겠습니다. 실제로 충분히 오래 사는 암컷 포유류들은 모두 인간의 폐경에 준하는 징후를 보입니다. 출산 간격의 증가, 성적 활동의 감소, 호르몬 증가나 감소와 같은 생화학적 변화, 난자 고갈, 골밀도 감소 등이죠. 이러한 점에서 보면, 폐경은 단일 사건이 아니라 일련의 과정처럼 보입니다. 침팬지나 다른 여러 영장류가 인간의 생식적 노화의 좋은 모델이 될 수 있는 이유입니다.[2]

그렇다면 다른 질문을 해보죠. 다른 포유류의 암컷도 번식력이 중단된 이후에 오래 살아갈까요? 많은 포유류(특히 고래나 아시아코끼리)에서 번식 종결 후 약간의 생애 기간이 관찰되지만,[3] 인간만큼 오랫동안 살아가는 동물은 없습니다. 암컷 침팬지와 원숭이는 나이가 들면 번식력이 감소하지만, 사망 직전까지 생리 주기가 지속됩니다.[4] 일부는 사망 전에 생리 주기가 중단되지만 대개는 질병에 걸려 건강 상태가 좋지 않은 경우에 국한됩니다. 인간의 폐경과는 성질이 다르죠.[5]

영장류 학자인 도시사다 니시다(Toshisada Nishida)는 탄자니아 마헤일(Mahale) 지역에서 침팬지 다섯 마리를 관찰한 결과, 마지막 출산을 하고 10년을 생존했다는 보고를 한 바 있습니다.[6] 그러나 이는 아주 예외적인 경우입니다. 야생의 세계에서도 번식이 중단된 이후 상당히 오래 살아가는 암컷 개체가 간혹 있지만, 폐경 이후 대부분 수십 년 이상을 더 살아가는 인간의 여성과는 도저히 비교할 수 없죠.[7] 야생 상태의 침팬지나 개코원숭이 중 번식 연령을 넘어 생존하는 개체는 5% 미만에 불과합니다. 그러나 수렵 채집 생활을 하는 사람들은 약 3분의 1 이상의 여성이 50세를 넘겨 생존합니다.[8] 연구에 따르면 !쿵 산 족의 10%가 60세 이상까지 생존하고, 게다가 대부분은 자신의 부족에 의미 있는 경제적 기여를 지속합니다.[9]

왜 50세인가?

폐경이 인간에게서만 일어나는 독특한 특징인 것은 분명하지만, 왜 그런 현상이 일어나는지 그리고 어떤 번식상의 이득이 있는지는 여전히 불확실합니다. 이에 대해서는 지난 수백 년간 인간의 수명이 많이 늘어났기 때문에 발생한 부산물에 불과할 뿐이라는 주장이 있습니다. 포유류의 난자는 최대 수명이 50년 정도인데, 난자가 고갈되면 사실상 아무리 오래 살아도 번식이 불가능하기 때문이죠.[10] 이 가설에 의하면 인간의 수명이 지난 수백 년 동안 늘어났음에도 불구하고, 난자의 수명을 늘릴 수는 없었기 때문에 폐경이 발생합니다. 진화적인 측면에서 볼 때, 50세 이후에 번식이 종결되는 것은 장수하는 포유류의 공통된 특징입니다. 즉 인간이 50세를 넘겨서 생존할 수 있게 된 것은 인간과 침팬지가 공통 조상으로부터 갈라진 이후라는 것입니다.[11] 폐경은 모든 유인원에서 비슷하게 일어나지만 유독 인간만이 더 오래 살기 때문에 이런 현상을 보인다는 주장입니다.

또 다른 가설도 있습니다. 생애 초반 번식을 위해 너무 많은 에너지를 소모해버리기 때문에 50세에 도달할 무렵에는 더 이상 남는 에너지가 없다는 것입니다. 이것을 다면발현(pleiotropy)이라고 하는데, 젊은 나이에 생존과 번식에 도움이 되는 유전자가 생애 후반에는 부정적인 영향을 미치는 현상을 말합니다.[12] 인류학자 조슬린 페체이(Jocelyn Peccei)에 의하면, 아이가 한 명 태어날 때마다 어머니는 상당한 비용을 지불해야만 합니다. 특히 큰 뇌를 가지고 있고 아주 의존적인 인간의 유아는 장기간의 수유와 양육을 필요로 하기 때문에 어머니의 에너지가 상당히 소진됩니다. 따라서 어머니는 무조건 아기를 많이 낳는 것보다는 적당한 수의 아기에게 많은 에너지를 집중하는 것이 더 유리할 수 있습니다.[13] 독립적인 생활을 하는 데 필요한 기간을 12~15년이라고 할 때, 마지막으로 출산한 아기가 독립할 때까지 죽지 않는 편이 훨씬 유리합니다. 다시 말해 65세에 죽는다면 최소한 15년 전에는 폐경을 해도 잃는 것이 없는 셈입니다.[14]

폐경에 대한 초기 진화 이론들은 주로 현재의 아이들을 돌보는 데 에너지를 전용할 것인지 혹은 생존 가능성이 떨어지는 아기를 계속 낳을 것인지에 대한 상대적인 이득에 초점을 맞추고 있습니다. 그러나 이러한 이론은 수학적으로 입증하기가 아주 어렵습니다. 생존율이 떨어진다고 해도 50%의 유전자를 공유한 자식을 더 낳는 것이, 25%만 공유한 손주를 돌보는 것보다 유리할 가능성이 있습니다.[15] 게다가 인류학적 연구 결과에 의하면, 나이든 여성은 청소년기의 자식을 돌보는 편이 새로 자식을 얻는 것보다 적합도를 더 많이 높여준다고 합니다.[16] 또한 폐경 이후에 건강한 15~20년의 생애를 누리는 것이 더 유리하다면, 지난 100년간 건강 수명이 급격히 늘어나면서 폐경 연령도 점점 더 늦춰졌어야 합니다. 삶의 조건이 개선되면서 초경 연령이 당겨지고 있다는 부정할 수 없는 증거에도 불구하고 폐경 연령이 늦춰지고 있다는 증거는 전혀 없습니다. 폐경 연령은 각자 상이하지만, 평균 폐경 연령은 인구 집단과 무관하게 아주 안정적으로 유지되고 있습니다. 건강 부국에서도 마찬가지입니다. 이런 결과를 보면 인간의 폐경은 다른 포유류처럼 이미 '정해져서' 생태적 환경의 개선에도 불구하고 바뀔 여지가 별로 없는 것으로 보입니다.

5장에서 언급한 것처럼, 두 발 걷기를 하는 인간이 큰 뇌를 가진 아기를 낳는 것은 꽤 위험한 일입니다.[17] 매년 50만 명의 여성이 아기를 낳다 숨집니다. 그리고 이러한 위험은 나이가 들수록 높아집니다. 20~24세 여성에 비해서, 40세 이후에 임신한 경우 출산 관련 사망률은 무려 5배에 달합니다.[18] 어떤 연구에 의하면 40세 이후에는 20~29세 무렵에 비해서 위험률이 30배나 된다는 보고도 있습니다.[19] 이러한 위험 때문에 45세 이후에는 임신과 출산이 급격이 줄어듭니다. 따라서 출산을 하다 사망할 확률이 건강한 아기를 낳을 확률을 초과하는 시점이 약 50세 무렵이라는 것은 일리가 있는 주장입니다.

게다가 영양과 위생이 불량했던 과거의 50세 여성이 겪는 출산 위험률은 현재보다 훨씬 더 높았을 것입니다. 특히 산후 출혈이나 혈전 발병률은 연령에 따라 증가하고 태반이나 자궁의 문제는 임신 횟수에 따라 증가합니다. 아마 50세 무렵의 여성이 출산을 한다면 어머니와 아기가 모두 죽을 것입니다. 어머니가 죽으면 기존의 아이들도 위험에 빠지게 됩니다. 따라서 일찍 배란을 중단해서 좀 더 살아가는 것이 기존의 아이들을 잘 키우기 위해 필요한 전략입니다. 게다가 에너지가 남으면 손주도 돌볼 수가 있죠. 이런 점을 모두 고려하면 번식을 중단하는 선택적 가치가 인구 집단 혹은 종 수준의 손해를 뛰어넘는다고 할 수 있습니다.[20] 물론 이런 견해에 대해서는 이견이 아주 많습니다.[21]

여러 번 이야기합니다만, 임신을 최대한 많이 하는 것이 번식 성공률을 높이는 가장 좋은 방법은 아닙니다. 양육에 많은 에너지가 필요한 인류는 양보다 질을 우선시하는 전략을 선택했습니다. 이론적으로 달성 가능한 숫자보다 훨씬 적은 숫자가 최적의 자손 숫자입니다.[22] 특히 이런 전략은 자원이 부족하거나 경쟁이 격화되는 상황에서 더 유리합니다. 인류사 대부분의 기간 동안 자원은 늘 부족했고 경쟁은 치열했죠. 50세 이후에 아기를 낳지 않는 이유입니다.[23] 임신이 적당하지 않는 상황에서는 생리 주기를 정지시키는 것이 선택적으로 유리합니다. 운동선수나 질병, 정신사회적 혹은 정서적 스트레스, 기아에 시달리는 여성의 생리가 중단되는 이유죠. 그리고 아마 50세 이후의 여성도 같은 이유로 폐경이 일어나는 것으로 보입니다.

폐경 시점, 그리고 폐경 증상에 영향을 미치는 요인들

폐경은 여성이 가지고 태어난 난자의 숫자와 직접적인 관련이 있습니다. 그러나 다양한 요인이 그 시점에 영향을 미치는데 특히 난자가 소진되는 속도에 크게 좌우됩니다. 지리적 위치, 경제적 수입, 교육, 결혼 상태 등도 폐경 연령에 영향을 미칩니다.[24] 예를 들어 미혼 여성은 기혼 여성보다 더 이른 폐경을 경험합니다.[25] 이러한 현상은 성적 행위, 사회적 환경, 결혼 생활을 통한 정서적 지지나 스트레스 감소 등에 의해 일어나는 것으로 보입니다. 일부 연구자들은 페로몬의 영향이라고 주장합니다. 남성의 페로

몬이 난소 기능과 에스트로겐 수준에 영향을 주어 폐경을 늦춘다는 것입니다.[26]

이른 폐경을 유발하는 요인은 소아기의 영양 결핍, 낮은 사회 경제적 수준, 낮은 교육 수준, 농촌지역 거주, 출산을 한 번도 안 한 경우, 짧은 생리 주기, 흡연이나 음주 같은 생활습관 등입니다.[27] 이러한 요인은 서로 연관되어 있기 때문에 어떤 요인이 가장 강력한 것인지 혹은 독립적인 요인이 있는 것인지 밝히기란 쉽지 않습니다. 그러나 초경 연령 및 경구용 피임약 사용 여부는 폐경 연령에 영향을 주지 못하는 것 같습니다. 또 몇 명의 자식을 낳았는지 여부가 폐경 연령에 영향을 주는지 여부는 불확실합니다. 서로 상반된 결과를 보여주는 연구들이 있습니다. 일본에서 시행한 연구에 따르면 지방과 콜레스테롤, 커피를 많이 섭취하면 폐경에 늦어지는 것으로 나타났습니다.[28]

생활 습관이나 환경적 요인은 폐경 증상에도 영향을 미칩니다. 주로 체중이나 체지방 비율, 운동 여부 등이죠.[29] 여러 연구에 의하면 낮은 체질량 지수(BMI)를 보이는 여성이 보다 심한 안면 홍조를 보입니다.[30] 에어로빅 등의 운동은 정신적 스트레스에 대한 정신적 혹은 생리적 반응을 줄여주죠.[31] 성생활 경험이나 태도도 폐경 증상에 영향을 미칩니다.[32] 성관계의 빈도가 낮을수록 생리 불순과 안면 홍조, 에스트로겐 감소가 더 심하게 나타난다고 합니다.[33] 흡연을 하면 심한 안면 홍조가 더 자주 일어난다는 보고도 있습니다.[34] 특히 현재 흡연을 하고 있는 여성은 과거에 했거나 한 번도 흡연을 안 한 여성보다 안면 홍조를 경험할 가능성이 더 높습니다.[35]

일부 문화권에서는 폐경이 여성에게 정서적으로 그리고 심리적으로 아주 어려운 시기로 간주됩니다. 그래서 폐경기 여성의 기분이나 다른 심리적 변수에 대한 연구가 몇몇 시행된 바 있습니다.[36] 폐경기에는 종종 우울증을 앓는 여성들이 있는데, 호르몬 변화는 별로 중요한 역할을 하지 않는 것으로 보입니다.[37] 한 종단(縱斷) 연구결과에 따르면 중년 여성의 우울증과 신체적 증상은 같이 일어나는 경향이 있지만 그 원인은 서로 다릅니다.[38] 두 가지 서로 다른 연구의 결과에 의하면, 초기의 인생 경험이 중년 이후 정서적 어려움의 원인이 되는 것으로 보입니다. 폐경 여부보다 더 중요하죠.[39] 다만 젊은 여성보다 폐경기 여성이 이러한 우울감에 더 취약하기 때문에 마치 폐경과 우울증이 서로 관련된 것처럼 보이는 것입니다.[40] 사회 경제적 수준도 폐경 증상에 영향을 미칩니다. 1만 6,065명의 미국 여성을 대상으로, 대규모 다(多)도시, 다민족 연구를 시행한 바 있는데, 기본적인 생계가 어려운 여성들은 더 심한 증상을 호소하는 경향이 있었습니다.[41]

게다가 문화권에 따라서 여성들이 경험하는 폐경 증상에 큰 차이가 있었습니다. 심지어 "신체적 증상"도 서로 달랐습니다.[42] 예를 들어 안면 홍조는 주로 북미, 태국,[43] 노르웨이,[44] 인도,[45] 나이지리아,[46] 탄자니아[47]에서 흔하게 보고되었지만, 일본,[48] 나바호 인디언,[49] 마야 소작농,[50] 캐나다에 거주하는 시크교도[51]에서는 거의 보고되지 않았습니다. 물론 폐경의 생물학적 측면과 정신사회적 혹은 신체적 측면 간의 관계는 여성의 문화적 환경뿐 아니라 개인적인 인생 경험에 의해서도 상당히 좌우됩니다.

폐경의 내분비학과 생식 연령의 마지막 시기

여성과 남성의 생식 연령 기간은 아주 다릅니다. 여성은 45~50세면 임신과 출산이 어려워지죠. 남성도 나이가 들면 생식력이 떨어지지만, 결코 완전히 중단되지 않습니다. 진화생물학자 조지 윌리엄스는 이러한 차이가 성별에 따른 상대적인 번식 비용의 차이에서 기인한다고 주장했습니다.

여성은 남성보다 아기를 낳고 키우는 데 훨씬 많은 비용을 들여야 하기 때문이라는 것입니다. 게다가 고령의 여성은 특히 임신과 출산 시 상당한 위험성을 감수해야 합니다. 남성이 정자를 생산하는 데 드는 비용과는 비교할 수조차 없죠.[52]

에스트로겐과 프로게스테론 같은 생식 호르몬은 나이가 들면서 점점 감소합니다. 배란과 생리가 중단될 때까지 계속 감소합니다. 배란이 일어나면 황체에서 에스트로겐과 프로게스테론을 분비하는데, 이들은 난포 자극 호르몬과 황체 호르몬을 억제하죠. 생식 연령의 막바지에 접어들면, 배란이 일어나지 않으므로 황체도 없습니다. 에스트로겐과 프로게스테론도 안나옵니다. 따라서 난포 자극 호르몬과 황체 호르몬이 점점 증가해서, 계속 높은 수준을 유지하게 됩니다. 폐경 증상, 즉 생식 연령에서 생식 후 연령으로 전환되는 과정에 경험하는 증상은 이러한 호르몬 변화에 의해 유발됩니다.

1장에서 너무 잦은 생리 주기가 다양한 여성암과 관련된다고 이야기한 바 있습니다. 따라서 폐경은 여성암의 발병을 막아주는 보호효과를 가지고 있습니다. 사실 여성의 유방은 지난 30년간 주기적인 에스트로겐 등락에 시달렸기 때문에 쉴 때가 된 것인지도 모릅니다.[53] 30년 동안의 호르몬 노출에도 이렇게 많은 유방암이 발병하는데, 40년 혹은 50년 동안 노출된다고 생각하면 끔찍한 일입니다. 또한 생애 후반에 에너지를 적절하게 할당하는 기능도 합니다.[54] 앞서 언급한 것처럼, 출산이 반복될수록 남은 에너지의 더 많은 부분이 사용됩니다. 첫 번째 혹은 두 번째 임신에 비해서, 여섯 번째 혹은 일곱 번째 임신은 훨씬 값비싼 비용을 지불해야 합니다.

폐경은
의학적 질병인가?

간단히 말해서 폐경은 여성의 생식이 중단되는 것입니다. 모든 포유류에서 일어나는 것이며 굳이 왜 일어나는지 '설명할' 필요가 없습니다. 그런데 왜 폐경이 '좋지 않은' 것으로 간주되는 것일까요? 이는 다분히 서양 의학의 입장, 즉 생식 후 시기로 넘어가면서 여성이 경험하는 정서적, 신체적 변화를 병리적인 것으로 규정하려는 태도와 깊은 관련이 있습니다.[55] 사실 폐경을 치료를 요하는 질병이라고 간주한 지는 이미 200년이 넘었습니다.[56] 호르몬 부족에 의해서 당뇨병이 생기는 것과 비슷한 시각으로 바라본 것입니다. 실제로 과거에 폐경은 "에스트로겐 결핍 장애"(estrogen deficiency disease)로 불리기도 했습니다.[57] 게다가 수많은 질병과 노인성 장애의 위험인자라는 누명을 쓰기도 했죠.[58] 폐경이라는 현상이 '의학적 문제'로 규정된 것입니다.

폐경 현상이 의학화(medicalization)된 배경에는 50세 이상 사는 여성이 과거에는 그리 흔하지 않았다는 사실이 자리하고 있습니다. 장수는 '비정상'적인 것이고, 따라서 고령에도 건강을 유지하려면 의학적 개입이 필요하다는 논리입니다.[59] 죽을 때까지 여성호르몬을 유지할 수 있도록 호르몬 대체 요법을 받아야 한다는 근거가 되기도 했습니다. 폐경은 '에스트로겐 결핍 장애'이고, 따라서 외부에서 에스트로겐을 보충하여 가임기의 여성과 같은 정신적, 신체적 건강으로 돌아가야 한다는 개념입니다. 당뇨병 환자에게 인슐린을 주어 치료한다면, 폐경 여성에게 에스트로겐을 주지 못할 이유가 무엇일까요? 그러나 당뇨병은 모든 사람이 겪는 보편적인 현상이 아닙니다. 하지만 폐경은 모든 여성이 겪는 자연스러운 현상입니다.

폐경을 삶을 통해 경험하는 하나의 과정으로 받아들이면, '결핍'으로 보는 의학적 입장과 다른 식으로 바라볼 수 있습니다.

물론 폐경을 퇴행적 과정이 아닌 발달적 과정으로 생각하는 것이 당장 폐경 증상으로 괴로워하는 여성에게는 별로 위안이 되지 않을 것입니다. 끔찍한 안면 홍조로 불면에 시달리고 일상생활을 하기 어려워하는 여성에게 "이건 정상이야. 이건 정상이야"라고 긍정적 사고나 만트라(mantra)를 하라고 강요해봐야 아무 도움이 되지 않습니다. 모든 정상적인 진화적 반응(체온 상승, 혹은 감염 시에 일어나는 철분 손실)은 과해지면 비정상적 반응이 되고 병리적인 현상이 될 수도 있습니다. 물론 정상적인 호르몬 변화를 서글픈 노화의 증거라며 부정적으로 받아들인다면, 적절한 심리적 개입이 필요할 수 있습니다. 골다공증, 안면 홍조, 심혈관계 질환에 대해서는 적절한 의학적 개입이 필요합니다. 그러나 개별적인 증상을 치료하는 것과 폐경 자체를 치료해야 한다고 하는 것은 아주 다른 이야기입니다.[60] 사실 모든 여성이 경험하는 생애 주기의 변화에 초점을 맞추면, 치료할 방법이 막연해집니다. 특정한 장애에 초점을 맞추는 편이 폐경 증상을 겪는 여성에게 더 효과적인 치료를 제공해줄 수 있습니다. 게다가 호르몬 대체 요법으로 인해 일어나는 다양한 문제도 줄일 수 있죠.

폐경과 관련된 다양한 용어들도 폐경이 마치 의학적 상태인 것 같은 착각을 일으킵니다. 불규칙한 생리 주기나 혈관 운동성 변화를 '증상'이라고 하는 것처럼 말입니다. 앞 장에서 이야기한 것처럼, 인류학자 에밀리 마틴(Emily Martin) 등은 신체 기능을 묘사하는 은유가 그러한 기능에 대한 사회적, 의학적 입장을 반영하고, 이는 다시 해당 현상에 대한 개인적인 경험을 규정짓는다고 하였습니다.[61] 증상, 금단, 퇴행, 중단과 같은 용어는 부정적인 의미를 담고 있습니다. 이 때문에 마틴은 폐경을 기술하는 새로운 단어들을 고려해야 한다고 주장합니다.

보건 심리학자 파울라 데리(Paula Derry)는 폐경과 노화가 종종 서로 혼동되어, 심지어 폐경 후 수십 년 후에 일어나는 질병이나 장애도 "폐경 후 장애"로 간주된다고 주장합니다.[62] 70세 혹은 80세에 일어난 골다공증도 폐경 증상이라고 생각한다는 것이죠. 이는 마치 30대 혹은 40대 무렵에 경험하는 건강상의 문제를 '초경 후 장애' 혹은 '사춘기 후 장애'로 간주하는 것과 같은 말입니다. 80세 여성이 겪는 문제를 '폐경 후'에 일어난 현상으로 간주하는 것은 아무런 의미가 없습니다.

종종 '남성 폐경'(male menopause)이라는 기사를 접하곤 합니다. 남성 폐경이란 중년 남성이 경험하는 심리적 어려움을 폐경기의 여성이 경험하는 심리적 이슈와 동일시하는 것입니다. 그러나 남성은 호르몬 변화도 경험하지 않고 생식력도 중단되지 않습니다. 물론 생리가 끝나는 것도 아닙니다(원래 하지도 않았으니까요). 이는 마치 여성의 생리가 단지 심리적인 문제에 불과하다는 인상을 줍니다. 남성도 생식 기능의 저하가 일어나지만, 그 시기는 여성과 달리 개인차가 아주 심합니다. 마지막 생리 이후 약 1년간 경험하는 여성의 폐경과는 비교하기 어렵습니다.

문화에 따라서 폐경에 대한 의학적 입장이 상당히 다릅니다. 예를 들어 일본에서는 임상적으로 "폐경 증후군"이라는 말을 사용하지만, 이것은 호르몬 감소가 아니라 도덕성 감소를 지칭하는 말입니다. 아이를 키우고 나서 "너무 많은 시간이 남게 된" 중년 여성이 가족이나 지역사회보다 자기 자신에만 신경을 쓰는 현상이죠.[63] 그래서 종종 의사들은 폐경기에 불안을 경험하는 여성을 비난하곤 합니다. 하지만 중년 여성이 그동안 많은 관심과 노력을 기울이던 아이들이 장성하여 독립하게 된 시기가 폐경기와 일치하는 것은 우연에 불과합니다. 여성의 정체성은 어머니로서의 역할과

뗄 수 없다는 생각은 일본 문화에서만 나타나는 현상은 아닙니다. 서구 사회에서도 폐경기의 어려움 중 하나로 흔히 보고되곤 하죠.

폐경의 시기도 종종 정상과 비정상으로 규정되고는 합니다. 40세 이전에 폐경이 일어나면 '조기 난소 부전'(premature ovarian failure, POF)이라고 진단합니다. 그러나 40세라는 기준은 분명 아주 임의적입니다. 피임이 보편화되지 않은 집단에서는 30대 후반에 마지막 아기를 임신한 후 수년간의 수유를 거치고 나면 생리가 다시 돌아오지 않는 경우가 있습니다. 이를 두고 조기 난소 부전이라고 할 수는 없을 것입니다.

의학적인 문제로 취급되든 아니든 간에, 폐경기 변화는 다양한 생리적 변화를 동반하게 됩니다. 대부분은 난소 기능의 변화로 설명할 수 있습니다. 미국에서 가장 흔히 보고되는 자각현상은 안면 홍조, 발한, 불면, 질 불편감, 배뇨 불편감, 두통, 피로, 짜증, 우울, 감정 변동, 체중 증가 등입니다. 종종 이들을 '신체적 증상(홍조, 발한, 질 위축)'과 '심리적 증상(기타 모든 것)'으로 나누곤 하는데, 사실 폐경기 여성들이 보고하는 증상의 빈도는 아주 편차가 심합니다. 에스트로겐 대체 요법(Estrogen replacement therapy, ERT)은 안면 홍조와 질 위축에는 도움이 되지만, 기타 증상에는 별로 효과가 없습니다.[64] 즉 안면 홍조와 질 위축은 호르몬 변화에 의해서 일어나는 증상이지만, 다른 증상은 폐경기에 여성이 경험하는 정신사회적 변화와 더불어 일어나는 것이라고 할 수 있습니다.[65] 미국 여성의 약 절반 이상이 폐경을 전후해서 한 번 이상 안면 홍조를 경험한다고 합니다.[66] 아프리카계 미국인은 유럽계 미국인보다 더 높은 안면 홍조 비율을 보입니다.[67] 사실 안면 홍조는 폐경이 일어나기 10년 전부터 많은 여성들이 호소합니다. 주로 생리 주기의 변화 전에 그런 증상을 보이죠.[68]

안면 홍조와 야간 발한

인류학자 리네트 레이디 시버트는 세계 각지의 여성으로부터 '폐경 불편감'에 대한 보고를 모아 표를 만들었습니다. 대략 다음과 같습니다. 필리핀, 싱가포르, 타이완: 두통, 태국: 어지러움 혹은 안면 홍조, 영국: 우울증, 미국: 몸살과 관절 강직 및 관절통. 이 연구에 의하면, 가장 흔한 네 가지 증상에 안면 홍조와 야간 발한을 올린 집단은 단 두 집단에 불과했습니다.[69] 이러한 결과를 보면 안면 홍조가 폐경 시에 반드시 일어나는지, 그렇게 괴로운 증상인지, 그리고 호르몬 변화에 의한 것이 맞는지에 대한 의문이 생깁니다. 광범위한 횡문화적 연구에 따르면, 안면 홍조는 보편적인 폐경 증상이 아닙니다. 특정한 환경적 요인(기후와 고도), 문화적 요인(결혼 여부, 종교, 폐경과 노화에 대한 태도, 식이, 흡연, 출산력), 생물학적 요인(유전자, 호르몬 수준, 발한 패턴) 등 다양한 요인이 복합적으로 작용하는 것으로 보입니다(〈그림 9-1〉).

다른 폐경 관련 불편감과 마찬가지로 진화 의학자들은 안면 홍조가 왜 그렇게 많이 일어나는지, 과거에도 그랬는지, 왜 종종 일상생활을 하지 못

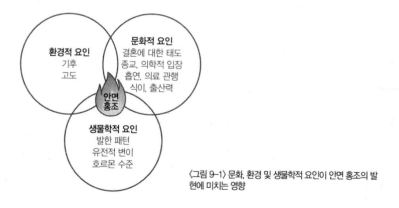

〈그림 9-1〉 문화, 환경 및 생물학적 요인이 안면 홍조의 발현에 미치는 영향

할 정도로 증상이 심한지에 대해서 궁금해하고 있습니다. 아마 서구 여성은 생애 내내 비정상적으로 높은 여성호르몬에 노출되어 있기 때문에 이러한 호르몬 급락에 의한 혈관운동 변화가 더 심각하게 나타나는지도 모릅니다.[70] 17세에 초경을 하여, 5~6명의 아기를 임신하고, 수년간 수유를 하는 여성은 일생 동안 겨우 60~100번만 생리 주기를 경험하게 됩니다. 따라서 일생 동안 350~400번, 그것도 높은 호르몬 수준에 노출된 여성보다 더 경미한 폐경 증상을 경험하는 것은 당연한 일입니다.

골다공증

골밀도(bone mineral density, BMD)는 폐경 무렵부터 떨어지기 시작합니다. 에스트로겐의 감소에 의한 현상이죠. 그래서 의학적으로 에스트로겐을 투여하면, 이러한 과정을 역전시킬 수 있습니다. 물론 간단한 일은 아닙니다. 사실 5년이 지나면 골밀도 감소 속도는 줄어들고, 이른바 '보상 과정'이 일어난다는 증거도 있습니다. 낮은 골밀도를 보상하기 위해서 뼈가 넓어지는 것입니다.[71]

또한 다른 요인도 감안해야 합니다. 골밀도 감소는 흡연, 운동 부족, 과다한 지방 섭취, 일생에 걸친 과다한 생식 호르몬 노출, 골절의 위험을 높이는 다른 질병 등 다른 요인에 의해서도 일어납니다. 다른 동반 요인이 없다면 단지 에스트로겐 감소에 의한 골밀도 감소는 골절의 위험을 크게 높이지 않습니다. 실제로 마야 여성의 경우, 골밀도가 감소해도 골절 위험성은 증가하지 않았습니다.[72] 과연 '정상'이란 무엇인지에 대한 또 다른 예라고 할 수 있겠습니다. 만약 폐경 전 여성의 골밀도가 '정상'이라면 폐경 후 감소된 골밀도는 '비정상'입니다. 따라서 뭔가 의학적 개입이 필요하다는 식으로 들립니다. 분명 골밀도 감소에 의해서 골절을 입는 경우가 있을 것입니다. 그러나 대개의 경우 흡연이나 비만, 운동 부족과 같은 생활습관을 개선하는 방식으로 골절을 막을 수 있습니다.

오래된 미신에 의하면, 한 번 임신할 때마다 치아 한 개를 잃는다고 합니다. 어머니의 몸에서 아기에게 칼슘이 전달된다는 뜻이겠죠. 여성의 뼈에서 칼슘을 뽑아내는 능력은 태아의 발달에 아주 긴요하게 쓰이지만, 생애 후반 골다공증의 위험성을 높이게 됩니다.[73] 난소 호르몬은 다른 호르몬과 같이 작용하여 뼈와 혈액, 조직, 기관의 칼슘 균형을 조절하는 기능을 합니다. 더 많은 칼슘을 흡수하고 이용하는 능력은 임신 마지막 3개월에 아주 중요한 역할을 하죠.

더 중요한 것은 수유입니다. 수유 기간 동안 아기는 전적으로 모유의 칼슘에 의존해야 합니다. 이 칼슘은 어머니의 뼈에서 나오게 됩니다. 만약 수유 이후에 바로 임신을 하게 되면, 여성의 몸은 충분한 칼슘을 보충하지 못합니다. 우리의 신체는 태아와 수유를 위해서 최우선적으로 칼슘을 할당하기 때문이죠. 사실 칼슘이 부족한 식사를 한다면, 너무 오래 수유를 할 경우 여성의 골격에 무리가 생길 수 있습니다. 만약 폐경 직전까지 수유를 하고 있다면, 칼슘이 부족한 상태에서 폐경, 즉 생식 후 시기에 접어들게 되는 셈입니다.

폐경이 일어나면 생식 호르몬이 감소하는데, 이는 칼슘과 뼈의 대사에 상당한 변화를 유발합니다. 음식에서 칼슘을 최대한 흡수하고 높은 수준의 칼슘 수준을 유지하는 시스템은 작동을 멈춥니다. 이제 임무(아기를 낳고 키우는 것)가 끝났기 때문이죠. 더 이상 식사를 통해 칼슘을 잘 흡수할 수 없기 때문에 체내의 칼슘 수준은 뼈에서 나오는 칼슘에 크게 좌우됩니다. 골학자 앨리슨 갤러웨이(Allison Galloway)는 폐경 시 에스트로겐과 프로게스테론의 감소가 뼈에서 더 이상 칼슘을 빼내지 못하도록 하는 신호로 작동한다고 말합니다.[74] 그의 말에 따르면, 몸이 뼈로부터 칼슘을 "빌려온" 빚은 다시 "갚을 길"이 없습니다.[75] 이는 여성의 몸이 무병장수가 아니라 출산과 번식을 위해 '설계된' 대가라고 할 수 있습니다.

골다공증에 대해 진화적 설명을 하다 보면 골다공증은 병리적인 현상이 아니라 아주 성공적인 적응의 결과라는 것을 알 수 있습니다. 하지만 건강 부국의 여성들은 평소 너무 높은 난소 호르몬 수준에 노출되었기 때문에 탈골화, 즉 골다공증이 더 급격하고 심각하게 일어날 수 있습니다. 종종 의학적 개입이 필요한 정도의 병리적 상태를 유발합니다.

수면장애

수면장애와 불면증은 폐경기 여성들이 흔히 경험하는 증상일 뿐 아니라 노화에 따라 동반되는 증상이기도 합니다. 안면 홍조와 야간 발한을 호소하는 여성들은 흔히 불면증도 같이 호소합니다. 즉 불면은 호르몬의 변화에 의해서 일어납니다. 그러나 무엇이 먼저인지는 불확실합니다. 다시 말해서 안면 홍조 때문에 잠에서 깨는지, 혹은 푹 잠에 들지 못하기 때문에 안면 홍조를 느끼는지 확실하지 않습니다. 대부분의 연구가 이 두 증상 간의 깊은 관련성을 지적하고 있지만, 선후관계는 명확하지 않습니다. 게다가 불면은 폐경기 우울증의 증상으로 나타날 수 있는데, 우울증과 안면 홍조는 서로 관련이 있기 때문에 인과관계가 더 복잡해집니다. 1977년 두 명의 연구자들은 에스트로겐 보충 요법을 통해서 안면 홍조 증상을 경감시키면, 불면증 및 "심리적 증상"도 따라서 좋아진다고 했습니다. 도미노 효과가 있다는 이야깁니다.[76] 도미노 효과가 맞는다면, 에스트로겐 변화가 안면 홍조를, 안면 홍조가 불면증을, 불면증이 기분 장애를 유발한다고 할 수 있습니다.

그래서 도미노 가설을 검증하기 위한 연구를 해보았습니다. 매일 느껴지는 감각과 일상적 사건, 기분을 적도록 하는 것입니다.[77] 우리는 안면 홍조, 불면증, 기분 장애의 순서로 증상이 발생한다는 것을 알아냈습니다. 하지만 이것이 전부가 아니었습니다. 수면 문제를 조절해도 안면 홍조와 우울감은 여전했습니다. 각 증상에 독립적인 효과가 있다는 의미입니다. 게다가 수면 문제는 안면 홍조보다도 기분 증상에 더 좋은 예측 인자였습니다. 즉 안면 홍조와 수면 장애는 같이 힘을 합쳐 기분 장애를 일으키지만, 그 효과는 도미노 식이 아니라 서로 독립적으로 일어난다는 얘기입니다.[78]

수면 자체는 진화적으로 살펴볼 수 있습니다. 분명 수면을 조절하는 신체 내부의 기전이 있지만, 이는 내외의 여러 상황에 의해 쉽게 흐트러집니다.[79] 사실 '정상' 수면이라는 개념도 문화적인 산물이고 문화권에 따라서 서로 상이합니다. 많은 사람들은 조용하고 어둡고 약간 추운 방에서 편안하게 8시간을 자면 좋은 잠을 잤다고 생각합니다. 배우자 혹은 아이와 완전히 고립되어, 마치 죽은 듯이 잠을 자는 것이 이상적인 수면이라는 식이죠. 소음과 온도 변화, 배우자의 움직임 혹은 신체 내부의 사정으로 인해 자주 깨면, 우리는 잠을 잘 못 잤다고 불평합니다. 또한 매일 밤 일정한 시간에 잠자리에 들고, 아침에는 일정한 시간에 일어나라고 조언을 받습니다.

그러나 과거 인류의 수면도 이런 식이었을까요? 분명 어느 정도의 수면은 정신적, 신체적 건강에 필수적입니다(예를 들어 기억은 수면 중에 형성됩니다). 그러나 수면의 위험성도 만만치 않습니다. 포식자, 적, 화재의 위험이 늘 있습니다. 우리는 얼른 깨서 대처해야만 합니다. 다른 사람과 같이 자는 것은 더 따뜻하기도 하지만 상당한 보호 효과가 있습니다. 아기뿐 아니라 어른도 마찬가지입니다(8장 참조). 대부분 밤에 잠을 자지만(우리는 어쨌든 주행성 동물이죠), 일정한 시간에 꼭 자야 하는 것은 아닙니다. 캐럴 워스먼(Carol Worthman)에 따르면 수면은 "액체" 같아서 "시간의 흐릿한 경계 안"에서 일어난다고 합니다.[80]

게다가 어떤 사람이 다른 사람보다 잠을 더 못 자는 이유는 잠재적인 방해요인을 너무 많이 없애버렸기 때문인지도 모릅니다. 침실은 너무 조용하고, 우리는 이런저런 생각을 할, 그리고 걱정을 할 시간이 너무 많아졌습니다. 우리의 선조는 타닥거리는 모닥불 옆에서, 조용히 자는 가족의 숨소리 옆에서, 먹이를 "우적거리는 동물 소리"[81]를 들으면서, 끊임없이 자신이 안전한지를 확인하고 나서야 긴장을 풀고 잠을 잤습니다.[82] 워스먼은 이를 "수면의 신호 의존성 모델"(cue-dependency model of sleep)이라고 이름 붙였는데, 안전을 확인할 수 있는 신호가 전혀 없으면 인간은 인지적 스트레스를 받아 불안해져서 잠을 잘 수 없다는 주장입니다.[83] 사실 십대 무렵의 우리들은 라디오를 틀어야 잠을 청할 수 있곤 했죠.

나이가 들면 잠들기도 어렵고, 잠을 유지하기도 어렵게 됩니다. 노인에게 불면은 꽤 흔한 증상입니다. 사실 수면보조제 혹은 보다 강력한 수면제를 사용해서 입면 장애 혹은 수면 유지 장애를 다스리려고 하는 사람들이 많습니다. 수면 무호흡증 같은 호흡 장애도 나이가 들면 더 흔해집니다. 그런데 이런 이유로 잠이 깨는 것은 적응적 반응입니다. 다시 정상 수면으로 돌아갈 수 있기 때문입니다. 수면제를 복용하면 이러한 적응적 반응이 차단되어 수면이 불안정해질 때 깰 수 없습니다. 죽을 수도 있죠. 고령의 노인이 자주 깨는 것은 진화적인 면에서 보면 장애가 아니라 호흡을 고르게 해주는 이득이 있는 방어입니다.

수면이 음식처럼 인간의 건강에 중요하다는 믿음 때문에 불면증을 포함하여 다양한 수면 장애를 호전시킨다는 수많은 치료 방법이 생겨났습니다. 미국에는 엄청난 숫자의 수면 전문의가 있습니다. 그러나 불면에 의해 어떤 병이 생기고 또 사망률이 높아질 수 있는지는 불확실합니다.[84] 상대적으로 불면은 가벼운 문제입니다. 물론 대개의 불면은 흔하고 가벼운 문제니까 크게 걱정할 일이 아니라고 해봐야, 당장 잠을 못 자는 사람들에게 그리 위안은 되지 않을 것입니다. 하지만 수면을 방해하는 가장 중요한 요인 중 하나는 불안이고 그 불안 중 하나는 바로 충분히 잘 수 없을 것이라는 불안입니다.* 우리는 수면 중에 아주 쉽게 깰 수(사실 이 점은 "수면 중 긴장을 풀지 않는 훌륭한 적응적 능력"[85]이죠) 있습니다. 그러니 폐경기에 다양한 심리적 혹은 생리적 변화를 경험하는 여성들이 수면 패턴 변화를 겪는 것은 사실 당연한 일입니다.

기타 폐경 관련 '불편들'

질 위축은 폐경기에 호소하는 흔한 불편 중 하나입니다. 호르몬 변화에 의해 일어나죠. 그러나 성적으로 활발하지 않은 여성은 질의 변화를 잘 느끼지 못합니다. 수렵 채집 사회를 포함한 많은 사회에서 여성은 자신보다 나이가 많은 남성과 결혼합니다. 즉 폐경에 접어들어 질 위축이 일어날 시점이면 남편은 이미 죽었을 가능성이 높습니다. 따라서 여성의 성적 활동도 감소하거나 아예 중단되었을 수도 있습니다. 물론 남편 말고 다른 남성과 성적인 활동을 할 수도 있고, 폐경 후에도 성적으로 활발한 여성들에 대한 인류학적 보고도 있습니다.[86] 고령의 여성이 성적 활동을 전혀 하지 않

---

* 잠을 잘 자야 한다는 집착과 불안은 흔히 자신의 수면 상태를 실제보다 불량한 것으로 착각하게 한다. 이를 '역설적 수면'(paradoxical sleep) 혹은 '주관적 수면 상태 오인'(subjective misidentification of sleep state)이라고 한다. 과한 의도가 오히려 나쁜 결과를 가져오는 심리적 현상을 정신과의사 빅터 프랭클은 '의도의 역설성'이라고 하였다.

는 것은 아니지만, 그리 통상적인 일이 아니라는 것은 분명합니다.[87] 산업화된 국가에서 진행된 연구에 의하면, 폐경 후에 성적 활동과 리비도가 오히려 증가했다는 보고도 있고, 반대로 감소했다는 보고도 역시 있습니다.[88]

건강 부국의 폐경기 여성이 호소하는 또 다른 흔한 불편감은 바로 체중 증가입니다. 어느 정도(약 2.3킬로그램)까지는 체중 증가가 건강에 더 유리합니다. 에스트로겐은 지방 조직에 저장되고 안드로겐과 같은 남성호르몬은 지방세포에서 여성호르몬으로 변환됩니다. 체지방량이 높은 여성은 폐경 후에도 상대적으로 많은 에스트로겐이 나옵니다.[89] 하지만 폐경 후 비만은 유방암의 발병률도 높입니다.[90] 물론 2.3킬로그램 미만으로 약간 체중이 늘어나는 것은 골밀도 증가를 위해서도 좋습니다. 체중이 증가하는 것을 불평하지 않고, 에스트로겐 감소를 보충하고자 하는 우리 몸의 보상작용이라고 다행스럽게 생각할 수 있을지도 모릅니다. 물론 체중 증가와 같은 '좋은 일'이 너무 심해지면, 건강에 오히려 좋지 않겠죠.

왜 폐경은 힘겨울까?

일단 간단하게 말해서 사회과학자들의 연구에 의하면 세계 대부분의 여성들은 폐경을 별로 힘들어 하지 않습니다. 다른 정신사회적 스트레스와 마찬가지로, 폐경이 비록 생물학적 원인에 의해서 일어나지만 그로 인한 변화는 주어진 맥락에 따라서 아주 상이하게 나타납니다. 게다가 폐경이 축하할 일인지 혹은 저주할 일인지는 주어진 맥락에 따라서 아주 다릅니다.[91] 폐경을 한 여성이 존경받는 문화가 있다고 생각해봅시다. 호르몬 변화나 기타 동반된 변화들은 스트레스로 느껴지지 않고, 심지어 잘 느끼지도 못할 것입니다. 혹은 기쁜 마음으로 받아들이겠죠. 미국은 젊음이 찬양받는 나라입니다. 노화의 증거가 겉으로 드러나면, 사람들의 사회적 위치는 추락합니다. 특히 여성은 더욱 그렇습니다. 따라서 상당수 여성에게 폐경은 이제 젊은 시절에 누린 대접을 더 이상 받을 수 없다는 확실한 증거로 인식됩니다. 폐경 이후에 사회적 위치가 떨어진다면 폐경을 경험하는 여성이 정서적으로나 신체적으로 불편해하는 것은 당연한 일입니다.

다양한 문화권의 중년 여성(종종 '전성기'라고 언급되기도 합니다)을 연구한 인류학자 주디스 브라운(Judith Brown)은 다음과 같이 지적합니다. 다른 중요한 생애 사건(사춘기나 출산)과 달리, 폐경은 대개 축하받지 못하며 인류학적 글쓰기에서도 별로 주목받지 못한다는 것이죠.[92] 사실 많은 인구 집단에서 폐경은 '사건 자체'가 아닙니다. 생리를 자주 규칙적으로 하는 사회가 아니라면 사실 생리가 중단되는 것도 그리 특별한 일은 아닙니다. 다시 말해서 언제 폐경이 일어났는지가 그리 두드러지지 않을 뿐 아니라, 여성 자신 그리고 사회에서도 눈치 채지 못하고 지나가곤 한다는 것이죠. 하지만 아기를 임신할 수 있는 연령이 지나면 상당수의 사회에서 여성들은 사회적 위치의 변화를 겪게 됩니다. 가임기 여성에게만 주어지던 여러 제한이 풀리고 의사 결정에 대한 권위를 얻게 됩니다. 이전에는 없던 새로운 특별 지위를 부여받기도 합니다(산파 혹은 의례 전문가 등). 인류학자 리처드 리(Richard Lee)에 따르면 !쿵 산 족 여성은 폐경 이후 보다 더 성적인 모험을 즐기고 복장도 더욱 도발적으로 바뀝니다. 종종 젊은 남성을 애인으로 두기도 하죠.[93] 반면 여성의 성적 활동과 혈액이 연관된다고 생각하는 인도에서는 폐경 후 여성은 더 이상 성적 대상으로 취급되지 않고 성적

활동이 없다고 여겨지기도 합니다.[94]

인류학자 제인 랭커스터와 바버라 킹(Barbara King)은 현대 여성들이 과거 우리 조상, 혹은 현재에도 "자연적 가임력"을 유지하는 수렵 채집인과는 다른 호르몬 환경 하에서 배란의 중단을 경험한다고 이야기합니다.[95] 예를 들어 !쿵 산 족 여성은 마지막 자식에게 보다 긴 기간 동안 모유를 수유합니다. 수유가 끝나면 대개 40대 중반입니다. 배란은 재개되지 않죠. 따라서 폐경 여성의 호르몬 환경은 수유 시의 호르몬 환경(프로락틴과 옥시토신)과 비슷하게 됩니다. 이러한 환경이 폐경 시 변화에 대해 상당한 완충 작용을 해줍니다. 그러나 2장에서 언급한 것처럼, 건강 부국의 여성은 임신 및 생리 주기 동안 더 높은 난소 호르몬 수치를 보입니다. 따라서 폐경 시에는 더 심한 증상을 보이고 더 불편감을 많이 느끼는 것입니다.[96]

진화 의학적 관점에서 보면, 과거 우리 조상의 삶의 방식으로 '돌아가는' 것이 폐경 후 증상을 줄여주는 해답이 될 수도 있습니다. 극단적인 상황(피임을 하지 않는다든가 혹은 영양실조에 빠진다든가)을 따라할 필요는 없지만, 보다 운동을 많이 하고 지방 섭취를 줄이고 화학물질 노출을 줄이는 것은 가능합니다. 이런 식으로, 우리 조상의 행동과 식이 패턴을 도입하는 것은 단지 폐경 증상을 줄이는 것 외에도, 보다 건강한 삶을 선물해줄 수도 있습니다. 다음 장에서는 폐경보다 더 이상한 현상, 즉 가임기가 지난 여성이 이후에도 수십 년 이상 더 살아남는 현상에 대해서 살펴보도록 하겠습니다.

10장

늙은 여자가
무슨 소용이냐고?

Ancient Bodies
Modern Lives

과거에는 사람들이 얼마나 살 수 있었을까요? 인류 화석에 대한 연구는 그리 도움이 되지 않습니다. 45세 이후의 연령 예측은 아주 어렵기 때문이죠. 그러나 최근 수렵 채집 사회에 대한 연구에 의하면, 과거에는 50세를 넘게 사는 사람이 드물었다는 흔한 선입관은 완전히 잘못된 것 같습니다. !쿵 산 족이나 아체 족, 하드자 족 등에서 50대 혹은 60대 부족민을 보는 것은 어렵지 않을 뿐 아니라 산업 사회의 동년배에 비해서 훨씬 강한 신체적 활력을 유지하고 있습니다. 물론 젊은 연령의 사망률이 훨씬 높기 때문에 출생 시 기대여명이 50세에 못 미치는 것은 사실입니다. 하지만 일단 45세, 즉 가임기의 끝에 도달할 때까지 살아남을 수만 있으면 이후에 약 20년은 더 살아갑니다.[1]

할머니와
번식 성공률

장수하면서도 집단생활을 하는 포유류는 대개 그 집단 안에 삼대가 어울려 살아갑니다. 예를 들면 코끼리, 고래 그리고 다른 영장류들이죠. 모계 집단을 구성하는 영장류는 흔히 암컷 삼대가 같이 살아가는데, 새끼, 어미, 할머니 식입니다. 가장 유명한 예는 바로 탄자니아 침팬지 집단에 대한 제인 구달(Jane Goodall)의 연구입니다. 이들 침팬지 집단은 플로(Flo)와 플로의 다 큰 아들 파벤(Faben)과 피간(Figan), 딸 피피(Fifi)가 같이 살았습니다. 플로는 높은 지위를 가진 암컷 침팬지였고, 플로의 영향력은 새끼들에게 긍정적으로 작용했습니다. 예를 들어 피피는 성체가 되어서도 자신이 태어난 무리에 머무를 수 있었는데, 보통의 암컷이 성숙하면 자신의 무리를 떠나야 하는 것에 비하면 특혜였죠. 어머니 곁에 머물면서 피피의 무리 내 지위도 덩달아 높아졌습니다. 다른 암컷 침팬지보다 더 일찍 새끼를 낳았는데, 이는 곰베 국립공원에서 최연소 출산 기록이었죠. 게다가 피피의 아들은 곰베 공원에서 가장 큰 수컷이라는 기록도 얻게 되었습니다. 피피의 두 아들은 지배적 위계서열에서 높은 위치에 올랐고, 피피의 딸도 어미처럼 일찍 새끼를 낳을 수 있었습니다. 이러한 이득은 할머니 플로의 지위에 힘입은 것임을 의심할 여지가 없습니다. 할머니가 딸과 손주의 번식 성공률에 긍정적 영향을 미친 것이죠.[2] 그러나 플로가 직접 손주를 돌보거나 먹이를 구해주지는 않았습니다. 사실 피피의 첫 번째 새끼가 태어나던 1971년경부터 플로의 건강은 그리 좋지 않았습니다.

인류학자 세라 허디는 플로의 사례가 바로, 일찍 새끼를 낳고 일찍 '번식을 중단'하는 것이 선택적으로 이득이 되는 전형적인 경우라고 말합니다. 플로는 고령, 그리고 좋지 못한 건강 상태에서도 마지막 새끼를 낳았습니다. 하지만 막내는 오래 살지 못했죠. 구달은 이 마지막 출산이, 다른 어린 새끼, 즉 플린트(Flint)의 장래도 어둡게 한 안 좋은 결정이었다고 이야기합니다. 플로가 죽자, 플린트도 이내 죽었습니다. 사실 플린트는 이미 혼자서 살아갈 수 있는 연령이었지만 결국 죽었죠. 플로가 플린트 이후에 새끼를 낳지 않았다면, 플린트는 살아남아서 여러 자식의 아버지가 되었을 것이고, 플로의 번식 성공률도 덩달아 높아졌을 것입니다.[3]

할머니의 존재가 번식 성공률에 긍정적인 영향을 미치는 사례는 다양한 영장류 종에서 아주 많이 관찰됩니다. 다시 말하지만 이는 할머니가 손주를 직접 돌보거나 혹은 먹이를 가져다주기 때문은 아닙니다. 그보다는 무리의 다른 구성원(특히 새끼를 죽일 가능성이 있는 수컷)으로부터 새끼를 보호하는 것이 더 중요합니다. 실제로 할머니 영장류는 자기 자식이 위험에 처했을 때보다, 오히려 손주가 위험에 처했을 때 더 격렬하게 방어합니다.[4] 일본짧은꼬리원숭이(Japanese macaques)의 경우, 할머니가 있으면 손주 새끼의 첫 1년 생존율은 의미 있게 올라갑니다. 게다가 어머니가 살아 있을 경우, 딸 원숭이의 번식 성공률도 아주 높아집니다. 심지어 어머니가 여전히 자신의 새끼를 낳고 있는 경우에도 역시 그렇습니다.[5] 비슷한 관찰 결과가 긴꼬리원숭이(Vervets), 랑구르원숭이(Langurs), 붉은털원숭이(rhesus monkeys) 무리 연구에서도 확인되었습니다. 코끼리 연구에서도 비슷한 결과가 있었죠. 반면에 어머니가 아니라 성체 동물들이 집단적으로 공동 양육(allomaternal care)을 하는 아프리카사자나 아누비스개코원숭이(olive baboons)에게서는 할머니의 존재가 번식 성공률에 미치는 영향이 없었습니다.

암컷 삼대가 같이 사는 영장류 사회 집단은 사실 전통적인 인간 사회와 크게 다르지 않습니다. 심지어 미국 같은 건강 부국에서도 삼대가 같이 사는 확장 가족이 드물지 않죠. 하지만 중요한 차이가 있습니다. 인간 사회의 할머니는 단지 자신의 자식을 돕는 수준이 아니라 직접 손주를 돌보고 자원을 제공한다는 것입니다.

폐경에 대한 새로운 진화적 시각은 폐경을 단지 번식을 조기에 중단하여 기존의 자식에게 자원을 집중하고자 하는 어머니—장수하는 어머니 가설(long lived mother hypothesis)—가 아니라, 번식을 중단한 후 오랫동안 건강하게 지내려고 하는 할머니에 초점을 두고 있습니다. 이른바 '할머니 가설'(grandmother hypothesis)이라고 하죠. 이 가설에 따르면 여성은 50세 무렵에 폐경을 하고 나서도 오랫동안 생식 후 기간을 누리게 됩니다. 자기 자식을 임신하고 돌볼 필요가 없기 때문에 손주에게 높은 수준의 양육을 제공할 수 있다는 것입니다. 이 시나리오에 의하면, 고령의 여성은 자신이 직접 아기를 낳아 키우는 기회를 포기하고 대신 그 기회를 손주를 돌보는 기회와 '트레이드' 합니다. 여성이 성인기 대부분 동안 하던 행동, 즉 젖을 뗀 손주를 돌보고 아기에게 적당한 이유식을 제공하는 행동을 지속하는 것이죠. 이러한 지속 양육 가설(continuity of care hypothesis)에 의하면, 왜 대행부모(allparent)가 주로 할머니인지 알 수 있습니다.

할머니 가설은 크리스텐 호크스(Kristen Hawkes) 등이 처음 제안했습니다. 이들은 탄자니아에서 사는 하드자 족에 대한 관찰 결과를 바탕으로 이러한 가설을 제안했죠.[7] 하드자 족의 여성이 새로 아기를 낳으면, 기존의 자식에게 줄 식량을 확보할 시간이 확 줄어듭니다. 몇 달 동안 이런 시기가 지속되죠. 이 기간 동안 할머니는 채집 활동을 더 열심히 해서 그 부족분을 메우려고 합니다. 당연히 할머니의 건강이 양호해서 먼 거리를 다니며 채집을 할 수 있다면 더 좋겠죠. 할머니 가설은 단지 50세 무렵에 번식을 중단하고 손주를 돌보도록 했다는 것이 아닙니다. 딸이 번식을 중단할 때까지 여분의 식량을 구할 수 있는 수준의 건강과 활력을 유지하도록 자연선택되었다는 것을 말합니다. 물론 이러한 가설은 모계 근접성을 가정하고 있습니다. 초기 인류의 사회적 집단은 주로 부계제 사회였고 여성은 성숙하면 여러 집단으로 흩어졌는데, 어떻게 이런 가설이 성립할 수 있느냐는 비판이 있습니다. 하지만 친손주를 돌보는 할머니도 역시 적합도를 향상시킵니다.[8] 비록 외손주에 비해서 부성 확실성(며느리가 낳은 자식이 정말 자기 아들의 자식일 가능성)은 떨어지지만 말이죠.

폐경 후 보조자에게 도움을 받아야 자손의 생존율이 높아지는 상황, 즉 하드자 족과 같은 경우라면, 친족의 자손을 돌보는 할머니의 자원 공급 전략이 진화적으로 선택될 수 있습니다. 자손과 얼마나 가까운 관계인지는 그리 중요하지 않습니다. 다시 말해서 여기서 이야기하는 '할머니'는 생식 연령 이후에도 건강한 개체가 오랫동안 살아가는 현상을 말하는 것이지, 문자 그대로의 할머니를 뜻하는 것이 아닙니다. 사실 할머니 연령의 누구라도(심지어 남자라도), 자신과 유전자를 공유하는 젊은 세대에게 자원을 제공하는 방법으로 스스로의 적합도를 증진시킬 수 있습니다. 물론 자원 제공이 자신의 손주를 직접 향할 때 가장 이득이 크겠지만, 설령 할머니의 자원이 무차별적으로 제공된다고 하더라도 이 모델은 여전히 성립합니다.[9]

할머니 역할이 번식 성공률을 높인다면 더 오래 사는 여성이 더 많은 손주를 가질 것이라고 추정할 수 있습니다. 그리고 실제로 할머니 가설 등장 이후에, 여러 연구에서 이 추정이 맞는 것으로 드러났죠.[10] 잠비아의 독특한 데이터 분석에 의하면, 1950년부터 1975년 사이에 태어난 잠비아 영아의 1~2세 사망률은 할머니가 있을 경우 유의하게 낮아졌습니다. 그러나 아버지, 할아버지 혹은 형제자매의 유무는 아무런 영향을 미치지 못했습니다. 할머니가 있더라도 1세 미만 영아의 생존에는 별로 도움이 되지 않았죠.[11]

18~19세기 캐나다와 핀란드의 인구학적 데이터 분석에 따르면, 조부와 같이 사는 시골 지역 가족의 경우, 폐경 이후에 오랫동안 생존한 할머

니가 있을 때 손주도 더 많은 것으로 나타났습니다. 그러나 이러한 효과는 할머니의 딸이 폐경에 접어들면 감소하는 것으로 나타났습니다.[12] 특히 60세까지의 할머니가 손주의 생존을 돕는 데 효과적이었습니다. 손주가 2세 미만인 경우 할머니가 있어도 별 도움이 되지 않았지만, 2세 이후에는 큰 차이를 보였죠. 이와 달리 18~19세기 독일 지역에 대한 연구에 의하면 6~12개월 무렵의 영아 생존에 외할머니가 긍정적인 역할을 했지만, 친할머니는 오히려 부정적인 효과를 보이기도 했습니다.[13]

할머니가 장수하면 딸의 가임력에 부정적인 역할을 미친다는 보고가 있습니다. 그러나 어머니의 장수는 본인의 가임력에 긍정적인 효과를 미칩니다.[14] 이는 장수 할머니 가설보다는 장수 어머니 가설을 더 지지하는 증거입니다. 하지만 확실하지는 않습니다. 할머니의 역할은 문화에 따라서 그 양과 질이 상이하고, 그래서 할머니 효과가 문화에 따라서 서로 다르게 나타납니다. 사실 거의 모든 인간 행동 양식은 인구 집단별로 큰 차이를 보이기 때문에 진화적 가설을 입증하는 것이 대단히 어렵거나, 종종 불가능하기도 합니다.*

---

* 이 책은 여성의 입장에 대해 주로 언급하고 있기 때문에, 남성의 역할에 대해서는 자세히 다루지 않았다. 할머니가 육아에 도움을 주는 것은 분명한 사실이지만, 인간의 생애사적 진화, 즉 양육 기간이 필요한 아이를 침팬지보다 짧은 터울로 낳지만, 오히려 번식 연령 생존율은 침팬지보다 더 높아지게 한 생애사 패턴을 가능하게 한 주요 원인인지에 대해서는 상당한 논란이 있다. 인류의 친족체계는 주로 여성이 이탈하여 남성을 만나는 형태이므로 외할머니가 딸의 자식, 즉 외손주를 돌볼 수 있는 기회는 제한적이었을 것이다. 물론 친할머니도 양육에 어느 정도 도움을 줄 수 있지만, 그 영향력은 명확하지 않다. 또한 외할머니 가설은 아버지 역할을 지나치게 소홀하게 다루는 경향이 있다. 분명 직접적인 부성 양육 행위는 할머니의 양육 지원 수준에 미치지 못하지만, 이는 아버지의 자원 제공 행위를 경시했다는 비판이 있을 수 있다. 실제로 부성 결핍과 조모 결핍 중 어떤 것이 양육에 더 부정적 영향을 미칠 것인지는 자명하다. 이는 부성 확실성 여부가 영아 살해의 세 가지 주요 원인에 속하는 것과도 일맥상통한다(조모 결핍이 영아 살해와 관련된다는 증거는 부족하다).

장수

인간은 예외적으로 오래 사는 동물입니다. 최대 수명이 120세에 이르죠. 이 최댓값은 지난 수천 년 동안 늘어나지 않았습니다만, 출생 시 기대여명(즉 평균 수명)은 지난 수십 년 동안 획기적으로 늘어났습니다. 생활수준의 향상, 위생과 보건, 의학의 발달에 힘입은 것이죠. 특히 감염성 질환의 치료와 예방법 발전에 크게 빚지고 있습니다. 사실 인간은 태어나자마자 나이를 먹기 시작하지만,[15] 보통은 나이 먹음(aging)을 노화(senescence)와 동의어로 사용하곤 합니다. 노화란 생의 끝으로 가면서 신체의 전반적인 기관이 생리적 퇴행을 겪는 현상이죠. 성인기 전체 기간 동안 근육의 양과 힘이 점진적으로 감소합니다. 골밀도와 면역 기능, 단백질 합성 능력도 점점 감소합니다. 이러한 감소와 관련해서 만성 퇴행성 질환이 늘어나게 됩니다. 건강 부국에서 주로 사망진단서에 적히는 사인이 바로 이러한 만성 퇴행성 질환이죠.

지금까지 오래 사는 할머니가 손주의 생존에 얼마나 중요한지 이야기했지만,[16] 일반적으로 장수는 더 중요한 이득을 제공합니다. 이전 세대로부터 물려받은 정보에 의존하여 살아가는 종(種)에서는 특히 그렇죠. 즉 문화적 종에게 장수하는 경향은 아주 중요합니다.

예외적인 장수의 경향이 인간의 문화적 폭발과 관련이 있을까요? 인류학자 레이첼 캐스패리(Rachel Caspari)와 이상희(Sang-Hee Lee)는 장수 경향이 약 3만 년 전, 즉 비교적 최근에 나타났다고 주장합니다.[17] 초기 오스트랄로피테신부터 후기 구석기 유럽인에 이르는 768구의 호미니드 화석에 대한 치아 분석을 통해서 이러한 결론을 도출했습니다. 인류의 수명은 진화 과정을 통해서 점진적으로 늘어났지만, 가장 급격한 증가는 후기 구석기, 즉 가장 최근에 일어났다고 결론지었습니다. 후기 구석기시대부터 젊은 사람의 인구가 나이든 사람의 인구보다 적어집니다. 나이든 개체가 많아진다는 것은 특화된 지식과 기술을 젊은 세대에 전달할 수 있다는 점에서 아주 중요합니다. 게다가 이러한 변화를 통해서 가임력이 늘어나고 할머니 효과가 발생하면서 인구 폭발이 일어난 것으로 추정됩니다. 수명의 증가는 후기 구석기시대의 문화와 창조력의 폭발을 설명해줄 수 있을지도 모릅니다.[18]

건강하고 오래 사는 할머니가 자식과 손주의 생존과 번식에 도움을 주었다는 증거로 볼 때, 수명과 관련된 유전자는 할머니의 자손을 통해서 불균등하게 전달되었을 가능성이 있습니다. 연구에 의하면 몇몇 유전자가 수명에 관여하는 것으로 추정됩니다.[19] 따라서 개체에 따라 예상 수명의 차이가 발생하게 됩니다. 아마 진화의 역사를 거치며 인간의 수명은 점점 길어져서 지금처럼 다른 포유류보다 수십 년이나 더 살게 된 것으로 추정됩니다. 오늘날에는 의과학의 발달을 통해서 인간이 더 오랫동안 더 건강하게 살 수 있게 되었지만, 사실 최근의 변화는 생물학적인 것이라기보다는 문화적인 것이죠. 그래서 인간의 긴 수명은 생물학적 요인과 문화적 요인 그리고 그 두 가지 사이의 상호작용에 모두 빚지고 있다고 하겠습니다.

대부분의 동물은 이른바 '외부' 요인(포식자의 공격, 굶주림, 추위, 더위, 익사, 질병) 등으로 사망합니다. 그러나 인간은 주로 '내부' 요인(세포 손상 혹은 분자적 손상의 누적)으로 인해 사망하죠. 인류의 조상을 죽이던 대상으로부터 '해방'되었기 때문입니다. 우리 몸은 세포의 손상을 회복하는 능력을 가지고 있습니다. 이러한 기능은 자궁 속에서부터 작동합니다. 그러나 이 기전이 점차 힘을 다하고 더 이상 회복시키는 능력을 발휘하지 못하면 손상이 누적되어 사망에 이르게 됩니다. 이러한 세포 복구 능력은 선택압에 의해서 진화했기 때문에 개인 간의 차이가 아주 심합니다. 게다가 이러한 능력은 환경적 요인이나 생활 습관 요인에 크게 영향을 받습니다. 따라서 건강 빈국에 비해 건강 부국의 평균 수명이 더 긴 것입니다. 예를 들어 100세를 넘긴 사람들의 조직을 분석해보면, DNA 손상을 복구하는 효소가 높은 수준으로 활성화되어 있곤 합니다.[20]

수명에 영향을 미치는 다른 효소는 바로 텔로머라제(telomerase)입니다. 이는 각 염색체 말단 부분의 DNA 사슬, 즉 텔로미어(telomere)를 보호하는 역할을 합니다. 세포가 한 번 분열할 때마다 이 텔로미어가 점점 짧아집니다. 결국 더 이상 짧아질 수 없는 상태에 이르면, 건강한 조직이나 기관을 유지할 수 없게 되죠. 그런데 텔로머라제는 이 텔로미어를 다시 길어지게 해서, 세포가 계속 분열할 수 있도록 해줍니다. 물론 꼭 좋은 것만은 아닙니다. 영원히 분열하게 된다면, 암세포가 된 것이니까요. 이와 관련된 연구를 통해 인간의 수명이 더 늘어날 것 같지는 않습니다만, 세포의 기능과 암에 대한 보다 깊은 이해를 가능하게 해줄 것으로 보입니다.

나이가 들면 손상된 단백질을 제거하거나 보수하는 항노화 인자도 점점 고갈됩니다. 이렇게 손상된 단백질이 쌓이면, 백내장, 알츠하이머씨 병, 파킨슨병이 발병합니다.[21] 이러한 과정은 주로 생애 말기에 나타나기 때문에, 젊은 시절에는 건강을 유지할 수 있고 따라서 관련된 유전자도 제거되지 않고 자손에게 전달됩니다. 다시 말해서 오랫동안 건강하게 살고 싶다면 부모를 잘 만나야 하는 것이죠.

인류가 다른 포유류에 비해서 외부 요인으로 죽는 경우가 더 적은 또 다른 이유는 바로 인간의 커다란 뇌입니다. 인간은 위험한 상황을 미리 피하고, 독이 있는 식물도 미리 가려서 먹죠. 큰 뇌가 긴 수명과 관련된다는 설명이 있습니다. 자연 선택을 통해서 인간은 생존(과 번식)에 유리한 인지적 기술을 제공하는 큰 뇌를 가지게 되었는데, 이 능력을 최대한 활용하기 위해서 수명이 길어졌다는 것입니다. 중요한 기술과 지식을 배우고 얻으려면 오래 살아야 하기 때문이죠.[22] (이는 순환 논리처럼 들리지만, 사실 진화적 과정의 상당수는 양성 되먹임 과정이 긴 시간 누적되어 일어납니다.)

수명이 길어지자, 학습을 위한 긴 소아기가 가능해졌고 이는 세대 간의 지식과 자원의 전달을 더 용이하게 해주었습니다.[23] 경제학자 로널드 리(Ronald Lee)는 한 세대에서 다음 세대로 전달되는 자원의 흐름만으로도 긴 생식 후 생존 기간을 설명할 수 있다고 주장합니다.[24] 그에 따르면 성공적인 번식(적합도)은 다음 세대로 전달되는 유전자의 수만으로는 측정될 수 없습니다. 음식과 자녀 양육과 같은 자원의 전달이 똑같이 중요하죠(사실 인간과 같은 종에서는 더 중요합니다). 이 가설을 이른바 "세대 간 전달 가설"(intergenerational transfer hypothesis)이라고 합니다. 이에 대해서는 아래에서 더 자세히 이야기하겠습니다.

50세부터 70세까지의 건강

장수에 대한 할머니 가설과 세대 간 전달 가설이 옳다면, 노인들은 오래 살 뿐 아니라, 정신적·육체적으로 건강을 유지하면서 가족과 사회에 기여를 해야 할 것입니다. 가족과 사회에 의존하여 오래만 사는 것이 아니라 말이죠. 일부 수렵 채집 사회에 대한 연구에 의하면, 총생산량은 초기 성인기에 높아져서 45세에 정점에 도달합니다. 이후로는 점점 감소하지만 60세까지는 양의 생산량(쓰는 것보다 버는 것이 많은 상태)을 유지하죠.[25] 이는 침팬지의 경우와 아주 다릅니다. 나이에 따른 생산량 변화는 신체적 능력, 기술, 지식에 따라 결정되는데, 나이가 들어 건강이 약해지면 점점 감소하게 됩니다. 특히 남성들이 주로 하는 사냥이나 여성들이 주로 하는 캐기(digging)는 60세가 넘으면 상당히 어려워집니다. 인간은 다른 영장류와 달리, 획득하기가 상당히 어려운 식량을 주로 먹는데, 보통 이를 처리해서 보다 양질의 식량으로 가공합니다. 다시 말해서 먹는 데도 지능이 필요하다는 것입니다. 게다가 할머니 효과는 약 65세에 도달하면 급격히 감소하게 됩니다.[26] 아마 65세를 노인의 기준으로 삼는 이유인지도 모릅니다. 더 이상 가족의 번식 성공에 기여할 수 없게 되는 시점이죠. 심지어 50세에 아기를 낳았다고 하더라도 65세가 되면 자식은 독립할 수 있는 힘을 가지게 됩니다.

뇌의 노화

책 전반에서 강조한 것처럼, 뇌는 유지비가 아주 많이 드는 기관입니다. 인류의 진화사에 아주 중요한 역할을 한 큰 뇌(그리고 높은 지능)이지만, 사실 어떤 면에서는 아주 사치스럽고 과도하게 크다고 할 수 있습니다. 게다가 일반적으로 현생 인류의 뇌는 적어도 60세까지는 완전한 기능을 발휘할 수 있습니다.[27] 이 시기가 지나면 점진적으로 뇌의 구조적 퇴화가 일어납니다. 물론 퇴화의 속도 그리고 인지 기능에 미치는 영향은 개인에 따라 아주 큰 차이를 보입니다.

인류의 성공에 지능이 그렇게 중요한 역할을 했다면, 왜 나이가 들면 인지 기능의 퇴화가 일어나는 것일까요? 사실 인간만 아니라 장수하는 많은 종에서 인지적 저하가 일어납니다. 실제로 인간의 인지 기능 퇴화는 원숭이나 유인원에 비해서 상당히 늦게 일어나는 편이죠. 아마 신생아가 최소한 10~12년 동안 신체적, 정신적으로 건강한 어머니에게 전적으로 의존해야 하기 때문으로 보입니다. 생식 호르몬은 인지 능력의 노화를 막는 효과를 가지고 있는데, 즉 마지막 아기를 낳은 후 12년 동안 적절한 양육과 보호를 가능하게 해주는 기능을 합니다.[28] 폐경 이후에 생식 호르몬이 감소하면 이러한 노화 방지 효과가 점차 사라집니다. 폐경 후 호르몬 대체 요법이 알츠하이머씨 병 등과 관련한 인지 기능 감소를 막을 수 있다는 근거죠. 젊은 시절에 보다 양호한 생존을 위한 선택이, 생애 후반의 건강에 악영향을 미치는 또 다른 예입니다.

아포지질단백질(apolipoprotein E, apoE)과 같은 지방을 운반하는 단백질을 지시하는 유전자도 서로 다른 생애 시기에 다른 결과를 유발하는 유전자의 예입니다.[29] 몇몇 대립유전자(allele) 중 하나인 apoE ε4 유전자는 알츠하이머씨 병이나 심혈관계 질환과 깊은 관련이 있습니다. (사실 apoE ε4는 알츠하이머씨 병의 단일 위험인자입니다.)[30] 다른 두 개의 대립유전자(ε2와 ε3)는 두 가지 질병을 막는 효과가 있습니다. 아마 이 두 개의 대립유전자는 인간과 침팬지가 공통의 조상에서 갈라진 후 진화한 것 같은데, 인간의 번식 기간과 수명을 연장시켜준 것으로 보입니다.[31] 최근에 진화한 이 유전자를 가진 부모 혹은 조부모는 더 오래 살면서 자식과 손주를 건강하게 돌볼 뿐만 아니라 치매와 심혈관계 질환을 막아주는 유전자도 물려줄 것입니다. 이 두 개의 변이는 "뇌와 심혈관의 노화를 늦추기 위해서 진화"한 것으로 추정됩니다.[32]

유전자 연구에 의하면, apoE ε4는 보다 오래된 대립유전자이고, 반면 ε3은 최근 20만 년 전부터 그 빈도가 증가한 것으로 추정됩니다.[33] 그런데 이 유전자의 빈도는 인구 집단에 따라서 상당한 차이가 있습니다(apoE ε3의 빈도는 적게는 65%, 많게는 85%를 차지합니다). 그래서 인구 집단에 따라 알츠하이머씨 병과 심혈관 질환의 유병률 차이가 나는지도 모릅니다. apoE ε4는 고령의 노인에게 부정적으로 작용하지만, 젊은 시절에는 오히려 이득을 줍니다. 예를 들면 감염성 질환에 대한 예방 효과가 있죠.[34] 사실 apoE *ε*4 유전자를 가진 사람은 스트레스나 병원체에 의한 염증 반응에 더 잘 견딜 수 있습니다. 젊은 사람에게 중요한 능력입니다.[35]

정리하면 apoE *ε*4는 젊은이에게는 '좋은' 기능을 해서 감염도 잘 이기게 해주고 번식 연령까지 살아남을 수 있도록 해주는 효과가 있죠. 반면 apoE *ε*3은 40~70세 사이의 나이든 사람에게 유리합니다. 노화에 따른 만성 질환을 막아주고 자녀 및 손주의 생존에 기여합니다. 감염성 질환이 흔했던 과거에는 apoE *ε*4를 가진 사람이 더 유리했지만, 이제는 apoE *ε*3을 가진 사람이 더 유리해서 오래 건강하게 살 수 있을 것입니다.[36]

ApoE *ε*4 대립유전자를 가진 사람은 특히 클라미디아 폐렴균(Chlamydia pneumoniae)이라는 병원균에 취약합니다. 생물학자 폴 이발드 등은 이 박테리아가 급성 호흡기 질환부터 동맥경화와 같은 만성 질환까지 십여 개의 질병을 유발한다고 주장합니다.[37] 이 박테리아는 apoE *ε*4 단백질에 붙어 세포 안으로 쉽게 들어갈 수 있기 때문이죠. 뇌 세포 안으로 들어가면 알츠하이머씨 병, 동맥 세포로 들어가면 동맥경화증이 생기는 것입니다. 보통 이러한 퇴행성 질환은 유전적 요인과 생활 습관 요인이 같이 영향을 미치는 것으로 알려져 있지만, 이발드에 의하면 세 가지 요인(유전, 생활 습관, 병원체)이 대부분의 만성 질환에 영향을 미친다고 합니다. ApoE *ε*4 유전자를 가진 사람은 클라미디아 균에 대한 취약성이라는 아킬레스건을 가지고 있는 것이죠.

ApoE 대립유전자에 관한 또 다른 흥미로운 사실은 바로 식이에 관한 것입니다. 잘 알려진 대로 인간의 조상은 주로 과일이나 채소를 먹었습니다. 동물성 단백질은 가끔만 먹었죠. 식이의 변화는 호미닌의 진화사에 광범위한 영향을 미쳤습니다. 육식의 증가는 약 200만 년 전 뇌의 팽창에 기여한 것으로 보입니다. 물론 고기를 너무 많이 먹으면 콜레스테롤이 높아지고 다양한 만성 질환에도 취약해진다고 알려져 있습니다만, 사실 육식과 수명이 서로 어떤 관련이 있는지는 확실하지 않습니다. 한 가지 가설에 의하면, 점점 육식을 많이 하게 되면서 "육류 적응성 유전자"(meat-adaptive genes)가 진화했고 육식 위주의 식이가 유발하는 부정적인 결과를 막아주고 있다고 합니다.[38] 그리고 이른바 이 육류 적응성 유전자의 후보가 바로 apoE ε3입니다. 사실 침팬지는 주로 apoE ε4 유전자를 가지고 있는데, 그래서 사육 상태의 침팬지가 동물성 지방과 단백질을 많이 먹으면 곧 고콜레스테롤혈증 및 심혈관 장애가 발병합니다. 이러한 동물에서의 증거를 통해서 학자들은 육류 섭취가 고콜레스테롤 관련 질병과 연결된다고 추정해왔습니다. 그런데 인간은 조금 다를지도 모르겠습니다.

정신 건강

80세 노인이 20세 청년만큼 기억력이 좋지 않다는 것은 상식입니다. 그러나 노화에 따라서 감소하는 인지 능력은 그 종류에 따라서 감소 속도가 서로 다릅니다. 사회적, 정서적 기능은 오히려 노화에 따라서 증진됩니다. 사람들은 자신의 사회적 삶 혹은 주관적 삶에 대해서 전보다 더 만족하게 됩니다.[39] '노화의 역설'은 나이가 들어가면서 신체적, 인지적 기능이 떨어짐에도 불구하고 삶에 더 만족하게 되는 현상을 말합니다. 그러나 진화적 견지에서 보면 이는 역설이 아닙니다. 긍정적이고 따뜻한 사회적 관계를 통해서 번식 성공률을 증진시키려는 정신사회적 시스템의 진화라고 할 수 있습니다. 특히 친족들을 위해서 말입니다. 다시 말해서 자신과 가족에게 보다 만족하는 노인은 그들의 자손에게 보다 많은 관심과 자원을 제공할 것이고, 이러한 도움을 받은 자손은 더 잘 살아남아 번식할 수 있다는 것이죠.

일부 학자는 이러한 변화가 바로 앞으로 남은 생애 기간을 반영하는 능력을 통해 일어난다고 주장합니다.[40] 말하자면 점점 남은 삶과 새로운 전망이 줄어드는 것을 받아들인 노인들이 "개인적인 발전과 관련한 성취에서, 타인에게 도움을 주는 성취로" 삶의 동기가 바뀌는 경험을 한다는 것이죠.[41] 자신이 지금 '삶의 주기 중 어디쯤에 위치'하고 있는지를 반추하는 능력은 인간의 고유한 능력이고 이러한 능력을 통해서 인간은 나이가 들면 점차 할아버지, 할머니 역할을 할 수 있게 됩니다. 이는 흥미롭게도 9·11사건 이후에 대두된, 가족과 함께 살아야 한다는 집단적인 심리적 현상도 설명해줍니다. 2001년 9월 11일, 뉴욕의 세계무역센터와 워싱턴 D.C.의 미 국방성 건물을 여객기로 타격한 테러에 의해 3,000명이 넘는 사람이 죽었습니다. 언제 죽을지 모른다는 두려움은 가족의 소중함에 대한 대중적 각성으로 이어졌죠. 노인들이 불안과 우울에 덜 시달리는 현상을 잘 설명해줍니다.*

사회적 네트워크는 나이가 들면서 감소합니다. 이는 동료들이 하나둘 사망하기 때문이기도 하지만, 그보다는 노인들이 정서적으로 무의미한 사회적 네트워크 활동을 줄이기 때문입니다. 주로 친족 집단 위주의 활동에 집중하려고 합니다.[42] 이러한 현상은 '사회정서적 선택성 이론' (socioemotional selectivity theory)으로 설명할 수 있는데, 이 이론에 따르면 나이가 들수록 시간과 지원을 친족에 집중하는 것이 더 큰 포괄적합도를 얻을 수 있다는 가설을 지지한다고 할 수 있습니다. 즉 할머니, 할아버지 역할이죠. 또한 이 이론은 세대 간 전달과 인간의 긴 수명도 어느 정

---

* 노인층에서 우울장애, 불안장애가 더 적다는 주장은 우리나라의 현실과는 맞지 않는다. 한국과 같은 경우에는 오히려 노인 우울증이 젊은 성인에 비해서 더 심각한 편이다.

도 설명해줍니다. 다시 말해 나이가 들면 "자신에게 남은 시간이 제한된다는 사실, 그래서 가족 구성원에게 보다 선택적인 돌봄을 제공해야 한다는 사실에 직면하게 됩니다. 그래서 자기 자손의 적합도를 향상시키기 위해서, 더 많은 것을 기여하게 되는 것입니다."[43] 게다가 나이가 든 원로는 위기 상황에서 집단의 생존을 위해 필요한 정보를 알고 있습니다. 이른바 '큰 그림을 보는 지혜'죠. 이러한 지혜는 젊은 성인이 쉽게 획득하는 신지식과 동등하거나 혹은 더 나은 영향력을 가질 수도 있습니다. 최고의 이야기꾼 혹은 최고의 협상가가 노인이라는 것은 우연의 결과가 아닙니다.

한 연구에 의하면, 정서적인 웰빙은 50세부터 80세에 이르기까지 점차 나아집니다. 자기공명영상 연구를 보면 긍정적인 감정을 느끼는 능력이 개선되고 부정적인 감정을 다스리는 능력도 정교해집니다. 점차 웰빙감이 고조되는 것입니다.[44] 나이가 들면 '작은 일에 속을 태우지 않고, 그날그날 만족하며' 사는 법을 알게 됩니다. 인생이 점차 유쾌해지죠. 성격이 삐뚤어진 까다로운 노인에 대한 일반적인 선입관과는 상당히 다르겠습니다만, 아무튼 나이가 들수록 정서적 인지와 행동이 개선된다는 이야기는 앞으로 60세가 될 전 세계 인구 3분의 1에게 아주 기쁜 소식일 것입니다.

그렇다면 대통령은 나이가 든 사람이 더 좋을까요? 남은 생애도 다른 전망도 제한된 노인이라면, 더 우수한 사회정서적 인지능력을 보일 테니 말이죠. 그러나 너무 좋은 것이 많으면, 오히려 문제가 됩니다. 자발적인 봉사와 웰빙감은 U자 모양을 그립니다. 사회에 너무 적은 봉사를 하면 행복할 수 없지만, 너무 많이 해도 행복하기 어렵습니다.[45]

할머니가 더
건강할까?

　지금까지 이야기한 내용은 주로 할머니, 즉 폐경 이후의 여성이 자식을 키우거나 손주를 돌보는 식으로 딸이나 아들을 도와서 번식 성공률을 높인다는 것이었죠. 그러면 여성은 단지 가족에 봉사하기 위해서 오래 사는 것일까요? 여성 자신에게 득이 되는 것은 없는 것일까요? 손주가 없는 여성보다, 손주가 있는 여성이 더 오래 산다는 연구가 있습니다. 그렇다면 손주가 있는 여성이 더 건강하지는 않을까요? 사실 오래 사는 것만으로는 부족합니다. 건강하게 살아야 아기를 돌볼 수 있을 테니 말이죠. 근연 설명을 적용하자면 어린 아이를 돌보는 할머니가 더 건강해질 수 있을까요?

　물론 임신과 출산을 계속하는 여성보다 중단한 여성이 더 건강해야 논리적입니다. 임신과 출산, 육아는 아주 어려운 일이며, 나이가 들어서도 배란과 임신을 지속하면 다양한 이유로 사망 위험성이 더 높아집니다. 이런 식으로 설명하는 것은 좀 우습지만, 나이가 들어도 임신을 계속 시도한 조상들은 일찌감치 폐경을 선택한 조상에 밀려 도태되었을 것입니다(이런 기전은 현재도 여전히 작동합니다만 그 방법은 인공 피임이 대신했죠).

　할머니는 양육과 자원 제공을 통해서 손주가 더 잘 살아남도록 도와주지만, 이를 잘하려면 본인도 건강해야만 합니다. 따라서 자연 선택을 통해 여성의 수명이 길어졌을 뿐 아니라 더 건강하게 살도록 했을 것이라고 추정할 수 있습니다.[46] 게다가 자연 선택을 통해서 손주를 돌보도록 방향이 설정되었다면, 나이든 여성이 그런 노력을 지속하도록 유도하는 근연적인 보상이 있을 것입니다. 예를 들어 모유 수유는 자연 선택의 결과이지만, 이를 통해서 여성도 사망률이 감소하고 번식 성공률이 증가하는 이득을 보죠. 하지만 보다 짧은 차원에서는 모유 수유를 하면 행복한 기분이 듭니다. 즉 특정 행동이 근연 기전을 통해서 강화되는 것입니다.[47]

7장에서 모유 수유는 여성의 장기적인 건강에 긍정적인 역할을 한다고 하였습니다. 같은 이유로 손주를 돌보고 손주에게 식량을 구해다주는 행동이 할머니를 기쁘게 해주지 못한다면, 아마 할머니들은 손주를 별로 돌보고 싶어 하지 않거나 하더라도 마지못해 하는 정도일 것입니다. 심지어 손주를 돌보는 행동이 할머니의 건강에 해가 된다면, 도저히 더 돌보는 일은 불가능하죠. 분명히 할머니는 손주를 돌보면서 기뻐합니다.[48] 그리고 그러한 돌봄을 제공하는 몇 년간 정신적, 육체적으로 건강한 상태를 유지합니다. 건강한 할머니는 다시 손주들에게 긍정적인 영향을 미치죠. 손주의 양육을 도울 수 있는 정신적, 육체적 건강도 중요하지만, 그렇게 하고 싶다는 동기도 똑같이 중요합니다.

조부모, 특히 할머니는 미국 사회과학자들이나 보건 연구자들, 심지어 정치가들의 주요 관심 대상 중 하나입니다. 왜냐하면 전적으로 혹은 거의 전적으로 자신의 손주를 돌보는 할아버지, 할머니의 숫자가 늘어나고 있기 때문입니다. 1970년 약 220만 명(3.2%)의 아이들이 조부모와 같이 살았습니다. 2000년에는 그 수가 두 배가 되어 450만 명(6.3%)의 아이들이 조부모와 같이 삽니다.[49] 많은 연구들에 의하면, 이런 식의 완전한 위탁 양육은 나이든 여성의 건강에 아주 큰 부담을 준다고 합니다.[50] 사실 조부모의 양육에 관한 연구들은 일단 부정적인 영향을 염두에 두고 시행되는 경우가 많습니다.[51] 완전한 조부모 위탁 양육, 특히 사회적으로 고립된 양육은 비교적 최근의 현상입니다. 진화의 역사상 과거에는 설사 할머니가 손주를 전적으로 돌봐야 하는 상황이더라도, 사회적 무리 안의 다른 어른들이 공동 양육을 통해 이를 보조할 수 있었습니다. 양육의 부담이 넓게 분산되는 것이죠. 그러나 오늘날의 미국에서 위탁 양육을 하는 할머니는 종종 사회적으로 고립되어 있고, 이는 건강에 영향을 미치는 스트레스로 작용합니다.

아마 할머니의 양육에는 진화적으로 선택된 최적 수준이 존재할 것으로 보입니다. 만약 이 최적 수준을 넘어서면 근연적인 보상도 줄어들고 할머니의 건강도 해치게 되죠. 게다가 양육의 부담이 전적으로 할머니에게 주어진다면(법적인 위탁모 형식으로), 어머니와 아버지가 같이 아기를 키우는 일반적인 가정에 비해서 아이의 건강에도 부정적인 영향을 미치게 됩니다.[52]

그렇다면 할머니에 의한 양육이 어느 정도 수준을 넘어서면, 도리어 부담이 되고 번식 성공률도 떨어뜨리게 될까요? 다시 말해서 건강과 웰빙을 해치지 않는 한도 내에서 적당한 수준의 할머니 역할이라는 것이 있을까요? 예를 들어 손주와 떨어져서 살며 거의 손주를 만날 일이 없는 할머니들은 매일 손주를 돌보는 할머니보다 더 우울하고 덜 건강할까요? 분명 손주를 전혀 보지 못하는 것은 할머니에게도 바람직하지 못합니다.

이를 명확하게 하려면, 할머니의 양육, 수명, 건강과 웰빙, 그리고 번식 성공률에 대한 원인결과 관계를 밝히는 것이 필요합니다. 이는 전통적인 할머니 가설에서 제시하는 것과는 다릅니다(〈그림10-1〉). 이미 언급한 것처럼 손주를 돌보고 자원을 제공하면서 장수하는 할머니는 보다 높은 번식 성공률을 가지게 됩니다. 따라서 장수 유전자가 선택될 것입니다. 또한 아이를 직접 접촉하는 것이 근연적인 기전을 통해 건강과 웰빙, 수명에 긍정적인 영향을 줄 수 있습니다. 물론 지나치면 부정적인 영향을 주겠죠. 이 경우에는 반드시 자신의 친족 손주를 돌보는 일에 국한되지 않습니다. 주변의 아이 중 누구를 돌보아도 그러한 긍정적 이득을 얻을 수 있습니다. 게다가 과거에는 사회적 무리 안의 모든 아이들이 같은 무리의 모든 할머니들과 어느 정도는 느슨한 친족 관계를 유지하고 있었죠.

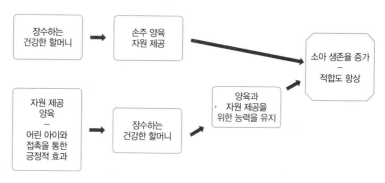

〈그림 10-1〉 손주의 건강과 생존에 미치는 할머니의 영향

인류학자 셰릴 소렌손 재미슨(Cheryl Sorenson Jamison) 등의 연구에 의하면, 할머니의 사망률은 동년배 여성에 비해서 40% 정도 낮습니다(65세 이상의 경우). 이는 할머니가 된다는 것이 건강에 도움이 된다는 뜻입니다. 손주를 돌봐야 하는 동기가 있기 때문에 할머니 스스로도 자신의 건강을 유지하기 위해서 신경을 쓰게 됩니다. 할머니도 덩달아 잘 먹게 되고, 건강해지게 됩니다. "나이든 노인의 삶이 나아질수록, 어린 아이들의 삶도 더 나아지는" 양성 되먹임이죠.[53] 실제로 건강한 노화에 대한 최근 연구에 의하면, 양육을 제공하는 여성이 자신에 대해서 더 바람직하게 느끼고, 더 건강한 것으로 조사되었습니다.

왜 나이가 들면 건강이
나빠지는가?

아무리 음식을 가려 먹고 운동을 열심히 해도, 아무리 좋은 유전자를 타고 태어나도, 아무리 최고의 건강관리를 받아 질병 없는 생애를 보내도, 70세가 넘어가면 예외 없이 우리의 몸은 점점 약해지게 됩니다. 우리는 왜 나이를 먹을까요?

역사적으로, 진화론적으로 노화를 설명하는 대표적인 이론 두 가지가 있습니다. 하나는 우리의 재생산 연령이 끝나기 전에 자연 선택의 효과가 가장 강력하게 작동하기 때문에, 어느 시점이 지나면 질병을 유발하는 변이가 누적되어도 선택을 통해 제거될 수 없다는 주장입니다. 이는 다면발현의 효과인데 어떤 특정한 유전자가 젊은 시절에 유리하게 작용한다면, 늙은 시절에는 불리하게 작용하는 한이 있어도 선택된다는 것이죠. 예를 들어 번식에는 별로 도움이 되지 않지만, 노년에 좋은 건강을 유지시켜주는 유전자가 있다고 해봅시다. 반대로 노년에는 비극적인 질병을 유발하지만, 젊은 시절에는 번식에 도움이 되는 유전자가 있을 수도 있겠죠. 세대가 지나면 어떤 유전자가 더 많이 살아남을까요? 이와 관련한 재미있는 사고 실험이 있습니다. 사람들은 20년 후에 자신을 죽일 약을 기꺼이 먹을 것입니다. 그 약이 당장 내일 자신을 죽이는 것이 아니라면 말이죠.[54]

수명은 점점 길어지고 있습니다. 과거 인류를 괴롭히던 감염성 질병에 더 이상 걸리지 않거나 혹은 걸려도 치료받아 회복하기 때문입니다. 그러나 회복이 된다고 하더라도 염증의 경험이 남아 생애 후반에 영향을 미치게 됩니다. 일군의 연구자들은 "두 번째 역학적 세계"라고 일컫는 염증 수준의 차이에 대해서 연구하고 있습니다. 현대 미국인과 아마존 부족인 치마네이(Tsimane) 족에 대한 비교 연구에 의하면, 병원균과 기생충이 득실거리는 환경에서 사는 치마네이 족은 높은 사망률을 보인다고 합니다.[55] 평균 수명이 43세에 불과합니다. 이들의 혈액 내 염증 수치는 현대 미국인에 비해서 아주 높은 편입니다. 그러나 겉으로 드러나는 증상은 별로 없습니다. 염증은 심혈관 질환을 유발하죠. 미국과 같이 병원균이 적은 환경에서는 일생 동안 노출되는 염증이 적고, 따라서 노화도 느리게 일어납니다. 수명이 길어지는 것이죠. 따라서 감염성 질병에서 자유로워져서 얻은 건강상의 이득은 이전에 생각하던 것보다 훨씬 광범위합니다. 염증은 제2형 당뇨병이나 울혈성 심부전, 알츠하이머씨 병 등 다양한 질병과 장애의 원인이 됩니다. 물론 몸에 병원체가 침입하였을 때는 염증 반응이 일어나는 것이 바람직합니다. 침입한 균과 싸우고, 회복 반응을 돕기 때문이죠. 실제로 염증 반응이 잘 일어나지 않는 사람은 오래 살지 못합니다. 하지만 좋은 것도 너무 많으면, 탈이 납니다. 가능하다면 염증 반응이 일어날 만한 사건을 덜 겪는 것이 좋습니다.

건강하게 오래 사는 법

채소와 과일, 곡류, 오메가3 지방산이 풍부한 생선을 많이 드십시오. 숙면을 취하되, 수면에 너무 집착하지 마십시오. 하루에 30분 동안 유산소 운동을 하세요. 술을 줄이거나 아예 끊으세요. 항산화 효과가 있는 푸른 잎을 가진 채소, 블루베리 같은 검은색 과일을 드세요. 지방, 설탕, 소금, 인공 색소가 들어간 음식을 피하세요. 금연하시고, 간접흡연도 피하세요. 건강 체중을 유지하되, 너무 마르지도 너무 뚱뚱해도 안 됩니다. 좋아하는 사람과 어울리고, 착한 아이들과 많은 시간을 보내세요. 명상과 요가, 이완을 통해 하루에 몇 분이라도 고요한 시간을 누리세요. 커피나 카페인이 들어간 자극성 있는 음식을 피하세요. 치실을 사용해서 이를 청소하세요. 일주일에 몇 번은 '자연' 속에 빠져드세요. 햇빛 차단제를 사용하고, 안전벨트를 착용하세요. 즐거운 시간을 누리세요. 네, 물론 이따위 조언을 들으려고, 이 책을 사본 것은 아닐 겁니다. 물론 흔해 빠진 이야기입니다만, 사실 이게 전부입니다. 건강하게 사는 비법과 오래 사는 비법은 아주 비슷합니다.

11장

이행 혹은 충돌

Ancient Bodies

Modern Lives

책 전반에 걸쳐서 여러 가지 진지한 개념과 생각들을 나누었습니다. 일부는 논란의 여지가 없는 증거를 가진 과학적 사실입니다. 예를 들면 발달적 사건이나 생물학적 혹은 사회문화적 요인이 우리의 건강과 번식에 영향을 줄 뿐 아니라, 다음 세대 그리고 그 다음 세대에도 계속 전달된다는 것이죠. 그렇다면 이제 두 손 들고 우리 자신 혹은 아이를 위해서 뭔가 해보려는 노력을 포기하는 것이 좋을까요? 부정적으로 이야기한다면, 사실 그렇습니다.

우리의 몸은 돌에 새겨진 것처럼 긴 진화적 과정을 통해서 결정되어 왔습니다. 과거 인류가 아무것도 할 수 없었다면, 지금 우리도 아무 힘이 없습니다. 그러나 흔한 지적처럼 DNA에 대해서 아무리 공부해봐야 인류의 미래를 알 수 없습니다. 단지 인류의 과거를 알 수 있을 뿐입니다.[1] 우리의 생식 시스템이 진화해온 조건에 대한 연구는 우리의 과거에 대해서 많은 것을 알려줍니다. 그러나 그것이 우리의 미래를 재단하지는 못합니다.

여성의 건강에 대한 진화적 접근에 대해서 아무것도 기억하지 못한다고 해도, 이것만은 기억했으면 좋겠습니다. 자연 선택은 인류에게 적응력과 유연성을 부여했으며, 우리는 우리의 건강, 그리고 우리 후손의 건강을 위해서 할 수 있는 것이 아주 많다는 점입니다. 아마도 우리의 진화한 신체,

그리고 21세기 현대인의 삶, 그 둘 사이 어딘가에 '행복한 균형점'이 있을 지도 모릅니다. '충분히 괜찮은' 삶의 방법 말입니다. 물론 중간 지대 어디 쯤이 최적인지는 개인적 요인이나 사회문화적 요인에 따라서 아주 다를 수 있습니다. 하지만 이 책을 통해 알게 된 지식이 그 지점을 찾는 데 도움 이 될 것입니다.

반복해서 강조하지만, 생명에 대한 진화적 입장에 따르면 결코 완벽이 란 있을 수 없습니다. 우리 대부분은 '충분히 괜찮게' 살아갈 수 있을 뿐입 니다. 우리는 완벽한 어머니가 될 수 없습니다. 뭔가 예기치 못한 일이 생 기죠. 가장 최고의 타이밍에 성적 성숙에 도달하는 것은 불가능합니다. 여러 가지 점을 고려해서 '꽤 괜찮은' 때가 있을 뿐입니다. 자신의 건강, 발달, 번 식에 대한 각자의 경험은 시간과 에너지, 자원의 트레이드오프 결과입니다.

시간을 고려해봅시다. 아마 저는 훌륭한 인류학자, 그리고 좋은 어머니 가 동시에 될 수 없을 것입니다. 적어도 동일한 시간에는 말이죠. 뭔가를 포기해야 합니다. 좋아하는 직업을 유지하면서 동시에 몇 달이고 여행을 다 닐 방법은 없습니다. 시간과 에너지를 최적화하기 위해 매일매일 곡예를 부 리며 살아갑니다. 현대인의 삶입니다. 그러나 이러한 곡예는 현대에 새로 등 장한 것도 아니고, 서구 사회에서 일어난 현상도 아닙니다. 이는 단세포 생물 부터 인간에 이르기까지 거의 영원한 시간 동안 지속되어온 과정입니다.

그동안 여성의 몸은 인류 진화의 결과이자, 자라온 환경과 자원 상태, 일상적인 삶의 요인과 '삶의 경험'에 의해 좌우된다고 이야기하였습니다. 진화적인 힘에 의해서 여성의 몸은 번식 성공률을 최대화하는 방향으로 빚어졌습니다. 다양한 환경에서 번식이 가능하도록 말이죠. 마라톤 선수 들은 생리가 중단되는 경험을 합니다. 엄청난 에너지를 요하는 운동을 위 해서, 생식 시스템이 최선의 선택을(아마도 최소한 과거에는) 하는 것입니다. 임상적으로 '시스템이 다시 가동되도록' 호르몬을 투여해서 치료할 수 있을지도 모릅니다. 그러나 이렇게 하면 여성의 몸은 더 큰 위험에 노출됩니다. 우리는 불임이라는 '장애'를 치료하려고 다양한 의학적 개입을 하지만, 사실 어떤 형태의 불임은 여성의 몸이 진화하면서 나타난 건강한 반응인지도 모릅니다. 인류학자 버지니아 비첨은 다음과 같이 말합니다. "약간 주저하는 마음이 들지만, 인류의 번식에서 나타나는 다양한 변이에 대해서 이런 결론을 내리지 않을 수 없다. 이러한 변이는 병적인 것도 아니고, 역설적인 것도 아니다. 그보다는 변화무쌍한 세상에서 살아남기 위해 택할 수밖에 없었던, 특별한 진화적 적응이라고 해야 할 것이다."[2]

좋은 것이
너무 많으면?

여성의 건강에 대한 다양한 문제들은 결국 여성이 일생 동안 노출되는 난소 호르몬의 양으로 귀결됩니다. 특히 건강 부국에서는 더욱 그렇죠. 한두 명의 아기를 낳아 서너 달만 모유를 주고 마는 여성 혹은 전혀 임신을 해보지 못한 여성은 거의 전 생식 연령 동안 난소 호르몬에 노출됩니다. 잘해야 임신과 수유를 한 1~2년 정도만 호르몬 노출에서 벗어날 수 있죠(2장 〈그림 2-2〉). 따라서 주기적인 난소 호르몬, 즉 널뛰는 에스트로겐과 프로게스테론에서 자유로울 수 없습니다. 그리고 이는 유방과 자궁의 세포 분열을 촉진합니다. 물론 긴 진화의 역사 동안 여성들은 급격하게 변동하는 난소 호르몬 환경에 그리 오래 노출되지 않았습니다. 사실 지금도 많은 지역, 즉 건강 빈국의 여성들은 대부분의 생식 가능 기간 동안 임신과 수유를 지속합니다. 생리 주기의 영향을 받는 기간이 길지 않죠. 그런데 건강 부국의 여성들은 호르몬 수준의 변화가 더 급격하게 일어날 뿐 아니라 절대적인 호르몬 수준도 높습니다.

　활동 수준, 발달적 과거, 과거의 임신과 출산력, 식이 습관 등은 모두 호르몬 수준에 큰 영향을 미칩니다(〈그림 11-1〉). 사실 우리는 자궁 속에서부터 어머니의 높은 호르몬 수준에 노출됩니다(정확히 말하면 이머니의 배아는 어머니의 어머니, 즉 할머니 시절부터 호르몬에 노출되었죠). 초경이 앞당겨지고, 폐경이 늦어지고, 첫 출산이 늦어지고, 출산 간격이 길어지고, 수유 기간이 짧아지면서, 평생 동안 노출되는 난소 호르몬의 양이 증가하고 있습니다. 게다가 먹는 것은 많고, 쓰는 것은 적어지면서(양의 에너지 균형) 호르몬 수준이 더욱 높아지고 있습니다.

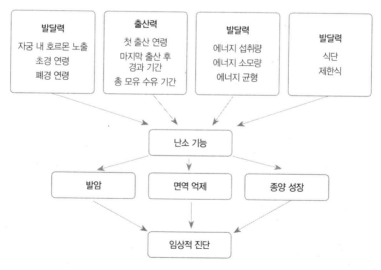

〈그림 11-1〉 생식 생태학과 난소 기능

섬유질이 많이 들어간 채식주의 식단은 에스트로겐 수치를 낮출 수 있습니다.[3] 전반적인 칼로리 섭취도 줄이면, 에스트로겐이 줄어듭니다. 반대로 고지방 식이는 높은 에스트로겐 수치와 관련되죠. 이러한 식이 패턴은 진화적인 번식 전략과 연관되어 있습니다. 저칼로리의 고섬유질 식사, 즉 채식 중심의 식사를 하면 우리 몸은 에너지가 부족하다는 신호를 받습니다. 반대로 고지방식을 하면 에너지가 풍부하다는 신호를 받죠. 특히 섬유질은 에스트로겐 수준에 직접적인 영향을 미치는데, 아마 식물성 에스트로겐(phytoestrogen)이 체내 에스트로겐 분비를 줄여주는 것으로 보입니다.[4] 물론 섬유질 섭취량이 아주 중요합니다. 채소를 조금 먹으면 식물성 에스트로겐은 도리어 여성의 에스트로겐 분비를 촉진시킵니다. 그러나 많이 먹으면 억제하죠.[5] 게다가 임신 중에 채소를 많이 먹으면 앞으로 낳을 딸의 암 발생률도 줄어듭니다. 그런데 서구적 식단에서 섬유질 섭취량은 끔찍할 정도로 부족합니다.

난소 호르몬이 암 발생률을 높인다는 일련의 증거들이 있습니다. 난소를 제거하면, 암 발생률이 줄어들죠. 여성암의 위험은 폐경 이후에 감소하지만, 호르몬 대체 요법 혹은 에스트로겐을 많이 포함한 피임을 시행하면 다시 높아집니다. 비만도 난소 호르몬 수치를 높이고, 이는 다시 암 발생률을 높이죠. 암의 성장 속도는 호르몬 분비가 왕성한 젊은 여성이, 나이든 여성에 비해서 훨씬 빠릅니다. 게다가 호르몬이 많이 나오는 임신 중에는 암의 위험성이 더 높아집니다. 반대로 수유 중에는 스테로이드 호르몬이 억제되므로 암 성장도 억제되죠. 실제로 효과적인 여성암 치료 방법 중 하나가 바로 호르몬 분비를 억제하는 치료입니다.[6]

암의 원인에 감염성 원인이 미치는 영향에 대한 의학적 연구나 임상적 접근은 비교적 최근에 시작되었습니다. 예를 들어 인유두종 바이러스는 편평 세포 피부암을 유발합니다. 감염이 원인이 되는 암은, 위암, 간암, 자궁경부암, 구강암, 비암 등 다양합니다.[7] 폴 이발드는 생리 주기 동안의 높은 수준의 프로게스테론이 면역 기능을 억제하여 감염에 취약하도록 만든다고 하였습니다. 특히 엡스타인 바 바이러스(Epstein Barr Virus, EBV)나 인유두종 바이러스에 취약해지죠. 이러한 바이러스에 감염되면 발암을 억제하는 장벽이 하나 허물어지는 셈입니다.

〈그림 11-2〉는 높은 수준의 생식 호르몬에 만성적으로 노출될 경우 일어나는 건강상의 문제를 요약하고 있습니다.[8] 영양섭취는 양호하지만 운동량은 부족한, 그리고 감염의 위험성이 적은 건강 부국에 사는 여성들은 높은 수준의 생식 호르몬에 노출되고 있습니다. 아마 이 책을 읽는 대부분의 여성들이 바로 이런 경우일 것입니다. 이미 자궁에서 노출된 난소 호르몬에 대해서는 이제 와서 할 수 있는 일이 별로 없죠. 하지만 지금 현재 노출되고 있는 난소 호르몬에 대해서는 할 수 있는 일이 있습니다. 게다가 인간은 아주 놀라운 유연성과 회복탄력성을 가지고 있습니다. 일단 지방 섭취를 줄이고, 운동을 더 많이 해야 합니다. 이는 건강 부국의 여성들이 겪는 모든 종류의 만성 질환에 도움이 될 것입니다.

그림의 화살표는 인과관계가 아니라 상관관계일 뿐입니다. 높은 수준의 난소 호르몬이 긴 생리기간, 생리통이나 생리 전 증후군(PMS) 같은 생리 주기 관련 문제와 관련된다는 것을 알고 있습니다. 생리 전 증후군은 생리 주기 말에 프로게스테론 수준이 급락하면서 일어나죠. 임신 중 높은 수준의 프로게스테론에 적응한 여성은 출산 후 프로게스테론 감소에 의해서 산후 우울증을 경험하기도 합니다. 폐경 후에는 프로게스테론뿐 아니라 에스트로겐도 급감하는데, 이는 안면 홍조나 야간 발한과 같은 혈관 운동성 증상을 유발할 뿐 아니라 기분도 우울하게 만듭니다. 어머니의 자궁 속

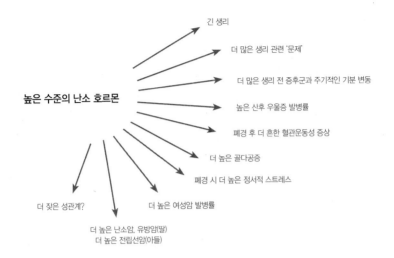

높은 수준의 난소 호르몬

- 긴 생리
- 더 많은 생리 관련 '문제'
- 더 많은 생리 전 증후군과 주기적인 기분 변동
- 높은 산후 우울증 발병률
- 폐경 후 더 흔한 혈관운동성 증상
- 더 높은 골다공증
- 폐경 시 더 높은 정서적 스트레스
- 더 잦은 성관계?
- 더 높은 여성암 발병률
- 더 높은 난소암, 유방암(딸)
  더 높은 전립선암(아들)

〈그림 11-2〉 높은 수준의 난소 호르몬과 관련된 건강상의 문제. 화살표 방향은 상관관계를 의미하지만, 인과관계는 확실하지 않다. 예를 들어 유방 호르몬은 유전자, 식이, 세포 분열 속도 등 십여 개의 요인에 의해서 일어나며, 호르몬 수준은 그중 하나일 뿐이다. 따라서 높은 호르몬 수준이 암을 '유발한다'라고 할 수는 없다.

에서 이미 높은 수준의 난소 호르몬에 노출된 태아의 경우, 유방암이나 난소암(딸) 혹은 전립선암(아들)의 위험이 높아집니다. 게다가 높은 에스트로겐 수준은 더 자주 성관계를 하게 만든다는 보고가 있습니다(물론 아직 검증이 필요한 수준의 연구입니다). 이러한 모든 연관이 어떤 기전으로 일어나는지 아마 곧 밝혀질 것입니다.

행동을 변화시켜서
건강을 증진시킬 수 있을까?

과거 우리 선조의 삶과 비슷하게 살도록 노력하면 아마 더 건강해질 수 있을 것입니다. 그러나 이러한 식의 접근은 단지 '희생양 만들기'인지도 모릅니다. 사실 개인의 노력으로는 부족합니다. 사회 전체의 변화가 뒷받침되지 않으면, 개인 차원의 노력은 큰 성과를 거두기 어렵습니다. 복잡한 정치적 혹은 이데올로기적 현실 속에서 여성의 건강 증진을 가로막는 가장 심각한 어려움은 바로 여성이 자신의 삶을 얼마나 스스로 통제할 수 있도록 해주는가에 있습니다.

이 책에서 저 스스로도 실천하지 못했던 일에 대한 작은 반성을 하고 싶습니다. 바로 여성(소녀를 포함합니다)을 위한 건강 교육입니다. 여성의 삶을 증진하는 가장 성공적인 방법이죠. 궁극적으로 여성의 건강을 증진하려면 절대 등한시할 수 없습니다. 그러나 교육 시스템의 변화는 아주 느립니다. 자식 혹은 손주 세대까지 미뤄둘 수는 없습니다. 우리는 당장 개인적 결단을 내려야만 합니다. 많은 여성들이 임신을 하면 자발적으로 금연, 금주를 하고 건강한 식사와 운동을 합니다. 왜냐하면 누군가의 생명과 건강이 바로 자신의 행동에 전적으로 달려 있다는 것을 알기 때문입니다. "당신이 구한 생명은 아마 당신의 것인지도 모른다"(the life you save may be your own)라는 말을 다음과 같이 바꿔보고 싶습니다. 플래너리 오코너(Flannery O'Connor)*에게는 양해를 구합니다. "당신이 구한 인생은 당신의 자녀, 손주, 그리고 증손주들의 것이다."

사실 건강 부국에 사는 사람들은 자신들이 원하는 만큼 건강을 잘 관리할 수 있습니다. 흡연율은 놀라운 속도로 감소하고 있어서 1960년대 중

---

* 미국 남부 출신의 여성작가 플래너리 오코너는 여기서 인용한 '당신이 구한 생명은 아마 당신의 것인지도 모른다'라는 동명의 단편소설을 썼다. 지은이는 건강 부국의 퇴행성 질환을 앓는 사람들은 '충분히' 살았으니, 이제 의료혜택을 받지 않아도 충분한 것 아니냐는 식의 논리가 윤리적으로 성립할 수 없음을 지적하고 있다.

반에 비해서 1990년 중반의 흡연율은 절반에 불과합니다(65년 52%, 99년 26%, 미국 18세 이상의 남성 기준). 운동량도 점점 늘어나는 추세입니다. 음주운전 비율은 뉴멕시코에서조차 조금씩 감소하고 있습니다(제가 사는 뉴멕시코는 원래 최고의 음주운전율을 자랑하던 곳이었죠). 최근에는 알코올 관련 사망률도 감소하고 있습니다. 산전 관리를 받는 여성이 점점 늘고 있고, 심지어는 임신 전부터 관리를 받는 여성들도 많아지고 있습니다. 약 100년 사이에 위생 정화시설이 개선되었고, 먹는 물의 상태는 보다 좋아졌으며, 예방접종률은 높아지고 신생아 사망률은 감소했습니다. 하지만 제2형 당뇨병과 비만, 여성암은 점점 늘어나고 있습니다. 우리가 가진 연구비를 모두 이러한 질병의 '치료'에 쏟아 붓는 것보다는 일부를 예방에 사용하는 것이 필요합니다. 사실 예방이 더 중요하다는 것은 모든 의학 분야에서 통용되는 철칙입니다만, 실제로는 그렇게 되고 있지 않습니다. 언젠가는 이러한 조언에 귀를 기울일 날이 오리라고 생각합니다.

사실 지난 수십 년간 보건 심리 및 행동 의학을 연구했음에도 불구하고, 무엇이 사람의 행동을 변화시킬 수 있는지는 아직도 잘 모릅니다.[9] 1978년 콜로라도 주 거니슨 지역의 한 치과선생님이 저에게 해준 말을 듣고 저는 매일 치실을 사용했습니다. 30년 넘게 말이죠! 저에게는 엄청난 사건이었습니다. 그러나 그 치과선생님이 했던 말은 아마 우리 부모님이나 혹은 다른 치과선생님이 해준 말과 별로 다르지 않았습니다. 알 수 없는 이유로 하필 그 선생님이 해준 그때의 조언이 저의 일생 동안의 행동을 바꾸어 놓은 것입니다.

저는 잘 기억이 나지 않지만, 한 학생이 저에게 이렇게 말한 적이 있습니다. 제가 무뚝뚝한 말투로, 아마 약간은 경멸스러운 태도로, 그렇게 흡연을 하는 것은 좋지 않다고 했다는 것입니다. 그런데 그 여학생은 그때까지 아무도 자신에게 그렇게 이야기해준 사람이 없었고, 그날 이후로 담배를 완전히 끊었다고 했습니다. 제가 한 말은 분명 그리 대단한 것이 아니었을 겁니다. 그러나 그러한 말이 그 여학생에게는 중요한 행동상의 변화를 일으킨 것이죠(이후로 저는 비슷한 시나리오를 기대하면서, 일부러 경멸스러운 태도로 흡연하는 사람에게 담배를 끊으라고 하곤 합니다. 물론 아직까지 별 효과는 없었고, 다만 친구 사이가 멀어지고 학생들에게 평판만 나빠졌죠). 사실 아주 일부의 독자만이 이 책을 샅샅이 읽고, 자신과 아이들 그리고 손주에 이르는 여러 명의 삶을 변화시키려고 시도할 것입니다. 하지만 단 몇 명의 여성이라도 삶이 긍정적으로 변화한다면, 저와 제 동료들이 여성의 건강을 위해 연구해온 지난 수년간의 노력이 보상받는다고 생각합니다.

비인간 영장류에 대한 연구에 의하면, 새로운 행동의 습득은 청소년기(즉 십대 사춘기)에 가장 잘 일어납니다. 사실 이 나이 때의 습관이 이후 일생 동안의 건강에 아주 중요하게 그리고 흔히 부정적으로 작용하죠(흡연, 음주, 마약, 패스트푸드, 과도한 다이어트, 무단결석, 자퇴 등). 사회역학자 메리 스쿨링(Mary Schooling)과 다이애나 쿠(Diana Kuh)는 소아기와 여성의 건강 행동 간의 관계에 대한 모델을 만들었습니다. 그 모델에 의하면, 행동 변화를 위한 개입은 청소년기에 집중되어야 합니다.[10]

청소년기 동안 획득한 긍정적인 행동, 즉 행동자본(behavioral capital)은 일생 동안, 그리고 다음 세대로까지 전달됩니다. 예를 들면, 사회적 경쟁, 의사 결정과 문제 해결 능력, 극복 전략, 개인적 효능감, 자존감, 역경을 이기는 회복탄력성, 자신의 재능과 기회를 이용하는 능력 등이죠.[11] 이러한 행동은 보다 긍정적인 생활 습관을 선택하도록 도와줄 뿐 아니라 더 양호한 건강으로 이끄는 보다 나은 교육과 고용기회도 제공할 수 있습니다. 또한 이러한 자질은 훈육을 통해서 자식에게 전달됩니다. 마치 경제적 유산처럼 이러한 행동 자본도 미래세대로 전달됩니다. 20대가 될 때까지는 흡연을 하지 않고 건강한 식이를 유지하며 임신도 미루기로 '결심'한 여성이 있다고 가정해봅시다. 이러한 행동은 점점 대를 이어 불어나서 몇 세대가 지나면 수천 명의 후손이 같은 행동을 할 것입니다.

물론 수용하기 어려운 수준의 행동 변화를 강요할 수는 없습니다. 받아들일 수 있는 수준에서, 건강한 삶의 변화 방향에 대해 사람들에게 알려야 합니다. 사회적 혹은 의학적 차원의 행동 변화입니다. 알려주어도 행동을 바꾸지 않는 것은 개인의 '권리'죠. 우리는 각자 삶의 방식을 선택할 자유가 있습니다. 하지만 그런 삶의 방식이 장기적으로 혹은 다음 세대에 어떤 영향을 미치는지에 대해서 알려주어야 합니다. 알려줘서 안될 이유는 없습니다.

여성의 건강에 대한 진화적인 견해는 다른 중요한 요인들을 무시하는 경향이 있습니다. 사회 경제적 수준, 문화적 규준, 교육, 미디어, 또래 영향, 지리정치학적 영향력 등이죠. 반면에 건강에 대한 대부분의 사회 문화적 혹은 역학적 모델은 진화적 혹은 초세대적 요인을 무시하죠. 그래서 스쿨링과 쿠가 고안한 차트에 진화적인 역사를 추가해서 〈그림 11-3〉에 실어보았습니다. 상자에 음영이 있는 부분은 원래 표에 있던 내용입니다. 가장 왼쪽에 어린이에 대한 교육이 위치합니다. 물론 개인적 혹은 집단적 보건 수준을 향상시키고자 하는 경우에는 원래 표로도 충분합니다. 하지만 우리는 모두 긴 진화사의 산물입니다. 진화적 과거는 우리의 미래를 제한하기도 하며, 혹은 가능성을 제시해주기도 합니다. 진화사를 바꿀 수는 없지만, 행동과 습관을 조금씩 변화시키다 보면 세대가 지나면서 조금씩 건강한 효과가 쌓이게 될지도 모릅니다.

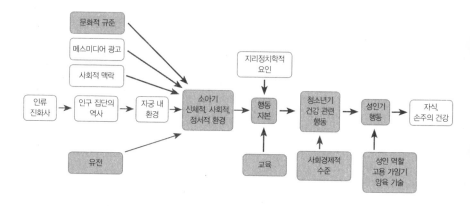

〈그림 11-3〉 진화적, 그리고 일부 개인적 경험이 여성의 전체 생애 및 다음 세대의 건강에 미치는 영향

여성은
아기 만드는 기계?

아마 일부 독자들은 '아기 만드는 기계, 여성'(Woman the Baby-Maker) 모델로 인간의 진화를 설명하는 것이 불편할 것입니다. 사실 이 소제목은 '사냥꾼 남성'(Man the Hunter) 모델에서 따온 것이죠. 아마 책 목차만 휙 보았다면, 그런 불편함이 느껴질 수도 있을 것입니다. 그러나 제가 이야기 하고 싶었던 것은 여성의 몸이 번식 성공률을 최대화하려는 자연 선택의 결과를 통해 빚어졌다는 것입니다. 여성의 유일한 삶의 목표가 번식이라 는 것이 아닙니다. 이러한 접근은 이 풍요의 시대에 우리가 어느 부분에 집 중해야 하는지 알려줄 수 있습니다. 물론 인류 진화사에 대해 잘 알게 된다 고 해서 인류의 미래를 예견할 수 있는 것은 아닙니다. 우리 여성은 큰 머 리를 가진 아이의 출생보다 오히려 두 발 걷기에 적합한 골반으로 인해서 아주 많은 어려움을 겪습니다. 하지만 의학 기술의 발달을 통해서 이제 그

런 문제는 수술적인 방법으로 쉽게 해결할 수 있습니다.

유전학, 재태 환경학, 인류 진화학에 대해서 더 많이 알게 되면 건강을 증진시키는 더 좋은 방법도 나올 수 있습니다. 우리는 "내 안의 물고기"(inner fish)를 부정할 수 없습니다.[12] 또한 '내 안의 구석기인'도 부정할 수 없죠. 그렇다고 우리가 진화적 결과에 무기력하게 당하기만 하는 희생자는 아닙니다. 게다가 인간은 엄청난 능력을 가진 마음이 있습니다. 믿을 수 없는 수준의 생물학적 유연성과 세대를 거쳐 전달되는 문화를 가지고 있죠. 또한 우리는 개인적인 자율성을 가지고 있습니다. 자율성은 종종 아주 큰 힘을 가질 수도, 가끔은 아주 시시할 수도 있습니다. 하지만 우리는 자유로운 의지를 통해서 자신과 가족 그리고 세상을 변화시킬 수 있습니다. 특히 건강 부국에서 태어난 우리들은 엄청난 기회를 가지고 있습니다. 우리의 행동은 원대한 영향력을 행사할 수 있습니다.

역학적 충돌

산업 혁명과 동반하여 일어난 사회 경제적 변화를 통해, 흔한 질병의 종류, 그리고 사망의 원인을 바꾸는 역학적 이행이 일어났습니다. 과거에는 주로 감염성 질환에 걸려 죽었지만, 이제는 퇴행성 질환에 걸려 죽습니다. 이러한 전환이 일어나기 전에는 임신율도 높았고 신생아 사망률도 높았죠. 그리고 수명은 짧았습니다. 주된 사망원인은 감염이었고 여성의 수명은 남성보다 더 짧았습니다.[13] 이행이 일어난 이후 수명은 길어졌습니다. 심혈관계 질환이나, 암, 뇌졸중 등 퇴행성 질환으로 죽게 되었죠. 삶의 수준(식이와 위생)의 향상과 건강 증진 행동의 증가, 보건 관리 체계의 개선 등 다양한 원인으로 인류의 건강 관련 지표들이 크게 변화했습니다. 이러한 변화의 상당수는 번식 관련 요인과 관계가 있습니다. 초경이나 첫 임신의 연령 혹은 임신 중 식이 같은 것이죠. 인구 집단 별로 상황이 다르기 때문에 세계의 다른 지역은 서로 다른 역학적 이행기를 경험하고 있습니다. 그 속도도 서로 다릅니다. 서유럽이나 미국이 제일 빨리 변화하고 있고 남유럽이나 동유럽, 아시아 일부 지역이 그 뒤를 따르고 있죠. 일부 지역은 아직 이행이 시작되지도 않았습니다. 여전히 높은 가임률, 높은 신생아 사망률, 낮은 기대여명, 높은 감염성 질환 발병률에 시달리고 있죠.

역학적 이행의 역사를 보면, 아마 세계의 다른 지역도 곧 건강 부국이 지난 100여 년간 진행해온 이행 과정을 비슷한 식으로 '따라잡을' 것처럼 보입니다. 그러나 실제로 짐바브웨, 아이티, 에콰도르 등에서 일어나고 있는 일은 역학적 이행이 아니라 '역학적 충돌'에 가깝습니다. 감염성 질환은 여전히 맹위를 떨치고 있고 소아 영양실조는 만연해 있는데, 비만도 역시 늘어나고 있습니다. 비만과 관련한 고혈압, 제2형 당뇨, 심혈관계 질환, 암 등 퇴행성 질환이 증가하고 있습니다. 다시 말해 이런 나라들은 나쁜 것은 다 가지고 있습니다. 건강 빈국의 빈곤, 병원체, 영양실조, 그리고 건강 부국의 만성 퇴행성 질환까지 말이죠.

〈표 11-1〉은 19개 국가의 건강 관련 데이터를 요약한 것인데, 역학적 충돌 상황을 잘 보여줍니다. 표를 보면 제2형 당뇨병이 건강 빈국에서 늘어나고 있는 것을 알 수 있습니다. 비만 때문입니다. 예를 들어 짐바브웨와 파키스탄의 경우 감염성 질환이 여전히 심각해서, 사망원인에서 퇴행성 질환을 제치고 있습니다. 제2형 당뇨병은 사망 10대 원인에도 들지 못합니다. 반면에 짐바브웨에서는 비만이 증가하고 있습니다. 짐바브웨에서 제

국가	10대 사망 원인 중 부유한 질병: 빈곤한 질병의 비율	체질량 지수 25kg/㎡ 이상	체질량 지수 30kg/㎡ 이상	제2형 당뇨병 10대 사망 원인 여부 (2002년)	5세 미만 사망률 (1,000명당)	모성 사망률 (10만 명당)	기대 수명 (여성)
		(14~49세 여성)					
아프가니스탄	3:5	17.4	1.8	아님	256	1,900	42
호주	9:1	62.7	24.9	7위	5	6	83
방글라데시	3:5	5.4	0.2	아님	73	380	63
캄보디아	3:7	9.3	0.1	아님	127	450	58
중국	6:3	24.7	1.8	아님	36	56	74
쿠바	7:1	61.1	24.6	아님	7	33	80
에콰도르	6:3	52.6	16.8	3위	24	130	75
아이티	3:6	50.6	15.0	10위	112	680	56
인도	3:5	15.2	1.4	아님	89	540	63
일본	8:1	18.1	1.5	아님	3	10	86
모리셔스	7:2	52.3	18.3	3위	14	24	75
멕시코	6:2	67.9	34.3	1위	25	83	77
파키스탄	3:6	25.5	3.6	아님	100	500	63
필리핀	5:4	28.5	3.7	9위	28	200	72
사우디아라비아	5:3	63.8	33.8	6위	24	23	74
남아프리카공화국	4:4	67.2	35.2	9위	62	230	49
미국	8:1	72.6	41.8	6위	7	14	80
잠비아	2:7	18.6	1.3	아님	750	173	40
짐바브웨	2:7	48.8	15.3	아님	121	1,100	34

'부유'한 질병이란 심혈관계 질환, 제2형 당뇨병, 암, 뇌졸중, 알츠하이머씨 병을 말한다.
'빈곤'한 질병이란 호흡기 질환, 주산기 합병증, 설사, 결핵, 말라리아 등을 말한다.
교통사고, 자살, 전쟁, 폭력, 선천성 질환은 10대 사망원인에서 제외하였다.
본 데이터는 세계보건기구의 통계자료를 바탕으로 작성되었다.

2형 당뇨병이 10대 사망원인에 들지 못하는 이유는, 슬프게도 평균 수명이 34세에 불과하기 때문입니다.

2030년의 세계 보건 수준에 대한 예측은 그리 밝지 못합니다. 대부분의 예측에 의하면 세계화로 인해 비만이 점차 심해질 것입니다. 건강 빈국의 여성은 지난 수십 년 동안 신체적 활동량을 계속 줄여오고 있는데, 이로 인해 이 지역의 여성들도 역학적 전환기를 맞고 있습니다. '문명의 질병'을 앓기 시작하고 있는 것입니다. 건강 부국의 여성처럼 제2형 당뇨와 비만, 고혈압, 암에 시달리기 시작했습니다.

예를 들어 1970년 필리핀에 처음 방문했을 때, 필리핀에는 제2형 당뇨병을 앓는 사람이 전무했습니다. 그러나 1987년에 방문했을 때는 점점 당뇨병이 흔해지기 시작했고, 1999년 방문 때는 더욱 심각해졌습니다. 2000년 기준으로 필리핀에 제2형 당뇨병 환자가 300만 명에 이릅니다. 2030년에는 약 800만 명에 이를 것으로 예측됩니다.[14] 이러한 증가는 대부분 비만에 의한 것이고 일부는 난소 호르몬 증가에 의한 것입니다. 가톨릭 국가인 필리핀 여성들은 다산을 하는 편이기 때문에 건강 부국처럼 유방암 발병률이 높아질 정도로 난소 호르몬에 많이 노출되지 않습니다. 하지만 다산만큼 중요한 것이 모유 수유입니다. 안타깝게도 2003년 유니세프(UNICEF)의 보고에 의하면 겨우 16%의 필리핀 여성만이 아이들에게 최소 4~5개월간 모유를 수유합니다.

미국은 급격한 의료비 증가 그리고 의료 양극화로 인해서 몸살을 앓고 있습니다. 이러한 '보건 위기'의 원인 중 하나는 바로 만성 질환을 관리하는 데 드는 비용 때문입니다. 인구가 점차 고령화되면 이러한 부담은 커질 수밖에 없습니다. 게다가 미국 외 다른 나라의 사망 원인도 점차 미국을 닮아가고 있습니다. 그러나 대부분의 건강 빈국의 보건 관리시스템은 이를 감당할 능력이 없습니다. 의료 기술이 점차 정교해지면서 윤리적 이슈가 부상하고 있습니다. 예를 들어 우리는 85세 노인과 세 살짜리 아이를 가진 젊은 여성 중 누구에게 간 이식을 해주어야 할까요? 노인은 '충분히' 살았으니, 아이에게 이식을 해주는 것이 옳을까요? 정말 어려운 질문입니다. 상황이야 어쨌든, 어떻게 각 개인의 삶의 가치를 서로 비교할 수 있겠습니까? 이와 비슷한 질문을 해보겠습니다. 우리는 심혈관계 질병을 치료하는 비용을 줄여서, 전 세계적인 예방접종 사업에 더 많은 비용을 투자해야 할까요? "충분히 괜찮은"[15] 건강은 충분히 괜찮은 것일까요?

다양한 생활습관 및 환경적, 정치적, 보건적 요인 간의 관계를 연구하는 학자들은 항상 정책적 혹은 실질적 제안을 할 수 있을 정도의 정보가 부족하다고 불평하곤 합니다. 게다가 진화의 렌즈를 사용해서 보건을 연구하는 학자들은 종종 자신이 실질적인 진료 지침을 제안을 하는 '임상' 진화 의학자가 아니라고 생각하기도 합니다.[16] 그러나 생애 후반의 다양한 질병과 장애는 생애 초기의 경험에 의해서 영향 받습니다. 말하자면 미래의 연구, 그리고 예방적 노력은 이러한 점을 감안해서 이루어져야 합니다.[17] 이것이 저와 같은 일부 진화 의학자가 주장하는 것입니다. 임신에 더 많은 관심을 가져야 합니다. 특히 여자 아이를 임신한 경우, 대를 이은 위험을 줄일 수 있도록 개입해야 합니다. 모유 수유율을 높이고, 기간도 늘여야 합니다. 소아기에 적절한 영양 공급을 보장해야 합니다. 이러한 수많은 보건학적, 혹은 의학적 제안은 여성의 건강에 대한 진화적 접근을 통해 도출된 것입니다. 출생 전, 유아기, 소아기의 건강을 개선해서 손해볼 것은 없습니다. 하지만 그 결실은 금방 따먹을 수 없습니다. 여성암의 위험을 줄일, 심혈관계 질환, 불임, 제2형 당뇨병, 고혈압, 기타 암도 덩달아 줄어들 수 있습니다. 수조 달러와 지구상의 모든 지적 재능을 쏟아 붓는다고 해도 이와 비슷한 연쇄 작용을 하는 마법의 탄환을 만들 수는 없을 것입니다.

우리의 진화한 몸이 우리 자신에게 뭐라고 이야기하고 있는지, 귀를 기울일 시간입니다.

감사의 말

이런 종류의 책에는 많은 재료가 필요합니다. 일단 광범위하게 수집한, 임신과 출산에 대한 멋지고 흥미롭고 재미있는 생물학적 연구들을 집어넣었습니다. 참고문헌을 훑어보면 알겠지만, 여성의 건강에 영향을 미치는 다양한 연구 결과를 이 책 안에 모두 정리하려고 하였습니다. 특히 세계적인 자원 고갈과 인구 증가, 그리고 '건강 부국'의 생활방식을 추구하려는 세계적 경향도 빼놓지 않았습니다. 무엇보다도 여러 차례 인용한 다음의 학자들에 주목해주었으면 합니다. 버지니아 비첨, 캐럴 워스먼, 짐 맥켄나, 길리언 벤틀리, 배리 보긴, 짐 치스홀름, 캐서린 뎃와일러, 보이드 이튼(Boyd Eaton), 피터 엘리슨, 폴 이발드, 딘 팔크, 칼레브 틱 핀치, 헬렌 피셔, 헬렌 볼(Helen Ball), 크리스텐 호크스, 세라 허디, 크리스 쿠자와, 제인 랭커스터, 리네트 레이디 시버트, 톰 맥데이드, 랜디 네스, 캐서린 팬터-브릭(Catherine Panter-Brick), 테사 폴라드(Tessa Pollard), 카렌 로젠버그, 댄 셀렌, 메러디스 스몰(Meredith Small), 스티븐 스턴스, 베버리 스트라스만, 데이비드 트레이서, 팻 휘튼(Pat Whitten), 안드레아 윌리 등입니다. 이들이 훌륭한 학자들이며, 또한 제 친구라는 사실이 자랑스럽습니다. 보통 저자들이 상투적으로 하는 말이기는 하지만 이 책의 좋은 점이 있다면 모두 그들 덕분이고, 잘못 기술한 부분이 있다면 모두 제 탓입니다.

이런 종류의 책에 들어가는 두 번째 재료는 바로 시간입니다. 어떤 분야의 전문가나 학자에게, "당신이 가장 필요로 하는 것이 무엇입니까?"라고 물어보면 대개는 "시간"이라고 답할 것입니다. 동료 학자들의 글에 담긴 정보들, 제 머릿속에 있던 아이디어, 그리고 제가 책을 통해 말하려고 하는 내용은 이미 명확했습니다. 독자들도 잘 받아들일 것 같았습니다. 문제는 도무지 그것을 글로 써 내려갈 시간이 없었다는 것입니다. 이런 점에서 뉴멕시코의 산타페 고등연구소에 감사드립니다. 그 아름다운 연구소에서 9개월간의 상주 연구원 제의를 받았을 때, 드디어 책을 쓸 수 있겠다는 생각이 들었습니다. 지난 십여 년간 강의실에서 다루었고, 늘 머릿속을 가득 채우고 있던 이야기에 관한 책을 말입니다. 동료 연구원으로부터의 지적 자극과 아름다운 캠퍼스의 평화로운 고요함은 읽고 쓰고 생각하기에 최적의 환경이었습니다. 엄청난 기회를 준 고등연구소에 도무지 어떤 말로 감사함을 표현할 수 있을지 모르겠습니다.

질문에 대해 유익한 피드백을 준 버지니아 비첨, 칼레브 턱 펀치, 캐서린 뎃와일러, 크리스 쿠자와, 사라 스틴슨(Sara Stinson), 멜 코너(Mel Konner)에게 고마움을 전하고 싶습니다. 제 '컨설턴트'인 제니 렌츠(Jennie Lentz), 마르시아 트레바탄(Marcia Trevathan), 그리고 2009년 번식 인류학 교실에서 같이 공부한 학생들에게도 감사를 표합니다. 특히 원고를 상세히 읽어보고 유익하고 건설적인 조언을 해준, 이름을 밝힐 수 없는 두 명의 독자에게도 감사를 드립니다. 특별히 산타페 연구소에서 딘 팔크, 레베카 앨라야리(Rebecca Allahyari), 낸시 오언 루이스(Nancy Owen Lewis), 린다 코르델(Linda Cordell), 닉 톰슨(Nick Thompson)과 나눈 대화가 큰 도움이 되었습니다. 옥스퍼드대학교 출판부의 편집장과 직원에게도 감사를 드립니다. 말 그대로 지구를 뱅뱅 돌아다니는 여행 일정 동안, 인내심을 가지고 저와 연락했던 사라 해링턴(Sara Harrington)에게 특별한 고마움을 표하고 싶습니다. 끝으로 수년간 지지와 우정, 조언, 격려를 아끼지 않았던 짐 맥켄나, 캐럴 워스먼, 카렌 로젠버그, 메리 벌리슨(Mary Burleson), 딘 팔크, 닐 스미스(Neal Smith), 잭 켈소(Jack Kelso), 얼 트레바탄(Earl Trevathan), 수 트레바탄(Sue Trevathan)에게 감사드립니다. 마지막으로 언급하지만, 가장 고마운 사람은 남편, 그레그 헨리(Gregg Henry)입니다.

표 및 그림의 출처

⟨그림 1⟩ Jolly, 1985, 292쪽에서 발췌.

⟨그림 1-1⟩ Trevathan et al., 2008, 35쪽.

⟨표 2-1⟩ Eaton et al., 1999

⟨그림 2-1⟩ Parkin et al., 2005. Pollard, 2008, 77쪽.

⟨그림 2-3⟩ 데이터 출처: Vitzthum et al., 2004. 그림 출처: Trevathan, 2007, the *Annual Review of Anthropology*, Volume 36 ⓒ2007 by Annual Reviews, www.annualreviews.org. 허락을 받고 재수록함.

⟨그림 2-4⟩ Jasienska and Thune, 2001에서 수정.

⟨그림 2-5⟩ 데이터 출처: Ellison, 1994. 그림 출처: Trevathan, 2007, *Annual Review of Anthropology*, Volume 36 ⓒ2007 by Annual Reviews, www.annualreviews.org. 허락을 받고 재수록함.

⟨그림 3-1⟩ Power and Tardif, 2005, 88쪽.

⟨그림 4-1⟩ Kathy Dettwyler 촬영. 웨이브랜드 출판사의 허락을 받아 수록함. *Dancing Skeletons*(Kathy Dettwyler, Long Grove, IL: Waveland Press, 1994)에서 발췌. All rights reserved.

⟨그림 4-2⟩ Gluckman et al., 2007, 8쪽 2번 그림.

⟨그림 4-3⟩ Whitcome et al. 2007, 1075쪽. 맥시밀리언 출판사에서 허락을 받고 실음. *Nature Genetics* 450, 2007.

⟨그림 5-2⟩ Schultz, 1949 and Jolly, 1985.

⟨그림 5-3⟩ Trevathan, 1987에서 다시 그림.

⟨그림 5-4⟩ Rosenberg and Trevathan, 1996.

⟨그림 6-1⟩ Anne and Phillip Johnston의 허락 하에 사용함.

⟨표 7-1⟩ Picciano, 2001

〈표 7-2〉 Goldman, Chheda, and Garofalo, 1998.

〈표 8-1〉 Lee, 1980에서 수정.

〈그림 8-1〉 Marjorie Shostak/Anthro-Photo.

〈그림 9-1〉 Sievert, 2006, 141쪽에서 수정.

〈그림 11-1〉 Ellison, 1999, 203쪽에서 수정.

〈그림 11-3〉 Schooling and Kuh, 2002, 284쪽에서 변형, 원래 그림은 진한 색으로 표시.

미주

들어가는 글

1. Gluckman and Hanson, 2006; Eaton, Shostak, and Konner, 1988.

2. Baker, 2008.

3. Gluckman and Hanson, 2006.

4. Barrett et al., 1998.

5. Knott, 2001.

6. Williams and Nesse, 1991; Nesse and Williams, 1994; 1997.

7. 이에 대해서는 다음을 참조. Trevathan, Smith, and McKenna *Evolutionary Medicine and Health: New Perspectives*, 2008, and Trevathan, 2007.

8. Nesse, 2001; Nesse and Schiffman, 2003; Nesse, Stearns, and Omenn, 2006.

9. Nesse and Stearns, 2008.

10. Nesse and Stearns, 2008, 30쪽.

11. Nesse and Stearns, 2008, 28쪽.

12. Stearns and Ebert, 2001.

13. Ewald, 1994.

14. Ewald, 1999.

15. Zuk, 1997.

16. Martin, 1987.

17. Trevathan, 2007.

18. Kluger, 1978.

19. Williams and Nesse, 1991.

20. 특정 유전자에 대해 우리 각자는 어머니 혹은 아버지로부터 각각 다른 버전을 물려받는다. (동일한 위치에 존재하는) 유전자의 서로 다른 버전을 대립유전자라고 부르고 수정 당시 부와 모의 대립유전자가 하나씩 결합하여 특정 형질을 나타낸다. 이 대립유전자가 서로 동일한 경우 동종 접합, 서로 다른 경우 이형 접합이라고 한다.

21. Livingstone, 1958.

22. Ewald, in press.

23. Ewald, 2008.

24. Stearns, 1992.

25. Mace, 2000.

26. Daly and Wilson, 1983; Lack, Gibb, and Owen, 1957.

27. Walker et al., 2008.

28. Walker et al., 2008, 831쪽.

29. Valeggia and Ellison, 2003.

30. Bentley, 1999.

31. Sievert, 2006.

32. Robson, van Schaik, and Hawkes, 2006.

33. Bentley, 1999, 183쪽.

34. Jurmain et al., 2008.

35. Olshansky, Carnes, and Butler, 2001.

36. Ackerman, 2006, citing Craig Stanford.

37. Barash, 2005.

38. Krogman, 1951.

39. Van Schaik et al., 2006; Allman and Hasenstaub, 1999.

40. Robson, van Schaik, and Hawkes, 2006.

41. Crews, 2003.

42. Hrdy, 2005.

43. Hrdy, 2005.

44. Hrdy, 2005; Hawkes, 1991.

45. Cohen, 2003.

46. Hrdy, 2005.

47. Mace, 2000.

48. Finch and Rose, 1995.

49. 에스트로겐은 에스트라디올, 에스트론 및 에스트리올을 포함하는 스테로이드 호르몬의 일종이다. 명료한 설명을 위해서 이 책에서 나는 이러한 계통의 호르몬을 에스트로겐으로 통칭하였다.

50. Ellison, 1988.

51. Worthman and Stallings, 1994; 1997.

52. 나는 이 단어를 칼레브 틱 핀치의 저서 『인간 수명의 생물학』에서 처음 접했는데, 그는 "좌절을 겪던 2006년 10월에 이를 창안했다"라고 개인적으로 전해 주었다(개인적 서신, February 9, 2009).

1장

1. Thomas et al., 2001.

2. Bogin and Smith, 1996.

3. Golub, 2000.

4. Worthman, 1998.

5. Bogin et al., 2002.

6. Bogin and Loucky, 1997.

7. Diamond, 1992.

8. 세 번에 걸친 일련의 일본 여행에서 이 사실을 직접 확인할 수 있었다. 첫 번째 여행을 했던 1971년에는 170센티미터 정도인 내가 기차 안에 있는 대부분의 사람보다 컸고, 1980년 두 번째 여행에서는 나와 키가 비슷한 사람들이 많이 있었지만 여전히 많이 큰 편이었다. 1990년 세 번째 여행에서는 미국에서 기차를 탄 것과 별 차이를 느낄 수 없었다. 제2차 세계대전 이후 건강과 영양 상태의 개선을 통해 일본인의 신장은 서구 사회에 근접해가고 있다.

9. Bogin, Varela-Silva, and Rios, 2007.

10. Bogin and Loucky, 1997.

11. Worthman, 1999.

12. Frisch and Revelle, 1970.

13. Frisch and McArthur, 1974.

14. Ellison, 2001.

15. Dufour and Sauther, 2002.

16. Bronson, 2000.

17. Dufour and Sauther, 2002.

18. Bronson, 2000.

19. Lassek and Gaulin, 2007.

20. Lassek and Gaulin, 2008.

21. Lassek and Gaulin, 2008, 26쪽.

22. Brown and Konner, 1987.

23. Burger and Gochfeld, 1985.

24. Chisholm and Coall, 2008.

25. 인간이 페로몬의 영향을 받는지 여부는 뜨거운 이슈이며, 이는 생리동기화 현상과 관련해서 다음 장에서 다시 논의할 것이다.

26. Surbey, 1990.

27. Draper and Harpending, 1982.

28. Surbey, 1990.

29. Belsky, Steinberg, and Draper, 1991; Moffitt et al., 1992.

30. Borgerhoff Mulder, 1989.

31. Apter and Vihko, 1983.

32. Worthman, 1999.

33. Liest ø l, 1980.

34. Wyshak, 1983.

35. Gardner, 1983.

36. Ellis, 2004.

37. Ellis, 2004.

38. Vihko and Apter, 1984.

39. Berkey et al., 2000.

40. Wiley, 2008.

41. Law, 2000.

42. Barker et al., 2008a.

43. Barker et al., 2008b.

44. Kuzawa, 2007; 2008.

45. Graber et al., 1997.

46. Graber et al., 1997 for the United States; Kaltiala-Heino et al., 2003 for Finland; Wichstrom, 2000 for Norway.

47. Angold, Costello, and Worthman, 1998.

48. Worthman, 1999, 152쪽.

49. 사춘기가 시작되어야 하는 적당한 시기에 대해 건강에 초점을 둔 현대 의학적 관점과 번식에 초점을 둔 진화적 관점은 매우 다르다.

50. Eaton et al., 1994.

51. Stearns and Koella, 1986.

52. Moerman, 1982.

53. Scholl et al., 1994; Friede et al., 1987.

54. Wallace et al., 2004.

55. Kramer, 2008, 339쪽.

56. Geronimus, 1987; King, 2003.

57. Phipps and Sowers, 2002; Geronimus, 2003.

58. Kramer, 2008.

59. Kramer, 2008.

60. Geronimus, 2003; Wiley and Allen, 2009.

61. Barber, 2001.

62. Barber, 2002.

63. Geronimus, 2003.

64. Geronimus, 2003.

65. Jordan, 1997, 58쪽, also cited in Geronimus, 2003.

66. Hrdy, 1999.

67. Ellison, 1999.

68. Coall and Chisholm, 2003.

69. Armelagos, Brown, and Turner, 2005; Barrett et al., 1998.

70. Chisholm and Coall, 2008.

71. Worthman, 1999.

72. Chisholm and Coall, 2008; Chisholm, 1993.

73. Worthman, 1999, 154쪽.

2장

1. Strassmann, 1999a.

2. Short, 1976, 3쪽.

3. Shostak, 1981.

4. Short, 1976.

5. Eaton et al., 1994; Eaton and Eaton, 1999; Ellison, 1999.

6. Eaton et al., 1994; Eaton and Eaton, 1999; Ellison, 1999.

7. Eaton et al., 1994.

8. Eaton and Eaton, 1999.

9. Vitzthum, 2008.

10. Vitzthum, Spielvogel and Thornburg, 2004.

11. 미국의 표준진료지침에 따르면 40% 미만의 프로게스테론 수치는 비배란성 주기를 나타낸다. 예를 들어 시카고에 사는 건강한 여성 대상의 연구에서는 최고점 프로게스테론이 132pmol/l 미만인 경우가 비배란 주기로 분류되었다. 하지만 비첨과 그의 동료들이 (시카고 연구와 동일한 분석 프로토콜을 사용하여) 고산지대 볼리비아에서 수행한 연구에서는 최고점 프로게스테론이 111pmol/l에서도 정상배란주기를 가지는 것으로 관찰되었다.

12. Jasienska and Thune, 2001.

13. Knott, 2001.

14. Vitzthum, 2001; Vitzthum and Spielvogel, 2003.

15. Bribiescas and Ellison, 2008.

16. Vitzthum, 2008.

17. Gibson and Mace, 2005.

18. Kramer and McMillan, 2006.

19. Whitten and Naftolin, 1998.

20. Thompson et al., 2008.

21. Thompson et al., 2008.

22. Vitzthum, 2008; Ellison, 1990.

23. Wasser and Isenberg, 1986.

24. Vitzthum, 2008, 66쪽.

25. Núñnez-de la Mora and Bentley, 2008.

26. Stearns and Koella, 1986.

27. Vitzthum, 2008; Ellison, 1990. 비첨 등이 2002년에 발표한 것처럼 비배란성 주기는 자원의 계절적 편차와 같은 일시적 스트레스 시기에는 적응적인 현상으로 볼 수 있다. 2장의 체지방에 대한 논의에서 언급한 것처럼 다양한 문화권에서 보고되는 출생의 계절적 편차는 추수나 우기처럼 풍요로운 시기에 임신이 이루어진다는 점을 반영하고 있다(Ellison, 2001).

28. Ellison, 1990.

29. Jasienska and Thune, 2001.

30. Vitzthum et al., 2000.

31. Bentley, 1994.

32. Lipson and Ellison, 1992.

33. Pollard, 2008.

34. Ross et al., 1995.

35. Bribiescas and Ellison, 2008; Muehlenbein and Bribiescas, 2005; Campbell, Lukas, and Campbell, 2001.

36. 예외는 코틴호(Coutinho)와 세갈(Segal)이 1999년에 발표한 『생리는 구시대적인가?』라는 책이다.

37. Sievert, 2008.

38. Sanabria, 2009.

39. Sievert, 2008.

40. Buckley and Gottlieb, 1988.

41. Sievert, 2008.

42. Short, 1976.

43. Eaton and Eaton, 1999.

44. Frisch et al., 1985; Wyshak and Frisch, 2000.

45. Jasienska et al., 2006.

46. Martin, 2007.

47. Profet, 1993.

48. Strassmann, 1996.

49. Strassmann, 1996.

50. 이에 대비되는 관점으로는 다음을 참조. Clancy, Nenko, and Jasienska, 2006.

51. Finn, 1998.

52. Barnett and Abbott, 2003.

53. Wood, 1994, 22쪽.

54. 에밀리 마틴(Emily Martin, 1987)은 의학 문헌에서 기술된 난모세포 소실 과정을 흥미롭게 고찰한 바 있다. 난자의 발달과 퇴화를 설명하는 데 사용되는 용어들—황폐화, 파손, 노화, 실패, 쇠락—이 부정적인 단어인 반면에, 남성의 정자 발생과 관련한 용어는 주목할 만하거나 경이롭다는 의미와 연관되어 있었다. 이뿐 아니라 배란 과정은 낭비적, 소비적으로 설명되지만, 한 번의 사정으로 생산된 수백만의 정자 중 단 하나만이 난자와 결합하는 과정은 매우 인상적으로 설명하고 있다.

55. Wood, 1994.

56. Maynard Smith et al., 1999.

57. Vitzthum et al., 2000.

58. Vitzthum et al., 2001.

59. Martin, 1988.

60. Taylor, 2006.

61. Martin, 1988; Taylor, 2006; Golub, 1985.

62. Taylor, 2006.

63. Taylor, 2006.

64. Reiber, 2008.

65. White et al., 1998.

66. Garland et al., 2003.

67. Ensom, 2000; Doyle, Swain Ewald, and Ewald, 2008.

68. Doyle et al., 2008.

69. Gomez et al., 1993.

70. Trzonkowski et al., 2001.

71. Angstwurm, Gartner, and Ziegler-Heitbrock, 1997.

72. Smith, Baskin, and Marx, 2000; Li and Short, 2002.

73. Kaushic et al., 2000.

74. Fidel, Cutright, and Steele, 2000.

75. Brown et al., 1997.

76. Doyle et al., 2008.

77. Ewald, in press.

78. McClintock, 1971.

79. 나는 4개 대학에서 여성 대학원생들에게 "생리 동기화를 경험해본 적이 있
    는가"를 묻는 비공식 조사를 한 적이 있다. 280명의 응답자들 가운데 232명
    (83%)이 경험이 있다고 답하였다.

80. Goldman and Schneider, 1987; Graham and McGrew, 1980;
    Quadagno et al., 1981; Weller et al., 1999.

81. Jarett, 1984; Wilson, Hildebrandt Kiefhaber, and Gravel, 1991;
    Strassmann, 1997; Yang and Schank, 2006; Ziomkiewicz, 2006.

82. Yang and Schank, 2006; Wilson, 1992; Schank, 2000, 2006.

83. Schank, 2006; Strassmann, 1999b; Hays, 2003.

84. Russell, Switz, and Thompson, 1980; Preti, Cutler, and Garcia, 1986.

85. Wilson, 1992.

86. Trevathan, Burleson, and Gregory, 1993.

87. Trevathan et al., 1993.

88. 피셔(Fisher) 등은 어째서 여성이 "언제나 성에 수용적"인지와 "발정기의 결
    여"를 설명하는 허술한 이론을 세우는 데 기여했다. 하지만 이 중 대부분은 지
    금 하는 논의와는 전혀 관련이 없다.

89. Fisher, 1983.

90. Brewis and Meyer, 2005.

91. Hill, 1988; Pawlowski, 1999.

92. Harvey, 1987; Matteo and Rissman, 1984.

93. Burleson, Trevathan, and Gregory, 2002.

94. Thompson, 2005.

95. Lipson, 2001, 244쪽.

96. Vitzthum, 2009.

3장

1. Daly and Wilson, 1983.

2. Gleicher and Barad, 2006.

3. Gleicher and Barad, 2006, 588쪽.

4. Pollard and Unwin, 2008.

5. Barnett and Abbott, 2003.

6. Nikolaou and Gilling-Smith, 2004.

7. Uvnäs-Moberg, 1989.

8. Vitzthum, 2009.

9. 사실상 약화된 면역 시스템으로 인한 질병이나 감염 취약성은 1년에 12~13회의 생리 주기를 가지기 전까지는 큰 문제가 되지 않았다.

10. Haig, 1993, 1999.

11. Vitzthum, 2009, 126쪽.

12. Wasser and Isenberg, 1986.

13. 대부분의 물질은 수동 확산을 통해 모체에서 태아로 전달되지만 일부 영양 성분은 확산이 충분히 일어나지 않을 정도의 양만 필요하거나 임신 후기 태아가 급속히 성장하는 시기에는 특정한 영양성분 운반 기전이 요구되는 경우도 있다. 이러한 영양분 이동 기전에 대한 이해가 자궁 내 성장 지연과 같은 태아의 발달학적 이상을 교정할 수 있는 해결책이 되리라는 점에서 기대를 모으고 있다(Knipp, Audus, and Soares, 1999).

14. 영장목의 태반 종류는 두 개의 하위 목을 구별하는 특징 중 하나로, 곡비원류(다층세포막을 가지는 상피융모막태반)과 직비원류(얇은 방어벽을 가지는 혈융모태반)이 있다(Luckett, 1974).

15. Knox and Baker, 2008.

16. Knox and Baker, 2008.

17. Anderson, 1971.

18. Loisel, Alberts, and Ober, 2008.

19. Loisel et al., 2008.

20. Ober et al., 1992.

21. Wasser and Isenberg, 1986.

22. O형은 A와 B항원 모두에 대한 항체를 분비한다. A형과 B형은 서로에 대해서 항체를 분비한다.

23. Hanlon-Lundberg and Kirby, 2000.

24. Waterhouse and Hogben, 1947.

25. Chung and Morton, 1961; Matsunaga, 1959.

26. Butler, 1977.

27. Haig, 1993, 1999.

28. Power and Tardif, 2005.

29. 게다가 100번의 임신마다 오로지 12번의 임신만이 성공적인 번식으로 이어지는 것으로 추산된다.

30. Vitzthum, 2009.

31. Guerneri et al., 1987.

32. Vitzthum, 2009.

33. Peacock, 1990.

34. Vitzthum, 개인적 서신, February, 2009.

35. Vitzthum, Spielvogel, and Thornburg, 2006.

36. Wasser and Isenberg, 1986.

37. Nepomnaschy et al., 2006.

38. Vitzthum, 2009.

39. Wasser and Isenberg, 1986.

40. Haig, 1999.

41. Tardif et al., 2004.

42. Colhoun and Chaturvedi, 2002.

43. Power and Tardif, 2005.

44. Redman and Sargent, 2005.

45. Robillard et al., 2008; Robillard, Dekker, and Hulsey, 2002.

46. Loisel et al., 2008.

47. Haig, 2008.

48. 다음의 예를 확인하라, Bdolah et al., 2004; Levine et al., 2006; Signore et al., 2006; Venkatesha et al., 2006; Ewald, in press.

49. Robillard et al., 2008.

4장

1. De Benoist et al., 2004.

2. Harris and Ross, 1987; Whitten, 1999.

3. Profet, 1992.

4. Flaxman and Sherman, 2000.

5. Flaxman and Sherman, 2000.

6. Flaxman and Sherman, 2000; Fessler, 2002.

7. Fessler, 2002.

8. Aiello and Wheeler, 1995.

9. Fessler, 2002, 26쪽.

10. Flaxman and Sherman, 2000.

11. Flaxman and Sherman, 2000; Furneaux, Langley-Evans and Langley-Evans, 2001.

12. Ewald, in press.

13. Pike, 2000.

14. Forbes, 2002.

15. Flaxman and Sherman, 2008.

16. Wiley and Katz, 1998.

17. Johns and Duquette, 1991.

18. 음식에 대한 다른 갈망은 건강 측면과 진화적 측면에서 임산부에게 도움이 된다. 종종 과일 갈망이 보고되는데, 과일은 양질의 비타민C 공급원이다. 우유나 유제품 갈망도 있는데, 이는 유제품을 흔하게 접할 수 있는 문화권에서 주된 양질의 칼슘 공급원이다.

19. Mills, 2007.

20. O'Rahilly and Muller, 1998.

21. Brandt, 1998, 164쪽.

22. Kuzawa, 1998.

23. Haig, 2008; Hrdy, 1999.

24. Barker, 1998, 2004.

25. McDade et al., 2001.

26. Adair and Kuzawa, 2001.

27. Seckler, 1982.

28. Martorell, 1989; Wiley and Allen, 2009.

29. Gluckman, Hanson, and Beedle, 2007.

30. Kuzawa, 2005.

31. Ellison, 2005.

32. Nathanielsz, 2001.

33. Finch, 2007.

34. McDade, 2005.

35. Whitcome, Shapiro, and Leiberman, 2007.

36. Seckl, Drake, and Holmes, 2005.

37. McDade, 2005.

38. Davis et al., 2005.

39. 이후 행동 문제에 미치는 산전 스트레스의 효과에 대한 대부분의 연구는 인간이 아닌 다른 종을 대상으로 시행되었다는 점을 감안해야 한다(Weinstock, 2001). 이러한 결과들은 인간에게는 그대로 적용되지 않을 수 있다.

40. Nathanielesz, 2001.

41. Glynn et al., 2001.

42. Clapp et al., 1992; Wang and Apgar, 1998.

43. Baker, 2008.

5장

1. Lovejoy, 2005; Schimpf and Tulikangas, 2005.

2. Abitbol, 1987a, b.

3. Stewart, 1984, 611쪽.

4. Pawlowski and Grabarczyk, 2003.

5. Abitbol, 1987b.

6. Lovejoy, 2005.

7. Walrath, 2003.

8. Sheiner et al., 2004.

9. Trevathan, 1987.

10. Rosenberg and Trevathan, 1996, 2001, 2002.

11. Trevathan and Rosenberg, 2000.

12. 하나의 예외는 네안데르탈인일 수도 있다. 그들은 다부진 체격에 어깨가 벌어지고 넓은 골반을 가진 것으로 유명하다. (긴 치골뼈로 형성된) 커다란 골반 입구는 어깨가 넓은 태아를 출산하기 위한 적응의 결과일지도 모른다 (Rosenberg, 1992).

13. Trevathan, 1987, 1999.

14. Trevathan, 1987, 1999; Rosenberg and Trevathan, 1996, 2002.

15. Nesse, 1991.

16. Steer, 2006, 137쪽.

17. DeSilva and Lesnik, 2008.

18. Stoller, 1995.

19. Lovejoy, 2005.

20. Locke and Bogin, 2006.

21. Bjorkland, 1997.

22. Schimpf and Tulikangas, 2005; Abitbol, 1988.

23. 좌골극(궁둥뼈가시)는 조산사나 산과전문의가 태아가 골반을 통과하는 과정을 확인하는 데 중요한 지점이다. 태아의 머리가 좌골가시에 있다면 영점(zero station)이고 이보다 위에 위치하면 -1~-3, 밑에 위치하면 +1~+3으로 나타낸다. 이 과정에서 3개의 평면, 즉 골반 입구, 중앙평면, 골반출구가 형성된다. 면적이 가장 좁은 부분은 중앙평면으로 앞쪽으로는 치골결합, 뒤쪽으로는 척추, 옆쪽으로는 좌골가시가 위치한다. 분만 중 태아가 걸리기 가장 쉬운 지점이다.

24. Stewart, 1984, 616쪽.

25. Dietz, 2008.

26. Nygaard et al., 2008.

27. Handa et al., 2003.

28. 제왕절개가 골반바닥을 보호해줄 수 있다고 홍보하지만, 믿을 만한 증거는 없다. 제왕절개가 손상되지 않은 골반 바닥을 유지시켜준다기보다는 회음부절개술이나 도구 분만과 같은 다른 기술적인 중재법들이 골반 바닥을 약화시키는 것으로 보인다(Goer, 2001).

29. Abitbol, 1988, 59쪽.

30. Abitbol, 1988.

31. 골반 장기 탈출에 취약한 것으로 추정되는 유일한 다른 포유류는 다람쥐원숭이지만, 관련 기전은 인간에게서 관찰되는 것과는 차이가 있어 보인다(Williams, 2008). 게다가 골반 장기 탈출은 사로잡힌 다람쥐원숭이에게서만 보고되었는데 야생에서도 관찰되는지 여부는 불확실하다.

32. Whitcome et al., 2007.

33. Abitbol, 1993.

34. Graafmans et al., 2002.

35. Blurton Jones, 1978.

36. Walsh, 2008.

37. 조지프 월시(Joseph Walsh)는 일반적인 출산에 비해 제왕절개로 태어난 아기들이 더 높은 지능지수를 보인다고 주장했다. 흔히 제왕절개는 태아의 머리가 너무 큰 경우에 시행된다. 즉 머리가 크기 때문에 보통 아이들에 비해 지능이 더 높다는 가설이다. 월시는 신생아의 뇌 크기가 체중에 비례하며, 정상 이상의 체중으로 태어난 7세 아동에서 출생체중과 지능지수가 직접적으로 관련된다고 주장했다.

38. Read et al., 1994.

39. Liston, 2003.

40. Liston, 2003.

41. Schuitemaker et al., 1997.

42. Hannah, 2004.

43. Varner et al., 1996.

44. Freudigman and Thoman, 1998.

45. Swain et al., 2008.

46. Cardwell et al., 2008.

47. Liston, 2003.

48. Doherty and Eichenwald, 2004.

49. Hannah, 2004.

50. Montagu, 1978.

51. Montagu, 1978.

52. Weiss, 2008; Lagercrantz and Slotkin, 1986.

53. 안타깝게도 카테콜아민 반응의 일부는 마치 태아 곤란증처럼 보인다. 제왕절개를 하는 주된 이유는 태아의 심박동 이상이다. 태아 전자모니터링 장비는 분만과 출산에 필수 장비가 되었고, 이후 미국 내 제왕절개 비율이 증가했다. 대부분의 심박동 이상은 사실 카테콜아민 유리에 의한 정상 반응이며, 생명에 지장이 없는 것으로 드러났다(Lagercrantz and Slotkin, 1986).

54. Lagercrantz and Slotkin, 1986.

55. Lagercrantz and Slotkin, 1986.

56. Varendi, Porter, and Winberg, 2002.

57. Winberg, 2005.

58. Varendi et al., 2002.

59. Lagercrantz and Slotkin, 1986.

60. Marchini et al., 2000.

61. Doherty and Eichenwald, 2004.

62. Roy, 2003.

63. Trevathan, 1987.

64. Trevathan, 1988.

65. Michel et al., 2002.

66. Simkin, 2003.

67. Baxley and Gobbo, 2004.

68. Beer and Folghera, 2002; Beer, 2003.

69. Walrath, 2006.

70. Odent, 2003.

71. Montagu, 1961.

72. Portmann, 1990.

73. Montagu, 1964, 233쪽.

6장

1. Martin, 2007.

2. Portmann, 1990. (포트만은 이 문구를 1942년 독일 출판본에서 처음 사용했다.)

3. Trevathan, 1987.

4. Schultz, 1949.

5. Winberg, 2005.

6. Uvnäs-Moberg, 1996.

7. Uvnäs-Moberg, 1996.

8. Trevathan, 1987, 213쪽. 원본에는 기울임꼴로 표시.

9. Trevathan, 1981, 1987.

10. Uvnäs-Moberg, 1996.

11. Mikiel-Kostyra, Mazur, and Bołtruszko, 2002.

12. Tollin et al., 2005; Marchini et al., 2002.

13. Hoath, Pickens, and Visscher, 2006.

14. Westphal, 2004.

15. Visscher et al., 2005.

16. Hoath et al., 2006.

17. Tollin et al., 2005.

18. Tollin et al., 2005, 2397쪽.

19. Tansirikongkol et al., 2007.

20. Bystrova, 2009.

21. Zasloff, 2003.

22. Hoath, Narendran and Visscher, 2001.

23. Hoath et al., 2006.

24. World Health Organization, 2006.

25. Singh, 2008. 내가 같이 작업한 조산사는 종종 아기를 몇 시간 동안 씻기지 않

왔다. 태지의 이점을 알고 있었기 때문이다. 하지만 산모들은 당장 아기를 씻겨 달라고 요구하는 일이 흔했다.

26. Salk, 1960.

27. Miranda, 1970.

28. Trevathan, 1982.

29. Klaus and Kennell, 1976.

30. 딘 팔크는 어머니말(motherese)이 인간 언어의 기초가 되었다고 주장했다 (Falk, 2004a; 2009).

31. Brazelton, 1963.

32. Trevathan, 1987; Klaus and Kennell, 1976.

33. Trevathan, 1987.

34. Hagen, 1999.

35. Wei et al., 2008.

36. Oates et al., 2004.

37. Hagen, 1999.

38. Hagen, 1999.

39. Hagen, 1999.

40. Scott, Klaus, and Klaus, 1999; Dennis, 2004.

41. Nesse, 1991.

42. Piperata, 2008.

43. Hrdy, 1999.

44. Hrdy, 1999.

45. Field, 1984; Edhborg et al., 2001; Murray, Fiori-Cowley, and Hooper, 1996; Beck, 1995; Cornish, McMahon, and Ungerer, 2008.

46. Hellin and Waller, 1992; Cooper, Murray, and Stein, 1993.

47. Corwin and Pajer, 2008; Finch, 2007.

48. Maes, et al., 2000.

49. Kendall-Tackett, 2007.

50. Kendall-Tackett, 2007.

51. 임신 후반 우울증은 조산의 위험을 증가시킨다(Dayan et al., 2006). 그리고

염증 반응도 역시 조산의 위험을 증가시키는 것으로 추정된다.

52. McEwan, 2003.

53. Kendall-Tackett, 2007. 하루 사과 한 개 대신, 하루에 이부프로펜을 한 알씩 먹는 것이 새내기 엄마를 위해 더 좋을 것입니다!

54. McKenna and McDade, 2005.

55. 수면 박탈이 반드시 부정적인 기분과 관련되는 것은 물론 아니다. 어떤 어머니는 며칠 동안 잠을 거의 자지 못했음에도 불구하고, 아기와 같이 있으면 아주 행복하다고 이야기한다. 산후 우울증과 관련한 수많은 연구들이 있지만, 사실 많은 산모들은 전보다 더 행복해 한다. 극도로 기뻐하는 경우도 적지 않다. 다만 아기를 낳고 더 행복감을 느끼는 산모에 대한 연구는 잘 진행되지 않을 뿐이다.

7장

1. Neville, Morton, and Umemura, 2001.

2. Neville, 2001.

3. Goldman, 2001.

4. McKenna and McDade, 2005.

5. Wright, 2001.

6. Wright, 2001.

7. Rafael, 1973.

8. Dewey et al., 1992.

9. Waterlow and Thomson, 1979.

10. Berry and Gribble, 2008.

11. WHO Multicentre Growth Reference Study Group, 2006, 82쪽.

12. Karaolis-Danckert et al., 2007.

13. Hasselbalch et al., 1996.

14. Hasselbalch et al., 1999.

15. McDade, 2005.

16. American Academy of Pediatrics, 1997.

17. Wolf, 2006, 400쪽.

18. Merriam-Webster online dictionary.

19. Trevathan, 1987, 32쪽.

20. Picciano, 2001.

21. Sellen, 2006.

22. Anderson, Johnstone, and Remley, 1999.

23. Der, Batty, and Deary, 2006.

24. Jacobson and Jacobson, 2006.

25. Reynolds, 2001.

26. Pettitt et al., 1997.

27. Young et al., 2002.

28. Harder et al., 2005.

29. Simmons, 1997.

30. Harit et al., 2008.

31. Martin et al., 2005.

32. Martin, Gunnell, and Smith, 2005.

33. Martin et al., 2005, 24쪽.

34. McDade, 2005.

35. Goldman et al., 1998.

36. Goldman et al., 1998.

37. Heinig, 2001.

38. WHO World Health Statistics, 2008; McDade and Worthman, 1998.

39. Dettwyler, 1994.

40. Dell and To, 2001.

41. Oddy, 2004; Oddy et al., 2004.

42. McDade and Worthman, 1999.

43. Uvnäs-Moberg, 1989.

44. Uvnäs-Moberg, 1996.

45. Small, 1998; Barr, 1999; Schön, 2007.

46. Thompson, Olson, and Dessureau, 1996.

47. Barr, 1999.

48. Trevathan, 1987.

49. McKenna and McDade, 2005; Schön, 2007; Soltis, 2004.

50. Barr, 1999.

51. Schön, 2007; Papousek and Papousek, 1990; Jenni (2004)는 영아의 울음이 수면 - 각성 주기와 관련이 많으며, 건강하지 않은 것으로 간주되는 쉴 새 없는 울음은 종종 이러한 주기에 영향을 미치는 부모의 행동, 혹은 생문화적 과정에 의해서 일어난다고 주장했다.

52. Soltis, 2004; Douglas, 2005.

53. Gill, White, and Anderson, 1984.

54. Douglas, 2005.

55. Gill et al., 1984, 892쪽.

56. Bowlby, 1969.

57. Blass, 2004, 461쪽.

58. Soltis, 2004.

59. Bard, 2004.

60. Blass, 2004, 460쪽.

61. Falk, 2004b.

62. Uvnäs-Moberg, 1996.

63. Labbok, 2001.

64. Heinig and Dewey, 1997; 임신 후 체중 감소는 미국이나 캐나다, 서유럽과 같은 건강 부국에서 아주 바람직한 일이다. 그러나 다른 지역에서는 전혀 그렇지 않으며, 아마 먼 옛날에도 그랬을 것이다.

65. Uvnäs-Moberg, 1996.

66. Sellen, 2006.

67. Uvnäs-Moberg, 1989.

68. Stuebe, 2007.

69. Stuebe, 2007.

70. Stuebe et al., 2006.

71. Labbok, 2001.

72. Labbok, 2001.

73. Collaborative Group on Hormonal Factors in Breast Cancer, 2002.

74. Rosenblatt, Thomas, and The WHO Collaborative Study of Neoplasia and Steroid Contraceptives, 1995.

75. Sellen, 2006; McDade and Worthman, 1998; Tracer, 2002.

76. McDade and Worthman, 1998, 296쪽.

77. Li et al., 2008.

78. Grummer-Strawn et al., 2008.

79. Obermeyer and Castle, 1997.

80. Cole, Paul, and Whitehead, 2002.

81. 모유 수유를 중단하는 흔한 이유는 직장에 복귀해야 하기 때문이다. 그러나 집 밖에서 일하는 관행은 현대 서구 사회의 산물이 아니다. 역사적으로 여성은 아주 고된 노동에 시달렸다. 밭일을 하거나 채집을 나서는 것은 에너지 균형, 그리고 모유 수유 시간에 큰 타격을 주었다. 또한 번식 가능성도 떨어뜨렸다. 노동이 고되고, 자원이 부족하면 모유 수유 기간이 길어지고 출산 간격이 늘어난다. 이 중 하나라도 변화가 생기면, 번식 패턴에 영향을 미치게 된다(Panter Brick and Pollard, 1999).

82. Li et al., 2008.

83. Neville et al., 2001.

84. Dettwyler, 1995a.

85. Mintz, 2009.

86. kellymom, 2009.

87. Riordan, 1997.

88. Ryan and Zhou, 2006.

89. Lindsay, 2001.

90. Ball and Wright, 1999, 870쪽.

91. Dettwyler, 1995a; Kelleher, 2006.

92. Kelleher, 2006.

93. Wolf, 2006.

94. Kronberg and Væth, 2009.

95. Labbok, 2001.

96. Lawrence and Lawrence, 2001.

8장

1. Falk, 2009.

2. Wall-Scheffler, Geiger, and Steudel-Numbers, 2007.

3. Lee, 1980.

4. Tracer, 2009.

5. McKenna and McDade, 2005, 135쪽.

6. McKenna and McDade, 2005, 136쪽.

7. McKenna and McDade, 2005.

8. McKenna, 1986; McKenna, Mosko, and Richard, 1999; McKenna, 1996; McKenna, Ball, and Gettler, 2007.

9. McKenna and McDade, 2005, 136쪽.

10. Horne et al., 2002.

11. Ball and Klingaman, 2008.

12. McKenna and McDade, 2005.

13. McKenna, 1986; Lipsitt and Burns, 1986.

14. Laitman, 1984.

15. Laitman, 1986, 66쪽.

16. Laitman, 1984.

17. McKenna and McDade, 2005.

18. Sellen, 2006.

19. Dettwyler, 1995b.

20. Smith, 1991.

21. Kennedy, 2005.

22. Kennedy, 2005.

23. Sear and Mace, 2005.

24. Sellen, 2006; Lancaster and Lancaster, 1983; Bogin, 1998.

25. Bogin, 1998.

26. Sellen, 2006.

27. Sellen, 2007.

28. Lepore, 2009.

29. Lepore, 2009, 39쪽.

30. Wolf, 2007.

31. Gierson, 2002, 78쪽.

32. Kitzinger, 2009.

33. Trevathan and McKenna, 1994.

34. Christakis, 2008.

35. Falk, 2009.

36. Hrdy, 1999; Winnicott, 1964.

9장

1. Walker and Herndon, 2008.

2. Walker and Herndon, 2008.

3. Cohen, 2004.

4. Thompson et al., 2007.

5. Pavelka and Fedigan, 1991.

6. Nishida, 1997.

7. Pavelka and Fedigan, 1991.

8. Hawkes, 2003.

9. Lee, 1968.

10. Pavelka and Fedigan, 1991.

11. Hawkes, 2003.

12. Williams, 1957.

13. Peccei, 1995.

14. Mayer, 1982.

15. Hill and Hurtado, 1991.

16. Peccei, 2001.

17. 출산의 어려움이 폐경의 진화에 중요한 요인이었다면, 왜 다른 포유류에서 폐경이 일어나지 않는지 설명할 수 있을 것이다. 대부분의 포유류는 출산 관련

사망률이 높지 않다(Perls and Fretts, 2001).

18. Perls and Fretts, 2001.

19. Temmermana et al., 2004.

20. Shanley and Kirkwood, 2001.

21. Voland, Chasiotis, and Schiefenhövel, 2005.

22. Mace and Sear, 2005.

23. Mace and Sear, 2005; Lee, 2003.

24. Sievert, 2006; Leidy, 1996.

25. Stanford et al., 1987.

26. Sievert, Waddle, and Canali, 2001.

27. Sievert, 2006.

28. Nagata et al., 1998, 1999.

29. Wilbur et al., 1990.

30. Whiteman et al., 2003; Gold et al., 2000.

31. Brooke and Long, 1987; Morgan, 1982.

32. Bachman, 1990.

33. McCoy, Cutler, and Davidson, 1985.

34. Whiteman et al., 2003.

35. Gold et al., 2000.

36. Birkhauser, 2002; Schindler, 2002.

37. Hunter, 1988, 1996; Nicol-Smith, 1996; Matthews et al., 1990.

38. Mitchell and Woods, 1996.

39. Kuh et al., 2002.

40. Schmidt, Haq, and Rubinow, 2004.

41. Gold et al., 2000.

42. See Robinson, 1996, for a review.

43. Sukwatana, et al., 1991.

44. Holte and Mikkelsen, 1991.

45. Prakash, Murthy, and Vinoda, 1982.

46. Okonofua, Lawal, and Bamgbose, 1990.

47. Moore and Kombe, 1991.

48. Lock, 1993.

49. Wright, 1983.

50. Beyenne and Martin, 2001.

51. George, 1988.

52. Williams, 1957.

53. Pavelka and Fedigan, 1991; Leidy, 1999.

54. Leidy, 1999; Hall, 2004.

55. Lock and Kaufert, 2001.

56. Pavelka and Fedigan, 1991.

57. Bell, 1987.

58. Kaufert and Lock, 1992.

59. 많은 사람들은 과거의 사람들이 번식 연령 끝 무렵에 죽었기 때문에, 과거 인류의 노화나 폐경을 이야기하는 것은 무의미하다고 오해한다. 물론 과거 사회에서 영아나 소아 사망률이 훨씬 높았던 것은 사실이다(약 1000명당 200명). 그래서 평균 수명도 25~30세에 불과하다(Cohen, 1989). 하지만 소아기를 넘기고 나면 많은 사람들은 50세, 60세 심지어는 70세까지 살 수 있었다(수렵 채집인 기준).

60. Leidy, 1999.

61. Martin, 1987.

62. Derry, 2006.

63. Kaufert and Lock, 1992, 204쪽.

64. Parlee, 1990.

65. Mitchell and Woods, 1996; Avis et al., 2001.

66. Gracia and Freeman, 2004.

67. Avis et al., 2001.

68. Freeman et al., 2001.

69. Sievert, 2006.

70. Ellison, 2001; Pollard, 2008.

71. Derry, 2006.

72. Beyenne and Martin, 2001.

73. Galloway, 1997.

74. Galloway, 1997.

75. Galloway, 1997, 144쪽.

76. Campbell and Whitehead, 1977.

77. 나는 연구에서 우리가 관심 있는 행동을 표현하기 위해서 증상이라는 용어 대신 이 용어를 사용했다. 증상이라는 단어는 폐경이 질병 혹은 장애라는 생각을 강화시킨다.

78. Burleson, Todd, and Trevathan, 2010.

79. Worthman and Melby, 2002; Worthman, 2008.

80. Worthman, 2008, 300쪽.

81. Worthman, 2008, 310쪽.

82. 혼자 살 때, 우리 고양이는 종종 나와 같이 잤다. 나는 고양이가 침대에 있을 때 더 잠을 잘 잤다. 왜냐하면 고양이가 낯선 소리에 금방 깬다는 것을 알고 있고, 나는 고양이가 움직이면 금방 알아차릴 수 있기 때문이다. 반면에 이상한 소리를 들었는데 고양이가 깨지 않는다면, 나는 그 소리가 별로 걱정할 만한 것이 아니라는 안심을 하고 다시 잠에 들 수 있었다. 이런 식으로 고양이는 훌륭한 '경비견' 역할을 해주었다. 사실 경비견은 자기 그림자를 보고 짖는 멍청한 짓을 하곤 하므로, 고양이가 더 훌륭한 경비견인지도 모르겠다.

83. Worthman, 2008.

84. 수면의 길이가 비만 및 제2형 당뇨와 연관된다는 최근의 연구가 있다(Pollard, 2008).

85. Worthman, 2008.

86. Counts, 1992; Hotvedt, 1991; Beyenne, 1989.

87. Shostak, 1981.

88. Bolin and Whelehan, 1999.

89. 건강 부국의 폐경 여성은 건강 빈국의 폐경 여성보다 더 높은 에스트로겐 수준을 보인다. 이는 유방암의 발병률이 높아지는 원인 중 하나이다(Pollard, 2008).

90. Austad, 1994.

91. Kerns and Brown, 1992.

92. Brown, 1992.

93. Lee, 1992.

94. Vatuk, 1992.

95. Lancaster and King, 1992.

96. Worthman, 1995.

10장

1. Blurton Jones, Hawkes, and O'Connell, 2002.

2. Hrdy, 1999.

3. Hall, 2004.

4. Paul, 2005.

5. Pavelka, Fedigan, and Zohar, 2002.

6. Hawkes, O'Connell, and Blurton Jones, 1997.

7. Hawkes et al., 1997.

8. Gurven and Hill, 1997.

9. Hawkes et al., 1997.

10. Gibson and Mace, 2005; Leonetti et al., 2007; Sear and Mace, 2008.

11. Shanley et al., 2007.

12. Lahdenperä et al., 2004.

13. Voland and Beise, 2002.

14. Madrigal and Melendez-Obando, 2008.

15. Milne, 2006.

16. 이 주장의 상당수는 장수하는 할아버지의 경우에도 적용된다. 그러나 이 책의 주제는 여성의 건강이기 때문에 의도적으로 할머니에 초점을 두어 기술했다.

17. Caspari and Lee, 2004.

18. Rosenberg, 2004.

19. Kirkwood, 2008.

20. Kirkwood, 2008.

21. Kirkwood, 2008.

22. Kaplan and Robson, 2002.

23. Kaplan and Robson, 2002; Kaplan et al., 2000.

24. Lee, 2003.

25. Kaplan and Robson, 2002.

26. Sorenson Jamison, Jamison, and Cornell, 2005.

27. Allen, Bruce, and Damasio, 2005.

28. Finch and Sapolsky, 1999.

29. Finch and Sapolsky, 1999.

30. Finch and Stanford, 2004.

31. Finch and Stanford, 2004.

32. Kaplan and Robson, 2002, 10225쪽.

33. Finch and Stanford 2004; Fullerton et al., 2000.

34. Finch and Morgan, 2007.

35. Finch and Stanford, 2004.

36. 진화적인 측면에서 보면, 299개의 서열 중 단 두 개의 아미노산만이 서로 다르다. 다시 말해서 아주 작은 분자적 변화가 엄청난 수준의 생리적 변화를 유발했다는 것이다. 마치 단 하나의 아미노산 변이로 기능이 바뀐 헤모글로빈의 예와 비슷하다.

37. Ewald, 2008.

38. Finch and Stanford, 2004.

39. Carstensen and Löckenhoff, 2003.

40. Carstensen and Löckenhoff, 2003.

41. Carstensen and Löckenhoff, 2003, 155쪽.

42. Carstensen and Löckenhoff, 2003.

43. Carstensen and Löckenhoff, 2003, 167쪽.

44. Williams et al., 2006.

45. Windsor, Anstey, and Rodgers, 2008.

46. Lee, 2003.

47. Hrdy, 1999; Uvnäs-Moberg, 1998.

48. 다시 말하지만, 이 부분은 할아버지에게도 똑같이 적용된다.

49. Goodman, 2003.

50. Musil, 2000.

51. Sands, Goldberg-Glen, and Thornton, 2005.

52. 물론 허디에 따르면, 개별적인 가족 수준에서 조사했을 때, 녹초가 된 할머니의 양육 보조라고 해도 다른 형태의 도움보다는 유리하다. 항상 최적의 전략만을 고집할 수는 없으며, 종종 그보다 못한 대안 중에서 최선의 선택을 할 수밖에 없다. Hrdy(1999) 참고

53. Sorenson Jamison et al., 2005, 106~107쪽.

54. Moalem, 2007.

55. Gurven et al., 2008.

11장

1. Moalem, 2007.

2. Vitzthum, 1997, 257쪽.

3. Ellison, 1999; Whitten, 1999.

4. Whitten, 1999.

5. Whitten, 1999.

6. Ellison, 1999.

7. Ewald, in press.

8. 인과관계가 아니라 상관관계임을 주목해야 한다. 만성 질환의 원인/결과 관계는 아주 복잡하며, 단일한 원인은 없다. 반면 HIV/AIDS는 인과관계가 확실하지만, 해결하기는 어려운 전형적인 그리고 안타까운 예이다. HIV에 감염된 사람들은 무엇이 질병을 유발했는지 알고 있지만, 사실 할 수 있는 것이 없다. 부부 중에 한 명이 감염된 경우에는 위험한 관계를 지속해야 한다. 필리핀의 성 노동자들은 AIDS나 기타 성 전파성 질환을 예방하는 안전한 성 관계 방법을 잘 알고 있다(Amadora-Nolasco et al., 2001). 많은 성 노동자들은 그들의 아이를 위해서 일을 하고 있다. 안전한 성 관계를 추구한다면, 당장 생계가 막막해지기 때문에 그들은 위험을 알면서도 일을 계속한다.

9. Schooling and Kuh, 2002.

10. Schooling and Kuh, 2002, 289쪽.

11. Shubin, 2008.

12. Kuh, dos Santos Silva, and Barrett-Connor, 2002.

13. 2008년 필리핀 인구는 약 9,600만 명이다.

14. Worthman, 1999.

15. 예외로는 다음을 참조. Eaton, Shostak, and Konner, 1988; Nathanielsz, 2001.

16. Dos Santos Silva and de Stavola, 2002.

참고문헌

Abitbol, M. Maurice. 1987a. Evolution of the sacrum in hominoids. *American Journal of Physical Anthropology* 74: 65~81.

Abitbol, M. Maurice. 1987b. Obstetrics and posture in pelvic anatomy. *Journal of Human Evolution* 16: 243~255.

Abitbol, M. Maurice. 1988. Evolution of the ischial spine and of the pelvic floor in the Hominoidea. *American Journal of Physical Anthropology* 75: 53~67.

Abitbol, M. Maurice. 1993. Growth of the fetus in the abdominal cavity. *American Journal of Physical Anthropology* 91: 367~378.

Ackerman, Jennifer. 2006. The downside of upright. *National Geographic*, July, pp. 126~145.

Adair, L. S., Kuzawa, C. W. 2001. Early growth retardation and syndrome X: Conceptual and methodological issues surrounding the programming hypothesis. In *Nutrition and Growth*, ed. R. Martorell, F. Haschke, pp. 333~350. Geneva: Nestle Nutrition Workshop Series.

Aiello, Leslie C., Wheeler, Peter. 1995. The expensive-tissue hypothesis: The brain and the digestive system in human and primate evolution. *Current Anthropology* 36: 199~221.

Allen, John S., Bruss, Joel, Damasio, Hanna. 2005. The aging brain: The cognitive reserve hypothesis and hominid evolution. *American Journal of Human Biology* 17: 673~689.

Allman, John, Hasenstaub, Andrea. 1999. Brains, maturation times, and parenting. *Neurobiology of Aging* 20: 447~454.

Amadora-Nolasco, Fiscalina, Alburo, RenéE., Aguilar, Elmira Judy T., Trevathan, Wenda R. 2001. Knowledge, perception of risk for

HIV and condom use: A comparison of establishment-based and freelance female sex workers in Cebu City, Philippines. *AIDS and Behavior* 4: 319~330.

American Academy of Pediatrics. 1997. Breastfeeding and the use of human milk. *Pediatrics* 100: 1035~1039.

Anderson, James W., Johnstone, Bryan M., Remley, Daniel T. 1999. Breast-feeding and cognitive development: A meta-analysis. *American Journal of Clinical Nutrition* 70: 525~535.

Anderson, M. 1971. Transplantation—Nature's success. *Lancet* 2: 1077~1082.

Angold, A., Costello, E. J., Worthman, C. M. 1998. Puberty and depression: The roles of age, pubertal status and pubertal timing. *Psychological Medicine* 28: 51~61.

Angstwurm, M. W. A., Gartner, R., Ziegler-Heitbrock, H. W. L. 1997. Cyclic plasma Il-6 levels during normal menstrual cycle. *Cytokine* 9: 370~374.

Apter, D., Vihko, R. 1983. Early menarche, a risk factor for breast cancer, indicates early onset of ovulatory cycles. *Journal of Clinical Endocrinology & Metabolism* 57: 82~86.

Armelagos, G. J., Brown, P. J., Turner, B. 2005. Evolutionary, historical and political economic perspectives on health and disease. *Social Science & Medicine* 61: 755~765.

Austad, S. N. 1994. Menopause: An evolutionary perspective. *Experimental Gerontology* 29: 255~263.

Avis, N. E., Stellato, R., Crawford, S. L., Bromberger, J. T., Ganz, P., Cain, V., Kagawa-Singer, M. 2001. Is there a menopausal syndrome? Menopausal status and symptoms across racial/ethnic groups. *Social Science and Medicine* 52: 345~356.

Bachmann, G. A. 1990. Sexual issues at menopause. *Annals of the New York Academy of Sciences* 592: 87~93.

Baker, Nena. 2008. *The Body Toxic*. New York: North Point Press.

Ball, Helen, Klingaman, Kristin. 2008. Breastfeeding and mother-infant sleep proximity. In *Evolutionary Medicine and Health: New Perspectives*, ed. Wenda R. Trevathan, E. O. Smith, James J. McKenna, pp. 226~241. New York: Oxford University Press.

Ball, Thomas M., Wright, Anne L. 1999. Health care costs of formula-feeding in the first year of life. *Pediatrics* 103: 870~876.

Barash, David P. 2005. Does God have back problems too? *Los Angeles Times*, June 27, pp. B-9.

Barber, Nigel. 2001. Marital opportunity, parental investment, and teen birth rates of blacks and whites in American states. *Cross-Cultural Research* 35: 263~279.

Barber, Nigel. 2002. Parental investment prospects and teen birth rates of blacks and whites in American metropolitan areas. *Cross-Cultural Research* 36: 183~199.

Bard, Kim A. 2004. What is the evolutionary basis for colic? *Behavioral and Brain Sciences* 27: 459.

Barker D. J. 1995. Fetal origins of coronary heart disease. *British Medical Journal* 311: 171~174.

Barker, D. J. P. 1997. Fetal nutrition and cardiovascular disease in later life. *British Medical Bulletin* 53: 96~108.

Barker, D. J. P. 1998. *Mothers, Babies, and Health in Later Life*. Edinburgh, UK: Churchill Livingstone.

Barker, D. J. P. 1999. The fetal origins of type 2 diabetes mellitus. *Annals of Internal Medicine* 130: 322~324.

Barker, D. J. P. 2004. The developmental origins of adult disease. *Journal of the American College of Nutrition* 23: 588S~595S.

Barker, D. J. P. 2005. The developmental origins of insulin resistance. *Hormone Research* 64: 2~7.

Barker, D. J., Bull, A. R., Osmond, C., Simmonds, S. J. 1990. Fetal and placental size and risk of hypertension in adult life. *British Medical Journal* 301: 259~263.

Barker, D. J. P., Osmond, C., Golding, J., Kuh, D., Wadsworth, M. E. 1989. Growth in utero, blood pressure in childhood and adult life, and mortality from cardiovascular disease. *British Medical Journal* 298: 564~567.

Barker, David J. P., Osmond, Clive, Thornburg, Kent L., Kajantie, Eero, Forsen, Tom J. 2008a. A possible link between the pubertal growth of girls and breast cancer in their daughters. *American Journal of Human Biology* 20: 127~131.

Barker, David J. P., Osmond, Clive, Thornburg, Kent L., Kajantie, Eero, Eriksson, Johan G. 2008b. A possible link between the pubertal growth of girls and ovarian cancer in their daughters. American Journal of Human Biology 20: 659~662.

Barnett, D. K, Abbott, D. H. 2003. Reproductive adaptations to a large-brained fetus open a vulnerability to anovulation similar to polycystic ovary syndrome. *American Journal of Human Biology* 15: 296~319.

Barr, Ronald G. 1999. Infant crying behavior and colic: An interpretation in evolutionary perspective. In *Evolutionary Medicine*, ed. W. R. Trevathan, E. O. Smith, J. J. McKenna, pp. 27~52. New York: Oxford University Press.

Barrett, Ronald, Kuzawa, Christopher W., McDade, Thomas, Armelagos, George J. 1998. Emerging infectious disease and the third epidemiological transition. In *Annual Review Anthropology*, pp. 247~271. Palo Alto: Annual Reviews Inc.

Baxley, Elizabeth G., Gobbo, Robert W. 2004. Shoulder dystocia. *American Family Physician* 69: 1707~1714.

Bdolah, Y., Sukhatme, V. P., Karumanchi, S. A., Bdolah, Yuval, Sukhatme, Vikas P., Karumanchi, S. Ananth. 2004. Angiogenic imbalance in the pathophysiology of preeclampsia: Newer insights. *Seminars in Nephrology* 24: 548~556.

Beck, C. T. 1995. The effects of postpartum depression on maternal-infant interaction: A meta-analysis. *Nursing Research* 44: 298~304.

Beer, E., Folghera, M. G. 2002. Early history of McRoberts' maneuver. *Minerva Ginecologica* 54: 197~199.

Beer, Eugenio. 2003. A guest editorial: Shoulder dystocia and posture for birth: A history lesson. *Obstetrical & Gynecological Survey* 58: 697~699.

Bell, Susan E. 1987. Changing ideas: The medicalization of menopause. *Social Science & Medicine* 24: 535~542.

Belsky, J., Steinberg, L., Draper, P. 1991. Childhood experience, interpersonal development, and reproductive strategy: An evolutionary theory of socialization. *Child Development* 62: 647~670.

Bener, A., Denic, S., Galadari, S. 2001. Longer breast-feeding and protection against childhood leukaemia and lymphomas. *European Journal of Cancer* 37: 234~238.

Bentley, G. R. 1994. Ranging hormones: Do hormonal contraceptives ignore human biological variation and evolution? *Annals of the New York Academy of Sciences* 709: 201~203.

Bentley, Gillian R. 1999. Aping our ancestors: comparative aspects of reproductive ecology. *Evolutionary Anthropology* 7: 175~185.

Berkey, Catherine S., Gardner, Jane D., Frazier, A. Lindsay, Colditz, Graham A. 2000. Relation of childhood diet and body size to menarche and adolescent growth in girls. *American Journal of Epidemiology* 152: 446~452.

Berry, Nina J., Gribble, Karleen D. 2008. Breast is no longer best: Promoting normal infant feeding. *Maternal and Child Nutrition* 4: 74~79.

Beyene, Y. 1989. From Menarche to Menopause. Albany: State University of New York Press. Beyene, Yewoubdar, Martin, Mary C. 2001. Menopausal experiences and bone density of Mayan women in Yucatan, Mexico. *American Journal of Human Biology* 13: 505~511.

Birkhauser, M. 2002. Depression, menopause and estrogens: Is there a correlation? *Maturitas* 41: S3~S8.

Bjorkland, David F. 1997. The role of immaturity in human development. *Psychological Bulletin* 122: 153~169.

Blass, Elliott M. 2004. Changing brain activation needs determine early crying: A hypothesis. *Behavioral and Brain Sciences* 27: 460~461.

Blurton Jones, N. G. 1978. Natural selection and birthweight. *Annals of Human Biology* 5: 487~489.

Blurton Jones, N.G., Hawkes, Kristen, O'Connell, James F. 2002. Antiquity of postreproductive life: Are there modern impacts on hunter-gatherer postreproductive life spans? *American Journal of Human Biology* 14: 184~205.

Bogin, B. 1998. Evolutionary and biological aspects of childhood. In *Biosocial Perspectives on Children*, ed. C. Panter-Brick, pp. 10~44. Cambridge, UK: Cambridge University Press.

Bogin, B., Loucky, J. 1997. Plasticity, political economy, and physical growth status of Guatemala Maya children living in the United States. *American Journal of Physical Anthropology* 102: 17~32.

Bogin, B., Smith, B. H. 1996. Evolution of the human life cycle. *American*

Journal of Human Biology 8: 703~716.

Bogin, B., Smith, P., Orden, A. B., Varela-Silva, M. I., Loucky, J. 2002. Rapid change in height and body proportions of Mayan American children. *American Journal of Human Biology* 14: 753~761.

Bogin, B., Varela-Silva, M. I., Rios, L. 2007. Life history trade-offs in human growth: Adaptation or pathology? *American Journal of Human Biology* 19: 631~642.

Bolin, Anne, Whelehan, Patricia. 1999. *Perspectives on Human Sexuality*. Albany: State University of New York Press.

Borgerhoff Mulder, Monique. 1989. Menarche, menopause, and reproduction in the Kipsigis of Kenya. *Journal of Biosocial Sciences* 21: 179~192.

Bowlby, John. 1969. *Attachment and Loss: Volume 1. Attachment*. New York: Basic Books.

Brandt, I. 1998. Neurological development. In *Cambridge Encyclopedia of Human Growth and Development*, ed. S. J. Ulijaszek, F. E. Johnston, M. A. Preece, pp. 164~165. Cambridge, UK: Cambridge University Press.

Brazelton, T. B. 1963. The early mother-infant adjustment. *Pediatrics* 32: 931~938.

Brewis, Alexandra, Meyer, Mary. 2005. Demographic evidence that human ovulation is undetectable (at least in pair bonds). *Current Anthropology* 46: 465~471.

Bribiescas, Richard. G., Ellison, Peter T. 2008. How hormones mediate trade-offs in human health and disease. In *Evolution in Health and Disease*, ed. Stephen C. Stearns, Jacob C. Koella, pp. 77~94. Oxford: Oxford University Press.

Bronson, F. H. 2000. Puberty and energy reserves: A walk on the wild side. In *Reproduction in Context*, ed. K. Wallen, J. E. Schneider. Cambridge, MA: MIT Press.

Brooke, S. T., Long, B. C. 1987. Efficiency of coping with a real-life stressor: A multimodal comparison of aerobic fitness. *Psychophysiology* 24: 173~180.

Brown, Judith K. 1992. Lives of middle-aged women. In *In Her Prime*, ed. Virginia Kerns, Judith K. Brown, pp. 17~30. Urbana: University of Illinois Press.

Brown, P. J., Konner, M. J. 1987. An anthropological perspective on obesity. *Annals of the New York Academy of Science* 499: 29~46.

Brown, Susan G., Powell, Grace E., Germone, Tamra J. 1997. The relation between phase of menstrual cycle and health related symptoms: An evolutionary perspective. *Advances in Ethology* 32: 67.

Buckley, Thomas, Gottlieb, Alma, eds. 1988. *Blood Magic: The Anthropology of Menstruation.* Berkeley: University of California Press.

Burger, J., Gochfeld, M. 1985. A hypothesis on the role of pheromones on age of menarche. *Medical Hypotheses* 17: 39~46.

Burleson, M. H., Trevathan, Wenda R., Gregory, W. L. 2002. Sexual behavior in lesbian and heterosexual women: Effects of menstrual cycle phase and partner availability. *Psychoneuroendocrinology* 27: 489~503.

Burleson, Mary H., Todd, Michael, Trevathan, Wenda R. 2010. Daily vasomotor symptoms, sleep problems, and mood: Using daily data to evaluate the domino hypothesis in midaged women. *Menopause* 17: 87~95.

Butler, H. 1977. The effect of thalidomide on a prosimian: The greater galago. *Journal of Medical Primatology* 6: 319~324.

Bystrova, Ksenia. 2009. Novel mechanism of human fetal growth regulation: A potential role of lanugo, vernix caseosa and a second tactile system of unmyelinated low-threshold C-afferents. *Medical Hypotheses* 72: 143~146.

Campbell, B. C., Lukas, W. D., Campbell, K. L. 2001. Reproductive ecology of male immune function and gonadal function. In *Reproductive Ecology and Human Evolution*, ed. Peter T. Ellison, pp. 159~178. New York: Aldine de Gruyter.

Campbell, S., Whitehead, M. 1977. Oestrogen therapy and the menopausal syndrome. *Clinical Obstetrics and Gynaecology* 4: 31~47.

Cardwell, C. R., Stene, L. C., Joner, G., Cinek, O., Svensson, J., Goldacre, M. J., Parslow, R. C., Pozzilli, P., Brigis, G., Stoyanov, D., Urbonaitė, B., Šipetić, S., Schober, E., Ionescu-Tirgoviste, C., Devoti, G., de Beaufort, C. E., Buschard, K., Patterson, C. C. 2008. Caesarean section is associated with an increased risk of childhood-onset type 1 diabetes mellitus: A meta-analysis of observational studies. *Diabetologia* 51: 726~735.

Carstensen, Laura L., L ckenhoff, Corinna E. 2003. Aging, emotion, and evolution: The bigger picture. *Annals of the New York Academy of Science* 1000: 152~179.

Caspari, R., Lee, S. H. 2004. Older age becomes common late in human evolution. *Proceedings of the National Academy of Sciences of the United States of America* 101: 10895~10900.

Chisholm, James S. 1993. Death, hope, and sex: Life-history theory and the development of reproductive strategies. *Current Anthropology* 34: 1~24.

Chisholm, James S., Coall, David A. 2008. Not by bread alone: The role of psychosocial stress in age at first reproduction and health inequalities. In *Evolutionary Medicine and Health: New Perspectives*, ed. Wenda R. Trevathan, E. O. Smith, James J. McKenna, pp. 134~148. New York: Oxford University Press.

Chong, Yap-Seng, Liang, Yu, Gazzard, Guss, Stone, Richard A., Saw, Seang-Mei. 2005. Association between breastfeeding and likelihood of myopia in children. *Journal of the American Medical Association* 293: 3001~3002.

Christakis, Dimitri A. 2008. The effects of infant media usage: What do we know and what should we learn? *Acta Pædiatrica* 98: 8~16.

Chung, C. S., Morton, N. E. 1961. Selection at the ABO locus. *American Journal of Human Genetics* 13: 9~27.

Clancy, K. B. H., Nenko, I., Jasienska, G. 2006. Menstruation does not cause anemia: Endometrial thickness correlates positively with erythrocyte count and hemoglobin concentration in premenopausal women. *American Journal of Human Biology* 18: 710~713.

Clapp, James F. III, Rokey, Roxanne, Treadway, Judith L., Carpenter, Marshall W., Artal, Raul M., Warrnes, Carole. 1992. Exercise in pregnancy. *Medicine and Science in Sports and Exercise* 24: S294~S300.

Coall, D. A., Chisholm, J. S. 2003. Evolutionary perspectives on pregnancy: Maternal age at menarche and infant birth weight. *Social Science & Medicine* 57: 1771~1781.

Cohen, Alan A. 2004. Female post-reproductive lifespan: A general mammalian trait. *Biological Reviews* 79: 733~750.

Cohen, Joel E. 2003. Human population: The next half century. *Science* 302: 1172~1175.

Cohen, Mark N. 1989. Health and the Rise of Civilization. New Haven: Yale University Press.

Cole, T. J., Paul, A. A., Whitehead, R. G. 2002. Weight reference charts for British long-term breastfed infants. *Acta Pædiatrica* 91: 1296~1300.

Colhoun, Helen M., Chaturvedi, Nish. 2002. A life course approach to diabetes. In *A Life Course Approach to Women's Health*, ed. Diana Kuh, Rebecca Hardy, pp. 121~140. Oxford: Oxford University Press.

Collaborative Group on Hormonal Factors in Breast Cancer. 2002. Breast cancer and breast feeding: Collaborative reanalysis of individual data from 47 epidemiological studies in 30 countries, including 50,302 women with breast cancer and 96,973 women without the disease. *Lancet* 360: 187~195.

Cooper, P. J., Murray, L., Stein, A. 1993. Psychosocial factors associated with early termination of breastfeeding. *Journal of Psychosomatic Research* 37: 171~176.

Cornish, Alison M., Mcmahon, Catherine, Ungerer, Judy A. 2008. Postnatal depression and the quality of mother-infant interactions during the second year of life. *Australian Journal of Psychology* 60: 142~151.

Corwin, Elizabeth J., Pajer, Kathleen. 2008. The psychoneuroendocrinology of postpartum depression. *Journal of Women's Health* 17: 1529~1534.

Costello, Elizabeth Jane, Worthman, Carol M., Erkanli, Alaattin, Angold, Adrian. 2007. Prediction from low birth weight to female adolescent depression. *Archives of General Psychiatry* 64: 338~344.

Counts, Dorothy Ayers. 1992. Tamparonga: "The Big Women" of Kaliai (Papua New Guinea). In *In Her Prime*, ed. Virginia Kerns, Judith K. Brown. Urbana: University of Illinois Press.

Coutinho, Elsimar M., Segal, Sheldon J. 1999. *Is Menstruation Obsolete?* New York: Oxford University Press.

Crews, Douglas E. 2003. *Human Senescence: Evolutionary and Biocultural Perspectives*. Cambridge, UK: Cambridge University Press.

Daly, Martin, Wilson, Margo. 1983. *Sex, Evolution, and Behavior*. Belmont, CA: Wadsworth.

Davis, Elysia Poggi, Hobel, Calvin J., Sandman, Curt A., Glynn, Laura M., Wadhwa, Pathik D. 2005. Prenatal stress and stress physiology influences human fetal and infant development. In *Birth, Distress, and*

Disease, ed. M. L. Power, J. Schulkin, pp. 183~201. Cambridge, UK: Cambridge University Press.

Davis, Margarett K. 2001. Breastfeeding and chronic disease in childhood and adolescence. *Pediatric Clinics of North America* 48: 125~141.

Dayan, Jacques, Creveuil, Christian, Marks, Maureen N., Conroy, Sue, Herlicoviez, Michel, Dreyfus, Michel, Tordjman, Sylvie. 2006. Prenatal depression, prenatal anxiety, and spontaneous preterm birth: A prospective cohort study among women with early and regular care. *Psychosomatic Medicine* 68: 938~946.

de Benoist, Bruno, Andersson, Maria, Egli, Ines, Takkouche, Bahi, Allen, Henrietta. 2004. *Iodine Status Worldwide*. Geneva: World Health Organization.

Dell, Sharon, To, Theresa. 2001. Breastfeeding and asthma in young children. *Archives of Pediatric & Adolescent Medicine* 155: 1261~1265.

Dennis, Cindy-Lee E. 2004. Preventing postpartum depression part II: A critical review of nonbiological interventions. *Canadian Journal of Psychiatry* 49: 526~538.

Der, Geoff, Batty, G. David, Deary, Ian J. 2006. Effect of breast feeding on intelligence in children: Prospective study, sibling pairs analysis, and meta-analysis. *British Medical Journal* 333: 945~948.

Derry, Paula S. 2006. A lifespan biological model of menopause. *Sex Roles* 54: 393~399.

DeSilva, Jeremy M., Lesnik, Julie J. 2008. Brain size at birth throughout human evolution: A new method for estimating neonatal brain size in hominins. *Journal of Human Evolution* 55: 1064~1074.

Dettwyler, K. A. 1994. Dancing Skeletons. Prospect Heights, IL: Waveland Press.

Dettwyler, K. A. 1995a. Beauty and the breast: The cultural context of breastfeeding in the United States. In *Breastfeeding: Biocultural Perspectives*, ed. P. Stuart-Macadam, K. A. Dettwyler, pp. 167~216. New York: Aldine de Gruyter.

Dettwyler, K. A. 1995b. A time to wean: The hominid blueprint for the natural age of weaning in modern human populations. In *Breastfeeding: Biocultural Perspectives*, ed. P. Stuart-Macadam, K. A. Dettwyler, pp. 39~73. New York: Aldine de Gruyter.

Dewey, Kathryn G., Heinig, Jane, Nommsen, Laurie A., Peerson, Janet M, Lo ¨ nnerdal, Bo. 1992. Growth of breast-fed and formula-fed infants from 0 to 18 months: The DARLING study. *Pediatrics* 89: 1035~1041.

Diamond, J. 1992. A question of size. *Discover* 13: 70~77.

Dietz, H. P. 2008. The aetiology of prolapse. *International Urogynecology Journal* 19: 1323~1329.

Doherty, Elizabeth G., Eichenwald, Eric C. 2004. Cesearean delivery: Emphasis on the neonate. *Clinical Obstetrics & Gynecology* 47: 332~341.

dos Santos Silva, I., de Stavola, B. 2002. Breast cancer aetiology: Where do we go from here? In *A Life Course Approach to Women's Health*, ed. Diana Kuh, Rebecca Hardy, pp. 44~63. Oxford: Oxford University Press.

Douglas, Pamela S. 2005. Excessive crying and gastro-oesophageal reflux disease in infants: Misalignment of biology and culture. *Medical Hypotheses* 64: 887~898.

Doyle, Caroline, Swain Ewald, Holly A., Ewald, Paul W. 2008. An evolutionary perspective on premenstrual syndrome: Implications for investigating infectious causes of chronic disease. In *Evolutionary Medicine and Health: New Perspectives*, ed. W. R. Trevathan, E. O. Smith, J. J. McKenna, pp. 196~215. New York: Oxford University Press.

Draper, Pat, Harpending, Henry. 1982. Father absence and reproductive strategies: An evolutionary perspective. *Journal of Anthropological Research* 38: 255~273.

Dufour, D. L., Sauther, M. L. 2002. Comparative and evolutionary dimensions of the energetics of human pregnancy and lactation. *American Journal of Human Biology* 14: 584~602.

Eaton, S. B., Eaton, S. B. III. 1999. Breast cancer in evolutionary perspective. In *Evolutionary Medicine*, ed. W. R. Trevathan, E. O. Smith, J. J. McKenna, pp. 429~442. New York: Oxford University Press.

Eaton, S. B., Pike, M. C., Short, R. V., Lee, N. C., Trussell, J., Hatcher, R. A., Wood, J. W., Worthman, C. M., Blurton Jones, N. G., Konner, M. J., Hill, K. R., Bailey, R., Hurtado, A. M. 1994. Women's reproductive cancers in evolutionary context. *Quarterly Review of Biology* 69: 353~367.

Eaton, S. B., Shostak, M., Konner, M. 1988. *The Paleolithic Prescription: A Program of Diet, Exercise and a Design for Living*. New York: Harper and Row.

Edhborg, M., Lundh, W., Seimyr, L., Widstrom, A-M. 2001. The long-term impact of postnatal depressed mood on mother-child interaction: A preliminary study. *Journal of Reproductive and Infant Psychology* 19: 61~71.

Ellis, Bruce J. 2004. Timing of pubertal maturation in girls: An integrated life history approach. *Psychological Bulletin* 130: 920~958.

Ellison, P. T. 1988. Human salivary steroids: Methodological considerations and applications in physical anthropology. *Yearbook of Physical Anthropology* 31: 115~142.

Ellison, P. T. 1990. Human ovarian function and reproductive ecology: New hypotheses. *American Anthropologist* 92: 933~952.

Ellison, P. T. 1994. Salivary steroids and natural variation in human ovarian function. *Annals of the New York Academy of Science* 709: 287~298.

Ellison, P. T. 1999. Reproductive ecology and reproductive cancers. In *Hormones, Health and Behaviour. A Socio-Ecological and Lifespan Perspective*, ed. C. Panter-Brick, C. Worthman, pp. 184~209. Cambridge, UK: Cambridge University Press.

Ellison, P. T. 2001. *On Fertile Ground: A Natural History of Human Reproduction*. Cambridge, MA: Harvard University Press.

Ellison, P. T. 2005. Evolutionary perspectives on the fetal origins hypothesis. *American Journal of Human Biology* 17: 113~118.

Ensom, Mary H. H. 2000. Gender-based differences and menstrual cycle-related changes in specific diseases: Implications for pharmacotherapy. *Pharmacotherapy* 20: 523~539.

Ewald, Paul W. 1994. *Evolution of Infectious Disease*. New York: Oxford University Press

Ewald, Paul W. 1999. Evolutionary control of HIV and other sexually transmitted viruses. In *Evolutionary Medicine*, ed. Wenda R. Trevathan, E. O. Smith, James J. McKenna, pp. 271~312. New York: Oxford University Press.

Ewald, Paul W. 2008. An evolutionary perspective on the causes of chronic diseases. In *Evolutionary Medicine and Health: New Perspectives*, ed. Wenda R. Trevathan, E. O. Smith, James J. McKenna, pp. 350~367. New York: Oxford University Press.

Ewald, Paul W. in press. Evolutionary medicine and the causes of chronic disease. In *Human Evolutionary Biology*, ed. Michael P. Muehlenbein.

Cambridge, UK: Cambridge University Press.

Falk, Dean. 2004a. Prelinguistic evolution in early hominins: Whence motherese? *Behavioral and Brain Sciences* 27: 491~541.

Falk, Dean. 2004b. Prelinguistic evolution in hominin mothers and babies: For cryin' out loud! *Behavioral and Brain Sciences* 27: 461~462.

Falk, Dean. 2009. *Finding Our Tongues: Mothers, Infants, and the Origins of Language*. New York: Basic Books.

Fessler, D. M. T. 2002. Reproductive immunosuppression and diet: An evolutionary perspective on pregnancy sickness and meat consumption. *Current Anthropology* 43: 19~61.

Fidel, P. L., Cutright, J., Steele, C. 2000. Effects of reproductive hormones on experimental vaginal candidiasis. *Infection and Immunity* 68: 651~657.

Field, T. 1984. Early interactions between infants and their postpartum depressed mothers. *Infant Behavior and Development* 7: 517~522.

Finch, Caleb E. 2007. *The Biology of Human Longevity: Inflammation, nutrition, and aging in the evolution of life spans*. London: Academic Press.

Finch, Caleb E., Morgan, Todd E. 2007. Systemic inflammation, infection, apoE alleles, and Alzheimer disease: A position paper. *Current Alzheimer Research* 4: 185~189.

Finch, Caleb E., Rose, Michael R. 1995. Hormones and the physiological architecture of life history evolution. *Quarterly Review of Biology* 70: 1~52.

Finch, Caleb E., Sapolsky, R. M. 1999. The evolution of Alzheimer disease, the reproductive schedule, and apoE isoforms. *Neurobiology of Aging* 20: 407~428.

Finch, Caleb E., Stanford, Craig B. 2004. Meat-adaptive genes and the evolution of slower aging in humans. *Quarterly Review of Biology* 79: 3~50.

Finn, C. A. 1998. Menstruation: A nonadaptive consequence of uterine evolution. *Quarterly Review of Biology* 73: 163~73

Fisher, H. E. 1983. *The Sex Contract*. New York: Quill.

Flaxman, S. M., Sherman, P. W. 2000. Morning sickness: A mechanism for protecting mother and embryo. *Quarterly Review of Biology* 75: 113~148.

Flaxman, S. M., Sherman, P. W. 2008. Morning sickness: Adaptive cause or nonadaptive consequence of embryo viability? *American Naturalist* 172: 54~62.

Forbes, Scott. 2002. Pregnancy sickness and embryo quality. *Trends in Ecology & Evolution* 17: 115~120.

Freeman, E. W., Grisso, J. A., Berlin, J., Sammel, M. D., Garcia-Espana, B., Hollander, L. 2001. Symptom reports from a cohort of African American and white women in the late reproductive years. *Menopause* 8: 33~42.

Freudigman, Kimberly A., Thoman, E. B. 1998. Infants' earliest sleep/weak organization differs as a function of delivery mode. *Developmental Psychobiology* 32: 293~303.

Friede, Andrew, Baldwin, Wendy, Rhodes, Philip H., Buehler, James W., Strauss, Lilo T., Smith, Jack C., Hogue, Carol J. R. 1987. Young maternal age and infant mortality: The role of low birth weight. *Public Health Reports* 102: 192~199.

Frisch, R. E., McArthur, J. W. 1974. Menstrual cycles: Fatness as a determinant of minimum weight for height necessary for their maintenance or onset. *Science* 185: 949~951.

Frisch, R. E., Revelle, R. 1970. Height and weight at menarche and a hypothesis of critical body weights and adolescent events. *Science* 169: 397~399.

Frisch, R., Wyshak, G., Albright, N., Albright, T., Schiff, I., Jones, K., Witschi, J., Shiang, E., Koff, E., Marguglio, M. 1985. Lower prevalence of breast cancer and cancers of the reproductive system among former college athletes compared to non-athletes. *British Journal of Cancer* 52: 885~91.

Fullerton, S. M., Clark, A. G., Weiss, K. M., Nickerson, D. A., Taylor, S. L., Stengard, J. H., Salomaa, V., Vartiainen, E., Perola, M., Boerwinkle, E., Sing, C. F. 2000. Apolipoprotein E variation at the sequence haplotype level: Implications for the origin and maintenance of a major human polymorphism. *American Journal of Human Genetics* 67: 881~900.

Furneaux, E. C., Langley-Evans, A. J., Langley-Evans, S. C. 2001. Nausea and vomiting of pregnancy: Endocrine basis and contribution to pregnancy outcome. *Obstetrical and Gynecological Survey* 56: 775~782.

Galloway, Alison. 1997. The cost of reproduction and the evolution of postmenopausal osteoporosis. In *The Evolving Female: A Life-History Perspective*, ed. Mary Ellen Morbeck, Alison Galloway, Adrienne L. Zihlman. Princeton, NJ: Princeton University Press.

Gardner, J. 1983. Adolescent menstrual characteristics as predictors of gynaecological health. *Annals of Human Biology* 10: 31~40.

Garland, M., Doherty, D., Golden-Mason, L., Fitzpatrick, P., Walsh, N., O' Farrelly, C. 2003. Stress-related hormonal suppression of natural killer activity does not show menstrual cycle variation: Implication for timing of surgery for breast cancer. *Anticancer Research* 23: 2531~2535.

George, T. 1988. Menopause: Some interpretations of the results of a study among a nonwestern group. *Maturitas* 10: 109~116.

Geronimus, Arline T. 1987. On teenage childbearing and neonatal mortality in the United States. *Population and Development Review* 13: 245~279.

Geronimus, Arline T. 2003. Damned if you do: Culture, identity, privilege, and teenage childbearing in the United States. *Social Science & Medicine* 57: 881~893.

Gibson, Mhairi A., Mace, Ruth. 2005. Helpful grandmothers in rural Ethiopia: A study of the effect of kin on child survival and growth. *Evolution and Human Behavior* 26: 469~482.

Gierson, Bruce. 2002. The year in ideas: The crying-baby translator. *New York Times*, December 15, p. 78.

Gill, N. E., White, M. A., Anderson, G. C. 1984. Transitional newborn infant in a hospital nursery from first oral cue to first sustained cry. *Nursing Research* 33: 213~217.

Gleicher, Norbert, Barad, David. 2006. An evolutionary concept of polycystic ovarian disease: Does evolution favour reproductive success over survival? *Reproductive BioMedicine Online* 12: 587~589.

Gluckman, Peter D., Hanson, Mark. 2006. *Mismatch: Why Our World No Longer Fits Our Bodies*. Oxford, UK: Oxford University Press.

Gluckman, Peter D., Hanson, Mark A., Beedle, Alan S. 2007. Early life events and their consequences for later disease: A life history and evolutionary perspective. *American Journal of Human Biology* 19: 1~19.

Glynn, Laura M., Wadhwa, Pathik D., Dunkel-Schetter, Christine, Chicz-

DeMet, Aleksandra, Sandman, Curt A. 2001. When stress happens matters: Effects of earthquake timing on stress responsivity in pregnancy. *American Journal of Obstetrics and Gynecology* 184: 637~642.

Goer, Henci. 2001. The case against elective cesarean section. *Journal of Perinatal and Neonatal Nursing* 15: 23~38.

Gold, E. B., Sternfeld, B., Kelsey, J. L., Brown, C., Mouton, C., Reame, N., Salamone, L., Stellato, R. 2000. Relation of demographic and lifestyle factors to symptoms in a multi-racial/ethnic population of women 40~55 years of age. *American Journal of Epidemiology* 152: 463~473.

Goldman, Armond S. 2001. Breastfeeding lessons from the past century. *Pediatric Clinics of North America* 48: 23A~25A.

Goldman, Armond S., Chheda, Sadhana, Garofalo, Roberto. 1998. Evolution of immunologic functions of the mammary gland and the postnatal development of immunity. *Pediatric Research* 43: 155~162.

Goldman, S. E., Schneider, H. G. 1987. Menstrual synchrony: Social and personality factors. Journal of Social Behavior and Personality 2: 243~250.

Golub, M. S. 2000. Adolescent health and the environment. *Environmental Health Perspectives* 108: 355~362.

Golub, Sharon, ed. 1985. *Lifting the Curse of Menstruation*. New York: Harrington Park Press.

Gomez, Enrique, Ortiz, Victor, Saint-Martin, Blanca, Boeck, Lourdes, Diaz-Sanchez, Vicente, Bourges, Hector. 1993. Hormonal regulation of the secretory IgA (sIgA) system: Estradiol- and progesterone-induced changes in sIgA in parotid saliva along the menstrual cycle. *American Journal of Reproductive Immunology* 29: 219~223.

Goodman, Catherine Chase. 2003. Intergenerational triads in grandparent-headed families. *Journal of Gerontology: Social Sciences* 58B: S281~S289.

Graafmans, Wilco C., Richardus, Jan Hendrik, Borsboom, Gerard J. J. M., Bakketeig, Leiv, Langhoff-Roos, Jens, Bergsj ø , Per, Macfarlane, Alison, Verloove-Vanhorick, S. Pauline, Mackenbach, Johan P., group, EuroNatal Working Group. 2002. Birth weight and perinatal mortality: A comparison of "optimal" birth weight in seven western European countries. *Epidemiology* 13: 569~574.

Graber, Julia A., Lewinsohn, P. M., Seeley, J. R., Brooks Gunn, Jeanne. 1997.

Is psychopathology associated with timing of pubertal development? *Journal of American Academy of Child and Adolescent Psychiatry* 36: 1768~1776.

Gracia, C. R., Freeman, E. W. 2004. Acute consequences of the menopausal transition: The rise of common menopausal symptoms. *Endocrinology and Metabolism Clinics of North America* 33: 675~689.

Graham, C. A., McGrew, W. C. 1980. Menstrual synchrony in female undergraduates living on a coeducational campus. *Psychoneuroendocrinology* 5: 245~252.

Grummer-Strawn, Laurence M., Scanlon, Kelley S., Fein, Sara B. 2008. Infant feeding and feeding transitions during the first year of life. *Pediatrics* 122: S36~S42.

Guerneri, Sillvana, Bettio, Daniela, Simoni, G., Brambati, B., Lanzani, A., Fraccaro, M. 1987. Prevalence and distribution of chromosome abnormalities in a sample of first trimester internal abortions. *Human Reproduction* 2: 735~739.

Gurven, Michael, Hill, Kim. 1997. Comment on Hawkes, et al. *Current Anthropology* 38: 566~567.

Gurven, Michael, Kaplan, Hillard, Winking, Jeffrey, Finch, Caleb E., Crimmins, Eileen M. 2008. Aging and inflammation in two epidemiological worlds. *Journal of Gerontology* 3A: 196~199.

Hagen, E. H. 1999. The functions of postpartum depression. *Evolution and Human Behavior* 20: 325~359.

Haig, David. 1993. Genetic conflicts in human pregnancy. *Quarterly Review of Biology* 68: 495~532.

Haig, David. 1999. Genetic conflicts in pregnancy and childhood. In *Evolution in Health and Disease*, ed. S. C. Stearns, pp. 77~90. Oxford, UK: Oxford University Press.

Haig, David. 2008. Intimate relations: Evolutionary conflicts of pregnancy and childhood. In Evolution in *Health and Disease*, ed. Stephen C Stearns, Jacob C. Koella, pp. 65~76. Oxford, UK: Oxford University Press.

Hall, Roberta. 2004. An energetics-based approach to understanding the menstrual cycle and menopause. *Human Nature* 15: 83~89.

Hamosh, Margit. 2001. Bioactive factors in human milk. *Pediatric Clinics of*

North America 48: 64~86.

Handa, Victoria L., Pannu, Harpreet K, Siddique, Sohail, Gutman, Robert, VanRooyen, Julia, Cundiff, Geoff. 2003. Architectural differences in the bony pelvis of women with and without pelvic floor disorders. *Obstetrics & Gynecology* 102: 1283~1290.

Hanlon-Lundberg, K. M., Kirby, R. S. 2000. Association of ABO incompatibility with elevation of nucleated red blood cell counts in term neonates. *American Journal of Obstetrics and Gynecology* 183: 1532~1536.

Hannah, Mary E. 2004. Planned elective cesarean section: A reasonable choice for some women? *Canadian Medical Association Journal* 170: 813~814.

Harder, Thomas, Bergmann, Renate, Kallischnigg, Gerd, Plagemann, Andreas. 2005. Duration of breastfeeding and risk of overweight: A meta-analysis. *American Journal of Epidemiology* 162: 397~403.

Harit, D., Faridi, M. M. A., Aggarwal, A., Sharma, S. B. 2008. Lipid profile of term infants on exclusive breastfeeding and mixed feeding: Comparative study. *European Journal of Clinical Nutrition*. 62: 203~209.

Harris, M., Ross, E. B., eds. 1987. *Food and Evolution: Toward a Theory of Human Food Habits*. Philadelphia, PA: Temple University Press.

Harvey, S. M. 1987. Female sexual behavior: Fluctuations during the menstrual cycle. *Journal of Psychosomatic Research* 31: 101~110.

Hasselbalch, H., Engelmann, M. D. M., Ersboll, A. K., Jeppesen, D. L., Fleischer-Michaelsen, K. 1999. Breast-feeding influences thymic size in late infancy. *European Journal of Pediatrics* 158: 964~967.

Hasselbalch, H., Jeppesen, D. L., Engelmann, M. D. M., Michaelsen, K. F., Nielsen, M. B. 1996. Decreased thymus size in formula-fed infants compared with breastfed infants. Acta Paediatrica 85: 1029~1032.

Hawkes, Kristen. 1991. Showing off: Tests of an hypothesis about men's foraging goals. Ethology and Sociobiology 12: 29~54. Hawkes, Kristen. 2003. Grandmothers and the evolution of human longevity. *American Journal of Human Biology* 15: 380~400.

Hawkes, K., O'Connell, J. F., Blurton Jones, N. G. 1997. Hadza women's time allocation, offspring provisioning, and the evolution of long postmenopausal life spans. *Current Anthropology* 38: 551~577.

Hays, Warren S. T. 2003. Human pheromones: Have they been demonstrated? *Behavioral Ecology and Sociobiology* 54: 89~97.

Heinig, M. Jane. 2001. Host defense benefits of breastfeeding for the infant. *Pediatric Clinics of North America* 58: 105~123.

Heinig, M. Jane, Dewey, Kathryn G. 1997. Health effects of breast feeding for mothers: A critical review. *Nutrition Research Reviews* 10: 35~56.

Hellin, K., Waller, G. 1992. Mothers' mood and infant feeding: Prediction of problems and practices. *Journal of Reproductive and Infant Psychology* 10: 39~51.

Hill, E. M. 1988. The menstrual cycle and components of human female sexual behaviour. *Journal of Social and Biological Structures* 11: 443~455.

Hill, K., Hurtado, A. M. 1991. The evolution of reproductive senescence and menopause in human females. *Human Nature* 24: 315~350.

Hoath, Steven B., Narendran, Vivek, Visscher, Marty O. 2001. The biology of vernix. *Newborn and Infant Nursing Reviews* 1: 53~58.

Hoath, Steven B., Pickens, W. L., Visscher, Marty O. 2006. The biology of vernix caseosa. *International Journal of Cosmetic Science* 28: 319~333.

Holte, A., Mikkelsen, A. 1991. The menopausal syndrome: A factor analytic replication. *Maturitas* 13: 193~203.

Horne, Rosemary S. C., Franco, Patricia, Adamson, T. Michael, Groswasser, José, Kanh, André. 2002. Effects of body position on sleep and arousal characteristics in infants. *Early Human Development* 69: 25~33.

Hotvedt, Mary. 1991. Sexuality in the later years: The cross-cultural and historical context. In *Human Sexuality: Cross-Cultural Readings*, ed. Brian M. du Toit, pp. 278~297. New York: McGraw-Hill.

Hrdy, S. B. 1999. *Mother Nature: A History of Mothers, Infants, and Natural Selection*. New York: Ballantine

Hrdy, Sarah Blaffer. 2005. Cooperative breeders with an ace in the hole. In *Grandmotherhood*, ed. Eckart Voland, Athanasios Chasiotis, W. Schiefenhövel. New Brunswick, NJ: Rutgers University Press.

Hunter, M. S. 1988. Psychological aspects of the climacteric and postmenopause. In *The Menopause*, ed. J.W.W.Studd, M. I. Whitehead. Oxford, UK: Blackwell Scientific Publications.

Hunter, M. S. 1996. Depression and the menopause. *British Medical Journal* 313: 1217~1218.

Jacobson, Sandra W., Jacobson, Joseph. 2006. Editorial: Breast feeding and intelligence in children. *British Medical Journal* 333: 929~930.

Jarett, L. R. 1984. Psychosocial and biological influences on menstruation: Synchrony, cycle length, and regularity. *Psychoneuroendocrinology* 9: 21~28.

Jasienska Graznya, Thune, Inger. 2001. Lifestyle, hormones, and risk of breast cancer. *British Medical Journal* 322: 586~587.

Jasienska, G., Ziomkiewicz, A., Ellison, P. T., Lipson, S. F., Thune, I. 2006. Habitual physical activity and estradiol levels in women of reproductive age. *European Journal of Cancer Prevention* 15: 439~445.

Jenni, Oskar G. 2004. Sleep-wake processes play a key role in early infant crying. *Behavioral and Brain Sciences* 27: 464~465.

Johns, T., Duquette, M. 1991. Detoxification and mineral supplementation as functions of geophagy. *American Journal of Clinical Nutrition* 53: 448~456.

Jolly, Alison. 1985. *The Evolution of Primate Behavior*. New York: Macmillan.

Jordan, B. 1997. Authoritative knowledge and its construction. In *Childbirth and Authoritative Knowledge*, ed. Robbie Davis-Floyd, Carol Sargent, pp. 55~79. Berkeley: University of California Press.

Jurmain, Robert, Kilgore, Lynn, Trevathan, Wenda, Ciochon, Russell L. 2008. Introduction to Physical Anthropology, 11th ed. Belmont, CA: Thomson Wadsworth. Kaltiala-Heino, R., Martunnen, M., Rantanen, P., Rimpela¨, M. 2003. Early puberty is associated with mental health problems in middle adolescence. *Social Science & Medicine* 57: 1055~1064.

Kaplan H., Hill K., Lancaster J., Hurtado A. M. 2000. A theory of human life history evolution: Diet, intelligence, and longevity. *Evolutionary Anthropology* 9: 156~185.

Kaplan, Hillard S., Robson, Arthur J. 2002. The emergence of humans: The coevolution of intelligence and longevity with intergenerational transfers. *Proceedings of the National Academy of Sciences* 99: 10221~10226.

Karaolis-Danckert, Nadina, Gu¨nther, Anke, L. B., Kroke, Anja, Hornberg, Claudia, Buyken, Anette E. 2007. How early dietary factors modify the effect of rapid weight gain in infancy on subsequent body-composition development in term children whose birth weight was appropriate for gestational age 1~3. *American Journal of Clinical*

Nutrition 86: 1700~1708.

Kaufert, Patricia A., Lock, Margaret. 1992. "What are women for?": Cultural constructions of menopausal women in Japan and Canada. In *In Her Prime*, ed. Virginia Kerns, Judith K. Brown, pp. 201~219. Urbana: University of Illinois Press.

Kaushic, Charu, Zhou, Fan, Murdin, Andrew D., Wira, Charles R. 2000. Effects of estradiol and progesterone on susceptibility and early immune responses to Chlamydia trachomatis infection in the female reproductive tract. *Infection and Immunity* 68: 4207~4216.

Kelleher, Christa M. 2006. The physical challenges of early breastfeeding. *Social Science & Medicine* 63: 2727~2738.

Kellymom. 2009. Financial costs of not breastfeeding. http://kellymom. com. Accessed May, 2009.

Kendall-Tackett, Kathleen. 2007. A new paradigm for depression in new mothers: The central role of inflammation and how breastfeeding and anti-inflammatory treatments protect maternal mental health. *International Breastfeeding Journal* 2: 1~14.

Kennedy, G. E. 2005. From the ape's dilemma to the weanling's dilemma: Early weaning and its evolutionary context. *Journal of Human Evolution* 48: 123~145.

Kerns, Virginia, Brown, Judith K., eds. 1992. *In Her Prime*. Urbana: University of Illinois Press.

King, Janet C. 2003. The risk of maternal nutritional depletion and poor outcomes increases in early or closely spaced pregnancies. *Journal of Nutrition* 133: 1732S~1736S.

Kirkwood, T. B. L. 2008. Understanding ageing from an evolutionary perspective. *Journal of Internal Medicine* 263: 117~127.

Kitzinger, Sheila. 2009. Letter from Europe: A quick fix for crying? *Birth* 36: 86~87.

Klaus, M. H., Kennell, J. H. 1976. *Mother-infant Bonding*. St. Louis: Mosby.

Kluger, M. J. 1978. The evolution and adaptive value of fever. *American Scientist* 66: 38~43.

Knipp, Gregory T., Audus, Kenneth L., Soares, Michael J. 1999. Nutrient transport across the placenta. *Advanced Drug Delivery Reviews* 38: 41~58.

Knott, Cheryl. 2001. Female reproductive ecology of the apes. In *Reproductive Ecology and Human Reproduction*, ed. P. T. Ellison, pp. 429~463. New York: Aldine de Gruyter.

Knox, K., Baker, J. C. 2008. Genomic evolution of the placenta using co-option and duplication and divergence. *Genome Research* 18: 695~705.

Kramer, Karen L. 2008. Early sexual maturity among Pumé foragers of Venezuela: Fitness implications of teen motherhood. *American Journal of Physical Anthropology* 136: 338~350.

Kramer K. L., McMillan, G. P. 2006. The effect of labor-saving technology on longitudinal fertility changes. *Current Anthropology* 47: 165~72.

Krogman, W. M. 1951. The scars of human evolution. *Scientific American* 185: 54~57.

Kronborg, Hanne, Væth, Michael. 2009. How are effective breastfeeding technique and pacifier use related to breastfeeding problems and duration? *Birth* 36: 34~42.

Kuh, D., Hardy, R., Rodgers, B., Wadsworth, M. E. J. 2002. Lifetime risk factors for women's psychological distress in midlife. *Social Science and Medicine* 55: 1957~1973.

Kuh, Diana, dos Santos Silva, Isabel, Barrett-Connor, Elizabeth. 2002. Disease trends in women living in established market economies: Evidence of cohort effects during the epidemiological transition. In *A Life-Course Approach to Women's Health*, ed. Diana Kuh, Rebecca Hardy, pp. 347~373. Oxford, UK: Oxford University Press.

Kuzawa, Christopher W. 1998. Adipose tissue in human infancy and childhood: An evolutionary perspective. *American Journal of Physical Anthropology* 107: 177~209.

Kuzawa, Christopher W. 2005. Fetal origins of developmental plasticity: Are fetal cues reliable predictors of future nutritional environments? *American Journal of Human Biology* 17: 5~21.

Kuzawa, Christopher W. 2007. Developmental origins of life history: Growth, productivity, and reproduction. *American Journal of Human Biology* 19: 654~661.

Kuzawa, Christopher W. 2008. The developmental origins of adult health: Intergenerational inertia in adaptation and disease. In *Evolutionary Medicine and Health: New Perspectives*, ed. Wenda R. Trevathan, E. O. Smith, James J. McKenna, pp. 325~349. New York: Oxford University

Press.

Labbok, Miriam H. 2001. Effects of breastfeeding on the mother. *Pediatric Clinics of North America* 48: 143~158.

Lack, D., Gibb, J. A., Owen, D. F. 1957. Survival in relation to brood-size in tits. *Proceedings of the Zoological Society of London* 128: 313~326.

Lagercrantz, Hugo, Slotkin, Theodore A. 1986. The "stress" of being born. *Scientific American* 254: 100~107.

Lahdenpera¨, Mirkka, Lummaa, Virpl, Helle, Samull, Tremblay, Marc, Russell, AndrewF. 2004. Fitness benefits of prolonged post-reproductive lifespan in women. *Nature* 428: 178~181.

Laitman, Jeffrey T. 1984. The anatomy of human speech. *Natural History* 93: 20~27.

Laitman, Jeffrey T. 1986. Comment on McKenna, 1986. *Medical Anthropology* 10: 65~66.

Lancaster, Jane, King, Barbara J. 1992. An evolutionary perspective on menopause. In *In Her Prime*, ed. Virginia Kerns, Judith K. Brown, pp. 7~15. Urbana: University of Illinois Press.

Lancaster, J. B., Lancaster, C. S. 1983. Parental investment: The hominid adaptation. In *How Humans Adapt: A Biocultural Odyssey*, ed. D. J. Ortner, pp. 33~65. Washington, DC: Smithsonian Institution Press.

Lassek, William D., Gaulin, Steven J. C. 2007. Brief communication: Menarche is related to fat distribution. *American Journal of Physical Anthropology* 133: 1147~1151.

Lassek, William D., Gaulin, Steven J. C. 2008. Waist-hip ratio and cognitive ability: Is gluteofemoral fat a privileged store of neurodevelopmental resources? *Evolution and Human Behavior* 29: 26~34.

Law, Malcolm. 2000. Dietary fat and adult diseases and the implications for childhood nutrition: An epidemiologic approach. *American Journal of Clinical Nutrition* 72 (suppl): 1291S~1296S.

Lawrence, Robert M., Lawrence, Ruth A. 2001. Given the benefits of breastfeeding, what contraindications exist? *Pediatric Clinics of North America* 48: 235~251.

Lee, Richard B. 1968. What hunters do for a living, or how to make out on scarce resources. In *Man the Hunter*, ed. Richard B. Lee, Irven deVore, pp. 30~48. Chicago: Aldine.

Lee, Richard B. 1980. Lactation, ovulation, infanticide, and women's work: A study of hunter-gatherer population regulation. In *Biosocial Mechanisms of Population Regulation*, ed. Mark N. Cohen, Roy S. Malpass, Harold G. Klein, pp. 321~348. New Haven: Yale University Press.

Lee, Richard B. 1992. Work, sexuality, and aging among !Kung women. In *In Her Prime*, ed. Virginia Kerns, Judith K. Brown, pp. 36~46. Urbana: University of Illinois Press.

Lee, Ronald D. 2003. Rethinking the evolutionary theory of aging: Transfers, not births, shape senescence in social species. *Proceedings of the National Academy of Sciences* 100: 9637~9642.

Leidy, L. E. 1996. Symptoms of menopause in relation to the timing of reproductive events and past menstrual experience. *American Journal of Human Biology* 8: 761~769.

Leidy, L. 1999. Menopause in evolutionary perspective. In *Evolutionary Medicine*, ed. W. R. Trevathan, E. O. Smith, J. J. McKenna, pp. 407~428. New York: Oxford University Press.

Leonetti, Donna L., Nath, Dilip C., Hemam, Natabar S. 2007. In-law conflict. *Current Anthropology* 48: 861~890.

Lepore, Jill. 2009. Baby food: If breast is best, why are women bottling their milk? *The New Yorker*, January 19, pp. 34~39.

Levine, R. J., Qian, C., Maynard, S. E., Yu, K. F., Epstein, F. H., Karumanchi, S. A., Levine, Richard J., Qian, Cong, Maynard, Sharon E., Yu, Kai F., Epstein, Franklin H., Karumanchi, S. Ananth. 2006. Serum sFlt1 concentration during preeclampsia and mid trimester blood pressure in healthy nulliparous women. *American Journal of Obstetrics and Gynecology* 194: 1034~1041.

Li, M. J., Short, R. 2002. How oestrogen or progesterone might change a woman's susceptibility to HIV-1 infection. *Australian and New Zealand Journal of Obstetrics and Gynaecology* 42: 472~475.

Li, Ruowei, Fein, Sara B., Chen, Jian, Grummer-Strawn, Laurence M. 2008. Why mothers stop breastfeeding: Mothers' self-reported reasons for stopping during the first year. *Pediatrics* 122: S69~S76.

Liestøl, Knut. 1980. Menarcheal age and spontaneous abortion: A causal connection? *American Journal of Epidemiology* 111: 753~758.

Lindsay, Pat. 2001. Cost of NOT breastfeeding. http://patlc.com/cost_not_ breastfeeding.htm. Accessed January 5, 2009.

Lipsitt, Lewis, Burns, Barbara. 1986. Comment on McKenna, 1986. *Medical Anthropology* 10: 66~67.

Lipson, S. F. 2001. Metabolism, maturation and ovarian function. In *Reproductive Ecology and Human Evolution*, ed. P.T. Ellison, pp. 235~244. New York: Aldine de Gruyter.

Lipson, S. F., Ellison, P. T. 1992. Normative study of age variation in salivary progesterone profiles. *Journal of Biosocial Sciences* 24: 233~244.

Liston, W. A. 2003. Rising caesarean section rates: Can evolution and ecology explain some of the difficulties of modern childbirth? *Journal of the Royal Society of Medicine* 96: 559~561.

Livingstone, Frank. 1958. Anthropological implications of sickle cell gene distribution in West Africa. *American Anthropologist* 60: 533~562.

Lock, M. 1993. *Encounters with Aging: Mythologies of Menopause in Japan and North America*. Berkeley: University of California Press.

Lock, Margaret, Kaufert, Patricia A. 2001. Menopause, local biologies, and cultures of aging. *American Journal of Human Biology* 13: 494~504.

Locke, John L., Bogin, B. 2006. Language and life history: A new perspective on the development and evolution of human language. *Behavioral and Brain Sciences* 29: 259~325.

Loisel, Dagan A., Alberts, Susan C., Ober, Carole. 2008. Functional significance of MHC variation in mate choice, reproductive outcome, and disease risk. In *Evolution in Health and Disease*, ed. Stephen C. Stearns, Jacob C. Koella, pp. 95~108. Oxford, UK: Oxford University Press.

Lovejoy, C. Owen. 2005. The natural history of human gait and posture: Part I, spine and pelvis. *Gait and Posture* 21: 95~112.

Luckett, P. W. 1974. Reproductive development and evolution of the placenta in primates. *Contributions to Primatology* 3: 142~234.

Mace, Ruth. 1998. The coevolution of human fertility and wealth inheritance strategies. *Philosophical Transactions of the Royal Society of London. Series B, Biological Sciences* 353: 389~397.

Mace, Ruth. 2000. Evolutionary ecology of human life history. *Animal Behaviour* 59: 1~10.

Mace, Ruth, Sear, Rebecca. 2005. Are humans cooperative breeders? In *Grandmotherhood*, ed. Eckart Voland, Athanasios Chasiotis, W.

Schiefenhövel, pp. 143~159. New Brunswick, NJ: Rutgers University Press.

Madrigal, Lorena, Meléndez-Obando, Mauricio. 2008. Grandmothers' longevity negatively affects daughters' fertility. *American Journal of Physical Anthropology* 136: 223~229.

Maes, Michael, Linb, Ai-hua, Ombelete, Willem, Stevense, Karolien, Kenisf, Gunter, De Jonghg, Raf, Coxh, John, Bosmansf, Eugène. 2000. Immune activation in the early puerperium is related to postpartum anxiety and depressive symptoms. *Psychoneuroendocrinology* 25: 121~137.

Marchini, G., Berggren, V., Djilali-Merzoug, R., Hansson, L-O. 2000. The birth process initiates an acute phase reaction in the fetus-newborn infant. *Acta Paediatrica* 89: 1082~1086.

Marchini, G., Lindow, S., Brismar, H., Stabi, B., Berggren, V., Ulfgren, A-K., Lonne-Rahm, S., Agerberth, B., Gudmundsson, G. H. 2002. The newborn infant is protected by an innate antimicrobial barrier: Peptide antibiotics are present in the skin and vernix caseosa. *British Journal of Dermatology* 147: 1127~1134.

Martin, Emily 1987. *The Woman in the Body: A Cultural Analysis of Reproduction.* Boston: Beacon Press.

Martin, Emily. 1988. Premenstrual syndrome: Discipline, work and anger in late industrial societies. In *Blood Magic: The Anthropology of Menstruation*, ed. Thomas Buckley, Alma Gottlieb, pp. 161~181. Berkeley: University of California Press.

Martin, R. D. 2007. Evolution of human reproduction. *Yearbook of Physical Anthropology* 50: 59~84.

Martin, Richard M., Ebrahim, Shah, Griffin, Maura, Smith, George Davey, Nicolaides, Andrew N., Georgiou, Niki, Watson, Simone, Frankel, Stephen, Holly, Jeff M. P., Gunnell, David. 2005. Breastfeeding and atherosclerosis. *Arteriosclerosis, Thrombosis, and Vascular Biology* 25: 1482~1488.

Martin, Richard M., Goodall, Sarah H., Gunnell, David, Smith, George Davey. 2007. Breast feeding in infancy and social mobility: 60-year follow-up of the Boyd Orr cohort. *Archives of Disease in Childhood* 92: 317~321.

Martin, Richard M., Gunnell, David, Smith, George Davey. 2005. Breastfeeding in infancy and blood pressure in later life: Systematic review and meta-analysis. *American Journal of Epidemiology* 161: 15~26.

Martin, Richard M., Smith, G. Davey, Mangtani, P., Frankel, S., Gunnell, D. 2002. Association between breast feeding and growth: The Boyd-Orr cohort study. Archives of Disease in *Childhood Fetal and Neonatal Edition* 87: F193.

Martorell, R. 1989. Body size, adaptation, and function. *Human Organization* 48: 15~20.

Matsunaga, E. 1959. Selection in ABO polymorphism in Japanese populations. *American Journal of Human Genetics* 11: 405~413.

Matteo, S., Rissman, E. F. 1984. Increased sexual activity during the midcycle portion of the human menstrual cycle. *Hormones and Behavior* 18: 249~255.

Matthews, Karen A., Wing, Rena R., Kuller, Lewis H., Meilahn, Elaine N., et al. 1990. Influences of natural menopause on psychological characteristics and symptoms of middle-aged healthy women. *Journal of Consulting and Clinical Psychology* 58: 345~351.

Mayer, Peter. 1982. Evolutionary advantages of menopause. *Human Ecology* 10: 477~494.

Maynard Smith, J., Barker, D. J. P., Finch, C. E., Kardia, S. L. R., Eaton, S. B., Kirkwood, T. B. L., LeGrand, E. K., Nesse, R. M., Williams, G. C., Partridge, L. 1999. The evolution of noninfectious and degenerative disease. In *Evolution in Health and Disease*, ed. S. C. Stearns, pp. 267~272. Oxford, UK: Oxford University Press.

McClintock, M. K. 1971. Menstrual synchrony and suppression. *Nature* 229: 244~245.

McCoy, Norma, Cutler, Winnifred, Davidson, Julian M. 1985. Relationships among sexual behavior, hot flashes, and hormone levels in perimenopausal women. *Archives of Sexual Behavior* 14: 385~394.

McDade, Thomas W. 2005. The ecologies of human immune function. *Annual Review of Anthropology* 34: 495~521.

McDade, Thomas W., Beck, M. A., Kuzawa, Christopher W., Adair, Linda S. 2001. Prenatal undernutrition and postnatal growth are associated with adolescent thymic function. *Journal of Nutrition* 131: 1225~1231.

McDade, Thomas W., Worthman, Carol M. 1998. The weanling's dilemma reconsidered: A biocultural analysis of breastfeeding ecology.

Developmental and Behavioral Pediatrics 19: 286~299.

McDade, Thomas W., Worthman, Carol M. 1999. Evolutionary process and ecology of human immune function. *American Journal of Human Biology* 11: 705~717.

McEwan, B. S. 2003. Mood disorders and allostatic load. *Biological Psychiatry* 54: 200~207.

McKenna, James J. 1986. An anthropological perspective on the sudden infant death syndrome (SIDS): The role of parental breathing cues and speech breathing adaptations. *Medical Anthropology* 10: 9~53.

McKenna, James. J. 1996. Sudden infant death syndrome in cross-cultural perspective: Is infant-parent cosleeping protective? *Annual Review of Anthropology* 25: 201~216.

McKenna, James J., Ball, Helen L., Gettler, Lee T. 2007. Mother-infant cosleeping, breastfeeding, and sudden infant death syndrome: What biological anthropology has discovered about normal infant sleep and pediatric sleep medicine. *Yearbook of Physical Anthropology* 50: 133~161.

McKenna, James J., McDade, Thomas W. 2005. Why babies should never sleep alone: A review of the co-sleeping controversy in relation to SIDS, bedsharing and breast feeding. *Paediatric Respiratory Reviews* 6: 134~152.

McKenna, James J., Mosko, S., Richard, C. 1999. Breastfeeding and mother-infant co-sleeping in relation to SIDS prevention. In *Evolutionary Medicine*, ed. W. R. Trevathan, E. O. Smith, J. J. McKenna, pp. 53~74. New York: Oxford University Press.

Michel, Sven C. A., Rake, Annett, Treiber, Karl, Seifert, Burkhardt, Chaoui, Rabih, Huch, Renate, Marincek, Borut, Kubic-Huch, Rahel A. 2002. MR Obstetric pelvimetry: Effect of birthing position on pelvic bony dimensions. *American Journal of Roentgenology* 179: 1063~1067.

Mikiel-Kostyra, K., Mazur, J., Boſtruszko, I. 2002. Effect of early skin-to-skin contact after delivery on duration of breastfeeding: A prospective study. *Acta Pædiatrica* 91: 1301~1306.

Mills, Margaret E. 2007. Craving more than food: The implications of pica in pregnancy. *Nursing for Women's Health* 11: 266~273.

Milne, Eugene M. G. 2006. When does human ageing begin? *Mechanisms of Ageing and Development* 127: 290~297.

Mintz, Jessica. 2009. Facebook draws fire from nursing mothers. In *The New Mexican*, October 6, pp. A1, A5.

Miranda, S. B. 1970. Visual abilities and pattern preference of premature and full-term neonates. *Journal of Experimental Child Psychology* 10: 189~205.

Mitchell, E. S., Woods, N. F. 1996. Symptom experiences of midlife women: Observations from the Seattle midlife women's health study. *Maturitas* 25: 1~10.

Moalem, Sharon. 2007. *Survival of the Sickest*. New York: William Morrow.

Moerman, Marquisa LaVelle. 1982. Growth of the birth canal in adolescent girls. *American Journal of Obstetrics and Gynecology* 143: 528~532.

Moffitt, Terrie E., Caspi, Avshalom, Belsky, Jay, Silva, Phil A. 1992. Childhood experience and the onset of menarche: A test of a sociobiological model. *Child Development* 63: 47~58.

Montagu, Ashley. 1961. Neonatal and infant immaturity in man. *Journal of the American Medical Association* 178: 56~57.

Montagu, Ashley. 1964. *Life before Birth*. New York: New American Library.

Montagu, Ashley. 1978. *Touching: The Human Significance of the Skin*, 2nd ed. New York: Harper and Row.

Moore, B., Kombe, H. 1991. Climacteric symptoms in a Tanzanian community. *Maturitas* 13: 229~234.

Morgan, W. P. 1982. Psychological effects of exercise. *Behavioral Medicine Update* 4: 25~30.

Muehlenbein, M. P., Bribiescas, Richard. G. 2005. Testosterone-mediated immune functions and male life histories. *American Journal of Human Biology* 17: 227~258.

Murray, L., Fiori-Cowley, A., Hooper, P. 1996. The impact of postnatal depression and associated adversity on early mother-infant interactions and later infant outcomes. *Child Development* 67: 2512~2526.

Musil, Carol M. 2000. Health of grandmothers as caregivers: A ten month follow-up. *Journal of Women & Aging* 12: 129~145.

Nagata, C., Shimizu, S., Takami, R., Hayashi, M., Takeda, N., Yasuda, K. 1999. Hot flushes and other menopausal symptoms in relation to soy product intake in Japanese women. *Journal of the International*

Menopause Society 2: 6~12.

Nagata, C., Takatsuka, N., Inaba, S., Kawakami, N., Shimizu, H. 1998. Association of diet and other lifestyle with onset of menopause in Japanese women. *Maturitas* 29: 105~113.

Nathanielsz, P. W. 2001. *The Prenatal Prescription*. New York: HarperCollins.

Nepomnaschy, P. A., Welch, K. M. A., McConnell, D., Low, B. S., Strassmann, Beverly I., England, B. G. 2006. Cortisol levels and very early pregnancy loss in humans. *Proceedings of the National Academy of Sciences* 103: 3938~3942.

Nesse, R. M. 1991. What good is feeling bad? The Sciences, November/December: 30~37. Nesse, R. M. 2001. Medicine's missing basic science. *New Physician* 50: 8~10.

Nesse, Randolph M., Schiffman, Joshua D. 2003. Evolutionary biology in the medical school curriculum. *Bioscience* 53: 585~587.

Nesse, Randolph M., Stearns, Stephen C. 2008. The great opportunity: Evolutionary applications to medicine and public health. *Evolutionary Applications* 1: 28~48.

Nesse, Randolph M., Stearns, S. C., Omenn, G. S. 2006. Medicine needs evolution. *Science* 311: 1071.

Nesse, R. M., Williams, G. C. 1994. *Why We Get Sick—The New Science of Darwinian Medicine*. New York: Times Books.

Nesse, R. M., Williams, G. C. 1997. Evolutionary biology in the medical curriculum: What every physician should know. *Bioscience* 47: 664~666.

Neville, Margaret C. 2001. Anatomy and physiology of lactation. *Pediatric Clinics of North America* 48: 13~34.

Neville, Margaret C., Morton, Jane, Umemura, Shinobu. 2001. Lactogenesis: The transition from pregnancy to lactation. *Pediatric Clinics of North America* 48: 35~52.

Nicol-Smith, L. 1996. Causality, menopause, and depression: A critical review of the literature. *BMJ* 313: 1229~1232.

Nikolaou, D., Gilling-Smith, C. 2004. Early ovarian ageing: Are women with polycystic ovaries protected? *Human Reproduction* 19: 2175~2179.

Nishida, Toshisada. 1997. Comment on Hawkes et al. *Current Anthropology*

38: 568~569.

Núñez-de la Mora, Alejandra, Bentley, Gillian R. 2008. Early life effects on reproductive function. In *Evolutionary Medicine and Health: New Perspectives*, ed. W. R. Trevathan, E. O. Smith, J. J. McKenna, pp. 149~168. New York: Oxford University Press.

Nygaard, Ingrid, Barber, Matthew D., Burgio, Kathryn L., Kenton, Kimberly, Meikle, Susan, Schaffer, Joseph, Spino, Cathie, Whitehead, William W., Wu, Jennifer, Brody, Debra J., Network, Pelvic Floor Disorders. 2008. Prevalence of symptomatic pelvic floor disorders in US women. *Journal of the American Medical Association* 300: 1311~1316.

Oates, M. R., Cox, J. L., Neema, S., Asten, P., Glangeaud-Freudenthal, N., Figuieredo, B., Gorman, L. L., Hacking, S., Hirst, E., Kammerer, M. H., Klier, C. M., Seneviratne, G., Smith, M. A., Suntter-Dallay, A. -L., Valoriani, V., Wickberg, B., Yoshida, K., Group, TCS-PND. 2004. Postnatal depression across countries and cultures: A qualitative study. *British Journal of Psychiatry* 184: s10~s16.

Ober, C., Elias, S. G., Kostyu, D. D., Hauck, W. W. 1992. Decreased fecundability in Hutterite couples sharing HLA-DR. *American Journal of Human Genetics* 50: 6~14.

Obermeyer, Carla Makhlouf, Castle, Sarah. 1997. Back to nature? Historical and crosscultural perspectives on barriers to optimal breastfeeding. *Medical Anthropology* 17: 39~63.

Oddy, Wendy H. 2004. A review of the effects of breastfeeding on respiratory infections, atopy, and childhood asthma. *Journal of Asthma* 41: 605~621.

Oddy, Wendy H., Sheriff, Jill L., de Klerk, Nicholas H., Kendall, Garth E., Sly, Peter D., Beilin, Lawrence J., Blake, Kevin B., Landau, Louis I., Stanley, Fiona J. 2004. The relation of breastfeeding and body mass index to asthma and atopy in children: A prospective cohort study to age 6 years. *American Journal of Public Health* 94: 1531~1537.

Odent, Michel. 2003. Birth and Breastfeeding. East Sussex, UK: Clairview. Okonofua, F. E., Lawal, A., Bamgbose, J. K. 1990. Features of menopause and menopausal age in Nigerian women. *International Journal of Gynecology and Obstetrics* 31: 341~345.

Olshansky, S. Jay, Carnes, Bruce A., Butler, Robert N. 2001. If humans were built to last. *Scientific American* 284: 50~55.

O'Rahilly, R., Muller, F. 1998. Developmental morphology of the embryo and fetus. In *Cambridge Encyclopedia of Human Growth and Development*, ed. S. J. Ulijaszek, F. E. Johnston, M. A. Preece, pp. 161~162. Cambridge, UK: Cambridge University Press.

Panter-Brick, Catherine, Pollard, Tessa M. 1999. Work and hormonal variation in subsistence and industrial contexts. In *Hormones, Health, and Behavior*, ed. C. Panter-Brick, C. M. Worthman, pp. 139~183. Cambridge, UK: Cambridge University Press.

Papousek, H., Papousek, M. 1990. Excessive infant crying and intuitive parental care: Buffering support and its failures in parent-infant interaction. *Early Child Development and Care* 65: 117~125.

Parkin, D. Maxwell, Bray, Freddie, Ferlay, J., Pisani, Paola. 2005. Global cancer statistics, 2002. *CA: A Cancer Journal for Clinicians* 55: 74~108.

Parlee, M. B. 1990. Integrating biological and social scientific research in menopause. *Annals of the New York Academy of Sciences* 592: 379~389.

Paul, Andreas. 2005. Primate predispositions for human grandmaternal behavior. In *Grandmotherhood*, ed. Eckart Voland, Athanasios Chasiotis, W. Schiefenhövel, pp. 21~58. New Brunswick, NJ: Rutgers University Press.

Pavelka, Mary S. M., Fedigan, Linda M. 1991. Menopause: A comparative life history perspective. *Yearbook of Physical Anthropology* 34: 13~38.

Pavelka, Mary M., Fedigan, Linda M., Zohar, Sandra. 2002. Availability and adaptive value of reproductive and postreproductive Japanese macaque mothers and grandmothers. *Animal Behaviour* 64: 407~414.

Pawlowski, B. 1999. Loss of estrus and concealed ovulation in human evolution. The case against the sexual selection hypothesis. *Current Anthropology* 40: 257~275.

Pawlowski, Broguslaw, Grabarczyk, Marzena. 2003. Center of body mass and the evolution of female body shape. *American Journal of Human Biology* 15: 144~150.

Peacock, N. 1990. Comparative and cross-cultural approaches to the study of human female reproductive failure. In *Primate Life History and Evolution*, ed. C. J. DeRousseau, pp. 195~220. New York: Wiley-Liss.

Peccei, Jocelyn Scott. 1995. A hypothesis for the origin and evolution of menopause. *Maturitas* 21: 83~89.

Peccei, Jocelyn Scott. 2001. A critique of the grandmother hypotheses: Old and new. *American Journal of Human Biology* 13: 434~452.

Perls, Thomas T., Fretts, Ruth C. 2001. The evolution of menopause and the human life span. *Annals of Human Biology* 28: 237~245.

Pettitt, David J., Forman, Michele R., Hanson, Robert L., Knowler, William C., Bennett, Peter H. 1997. Breastfeeding and incidence of non-insulin-dependent diabetes mellitus in Pima Indians. *Lancet* 350: 166~168.

Phipps, Maureen G., Sowers, MaryFran. 2002. Defining early adolescent childbearing. *American Journal of Public Health* 92: 125~128.

Picciano, Mary Frances. 2001. Nutrient composition of human milk. *Pediatric Clinics of North America* 48: 53~67.

Pike, IL. 2000. The nutritional consequences of pregnancy sickness: A critique of a hypothesis. *Human Nature* 11: 207~232.

Piperata, Barbara Anne. 2008. Forty days and forty nights: A biocultural perspective on postpartum practices in the Amazon. *Social Science & Medicine* 67: 1094~1103.

Pollard, Tessa M. 2008. *Western Diseases: An Evolutionary Perspective.* Cambridge, UK: Cambridge University Press.

Pollard, T., Unwin, N. 2008. Impaired reproductive function in women in Western and "westernizing" populations: An evolutionary approach. In *Evolutionary Medicine and Health: New Perspectives*, ed. W. R. Trevathan, E. O. Smith, J. J. McKenna, pp. 169~180. New York: Oxford University Press.

Portmann, Adolf. 1990. *A Zoologist Looks at Humankind.* New York: Columbia University Press.

Power, M. L., Tardif, S. D. 2005. Maternal nutrition and metabolic control of pregnancy. In Birth, Distress and Disease: Placental-Brain Interactions, ed. M. L. Power, J. Schulkin, pp. 88~112. Cambridge, UK: Cambridge University Press.

Prakash, I. J., Murthy, Vinoda N. 1982. Menopausal symptoms in Indian women. *Personality Study and Group Behavior* 2: 54~58.

Preti, G., Cutler, W. B., Garcia, C. T. 1986. Human axillary secretions influence women's menstrual cycles: The role of donor extract of females. *Hormones and Behavior* 20: 474~482.

Profet, M. 1992. Pregnancy sickness as adaptation: A deterrent to maternal ingestion of teratogens. In *The Adapted Mind: Evolutionary Psychology and the Generation of Culture*, ed. J. H. Barkow, L Cosmides, J Tooby, pp. 327~365. New York: Oxford University Press.

Profet, M. 1993. Menstruation as a defense against pathogens transported by sperm. *Quarterly Review of Biology* 68: 335~386.

Quadagno, D. M., Shubeita, H. E., Deck, J., Francoeur, D. 1981. Influence of male social contacts, exercise and all-female living conditions on the menstrual cycle. *Psychoneuroendocrinology* 6: 239~244.

Rafael, Dana. 1973. The Tender Gift: Breastfeeding. New York: Schocken Books.

Read, A. W., Prendiville, W. J., Dawes, V. P., Stanley, F. J. 1994. Cesarean section and operative vaginal delivery in low risk primiparous women, Western Australia. *American Journal of Public Health* 84: 37~42.

Redman, C. W., Sargent, I. L. 2005. Latest advances in understanding preeclampsia. *Science* 308: 1592~1594.

Reiber, Chris. 2008. An evolutionary model of premenstrual syndrome. *Medical Hypotheses* 70: 1058~1065.

Reynolds, Ann. 2001. Breastfeeding and brain development. *Pediatric Clinics of North America* 48: 159~171.

Riordan, Jan. 1997. The cost of not breastfeeding: A commentary. *Journal of Human Lactation* 13: 93~97.

Robillard, P.-Y., Dekker, G. A., Hulsey, T. C. 2002. Evolutionary adaptations to pre-eclampsia/eclampsia in humans: Low fecundability rate, loss of oestrus, prohibitions of incest and systematic polyandry. *American Journal of Reproductive Immunology* 47: 104~111.

Robillard, Pierre-Yves, Dekker, Gustaaf, Chaouat, Ge ' rard, Chaline, Jean, Hulsey, Thomas C. 2008. Possible role of eclampsia/preeclampsia in evolution of human reproduction. In *Evolutionary Medicine and Health: New Perspectives*, ed. W. R. Trevathan, E. O. Smith, J. J. McKenna, pp. 216~225. New York: Oxford University Press.

Robinson, G. 1996. Cross cultural perspectives on menopause. *Journal of Nervous and Mental Disease* 184: 453~458.

Robson, S. L., van Schaik, C. P., Hawkes, K. 2006. The derived features of human life history. In *The Evolution of Human Life History*, ed. K. Hawkes,

R. R. Paine. Santa Fe, NM: School of American Research Press.

Rosenberg, Karen R. 1992. The evolution of modern human childbirth. *Yearbook of Physical Anthropology* 35: 89~124.

Rosenberg, Karen R. 2004. Living longer: Information revolution, population expansion, and modern human origins. *Proceedings of the National Academy of Sciences* 101: 10847~10848.

Rosenberg, Karen R., Trevathan, Wenda R. 1996. Bipedalism and human birth: The obstetrical dilemma revisited. *Evolutionary Anthropology* 4: 161~168.

Rosenberg, Karen R., Trevathan, Wenda R. 2001. The evolution of human birth. *Scientific American* 285: 72~77.

Rosenberg, Karen R., Trevathan, Wenda R. 2002. Birth, obstetrics and human evolution. *BJOG: An International Journal of Obstetrics and Gynaecology* 109: 1199~1206.

Rosenblatt, Karin A., Thomas, David B., The WHO Collaborative Study of Neoplasia and Steroid Contraceptives. 1995. Prolonged lactation and endometrial cancer. *International Journal of Epidemiology* 24: 499~503.

Ross, R. K., Coetzee, G. A., Richardt, J., Skinner, E., Henderson, B. E. 1995. Does the racialethnic variation in prostate cancer risk have a hormonal basis? *Cancer Causes and Control* 75: 1778~1782.

Roy, Robert P. 2003. A Darwinian view of obstructed labor. *Obstetrics & Gynecology* 101: 397~401.

Russell, M. J., Switz, G. M., Thompson, K. 1980. Olfactory influences on the human menstrual cycle. *Pharmacology, Biochemistry and Behavior* 13: 737~738.

Ryan, Alan Se., Zhou, Wenjun. 2006. Lower breastfeeding rates persist among the special supplemental nutrition program for Women, Infants, and Children participants, 1978~2003. *Pediatrics* 117: 1136~1146.

Salk, Lee. 1960. The effects of the normal heartbeat sound on the behavior of the newborn infant: Implications for mental health. *World Mental Health* 12: 168~175.

Sanabria, Emilia. 2009. The politics of menstrual suppression in Brazil. *Anthropology News* 50: 6~7.

Sands, Roberta G., Goldberg-Glen, Robin, Thornton, Pamela L. 2005.

Factors associated with the positive well-being of grandparents caring for their grandchildren. *Journal of Gerontological Social Work* 45: 65~82.

Schank, Jeffrey C. 2000. Menstrual-cycle variability and measurement: Further cause for doubt. *Psychoneuroendocrinology* 25: 837~847.

Schank, Jeffrey C. 2006. Do human menstrual-cycle pheromones exist? *Human Nature* 17: 433~447.

Schimpf, Megan, Tulikangas, Paul. 2005. Evolution of the female pelvis and relationships to pelvic organ prolapse. *International Urogynecology Journal* 16: 315~320.

Schindler, A. E. 2002. Mood disorders and other menopause related problems. *Maturitas* 41: S1.

Schmidt, P. J., Haq, N., Rubinow. D. R. 2004. A longitudinal evaluation of the relationship between reproductive status and mood in perimenopausal women. *American Journal of Psychiatry* 161: 2238~2244.

Scholl, T. O., Hediger, M. L., Schall, J. I., Khoo, C., Fischer, R. L. 1994. Maternal growth during pregnancy and the competition for nutrients. *American Journal of Clinical Nutrition* 60: 183~188.

Schön, Regine A. 2007. Natural parenting: Back to basics in infant care. *Evolutionary Psychology* 5: 102~183.

Schooling, Mary, Kuh, Diana. 2002. A life course perspective on women's health behaviours. In *A Life Course Approach to Women's Health*, ed. Diana Kuh, Rebecca Hardy, pp. 279~303. Oxford, UK: Oxford University Press.

Schuitemaker, N., Van Roosmalen, J., Dekker, G., Van Dongen, P., Van Geijn, H., Gravenhorst, J. B. 1997. Maternal mortality after cesarean section in The Netherlands. *Acta Obstetricia et Gynecologica Scandinavica* 76: 332~334.

Schultz, A. H. 1949. Sex differences in the pelves of primates. *American Journal of Physical Anthropology* 7: 401~424.

Scott, K. D., Klaus, P. H., Klaus, M. H. 1999. The obstetrical and postpartum benefits of continuous support during childbirth. *Journal of Women's Health and Gender-Based Medicine* 8: 1257~1264.

Sear, Rebecca, Mace, Ruth. 2008. Who keeps children alive? A review of the effects of kin on child survival. *Evolution and Human Behavior* 29:

1~18.

Seckl, J. R., Drake, A. J., Holmes, M. C. 2005. Prenatal glucocorticoids and the programming of adult diseases. In *Birth, Distress, and Disease*, ed. M. L. Power, J. Schulkin. Cambridge, UK: Cambridge University Press.

Seckler, D. 1982. Small but healthy? A basic hypothesis in the theory, measurement and policy of malnutrition. In *Newer Concepts in Nutrition and Their Implications for Policy*, ed. P. V. Sukhatme, pp. 127~137. Pune, India: Maharashtra Association for the Cultivation of Science Research Institute.

Sellen, Daniel W. 2006. Lactation, complementary feeding, and human life history. In *The Evolution of Human Life History*, ed. Kristen Hawkes, Richard R. Paine, pp. 155~196. Santa Fe, NM: SAR Press.

Sellen, Daniel W. 2007. Evolution of infant and young child feeding: Implications for contemporary public health. *Annual Review of Nutrition* 27: 123~148.

Shanley, Daryl P., Kirkwood, Thomas B. L. 2001. Evolution of the human menopause. *BioEssays* 23: 282~287.

Shanley, Daryl P., Sear, Rebecca, Mace, Ruth, Kirkwood, Thomas B. L. 2007. Testing evolutionary theories of menopause. *Proceedings of the Royal Society B, Biological Sciences* 274: 2943~2949.

Sheiner, Eyal, Levy, Amalia, Katz, Miriam, Mazor, Moshe. 2004. Short stature— an independent risk factor for Cesarean delivery. *European Journal of Obstetrics & Gynecology and Reproductive Biology* 120: 175~178.

Short, Roger V. 1976. The evolution of human reproduction. *Proceedings of the Royal Society of London Series B—Biological Sciences* 195: 3~24.

Shostak, Marjorie. 1981. *Nisa*. New York: Vintage Books.

Shubin, N. 2008. *Your Inner Fish*. New York: Random House.

Sievert, Lynette Leidy. 2006. *Menopause: A Biocultural Perspective*. New Brunswick, NJ: Rutgers University Press.

Sievert, Lynette Leidy. 2008. Should women menstruate? An evolutionary perspective on menstrual-suppressing oral contraceptives. In *Evolutionary Medicine and Health: New Perspectives*, ed. Wenda R. Trevathan, E. O. Smith, James J. McKenna, pp. 181~195. New York: Oxford University Press.

Sievert, Lynette Leidy, Waddle, Diane, Canali, Kristophor. 2001. Marital status and age at natural menopause: Considering pheromonal influence. *American Journal of Human Biology* 13: 479~485.

Signore, C., Mills, J. L., Qian, C., Yu, K., Lam, C., Epstein, F. H., Karumanchi, S. A., Levine, R. J., Signore, Caroline, Mills, James L., Qian, Cong, Yu, Kai, Lam, Chun, Epstein, Franklin H., Karumanchi, S. Ananth, Levine, Richard J. 2006. Circulating angiogenic factors and placental abruption. *Obstetrics and Gynecology* 108: 338~344.

Simkin, Penny. 2003. Maternal positions and pelves revisited. *Birth* 30: 130~132.

Simmons, David. 1997. NIDDM and breastfeeding. *The Lancet* 350: 157~158.

Singh, Gurcharan, Archana, G. 2008. Unraveling the mystery of vernix caseosa. *Indian Journal of Dermatology* 53: 54~60.

Small, M. F. 1998. *Our Babies Ourselves—How Biology and Culture Shape the Way We Parent.* New York: Doubleday Dell.

Smith, B. H. 1991. Dental development and the evolution of life history in Hominidae. *American Journal of Physical Anthropology* 86: 157~174.

Smith, Stephen M., Baskin, Gary B., Marx, Preston A. 2000. Estrogen protects against vaginal transmission of simian immunodeficiency virus. *Journal of Infectious Diseases* 182: 708~715.

Soltis, Joseph. 2004. The signal functions of early infant crying. Behavioral and *Brain Sciences* 27: 443~409.

Sorensen, H. J., Mortensen, E. L., Reinisch, J. M., Mednick, S. A. 2005. Breastfeeding as risk of schizophrenia in the Copenhagen Perinatal Cohort. *Acta Psychiartica Scandinavica* 112: 26~29.

Sorenson Jamison, Cheryl, Jamison, Paul, Cornell, Laurel L. 2005. Human female longevity. In *Grandmotherhood*, ed. Eckart Voland, Athanasios Chasiotis, W. Schiefenhövel, pp. 99~117. New Brunswick, NJ: Rutgers University Press.

Stanford, J. L., Hartge, P., Brinton, L. A., Hoove, R. N., Brookmeyer, R. 1987. Factors influencing the age at natural menopause. *Journal of Chronic Disease* 40: 995~1002.

Stearns, S. C. 1992. *The Evolution of Life Histories.* Oxford, UK: Oxford University Press.

Stearns, S. C., Ebert, D. 2001. Evolution in health and disease: Work in progress. *Quarterly Review of Biology* 76: 417~432.

Stearns, S. C., Koella, J. 1986. The evolution of phenotypic plasticity in life-history traits: predictions for reaction norms for age and size at maturity. *Evolution* 40: 893-913

Steer, P. J. 2006. Prematurity or immaturity? *BJOG: An International Journal of Obstetrics and Gynaecology* 113: 136~138.

Stewart, D. B. 1984. The pelvis as a passageway. I. Evolution and adaptations. *British Journal of Obstetrics & Gynaecology* 91: 611~617.

Stoller, M. 1995. *The Obstetric Pelvis and Mechanism of Labor in Nonhuman Primates*. Chicago: University of Chicago.

Strassman, B. I. 1996. The evolution of endometrial cycles and menstruation. *Quarterly Review of Biology* 71: 181~220.

Strassmann, Beverly I. 1997. The biology of menstruation in *Homo sapiens*: Total lifetime menses, fecundity, and nonsynchrony in a natural-fertility population. *Current Anthropology* 38: 123~129.

Strassmann, Beverly I. 1999a. Menstrual cycling and breast cancer: An evolutionary perspective. *Journal of Women's Health* 8: 193~202.

Strassmann, Beverly I. 1999b. Menstrual synchrony pheromones: Cause for doubt. *Human Reproduction* 14: 579~580.

Stuebe, Alison. 2007. Duration of lactation and maternal metabolism at 3years postpartum. *American Journal of Obstetrics and Gynecology* 197: S128 ~ S128.

Stuebe, Alison M., Rich-Edwards, Janet W., Willett, Walter C., Manson, JoAnn E., Michels, Karin B. 2006. Duration of lactation and incidence of type 2 diabetes. *Obstetrical & Gynecological Survey* 61: 232~233.

Sukwatana, P., Meekhangvan, J., Tamrongterakul, T., Tanapat, Y., Asavarait, S., Boonjitrpimon, P. 1991. Menopausal symptoms among Thai women in Bangkok. *Maturitas* 13: 217~228.

Surbey, Michele K. 1990. Family composition, stress and the timing of human menarche. In *Socioendocrinology of Primate Reproduction*, ed. Toni E. Ziegler, Fred B. Bercovitch. New York: Wiley-Liss.

Swain, James E., Tasgin, Esra, Mayes, Linda C., Feldman, Ruth, Constable, R. Todd, Leckman, James F. 2008. Maternal brain response to own baby-cry is affected by cesarean section delivery. *Child Psychology and Psychiatry* 49: 1042~1052.

Tansirikongkol, Anyarporn, Wickett, R. Randall, Visscher, M. O., Hoath, Steven B. 2007. Effect of vernix caseosa on the penetration of chymotryptic enzyme: Potential role in epidermal barrier development. *Pediatric Research* 62: 49~53.

Tardif, S. D., Power, M. L., Layne, D., Smucny, D., Ziegler, T. 2004. Energy restriction initiated at different gestational age has varying effects on maternal weight gain and pregnancy outcome in common marmoset monkeys (Callithrix jacchus). *British Journal of Nutrition* 92: 841~849.

Taylor, Diana. 2006. From "It's all in your head" to "Taking back the month": Premenstrual syndrome (PMS) research and the contributions of the Society for Menstrual Cycle Research. *Sex Roles* 54: 377~391.

Temmermana, M., Verstraelena, H., Martensa, G., Bekaert, A. 2004. Delayed childbearing and maternal mortality. *European Journal of Obstetrics & Gynecology and Reproductive Biology* 114: 19~22.

Thomas, Frédéric, Renaud, François, Benefice, Eric, de Meeüs, Thierry, Guegan, Jean-François. 2001. International variability of ages at menarche and menopause: Patterns and main determinants. *Human Biology* 73: 271~290.

Thompson, Melissa Emery. 2005. Reproductive endocrinology of wild female chimpanzees (Pan troglodytes schweinfurthii): Methodological considerations and the role of hormones in sex and conception. *American Journal of Primatology* 67: 137~158.

Thompson, Melissa Emery, Jones, James H., Pusey, Anne E., Brewer-Marsden, Stella, Goodall, Jane, Marsden, David, Matsuzawa, Tetsuro, Nishida, Toshisada, Reynolds, Vernon, Sugiyama, Yukimaru, Wrangham, Richard W. 2007. Aging and fertility patterns in wild chimpanzees provide insights into the evolution of menopause. *Current Biology* 47: 2150~2156.

Thompson, Melissa Emery, Wilson, M. L., Gobbo, G., Muller, M. N., Pusey, A. E. 2008. Hyperprogesteronemia in response to Vitex fischeri consumption in wild chimpanzees(*Pan troglodytes schweinfurthii*). *American Journal of Primatology* 70: 1064~1071.

Thompson, Nicholas S., Olson, Carolyn, Dessureau, Brian. 1996. Babies' cries: Who's listening? Who's being fooled? Social Research 63: 763~784. Tollin, M., Bergsson, G., Kai-Larsen, Y., Lengqvist, J., Sjovall, J., Griffiths, W., Skulandottir, G. V., Haraldsson, A., Jornvall, H.,

Gudmundsson, G. H., Agerberth, B. 2005. Vernix caseosa as a multi-component defence system based on polypeptides, lipids, and their interactions. *Cellular and Molecular Life Sciences* 62: 2390~2399.

Tracer, David P. 2002. Somatic versus reproductive energy allocation in Papua New Guinea: Life history theory and public health policy. *American Journal of Human Biology* 14: 621~626.

Tracer, David P. 2009. Infant carrying and prewalking locomotor development: Proximate and evolutionary perspectives. Paper presented at the American Association of Physical Anthropologists, Chicago.

Trevathan, Wenda R. 1981. Maternal touch at first contact with the newborn infant. *Developmental Psychobiology* 14: 549~558.

Trevathan, Wenda R. 1982. Maternal lateral preference at first contact with her newborn infant. *Birth* 9: 85~90.

Trevathan, Wenda R. 1987. *Human Birth: An Evolutionary Perspective*. New York: Aldine de Gruyter.

Trevathan, Wenda R. 1988. Fetal emergence patterns in evolutionary perspective. *American Anthropologist* 90: 19~26.

Trevathan, Wenda R. 1999. Evolutionary obstetrics. In *Evolutionary Medicine*, ed. W. R. Trevathan, E. O. Smith, J. J. McKenna, pp. 407~427. New York: Oxford University Press.

Trevathan, Wenda R. 2007. Evolutionary medicine. *Annual Review of Anthropology* 36: 139~154.

Trevathan, Wenda R., Burleson, Mary H., Gregory, W. Larry. 1993. No evidence for menstrual synchrony in lesbian couples. *Psychoneuroendocrinology* 18: 425~435.

Trevathan, Wenda R., McKenna, James J. 1994. Evolutionary environments of human birth and infancy: Insights to apply to contemporary life. *Children's Environments* 11: 88~104.

Trevathan, Wenda R., Rosenberg, Karen R. 2000. The shoulders follow the head: Postcranial constraints on human childbirth. *Journal of Human Evolution* 39: 583~586.

Trevathan, Wenda R., Smith, E. O., McKenna, James J. 2008a. Introduction and overview of evolutionary medicine. In *Evolutionary Medicine and Health: New Perspectives*, ed. Wenda R. Trevathan, E. O. Smith, James J.

McKenna, pp. 1~54. New York: Oxford University Press.

Trevathan, Wenda R., Smith, E. O., McKenna, James J., eds. 2008b. *Evolutionary Medicine and Health: New Perspectives*. New York: Oxford University Press.

Trzonkowski, P., Mysliwska, J., Lucaszuk, K, Szmit, E., Bryl, E., Mysliwski, A. 2001. Luteal phase of the menstrual cycle in young healthy women is associated with decline in interleukin 2 levels. *Hormone and Metabolic Research* 33: 348~353.

Uvnäs-Moberg, Kerstin. 1989. The gastrointestinal tract in growth and reproduction. *Scientific American* 261: 78~83.

Uvnäs-Moberg, Kerstin. 1996. Neuroendocrinology of the mother-child interaction. *Trends in Endocrinology & Metabolism* 7: 126~131.

Uvnäs-Moberg, Kerstin. 1998. Oxytocin may mediate the benefits of positive social interaction and emotions. *Psychoneuroendocrinology* 23: 819~835.

Valeggia, Claudia, Ellison, Peter T. 2003. Lactational amenorrhoea in well-nourished Toba women of Formosa, Argentina. *Journal of Biosocial Sciences* 36: 573~595.

van Schaik, Carel P., Barrickman, Nancy, Bastian, Meredith L., Krakauer, Elissa B., van Noordwijk, Maria A. 2006. Primate life histories and the role of brains. In *The Evolution of Human Life History*, ed. Kristen Hawkes, Richard R. Paine. Santa Fe, NM: SAR Press.

Varendi, Heili, Porter, RichardH.,Winberg, Jan. 2002. The effect of labor on olfactory exposure learning within the first postnatal hour. *Behavioral Neuroscience* 116: 206~211.

Varner, Michael W., Fraser, Alison M., Hunter, Cheri Y., Corneli, Patrice S., Ward, Ryk H. 1996. The intergenerational predisposition to operative delivery. *Obstetrics and Gynecology* 87: 905~911.

Vatuk, Sylvia. 1992. Sexuality and the middle-aged woman in South Asia. In *In Her Prime*, ed. Virginia Kerns, Judith K. Brown, pp. 155~170. Urbana: University of Illinois Press.

Venkatesha, S., Toporsian, M., Lam, C., Hanai, J., Mammoto, T., Kim, Y. M., Bdolah, Y., Lim, K. H., Yuan, H. T., Libermann, T. A., Stillman, I. E., Roberts, D., D'Amore, P. A., Epstein, F. H., Sellke, F. W., Romero, R., Sukhatme, V. P., Letarte, M., Karumanchi, S. A. 2006. Soluble endoglin contributes to the pathogenesis of preeclampsia. *Nature Medicine* 12:

642~649.

Vihko, R., Apter, D. 1984. Endocrine characteristics of adolescent menstrual cycles: Impact of early menarche. *Journal of Steroid Biochemistry* 20: 231~236.

Visscher, Marty O., Narendran, Vivek, Pickens, William L., LaRuffa, Angela A., Meinzen-Derr, Jareen, Allen, Kathleen, Hoath, Steven B. 2005. Vernix caseosa in neonatal adaptation. *Journal of Perinatology* 25: 440~446.

Vitzthum, Virginia J. 1997. Flexibility and paradox: The nature of adaptation in human reproduction. In *The Evolving Female*, ed. Mary Ellen Morbeck, Alison Galloway, Adrienne L. Zihlman, pp. 242~258. Princeton: Princeton University Press.

Vitzthum, Virginia. 2001. Why not so great is still good enough. In *Reproductive Ecology and Human Evolution*, ed. P. T. Ellison, pp. 179~202. New York: Aldine de Gruyter.

Vitzthum, Virginia. 2008. Evolutionary models of women's reproductive functioning. *Annual Review of Anthropology* 37: 53~73.

Vitzhum, V. 2009. The ecology and evolutionary endocrinology of reproduction in the human female. *Yearbook of Physical Anthropology* 52: 95~136.

Vitzthum, Virginia, Bentley, G. R., Spielvogel, H., Caceres, E., Thornburg, J., Jones, L., Shore, S., Hodges, K. R., Chatterton, R. J. 2002. Salivary progesterone levels and rate of ovulation are significantly lower in poorer than in better-off urban-dwelling Bolivian women. *Reproduction* 17: 1906~1913.

Vitzthum, Virginia, Spielvogel, H. 2003. Epidemiological transitions, reproductive health, and the Flexible Response Model. *Economics and Human Biology* 2003: 223~242.

Vitzthum, Virginia, Spielvogel, Hilde, Caceres, Esperanza, Gaines, Julia. 2000. Menstrual patterns and fecundity among non-lactating and lactating cycling women in rural highland Bolivia: Implications for contraceptive choice. *Contraception* 62: 181~187.

Vitzthum, Virginia, Spielvogel, Hilde, Caceres, Esperanza, Miller, Aaron. 2001. Vaginal bleeding patterns among rural highland Bolivian women: Relationship to fecundity and fetal loss. *Contraception* 64: 319~325.

Vitzthum, Virginia, Spielvogel, H., Thornburg, J. 2004. Interpopulational differences in progesterone levels during conception and implantation in humans. *Proceedings of the National Academy of Sciences of the United States of America* 101: 1443~1448.

Vitzthum, Virginia, Spielvogel, H., Thornburg, J. 2006. A prospective study of early pregnancy loss in humans. *Fertility & Sterility* 86: 373~379.

Voland, Eckart, Beise, Jan. 2002. Opposite effects of maternal and paternal grandmothers on infant survival in historical Krummhörn. *Behavioral Ecology and Sociobiology* 52: 435~443.

Voland, Eckart, Chasiotis, Athanasios, Schiefenho ̈ vel, Wulf, eds. 2005. *Grandmotherhood: The Evolutionary Significance of the Second Half of Female Life.* New Brunswick, NJ: Rutgers University Press.

Walker, Margaret L., Herndon, James G. 2008. Menopause in nonhuman primates? *Biology of Reproduction* 79: 398~406.

Walker, Robert S., Gurven, Michael, Burger, Oskar, Hamilton, Marcus J. 2008. The trade-off between number and size of offspring in humans and other primates. *Proceedings of the Royal Society B, Biological Sciences* 275: 827~833.

Wallace, Jacqueline M., Aitken, Raymond P., Milne, John S., Hay, William W. 2004. Nutritionally mediated placental growth restriction in the growing adolescent: Consequences for the fetus. *Biology of Reproduction* 71: 1055~1062.

Wall-Scheffler, Cara M., Geiger, K., Steudel-Numbers, Karen L. 2007. Infant carrying: The role of increased locomotory costs in early tool development. *American Journal of Physical Anthropology* 133: 841~846.

Walrath, Dana. 2003. Rethinking pelvic typologies and the human birth mechanism. *Current Anthropology* 44: 5~31.

Walrath, Dana. 2006. Gender, genes, and the evolution of human birth. In *Feminist Anthropology: Past, Present, and Future*, ed. P. L. Geller, M. K. Stockett, pp. 55~69. Philadelphia: University of Pennsylvania Press.

Walsh, Joseph A. 2008. Evolution and the cesarean section rate. *American Biology Teacher* 70: 401~404.

Wang, Thomas W., Apgar, Barbara S. 1998. Exercise during pregnancy. *American Family Physician* 57: 1846~1852.

Wasser, Samuel K., Isenberg, David Y. 1986. Reproductive failure among women: Pathology or adaptation? *Journal of Psychosomatic Obstetrics and*

Gynaecology 5: 153~175.

Waterhouse, J. A. H., Hogben, L. 1947. Incompatibility of mother and foetus with respect to the isoagglutinogen A and its antibody. *British Journal of Social Medicine* 1: 1~17.

Waterlow, J. C., Thomson, A. M. 1979. Observations on the adequacy of breast-feeding. *The Lancet* 314: 238~242.

Wei, G., Greaver, L. B., Marson, S. M., Herndon, C. H., Rogers, J. 2008. Postpartum depression: Racial differences and ethnic disparities in a tri-racial and bi-ethnic population. *Maternal & Child Health Journal* 12: 699~707.

Weinstock, M. 2001. Alterations induced by gestational stress in brain morphology and behaviour of the offspring. *Progress in Neurobiology* 65: 427~451.

Weiss, Robin Elise. 2008. Why labor is good for babies. In *About.com: Pregnancy and childbirth*. Accessed November 25, 2008.

Weller, Leonard, Weller, Aron, Koresh-Kamin, Hagit, Ben-Shoshan, Rivi. 1999. Menstrual synchrony in a sample of working women. *Psychoneuroendocrinology* 24: 449~459.

Westphal, Sylvia P. 2004. The best skin cream you ever wore. *New Scientist* 181: 40.

Whitcome, Katherine K., Shapiro, Liza J., Leiberman, Daniel E. 2007. Fetal load and the evolution of lumbar lordosis in bipedal hominins. *Nature Genetics* 450: 1075~1078.

White, Emily, Velentgas, P., Mandelson, M. T., Lehman, C. D., Elmore, J. G., Porter, P., Yasui, Y., Taplin. S. H.1998. Variation in mammographic breast density by time in menstrual cycle among women aged 40~49 years. *Journal of the National Cancer Institute* 90: 906~910.

Whiteman, M. K., Staopoli, C. A., Langenberg, P. W., McCarter, R. J., Kjerulff, K. H., Flaws, J. A. 2003. Smoking, body mass, and hot flashes in midlife women. *Obstetrics and Gynecology* 101: 264~272.

Whitten P., Naftolin F. 1998. Reproductive actions of phytoestrogens. *Baillieres Clinical Endocrinology and Metabolism* 12: 667~90.

Whitten, P. L. 1999. Diet, hormones and health: An evolutionary-ecological perspective. In *Hormones, Health, and Behavior: A Socio-ecological and Lifespan Perspective*, ed. Catherine Panter-Brick, C. M.

Worthman, pp. 210~242. Cambridge, UK: Cambridge University Press.

WHO Multicentre Growth Reference Study Group. 2006. WHO Child Growth Standards based on length/height, weight and age. *Acta Pædiatrica* Suppl 450: 76~85.

Wichstrom, Lars. 2000. Predictors of adolescent suicide attempts: A nationally representative longitudinal study of Norwegian adolescents. *Journal of the American Academy of Child and Adolescent Psychiatry* 39: 603~610.

Wilbur, JoEllen, Dan, Alice, Hedricks, Cynthia, Holm, Karyn. 1990. The relationship among menopausal status, menopausal symptoms, and physical activity in midlife women. *Family and Community Health* 13: 67~78.

Wiley, Andrea S. 2008. Cow's milk consumption and health: An evolutionary perspective. In *Evolutionary Medicine and Health: New Perspectives*, ed. Wenda Trevathan, E. O. Smith, James J. McKenna, pp. 116~133. New York: Oxford University Press.

Wiley, Andrea S., Allen, John S. 2009. *Medical Anthropology: A Biocultural Approach.* New York: Oxford University Press.

Wiley, Andrea S., Katz, Solomon H. 1998. Geophagy in pregnancy: A test of a hypothesis. *Current Anthropology* 39: 532~545.

Williams, G. C. 1957. Pleiotropy, natural selection, and the evolution of senescence. *Evolution* 11: 398~411.

Williams, G. C., Nesse, R. M. 1991. The dawn of Darwinian medicine. *Quarterly Review of Biology* 66: 1~22.

Williams, Lawrence. 2008. Aging cebidae. *Interdisciplinary Topics in Gerontology* 36: 49~61.

Williams, Leanne M., Brown, Kerri J., Palmer, Donna, Liddell, Belinda J., Kemp, Andrew H., Olivieri, Gloria, Peduto, Anthony, Gordon, Evian. 2006. The mellow years? Neural basis of improving emotional stability over age. *Journal of Neuroscience* 26: 6422~6430.

Wilson, H. C. 1992. A critical review of menstrual synchrony research. *Psychoneuroendocrinology* 17: 565~591.

Wilson, H. C., Hildebrandt Kiefhaber, S., Gravel, V. 1991. Two studies of menstrual synchrony: Negative results. *Psychoneuroendocrinology* 16:

353~359.

Winberg, Jan. 2005. Mother and newborn baby: Mutual regulation of physiology and behavior—a selective review. *Developmental Psychobiology* 47: 217~229.

Windsor, Timothy D., Anstey, Kaarin J., Rodgers, Bryan. 2008. Volunteering and psychological well-being among young-old adults: How much is too much? *Gerontologist* 48: 59~70.

Winnicott, D. W. 1964. *The Child, the Family, and the Outside World.* Reading, MA: Addison-Wesley.

Wolf, Jacqueline H. 2006. What feminists can do for breastfeeding and breastfeeding can do for feminists. *Signs: Journal of Women in Culture and Society* 31: 397~424.

Wolf, Joan B. 2007. Is breast really best? Risk and total motherhood in the National Breastfeeding Awareness campaign. *Journal of Health Politics, Policy and Law* 32: 595~636.

Wood, J. W. 1994. *Dynamics of Human Reproduction: Biology, Biometry, Demography.* New York: Aldine.

World Health Organization. 2006. *Pregnancy, Childbirth, Postpartum and Newborn Care: A Guide for Essential Practice.* Geneva: Department of Reproductive Health and Research(RHR), World Health Organization.

World Health Organization. 2008. Data and Statistics. http://www.who.int/research/en/. Accessed November 10, 2008.

Worthman, Carol M. 1995. Hormones, sex, and gender. *Annual Review of Anthropology* 24: 593~616.

Worthman, Carol M. 1998. Adolescence in the Pacific: A biosocial view. In *Adolescence in Pacific Island Societies*, ed. G. Herdt, S. C. Leavitt, pp. 27~52. Pittsburgh, PA: University of Pittsburgh Press.

Worthman, Carol M. 1999. Evolutionary perspectives on the onset of puberty. In *Evolutionary Medicine*, ed. W. R. Trevathan, E. O. Smith, J. J. McKenna, pp. 135~164. New York: Oxford University Press.

Worthman, Carol M. 2008. After dark: The evolutionary ecology of human sleep. In *Evolutionary Medicine and Health: New Perspectives*, ed. Wenda R. Trevathan, E. O. Smith, James J. McKenna, pp. 291~313. New York: Oxford University Press.

Worthman, Carol M., Melby, M. 2002. Toward a comparative

developmental ecology of human sleep. In *Adolescent Sleep Patterns: Biological, Social, and Psychological Influences*, ed. M. A. Carskadon, pp. 69~117. New York: Cambridge University Press.

Worthman, Carol M., Stallings, J. F. 1994. Measurement of gonadotropins in dried blood spots. *Clinical Chemistry* 40: 448~453.

Worthman, Carol M., Stallings, J. F. 1997. Hormone measures in finger-prick blood spot samples: New field methods for reproductive endocrinology. *American Journal of Physical Anthropology* 104: 1~21.

Wright, A. L. 1983. A cross cultural comparison of menopausal symptoms. *Medical Anthropology* 7: 20~35.

Wright, Anne L. 2001. The rise of breastfeeding in the United States. *Pediatric Clinics of North America* 48: 1~12.

Wyshak, Grace. 1983. Age at menarche and unsuccessful pregnancy outcome. *Annals of Human Biology* 10: 69~73.

Wyshak, G., Frisch, R. E. 2000. Breast cancer among former college athletes compared to non-athletes: A 15-year follow-up. *British Journal of Cancer* 82: 726~30.

Yang, Zhengwei, Schank, Jeffrey C. 2006. Women do not synchronize their menstrual cycles. *Human Nature* 17: 433~477.

Young, T. K., Martens, P. J., Taback, S.P., Sellers, E. A. C., Dean, H. J., Cheang, M., Flett, B. 2002. Type 2 diabetes mellitus in children: Prenatal and early infancy risk factors among native Canadians. *Archives of Pediatric & Adolescent Medicine* 156: 651~655.

Zasloff, Michael. 2003. Vernix, the newborn, and innate defense. *Pediatric Research* 53:203~204.

Zheng T., Duan L., Liu Y., Zhang B., Wang Y., Chen Y., Zhang Y., Owens P. H. 2000. Lactation reduces breast cancer risk in Shandong Province, China. *American Journal of Epidemiology*. 152(12): 1129~1135.

Ziomkiewicz, Anna. 2006.Menstrual synchrony: Fact or artifact? *Human Nature* 17: 419~432.

Zuk, Marlene. 1997. Darwinian medicine dawning in a feminist light. In *Feminism and Evolutionary Biology*, ed. Patricia Adair Gowaty, pp. 417~430. New York: Chapman and Hall.

찾아보기

가임력(fecundity) 43, 119, 121, 131
가임력 유보 상태 120
갑상선 호르몬 145
갑상선종(goiter) 145~147
거대한 뇌 33, 276
건강 부국(health-rich nations) 12, 44, 46, 49, 52, 76, 77, 82, 84, 86~93, 101, 102, 107, 114, 132, 136, 137, 143, 151, 157, 195, 241, 253, 289, 301, 305, 307, 313, 317, 319, 339, 340, 342, 344, 346, 350, 352, 355, 380
건강 빈국 12, 42, 86, 88, 90, 92, 101, 133, 134, 137, 252, 319, 339, 350, 352
걷기와 생각하기 간의 갈등 181
게일 케네디(Gail Kennedy) 276
견갑 난산(shoulder dystocia) 177, 196, 197
결함(defect) 24, 98, 108, 121, 126, 144, 148, 151, 180
겸상 적혈구 빈혈증(sickle cell anemia) 24, 25
고혈압 13, 76, 137, 138, 155, 158, 239, 240, 350, 352, 353
골다공증 32, 46, 105, 155, 252, 256, 295~301, 343
골밀도(bone mineral density, BMD) 286, 299, 305, 317
골반 장기 탈출증(Pelvic Organ Prolapse, POP) 183~185, 374
골반 크기 가설(pelvic size hypothesis) 59
궁극 원인(ultimate causes) 24~26
그라지나 야지엔스카(Grażyna Jasieńska) 91
극소 저체중 출생아(very low birth weight infant, VLBWI) 73
근연 원인(proximate causes) 24, 25, 122
글루타민(glutamine) 212
긴사슬다가불포화지방산(LCPUFA) 62, 63

길리언 벤틀리(Gillian Bentley) 30, 90
나이아신(niacin) 144
난모세포(oocyte) 98, 99
난산(難産) 194~197
난소 호르몬 68, 85~87, 91, 101, 104, 107, 113, 114, 300, 301, 307, 339~343, 352
난소암 38, 46, 68, 84, 85, 96, 252, 343
난원세포(oogonia) 98
난자(ovum) 98, 99, 122~126, 159, 286, 287, 290, 367
난포기(follicular phase) 90, 92, 100, 101, 105, 106, 121
난포자극호르몬(FSH, follicle stimulating hormone) 40, 57, 67, 99, 230
남성 폐경(male menopause) 296
납작 골반(platypelloid pelvis) 185
네발 동물 172, 173, 175, 184~186
노르에피네프린 192, 193
노화의 역설 324
농경 사회 82, 195
뇌하수체(pituitary gland) 39, 40
뇌하수체 전엽(anterior pituitary) 39, 228, 229
뇌하수체 후엽(posterior pituitary) 39, 228, 229
니나 베리(Nina Berry) 233
닉 톰슨(Nick Thompson) 246
다낭성 난소(PCO) 121
다낭성 난소 증후군(polycystic ovarian syndrome, PCOS) 120, 121
다면발현(pleiotropy) 38, 288, 331
다이애나 쿠(Diana Kuh) 346
다이어트 88, 90, 94, 346
단순 헤르페스바이러스(herpes simplex virus, HSV) 190
당질 코르티코이드(glucocorticoids) 162~164
대립유전자 24, 25, 129, 146, 147, 322, 323, 361
대사성 증후군 X(엑스) 121
대행부모(alloparent) 314
댄 셀렌(Dan Sellen) 275, 277
댄 훼슬러(Dan Fessler) 150
데이비드 코알(David Coall) 77
데이비드 트레이서(David Tracer) 268
데이비드 헤이그(David Haig) 136

도시사다 니시다(Toshisada Nishida) 287
두 발 걷기(bipedalism) 31, 32, 42, 44, 45, 160~162, 171~186, 199, 204, 265, 268, 273, 289, 348
두 번째 역학적 세계 331
두덩활(치골궁) 173, 174
딘 팔크(Dean Falk) 251, 265
라 레체 리그(La Leche League) 257, 260
라마르크 진화(Lamarckian evolution) 244
랜디 네스(Randy Nesse) 19, 20, 180, 218
레스구아르도(resguardo) 219
레이첼 캐스패리(Rachel Caspari) 317
렙틴(leptin) 62
로널드 리(Ronald Lee) 320
로버트 워커(Robert Walker) 29
로저 르벨(Roger Revelle) 57
로저 쇼트(Roger Short) 81, 84
로즈 프리쉬(Rose Frisch) 57
론 바(Ron Barr) 248
루브 골드버그(Rube Goldberg) 31
루스 메이스(Ruth Mace) 88
리 소크(Lee Salk) 213
리네트 레이디 시버트(Lynette Leidy Sievert) 94, 298
리보플라빈(riboflavin) 144, 241
리처드 리(Richard Lee) 267, 268
릴락신(relaxin) 182
마르타 매클린톡(Martha McClintock) 108
마야족 54, 88
마이리 깁슨(Mhairi Gibson) 88
마지 프로펫(Margie Profet) 96, 97, 148
만숙성(altricial) 203, 204, 213
메리 스쿨링(Mary Schooling) 346
멜 코너(Mel Konner) 63
멜리사 에머리 톰슨(Melissa Emery Thompson) 89
면역 인자 106, 193, 234, 242, 243, 245, 275
모니크 보거호프 물더(Monique Borgerhoff Mulder) 66
모리스 아빗볼(Maurice Abitbol) 174
모성 소진(maternal depletion) 253
모성어(motherese) 213
모아(母兒) 애착 189, 192, 193
모유 수유 221~223, 231~262, 266, 270, 273,

275~279, 327, 328, 340, 352, 353, 381
모유 수유와 관상동맥 질환 240
모유 수유와 비만 239
모유 수유와 성인병 239
모유 수유와 지능 239
모자 분리 215
모체 내 수태(uterogestation) 198
모체 발아(태생)의 면역적 무기력 현상 128
모체 외 수태(exterogestation) 198
모체-태아 갈등 129, 132, 135, 136, 138, 151, 152, 155
모체-태아 부적합 129, 130
무배란 30
무월경(amenorrhea) 15, 57, 90
문명화에 따른 질병(disease of civilization) 102
문화적 폭발 317
미리엄 롭복(Miriam Lobbok) 251
미셸 서베이(Michele Surbey) 64
미셸 오덴트(Michel Odent) 197
바버라 킹(Barbara King) 307
바버라 피페라타(Barbara Piperata) 219
바소프레신(vasopressin) 39
발정기(estrus) 111, 368
방어(defense) 24, 121, 148, 180, 218, 242, 303
배냇솜털(lanugo) 211
배란 30, 40, 43, 51, 58~60, 82, 83, 88, 99~105, 108~113, 230, 238, 267, 285, 286
배란 동기화 108, 110
배란 은폐 111
배란의 중단 285, 286, 289, 307
배리 보긴(Barry Bogin) 51
배반포(blastocyst) 99, 125
배아(embryo) 26, 44, 99, 113, 124~126, 130, 137, 144, 149, 151, 152, 198
배아 보호 가설(embryo protection hypothesis) 151
버지니아 비첨(Virginia Vitzthum) 86, 87, 89, 92, 101, 126, 134, 339
번식 14, 15, 20, 22~25, 43, 45
번식 성공률 22, 23, 25, 28~30, 45, 52, 55, 74, 81, 90, 133, 134, 180, 186, 235, 247,

250, 251, 277, 285, 290, 311~315, 324, 327, 329, 338, 348,

번식 전략 23, 37, 65, 127, 261, 269, 341

번식적 성공(reproductive success) 22, 28

베리 브래즐튼(Berry Brazelton) 214

베버리 스트라스만(Beverly Strassmann) 96, 97

베이비 블루스(Baby Blues) 45, 216, 218, 220~223

베일리 발달 검사(Bayley Developmental Scale) 269

부모-자식 갈등(parental-infant conflict) 23

부산물(byproducts) 97, 98, 152, 164, 287

부신기능개시(adrenarche) 56

불면증 301~303

불임(infertility) 22, 43, 83, 85, 88, 89, 109, 120, 121, 125, 194, 339, 353

브리짓 조던(Brigitte Jordan) 75

비배란성 성관계 138, 139

사산(死産) 189, 194

사춘기(puberty) 30, 51~57, 64, 67~70, 74, 77, 78, 90, 98, 99, 182, 228, 234, 276, 306, 346

사회적지지 134, 166, 217, 221, 253

사회정서적 선택성 이론(socioemotional selectivity theory) 325

산과 누공(obstetric fistula) 194

산도(産道) 72, 172, 174, 176, 177, 184, 185, 191, 194, 196, 199, 211

산전 관리 73~75, 138

산후 우울증(Postpartum Depression) 216~222

산후 합병증 165

생리 동기화 108~110, 129

생리 불순 67, 102, 291

생리 억제제 94, 95

생리 전 불쾌장애(PMDD) 103

생리 전 증후군(PMS, premenstrual syndrome) 46, 97, 102~107, 342, 343

생리 주기 30, 43, 44, 57, 67, 78, 84, 86, 90~94, 96, 99~102, 104~115, 119, 123, 289, 287, 290~295, 297, 299, 307, 340, 342

생리 횟수 44, 97

생리억제형 경구 피임약(MSOCs) 94

생리통 67, 102, 342

생문화적 동물(biocultural animal) 77

생식력(fertility) 43, 292, 296

생식의 인형(fertility figurines) 58

생애사 이론 28, 30, 52, 58, 71, 90

생존율 최적 체중 187

선택압 150, 174, 216, 318

선택적 제왕절개 190

성관계 64, 82, 96, 97, 111~114

성선(性腺) 호르몬 39, 40

성선기능개시(gonadarche) 56

성선자극호르몬(gonadotrophins) 40

성선자극호르몬 방출호르몬(GnRH, gonadot-rophin-releasing hormone) 40

성적 이형성(sexual dimorphism) 56, 172

세 번째 역학적 이행기(third epidemiologic transition) 16

세계화 12, 16, 41, 157, 352

세대 간 전달 가설(intergenerational transfer hypothesis) 320

세대 간 표현형 지속성(intergenerational phe-notypic inertia) 159

세라 허디(Sarah Hrdy) 35, 36, 220, 312, 356

셰릴 노트(Cheryl Knott) 87

셰릴 소렌슨 재미슨(Cheryl Sorenson Jamison) 330

손절매(cut your losses) 전략 134, 135, 250

솔 카츠(Sol Katz) 153

쇄석위(lithotomy) 195

수렵 채집 사회 17, 29, 82~84, 165, 194, 266, 275, 282, 304, 311, 320

수면의 신호 의존성 모델(cue-ependency model of sleep) 303

수면장애 301

수유 간격 30, 236~238

수유 공격성(lactation aggression) 220

수전 립슨(Susan Lipson) 114

수정란(zygote) 99, 105, 106, 119, 123, 125, 126, 130

수제트 타르디프(Suzett Tardiff) 135

스티브 가울린(Steve Gaulin) 61

스티븐 스턴스(Stephen Stearns) 19, 20

스티븐 제이 굴드(Stephen Jay Gould) 70

시상하부(hypothalamus) 38~40, 228, 229
식물성 에스트로겐(phytoestrogen) 88
식이 습관 53, 67, 93, 95, 340
신생아 사망률 73~75, 82, 345, 349
신생아 평균 체중 187
신생아의 급성기 반응(acute phase response) 193
신생아의 면역기능 205, 228, 241, 243
심혈관계 질환 13, 16, 76, 155, 295, 322, 349~351, 353
십대 임신 62, 71~76
아기를 운반하는 비용 266
아기의 울음 245~250, 280
아돌프 포트만(Adolf Portmann) 198
아두 골반 불균형(cephalopelvic dispro-portion, CPD) 72, 175, 189, 190
아버지 부재 가설 65
아버지-어머니 갈등 135
아이비 파이크(Ivy Pike) 151
아이오딘(iodine) 144~147
아포지질단백질(apolipoprotein E, apoE) 322
안드레아 윌리(Andrea Wiley) 153
안면 홍조 291, 295, 297, 298, 301, 302
알레한드라 누네즈-데 라 모라(Alejandra Núñez-de la Mora) 90
알로마더(allomother) 35
알린 제로니무스(Arline Geronimus) 75
알츠하이머씨 병 319, 322, 323, 332, 351
애슐리 몬터규(Ashley Montagu) 191, 191, 198
앨리슨 갤러웨이(Allison Galloway) 300
야간 발한 298, 301, 342
양(陽)의 에너지 균형 29, 44, 58~61, 88, 340
양육 투자 8, 23, 55, 206, 250
에드워드 하겐(Edward Hagen) 218
에밀리 마틴(Emily Martin) 295
에스트라디올(Estradiol) 67, 86, 96, 106, 148
에스트로겐(estrogen) 39, 40, 84, 85, 89, 95, 96, 99~101, 106, 107, 113, 123, 124, 228, 291, 293, 294, 299, 300, 301, 305, 339, 341, 342
에스트로겐 결핍 장애(estrogen deficiency disease) 294
엡스타인 바 바이러스(Epstein Barr Virus, EBV) 107, 342

여성암 38, 67, 70, 102, 107, 114, 293, 341, 343, 345, 353
역학적 충돌(epidemiologic collision) 16, 44, 349, 350
영아 돌연사 증후군(Sudden Infant Death Syndrome, SIDS) 255, 270~272
영아 산통(배앓이) 248
영양포(trophoblast) 99, 125, 126, 137, 139
오스트랄로피테신(Australopithecines) 17, 31, 33, 162, 175, 183, 266
옥시토신(oxytocin) 39, 199, 208, 211, 216, 228~230, 251
요실금 190
요추 만곡 161
원숭이면역결핍바이러스(SIV) 106
윌리엄 라섹(William Lassek) 61~63
윌튼 크로그먼(Wilton Krogman) 31
유방암 38, 46, 65~68, 76, 84, 85, 91, 94~96, 100, 105, 107, 252, 256, 293, 305, 343
유연한 반응 모델(flexible response model, FRM) 87
유인원형 골반(anthropoid pelvis) 185
유즙호르몬(prolactin) 39, 229
유축기 278
음(陰)의 에너지 균형 29, 30,
이상희(Sang-Hee Lee) 317
이유(離乳) 274~277
이차적 만숙성 204
이형 접합체 25, 147
인간 유두종 바이러스(Human Papilloma Virus, HPV) 107, 109
인간 융모성 성선자극호르몬(hCG) 100
"인간 진화의 흉터"(The Scars of Human Evolution) 32
인간면역결핍바이러스(HIV) 21, 106, 190, 261
임신 제3기 154
임신 중 오심과 구토(NVP) 148
임신 첫 3개월(임신 제1기) 124, 133, 148
임신과 출산력 340
임신성 당뇨 44, 136, 166
입덧 26, 44, 122, 132, 139, 143, 147~153, 166
잉거 순(Inger Thune) 91
자간증(eclampsia) 136~139, 147, 166

자궁 내 발육 지연(IUGR) 154~156
자궁 외 임신(ectopic pregnancy) 198
자궁내막암 38, 46, 96, 97, 100, 252
자궁암 38, 84
자연 선택 15, 16, 20, 22, 28, 37, 59, 71, 81, 97, 98, 111, 138, 143, 146, 162, 184, 187, 215, 216, 235, 244, 276, 285, 314, 319, 327, 331, 337, 348
자원 공유 28, 29
장수 294, 301, 311, 314, 317, 320, 321, 329, 330
장수하는 어머니 가설(long lived mother hypothesis) 314
재닛 맥아더(Janet McArthur) 57
재클린 울프(Jacqueline Wolf) 260
재태 기간 33, 128, 155, 156, 198, 211, 275
저체중 출생아(low birth weight infant, LBWI) 72~76, 150, 155, 156, 162, 187
적합도(fitness) 22, 152, 219, 289, 315, 320, 326
전립선암 38, 4693, 343
전자간증(preeclampsia) 44, 136~139, 147, 155
정상 건강 22
정상 분만 192, 193
정상 소아 성장발달 곡선 231
『정신장애 진단 및 통계 편람』(Diagnostic and Statistical Manual of Mental Disorders, DSM) 103
제1형 당뇨병 190, 255
제2형 당뇨병 13, 67, 136, 155, 239, 252, 255, 256, 332, 345, 350~353
제러미 드 실바(Jeremy De Silva) 181
제왕절개 45, 55, 72, 186~194, 210, 228, 374, 375
제이 벨스키(Jay Belsky) 65
제인 구달(Jane Goodall) 312
제인 랭커스터(Jane Lancaster) 276, 307
제프리 레이트먼(Jeffrey Laitman) 273
조기 난소 부전(premature ovarian failure, POF) 297
조숙성(precocial) 203, 204
조슬린 페체이(Jocelyn Peccei) 288
조지 윌리엄스(George Williams) 19, 292

조지프 솔티스(Joshep Soltis) 250
좌골극(궁둥뼈가시) 172, 184, 373
주디스 브라운(Judith Brown) 306
주요 조직 적합도 복합체(MHC) 129
주의력결핍 과잉행동 장애 165
줄리 레스닉(Julie Lesnik) 181
지속 양육 가설(continuity of care hypothesis) 314
지연된 뇌 발달 182
진 윈버그(Jin Winberg) 205
진통과정 194
진화 의학(evolutionary medicine) 7, 13~15, 17~22, 25~27, 31, 40, 41, 44, 46, 77, 81, 84, 95, 125, 138, 152, 180, 193, 197, 222, 274, 281, 307
진화적 공공보건(evolutionary public health) 77
진화적 안정 선택(stabilizing selection) 187
진화적 유물(evolutionary holdover) 211
진화적 적응 339
진화적 적응 환경(environment of evolutionary adaptation, EEA) 17
진화한 신체(evolved body) 15, 16, 337
질 레포르(Jill Lepore) 278
질 위축 297, 304
질식 분만 187, 189, 190, 191
짐 맥켄나(Jim McKenna) 222, 270~272, 274, 281
짐 치스홀름(Jim Chisholm) 77
짝짓기 투자 23
착상 97, 99, 100, 101, 105, 106, 113, 123~126, 129~131, 133, 137, 198
척추 전만(lordosis) 161
천골(엉치뼈) 172~174, 177, 195
청소년 급성장기 51
청소년 불임기(adolescent sterility) 51
청소년 준가임성(adolescent subfecundity) 51, 66
체지방량 57, 58, 188, 305
체질량지수(BMI) 188, 291, 351
쳇 랭커스터(Chet Lancaster) 276
초경(初經) 15, 17, 43, 44, 49, 50, 52, 56, 57, 61~78, 82, 83, 90, 109, 114, 155, 285, 289, 291, 296, 299, 340, 350

초기 유산 44, 126, 132~134, 147
초유(colostrum) 192, 205, 228, 241~243
출생 후 첫 1시간 41, 206, 207, 213, 215, 216,
223
친족 선택 23
카렌 로젠버그(Karen Rosenberg) 179
카렌 크래머(Karen Kramer) 73, 74
카오펙테이트(kaopectate) 152
카테콜아민(catecholamine) 192, 193, 375
칼린 그리블(Karleen Gribble) 233
캐럴 워스먼(Carol Worthman) 56, 66, 78, 244,
253, 303
캐럴라인 도일(Caroline Doyle) 107
캐서린 뎃와일러(Katherine Dettwyler) 275
캐서린 휘트컴(Katherine Whitcome) 162
커플 질환(couple disease) 139
!쿵 산 족 86, 267, 287, 306, 311
케르스틴 우브뇌스-모베르히(Kerstin
Uvnäs-Moberg) 245
케이틀린 켄달-택킷(Kathleen Kendall-
Tackett) 221
켈리 로만(Kelli Roman) 258
코티솔(cortisol) 39, 134, 162
콜레시스토키닌(cholecystokinin) 122, 245
크레틴병(cretinism) 144~147
크리스 라이버(Chris Reiber) 104, 105
크리스 쿠자와(Chris Kuzawa) 159
크리스텐 호크스(Kristen Hawkes) 314
클라우디아 발레지아(Claudia Valeggia) 30
킴 바드(Kim Bard) 250
킵시기스(Kipsigis) 족 66
탈리도마이드(thalidomide) 148
태동 154
태반 67, 73, 97, 99, 121~128, 131~134, 137,
138, 155, 165, 189, 190, 197~199, 216,
228, 244, 289
태반 포유류 127
태아(fetus) 23, 26, 34, 44, 56, 62, 63, 68, 72,
73, 89, 92, 93, 95, 121~139, 144~146,
148~166, 171, 182, 185~198, 205,
207~211, 241, 243, 300, 343, 369
태아 기원 가설(fetal origins hypothesis) 121
태아 방출 반응(fetal ejection reflex) 197
태아 알코올 증후군(fetal alcohol syndrome,
FAS) 165
태아기 프로그래밍 가설(fetal programming
hypothesis) 156
태지(胎脂, Vernix) 209~212, 216
테스토스테론(testosterone) 39, 40, 93
테스토스테론 대체 요법(testosterone replace-
ment therapy) 93
텔로머라제(telomerase) 319
토바(Toba) 족 30
토식증(土食症) 150, 152, 153
톰 맥데이드(Thom McDade) 222, 234, 244,
253, 270
트레이드오프(trade-off) 28, 29, 52, 125, 150,
171, 184, 185, 253, 279, 338
파생 형질(derived traits) 30
파울라 데리(Paula Derry) 296
파킨슨병 319
패트 드래퍼(Pat Draper) 64
페닐케톤뇨증(phenylketonuria, PKU) 261
페닐티오카바마이드(PTC) 146
페로몬 64, 108~110, 209, 290, 363
페미니즘, 21
펠스 추적 연구(Fels Longitudinal Study) 232
펩타이드(peptide) 39
폐경 285~307
폐경 증후군 296
폐경과 우울증 291~292
포괄 적합도 23, 325
포대기 265, 266
폴 이발드(Parul Ewald) 25, 26, 107, 151, 323,
342
푸미(Pumé) 족 74
프랜시스 올드햄 켈시(Frances Oldham
Kelsey) 132
프랭크 리빙스톤(Frank Livingstone) 25
프로게스테론 85~92, 99~101, 104, 106, 107,
113, 114, 123, 124, 128, 148, 222, 228,
293, 342, 365
프로락틴(prolactin) 220, 228, 229, 254, 307
프리쉬 가설 57
플래너리 오코너(Flannery O'Connor) 344
피리독신(pyridoxine) 144
피터 너새니얼츠(Peter Nathanielsz) 159
피터 브라운(Peter Brown) 63

피터 엘리슨(Peter Ellison) 30, 59, 90, 159
필립 스티어(Philip Steer) 181
할머니 36, 311~330
할머니 가설(grandmother hypothesis) 8,
　　314~316, 320, 329
할머니와 번식 성공률 313~316
해리 할로우(Harry Harlow) 278
행동자본(behavioral capital) 346
헨리 하펜딩(Henry Harpending) 64
형질 16, 22~24, 27, 30, 43, 60, 109, 146~148,
　　171, 204, 244, 285
호르몬 38~40
호르몬 대체 요법(Hormone Replacement
　　Therapy, HRT) 70, 93, 294, 295, 297,
　　322, 341
호르몬 증가 가설(hormonal proliferation
　　hypothesis) 107
호미니내하과(Homininae) 31
호미닌 153, 174, 175, 181, 213, 247, 323
홀리 스미스(Holly Smith) 51
황체(corpus luteum) 99~101, 123, 293, 293
황체기(luteal phase) 90~92, 100, 101,
　　105~107, 113, 114, 125, 128
황체형성호르몬(LH, luteinizing hormone) 40,
　　57, 99, 230
횡세대적 출생 전 프로그램화(transgenerational
　　prenatal programming) 159
후위(posterior presentation) 196
흉선 155, 156, 234, 235, 254

ABO 부적합 131
MHC 기반의 배우자 선택 129
P. Y. 로비야르(P. Y. Robillard) 138, 139

여성의 진화

2017년 5월 15일 초판 1쇄 발행
2017년 8월 31일 초판 2쇄 발행

지은이   웬다 트레바탄
옮긴이   박한선
펴낸이   박래선
펴낸곳   에이도스출판사
출판신고 제25100-2011-000005호

주소   서울시 은평구 진관4로 17, 810-711
전화   02-355-3191
팩스   02-989-3191
이메일   eidospub.co@gmail.com

표지 디자인 공중정원 박진범
본문 디자인 김경주

ISBN   979-11-85145-14-7   93470

이 도서의 국립중앙도서관 출판예정도서목록(CIP)은
서지정보유통지원시스템 홈페이지(http://seoji.nl.go.kr)와
국가자료공동목록시스템(http://www.nl.go.kr/kolisnet)에서 이용하실 수 있습니다.
(CIP제어번호: CIP2017009073)